高等职业教育“十四五”规划教材

高等职业教育产教融合新形态教材

食品包装与安全

魏丽红　李云波　主编

中国农业大学出版社
·北京·

内容简介

本书系统而全面地介绍了现代食品包装材料及包装容器、食品包装技术设备，重点讲述了食品包装技术、各类食品的包装工艺以及食品包装设计。本书还介绍了食品包装的新材料、新技术及新工艺，阐述食品包装前沿技术成果和发展方向，追踪食品企业及包装行业的发展动态。本书将食品包装的有关技术、工艺和设备有机地统一起来，力求反映当代食品工业中有关食品包装材料、技术等最实用的技术成果，使读者对食品包装过程有一个系统的了解。

图书在版编目(CIP)数据

食品包装与安全 / 魏丽红，李云波主编. --北京：中国农业大学出版社，2021.8

ISBN 978-7-5655-2613-8

Ⅰ.①食… Ⅱ.①魏… ②李… Ⅲ.①食品包装－高等职业教育－教材 Ⅳ.①TS206

中国版本图书馆 CIP 数据核字(2021)第 175920 号

书　名　食品包装与安全

作　者　魏丽红　李云波　主编

策划编辑　张　玉　　**责任编辑**　张　玉　贺晓丽

封面设计　郑　川

出版发行　中国农业大学出版社

社　址　北京市海淀区圆明园西路 2 号　　**邮政编码**　100193

电　话　发行部 010-62733489,1190　　读者服务部 010-62732336

编辑部 010-62732617,2618　　出　版　部 010-62733440

网　址　http://www.caupress.cn　　**E-mail** cbsszs @ cau.edu.cn

经　销　新华书店

印　刷　北京鑫丰华彩印有限公司

版　次　2021 年 8 月第 1 版　　2021 年 8 月第 1 次印刷

规　格　185 mm×260 mm　　16 开本　　18.75 印张　　530 千字

定　价　52.00 元

编写人员

主　　编　魏丽红（辽宁农业职业技术学院）
　　　　　李云波（河南科技学院）

副 主 编　徐　凌（辽宁农业职业技术学院）
　　　　　林创业（湖北生物科技职业学院）
　　　　　李新建（江苏食品药品职业技术学院）
　　　　　路红波（辽宁农业职业技术学院）

参　　编　李冰心（湖北生物科技职业学院）
　　　　　孙　佳（辽宁农业职业技术学院）
　　　　　刘小鸣（辽宁职业学院）
　　　　　贾洪信（广东环境保护工程职业学院）

出版说明

为贯彻落实《国家职业教育改革实施方案》(国发〔2019〕4 号,又称“职教二十条”)以及《高等职业学校专业教学标准》等相关文件精神,有效推进产教融合、校企合作,建设一批校企“双元”合作开发的高质量教材,经向行业专家咨询及与有关高等职业院校沟通,借鉴与物化高等职业教育食品类专业教育教学改革成果,中国农业大学出版社开展了高等职业教育产教融合新形态食品类专业系列教材建设工作。

“高等职业教育产教融合新形态教材”食品类专业系列教材建设是食品类专业高技能人才培养的基础性工作,也是促进社会与经济发展的客观需求。近 20 年来,随着加入世贸组织,我国食品工业得到了持续与快速的发展,食品工业进入产业升级、调整改革的关键时期,食品产业从数量扩张向质量提升转变。原有的高等职业教育食品类专业教材从内容到表现形式,要满足现代食品工业人才培养的需要,就必须改革创新,在实践中不断探索高等职业教育食品类专业新形态系列教材建设的新路子,才能为高等职业教育食品类专业高技能人才培养奠定坚实的基础、发挥应有的作用。

“高等职业教育产教融合新形态教材”食品类专业系列教材具有如下特点:

1. 精心组织编审队伍。在征集相关高等职业院校的申报材料的基础上,充分考虑不同院校的专业优势及教学创新改革进程及成果等,慎重确定参加编审的骨干人员,并根据教师提供的编写提纲、编写思路与样章等,由食品类专业系列教材编审委员会及专家组遴选组建编写团队。同时,邀请高等职业院校、行业及生产企业的专家参与教材建设,审核编写提纲,后期对书稿进行严格审定。教材编写过程中,作者与审稿人员充分沟通,对书稿反复修改,从而确保了教材内容的前瞻性、科学性及对一线岗位的适应性。

2. 创新编写体例。本次教材建设重点在食品类专业基础课程和专业核心课程。以“项目引领,任务驱动”作为教材的基本框架,以职业岗位确立典型工作任务,以典型工作任务确定岗位能力需求,以能力需求确定学习项目与任务,突出了实践性、企业案例化与职业化,并与项目紧密关联。内容新颖、趣味性强是本系列教材的一大亮点。对专业基础课程教材,创新了传统的学科编写体例,参考模块式总体思路设计,使教材精炼、实用,有利于提高学生的学习效果与效率,较以往传统教材有较大突破。

3. 突出职业教育特色。教材编写体现了现代职业教育体系教学改革精神,该新形态系列教材将努力体现课程内容与职业标准对接、教学过程与生产过程对接的要求,反映高等职业教育专业课教学与思想政治理论课教学同向同行、职业技能与职业精神培养高度融合的特点,尤其是“项目引领，任务驱动”式教材，每一任务的活动规程，力求按工作任务的环节以表格任务单或实际案例形式进行编写与训练，突出操作环节与质量要求，促进职业技能培养与职业精神养成的紧密结合，实现教学与职业岗位的“零距离对接”。

4.新形态信息技术在系列教材中广泛应用。努力对食品类专业教材中的知识点与技能点进行信息化处理，使其表现形式更加多元化，提高智能化水平，突出趣味性与直观性，实现手机终端推送学习，采用微课、视频、动画等展示相关知识、专项实验、任务拓展与测试题答案等内容，充分体现了高等职业教育教材多元化创新的全新特色。

“高等职业教育产教融合新形态教材”食品类专业系列教材基本覆盖了食品加工、食品生物技术、食品营养与检测等食品类专业的专业基础课程与专业核心课程。系列教材既充分强调了食品科学的实践性，同时又充分考虑了食品产业与基础理论的有机结合，努力做到每种教材间内容相互补充、相互衔接，构成一个完整的课程体系。系列教材主要作为高等职业教育食品类专业的相关课程教材，也可作为现代食品企业相关技术人员及专业技术工人的培训、参考用书。

“高等职业教育产教融合新形态教材”食品类专业系列教材的顺利出版，是全国近60所高职学院及部分食品企业等共同奋斗的结果。编写过程中所做的许多探索，为进一步推进高等职业教育教材建设的改革与创新提供了宝贵的经验。我们真诚地希望，以此为契机，进一步有效加强与各高等职业院校及食品企业的交流与合作，不断拓展食品类专业新形态系列教材合作开发的思路，创新教材开发的模式与服务方式。让我们共同努力，为深化高等职业教育食品类专业教育教学改革与人才培养质量的提高，发挥积极的推动作用。

中国农业大学出版社

2020年7月

前　言

食品包装是食品工业中一道重要的工序，包装可以使食品便于运输、贮藏和销售。食品包装的好坏，不仅影响消费者的购物体验和产品的品牌价值，而且影响着包装食品的安全。在现代食品工业中，食品包装起着越来越重要的作用，它已经成为食品不可分割的组成部分。

食品包装学科是以食品为核心的综合性的应用科学，涉及化学、生物、物理等基础学科，更与食品科学、包装技术、美学、市场营销等自然和人文学科密切相关。随着食品工业的快速发展以及消费市场的多样化需求，食品包装行业迎来了新的发展机遇，提出了新的要求。本书根据包装行业对人才的需求及高职教学的特色，在内容组织上保持教学内容的系统性和完整性，在体例编纂方面采用模块、任务及情境式的编排方式。

本书系统而全面地介绍了现代食品包装材料及包装容器、食品包装技术设备，重点讲述了食品包装技术、各类食品的包装工艺以及食品包装设计。本书还介绍了食品包装的新材料、新技术及新工艺，阐述食品包装前沿技术成果和发展方向，追踪食品企业及包装行业的发展动态。本书将食品包装的有关技术、工艺和设备有机统一起来，力求反映当代食品工业中有关食品包装材料、技术等最实用的技术成果，使读者对食品包装过程有一个系统的了解。

本书由辽宁农业职业技术学院魏丽红、河南科技学院李云波主编。辽宁农业职业技术学院徐凌、路红波，湖北生物科技职业学院林创业，江苏食品药品职业技术学院李新建任副主编。参加编写的人员还有：辽宁农业职业技术学院孙佳、湖北生物科技职业学院李冰心、辽宁职业学院刘小鸣、广东环境保护工程职业学院贾洪信。具体的编写分工如下：孙佳编写模块一、模块八；魏丽红编写模块二；李冰心编写模块三；刘小鸣编写模块四；李新建编写模块五；李云波编写模块六；徐凌编写模块七；林创业编写模块九；路红波编写附录；贾洪信负责教材配套资源建设。

《食品包装与安全》内容充实，实用性强，可作为高等职业院校食品科学与工程、食品质量与安全、食品加工技术、包装工程、发酵工程及相关专业的教学用书，也可作为食品、包装等行业相关从业人员的参考用书。

编　者

2021 年 5 月

目　录

模块一

课程导入

知识目标：掌握食品包装的定义；理解食品包装的功能和作用；熟悉食品包装的分类及特点；理解食品包装对现代生活的影响。

能力目标：能够准确理解食品包装定义、包装功能；能够进行食品包装种类、性能的识别。

素质目标：培养学生丰富深厚的文化内涵；激发学生激烈的市场竞争意识；培育学生积极创新理念，激发学生环保意识，增强学生社会责任感。

【思维导图】

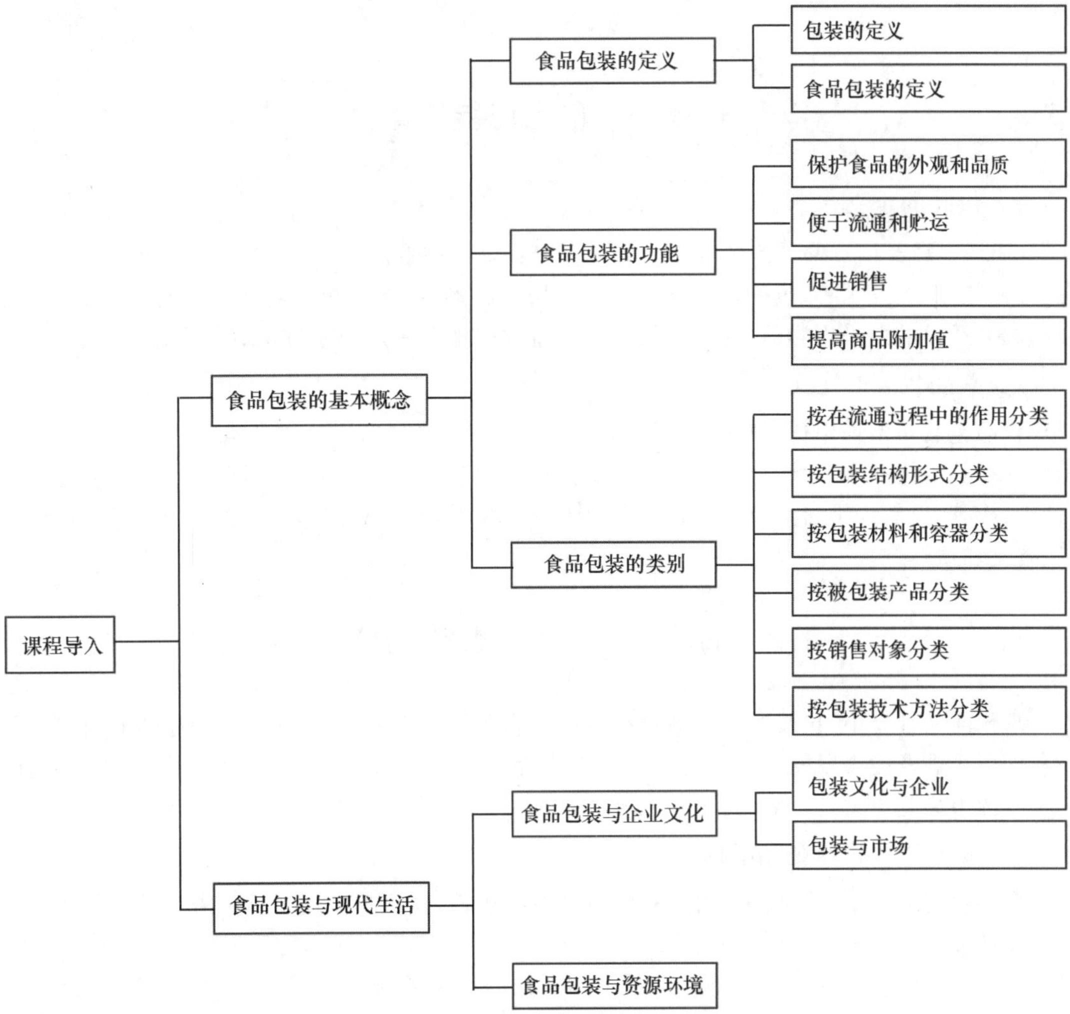

项目一　食品包装的基本概念

任务目标

☞ 食品包装定义的认识；
☞ 食品包装功能的理解；
☞ 食品包装种类、性能的识别。

情境一　食品包装的定义

一、包装的定义

GB/T 4122.1—2008《包装术语　第 1 部分：基础》中规定，包装是为在流通过程中保护产品，方便储运，促进销售，按一定技术方法而采用的容器、材料及辅助物等的总体名称；也指为了达到上述目的而采用容器、材料和辅助物的过程中施加一定技术方法等的操作活动。

二、食品包装的定义

食品包装是指采用适当材料、容器和包装技术，把食品包起来，以便食品在运输和贮藏过程中保持其价值和原有状态，保证食品安全。食品包装材料主要是纸、塑料、金属、玻璃、陶瓷、竹、木、橡胶、天然纤维、化学纤维和接触食品的涂料等，食品器皿包括食品加工器具、厨房用具、餐具和饮具等。

情境二　食品包装的功能

现代商品社会中，包装对商品流通起着极其重要的作用，包装的科学合理性会影响到商品质量的可靠性及能否以完美的状态传达到消费者手中，包装的设计和装潢水平直接影响到商品本身的市场竞争力乃至品牌价值及企业形象。现代食品包装的功能有以下四个方面。

一、保护食品的外观和品质

食品包装最重要的作用就是保护食品在贮存、运输、销售等流通过程中避免受到各种不利条件及环境因素的破坏和影响。对食品产生破坏的因素大致有两类：①自然因素，包括光线、氧气、水及水蒸气、高低温、微生物、昆虫、尘埃等，可引起食品变色、氧化、变味、腐败和污染；②人为因素，包括冲击、振动、跌落、承压载荷、人为盗窃及污染等，可引起内装物变形、破损和变质等。采用科学合理的包装可使食品免受或少受破坏和影响，以期达到保护商品的目的。

因此，应分析产品的特性及其在流通过程中可能发生的质变及其影响因素，选择适当的包装材料、容器及技术方法对产品进行适当的包装，可以保护产品在一定保质期内的质量。

二、便于流通和贮运

包装能为生产、流通、消费等环节提供诸多方便，方便厂家及物流部门搬运装卸、贮存保管、店面陈列销售，也方便消费者的携带、取用和消费。如果食品没有进行包装，就很难进行运输、装卸、贮存和销售。如酒类没有瓶罐的包装就无法进行流通和销售。同时，食品包装也为消费者的携带和食用提供了方便，如一袋糖果除了外包装外，还将每颗糖果形成独立的内包装，方便消费者定量取食。由此可见，食品包装对食品的流通和使用起到关键作用，产品没有包装就不能贮运和销售。

三、促进销售

随着经济与社会的发展，现代食品工业也日新月异。市场上商品琳琅满目，竞争十分激烈，而产品之间的竞争不再仅仅是质量与价格的竞争，已逐渐发展为以产品文化为特征的品牌竞争。精美的包装能在心理上征服购买者，增加其购买欲望，在超级市场内，包装更是充当着无声推销员的角色。因此，包装是提高商品竞争力、促进销售的重要手段，现代包装设计已成为企业营销战略的重要组成部分。

四、提高商品附加值

包装是商品生产的继续，产品通过包装才能免受各种损害，避免降低或失去其原有的价值。因此，投入包装的价值不但在商品出售时会得到补偿，而且能给商品增加价值。包装的增值作用不仅体现在包装直接给商品增加价值，而且更体现在通过包装塑造名牌所体现的品牌价值这种无形而巨大的增值方式。企业竞争的最终目的是使自己的产品为广大消费者所接受，而产品的包装包含了企业名称、企业标志、商标、品牌特色以及产品性能、成分容量等商品说明信息。因此，包装比其他广告宣传媒体能更直接、更生动、更广泛地面对消费者。消费者在决定购买时可以从产品包装上了解到直观的品牌信息和企业形象。

情境三　食品包装的类别

现代包装种类很多，因分类角度不同形成多样化的分类方法。

一、按在流通过程中的作用分类

包装按在流通过程中的作用可分为销售包装和运输包装。

(1)销售包装　销售包装又称小包装或商业包装，不仅具有对商品的保护作用，而且更注重包装的促销和增值功能。通过包装装潢设计可以树立商品和企业形象，吸引消费者、提高商品竞争力。瓶、罐、盒、袋及其组合包装一般属于销售包装。

(2)运输包装　运输包装又称大包装，应具有很好的保护功能以及方便贮运和装卸的功能，其外表面应对贮运注意事项有明显的文字说明或图示，如“防雨”“易燃”“不可倒置”等。瓦楞纸箱、木箱、金属大桶、各种托盘和集装箱等属于运输包装。

二、按包装结构形式分类

包装按结构形式可分为贴体包装、泡罩包装、热收缩包装、可携带包装、托盘包装、组合包装等。

(1)贴体包装　贴体包装是将产品封合在用塑料片制成的与产品形状相似的型材和盖材之间的一种包装形式。

(2)泡罩包装　泡罩包装是将产品封合在用透明塑料片材料制成的泡罩与盖材之间的一种包装形式。

(3)热收缩包装　热收缩包装是将产品用热收缩薄膜裹包或装袋,通过加热使薄膜收缩而形成产品包装的一种包装形式。

(4)可携带包装　可携带包装是在包装容器上制有提手或类似装置,以便于携带的包装形式。

(5)托盘包装　托盘包装是将产品或包装件堆码在托盘上,通过扎捆、裹包或黏结等方法固定而形成包装的一种包装形式。

(6)组合包装　组合包装是将同类或不同类商品组合在一起进行适当包装,形成一个搬运或销售单元的包装形式。

此外,还有悬挂式包装、可折叠式包装、喷雾式包装等。

三、按包装材料和容器分类

包装按包装材料和容器分类如表 1-1 所示。

表 1-1　包装按包装材料和容器分类

包装材料	包装容器类型
纸与纸板	纸盒、纸箱、纸袋、纸罐、纸杯、纸质托盘、纸浆模塑制品等
塑料	塑料薄膜袋、中空包装容器、编织袋、周转箱、片材热成型容器、热收缩膜包装、软管、软塑料、软塑箱、钙塑箱等
金属	马口铁、无锡钢板等制成的金属罐、桶等,铝、铝箔制成的罐、软管、软包装袋等
复合材料	纸、塑料薄膜、铝箔等组合而成的复合软包装材料
玻璃、陶瓷	瓶、罐、坛、缸等
木材	木箱、板条箱、胶合板箱、花格木箱等
其他	麻袋、布袋、草或竹制包装容器等

知识窗

销售包装设计的核心竞争力

销售包装是包装行业的一个重要分支,其以食品、化妆品等快速消费品为主要服务对象,以促进商品销售为主要目的。然而在我国,大多数商品生产厂家更信赖广告在促进商品销售中的作用,往往将大量精力和财力投入广告宣传和营销手段等方面,仅仅用商品包装来充当广告的附属品,除了商品说明、商家信息及广告宣传词之外,包装表面的图案和色彩搭配甚为简单。面对多种多样的信息传播方式和途径,消费者逐渐产生了视觉疲劳,广告已不能有效地刺激消费者的购买欲,商品生产厂家在广告上的回报率也大幅下滑,销售包装将成为一种促进商品销售的有效手段。

大多数消费者认为Superdrug品牌商品的包装非常独特，不但具有极高的货架吸引力，还具有乐趣和智慧的内涵。Superdrug品牌的设计师则将这一切归功于其“产品至上”的理念，他们从不轻视商品和消费者，因此其设计的商品总能让消费者感到惊喜。他们销售的不仅仅是一副橡胶手套、一袋沐浴液、一块洗碗布或一个香皂盒，更是一种情趣、一种文化。其橡胶手套手影的构思既能给枯燥的清洁工作带来乐趣，又能向消费者充分展示其紧贴手形的优点。对于沐浴液，将其四种款式分别命名为“诱惑”“能量”“纯洁”和“欲望”，消费者可以通过使用不同款式的沐浴液来转换不同的心情。Superdrug推出的带有“小鸭子”标贴的洗碗布和香皂盒别具一格，给人耳目一新的感觉。黄色的“小鸭子”，使这种洗碗布和香皂盒的外观效果截然不同，“小鸭子”标贴赋予了商品很强的生命力，是该包装的点睛之笔。

这种概念的传达恰恰需要通过商品销售包装来实现。这种蕴含商品内涵的包装是未来销售包装的发展之路，其文化和概念的传递是销售包装促进销售的核心竞争力。

四、按被包装产品分类

包装按被包装产品可分为食品包装、化工产品包装、有毒物品包装、易碎物品包装、易燃品包装、工艺品包装、家电产品包装、杂品包装等。不同产品对包装有不同的要求，某些特殊产品还有相应的包装法规规范。

五、按销售对象分类

包装按销售对象可分成出口包装、内销包装、军用包装和民用包装等。

六、按包装技术方法分类

包装按技术方法可分为真空充气包装、控制气氛包装、脱氧包装、防潮包装、无菌包装、热成型、热收缩包装和缓冲包装等。

工作单1-1　认识食品包装分类方法

分类角度	包装种类
按在流通过程中的作用分类	
按包装结构形式分类	
按包装材料和容器分类	
按被包装产品分类	
按销售对象分类	
按包装技术方法分类	

项目二　食品包装与现代生活

任务目标

☞ 食品包装对企业文化影响的认知；
☞ 食品包装对资源环境影响的理解。

情境一　食品包装与企业文化

随着社会的发展和物质文明程度的提高，食品包装得到迅猛发展，它逐渐改变了人们的生活方式。包装在日常生活中变得越来越重要，人们对食品及包装的质量要求越来越高，样式越来越多，科学技术的含量也越来越高。从过去的"一流产品、二流包装、三流价格"发展到今天的无论是材料、样式还是装潢都非常精美的包装，社会确实向前迈出了一大步。但是与此同时，大量的包装废弃物数量猛增，给我们的生存环境带来了巨大的压力。现阶段的产品包装，有相当一部分已经超过了包装的初衷，造成了事实上的过度包装，其后果不仅是让消费者产生被愚弄感，更严重的是造成了资源的浪费和环境污染。就现在而言，包装所带来的环境污染仅次于水质污染、海洋湖泊污染和空气污染。因此，包装的发展方向是关系到可持续和科学发展的问题，它与人们的生存空间质量息息相关。

一、包装文化与企业

包装文化是有关包装科学发展和艺术思维的总和。从技术上看，新的包装材料、包装机械、包装印刷等不断涌现；从人文上看，新的设计理念、消费观念、营销策略等都在发生革命性的变化，这些都迫使包装企业不得不对包装文化引起高度的重视。企业的发展离不开对包装文化的深刻理解。在这里，包装既是企业产品保护神，同时还应该是展示企业品牌和经营理念的窗口。因此，企业在进行产品包装策划时，无论是对包装的技术设计还是对包装的艺术设计，都应该站在文化的高度来思考。把企业文化注入包装策划的整个过程，使消费者在消费产品的同时，感受到浓厚的企业文化气息与人文关怀，从而使企业的品牌效应也得到大幅提升。

二、包装与市场

在市场经济条件下，只要有了商品，包装就如影随形。换句话说，没有包装就没有市场。当今是一个商品极其丰富、快节奏生活的时代，消费者面对的是琳琅满目、应接不暇的商品。人们在超市对单个商品的关注时间非常短，这就要求商品的包装能够综合利用颜色、造型、材料等元素，同时表现出产品、品牌等企业的内涵和信息，突出产品与消费者的利益共同点，对消费者形成较直观的视觉冲击，进而使消费者形成对产品和企业的印象。产品醒目地摆在货架上，才可以有效地完成吸引消费者的目的。为此，我们针对包装对市场的影响因素说明如下。

1. 商品保护因素

商品进入流通环节，需要有严谨、周密的包装策划，它包括针对特定的商品、不同的消费群体、到达的目的地，选择不同的材料、封装开启方式，使商品得到有效的保护，从而完整、原质地进入消费终端。

2. 品牌因素

“品牌的力量是无限的”，包装就是品牌宣传最直接的方式。许多消费者购买商品往往是冲着“牌子”来的，那是因为某个品牌已经在他们心目中根深蒂固，它极大地满足了现代消费者的消费个性需要与精神需求。因此，包装的外在表现必须突出品牌特征，将品牌元素以最直接的方式展示出来。

3. 装潢设计因素

包装的装潢设计主要是指销售包装的外观设计，包括包装的造型、色彩、图案、文字以及携带方式等。著名的杜邦定律指出，大约 63％的消费者是根据商品的包装和装潢进行购买决策的。在设计时要充分考虑到消费对象、销售环境。

4. 文化因素

不同的国家、地域、民族有着不同的文化传统。在经济全球化的今天，中国是一个制造大国，世界各地无不流通着大量的“中国制造”，我们的包装也必须面对全世界。这就要求我们对全球各民族文化、风俗习惯、禁忌等应有充分、全面的了解，使我们的商品既承载着我们的传统文化，又与世界各民族文化和谐相处，从而增强商品的国际竞争力。

总之，包装策划的好坏，直接关系到市场营销。产品包装既是对市场营销的预期，又决定了市场营销的结果。因此，我们需要一个与产品、企业及其精神氛围相统一的具有鲜明个性的包装，达到“科学、经济、牢固、美观、适销”的目的，使商品符合市场需求，立于不败之地。

情境二　食品包装与资源环境

包装材料由于使用量大，材料的种类多，废弃后又难以降解，对城市环境和生态造成了严重影响。据统计，我国每年产生约 1 600 万 t 包装废弃物，每年还在以超过 10％的速度增长。除啤酒瓶和塑料周转箱回收情况比较好外，其他包装废弃物的回收率相当低，整个包装产品的回收率还达不到包装产品总产量的 20％，由此引发了诸多问题。近年来，我国包装废弃物的回收工作在国家和地方政府主管部门有关政策和法规的指导下，已然取得较大进步。

发达国家如德国，1997 年的包装废弃物回收率达 89％，循环利用率达 86％，取得了很好的经济效益。包装物的生命周期对生态环境的影响涉及大气、水体、土壤、森林和海洋等各个方面。包装采用的原料如纸制品、玻璃、塑料、泡沫等对环境的影响有目共睹。尤其是塑料包装由于不可降解，对生态环境造成极大污染。而且包装物的生产同样污染环境，纸制包装在制造过程中，严重污染环境，造纸企业的废水排放量约占全部工业废水排放量的 10％。塑料工业、玻璃工业排放出大量有害气体，如二氧化碳、硫化物等，对大气造成严重污染，这既是对资源的消耗，又是对环境的破坏。

我国是森林资源贫乏的国家，由于国民经济的高速发展，森林资源的可持续发展与包装的原材料木材供需矛盾日益尖锐，森林工业不得不长期处于过伐的境遇，从而导致可采资源枯竭，使得我国包装行业处于非常尴尬的境地。

为实现包装与环境的和谐发展，以科学发展观的思路来解决包装废弃物与环境影响的矛盾，实现包装与环境的和谐发展，包装从业人员应从以下几个方面考虑。

1. 包装的环保化设计

加强科学的设计意识，将资源、能源、对生态环境的影响以及废弃物循环使用等进行综合考虑，最终做出最佳设计方案。

2. 关注新材料、新技术

科学技术的进步带动了新材料、新技术的不断涌现，可食性材料、高降解型材料和对材料结构重新组合、排列后可增加其强度和利用率的材料备受关注。

3. 倡导绿色包装

绿色包装，是指在产品包装的全生命周期内，既能经济地满足包装的功能要求，同时又对生态环境不产生污染，对人体健康不产生危害，能够回收和再利用，满足可持续发展要求的包装。绿色包装充分考虑包装的整个生命周期过程对资源、能源及生态环境的影响，着力降低包装材料的环境负载，实现包装功能性和环境适应性的平衡和统一。据专家预测，未来 10 年内绿色食品将主导世界市场，绿色食品必须要有绿色包装，积极研究和开发绿色包装是包装行业面对未来的必然选择。

德国于 1990 年公布《德国包装废弃物处理法令》，日本于 1991 年、1992 年发布并强制推行《回收条例》《废弃物清除条例修正案》，美国也规定了废弃物处理的各项程序。这些绿色包装法规都是为保护人类的生存环境而制定的措施。

倡导绿色包装，是现代人所必须具备的基本素质。它不仅保护了人类自身的生存环境，提高了生活质量、使人们的生活更加安全、舒适，同时也为产品进入国际市场，扫清了“绿色壁垒”的限制。

阅读库

绿色理念下的食品包装

1. 绿色包装理念的提出与内涵

1987 年联合国环境与发展委员会发表了《我们共同的未来》宣言，1992 年 6 月再次通过《里约环境与发展宣言》和《21 世纪议程》，在全世界范围内掀起了一场以保护环境和节约资源为中心的绿色浪潮，形成了崇尚自然保护环境的绿色理念。在绿色理念的倡导下，“绿色包装 ”作为有效解决包装与环境问题的一个新概念，在 20 世纪 80 年代末 90 年代被提出。发达国家最初把这个新概念称为“无公害包装 ”“环境之友包装 ” 或 “生态包装”，我国 1993 年开始称为 “绿色包装 ”。绿色包装意味着必须节省资源和能源，避免废弃物的产生，易回收、可再循环利用以及可降解等，能够满足生态环境保护的要求。发达国家已经要求包装做到“3R ”和“1D”，分别是 Reduce(减量化)、Reuse(重复使用)、Recycle(再循环)、Degradable(可降解)。而随着绿色理念的不断延伸，消费者则对新型包装提出 “4R1D”要求，在“3R1D ”原则上加了 Refill(再填充使用)。

2. 传统包装设计与绿色包装设计的区别

传统包装设计只对产品的功能、质量、寿命进行考虑，而不考虑使用及产品废弃对环境的影响。这种生产模式的结果无疑是能源消耗大，资源浪费和回收率低。绿色包装设计要求产品从概念形成到生产制造，乃至废弃后的回收利用及处理各个阶段，都必须从根本上防止对环境的污染和对资源的浪费。包装的特点是尽量减小产品不必要的空间体积，尽可能回收重复利用，废弃物尽量少且容易处理。

3. 正确理解绿色包装的内涵

绿色包装不能简单片面地界定为产品包装这个环节的绿色，错误地将使用环境易降解材料制成的包装产品视为绿色包装，而不顾及包装产品的生产是否造成环境污染和资源浪费，也不顾及包装产品在使用后的再利用。

如将纸包装一律视为绿色包装，将塑料包装置于绿色包装的对立面，甚至认为塑料包装有毒，应全面实行以纸代替塑料等。事实上，应该辩证、科学地观察和考虑产品包装对环境的影响。纸包装如果回收处理不当就不一定符合绿色包装的要求，而塑料包装如果实现了减量化、资源化、无害化等目标就是应该提倡的。对食品无害的塑料具有其他包装材料无法替代的优点，全面禁止塑料会造成更大的污染和浪费。

拓展与提升

1. 试从消费者的角度评价食品包装。
2. 包装的定义及其基本含义是什么？
3. 试分析现代食品包装四大功能的相互关系。
4. 按包装材料和容器，包装分为几类？
5. 从食品安全的角度分析食品包装应该注意什么问题？
6. 根据当前社会发展，谈一谈食品包装存在的问题、变化及对策。
7. 试从绿色包装的意义上说明包装与资源环境的关系。
8. 你怎样看待食品包装在市场经济中的作用？
9. 对超市目前流通销售的食品进行分类调查，分析其所用的包装材料和技术方法，撰写调查报告。

模块二

现代食品包装材料及包装容器

知识目标：理解纸类包装材料的特性及其包装性能；掌握常用的食品包装用纸和纸板的种类及特点；掌握食品包装纸质容器的分类及特点；熟悉塑料的组成、分类及性能指标；掌握食品包装常用塑料包装材料及其特性；认知塑料、陶瓷、金属、玻璃、功能性包装材料及其包装容器。

能力目标：能够对照技术标准，掌握纸箱、纸盒的结构形式、设计方法；能够合理选择使用塑料、金属、玻璃包装容器，并掌握其制造方法；能够科学比较功能性、可溶性、可食性、天然生物分子包装材料。

素质目标：培育学生勤劳诚实、沉稳坚定的工作态度，精益求精、追求卓越的境界；培养学生精雕细琢、不断提升的理念，淡泊宁静、专注耐心的情怀；培养学生问题意识，能独立思考和判断，积极寻求有效的解决方法，敢于质疑，勇于创新。

【思维导图】

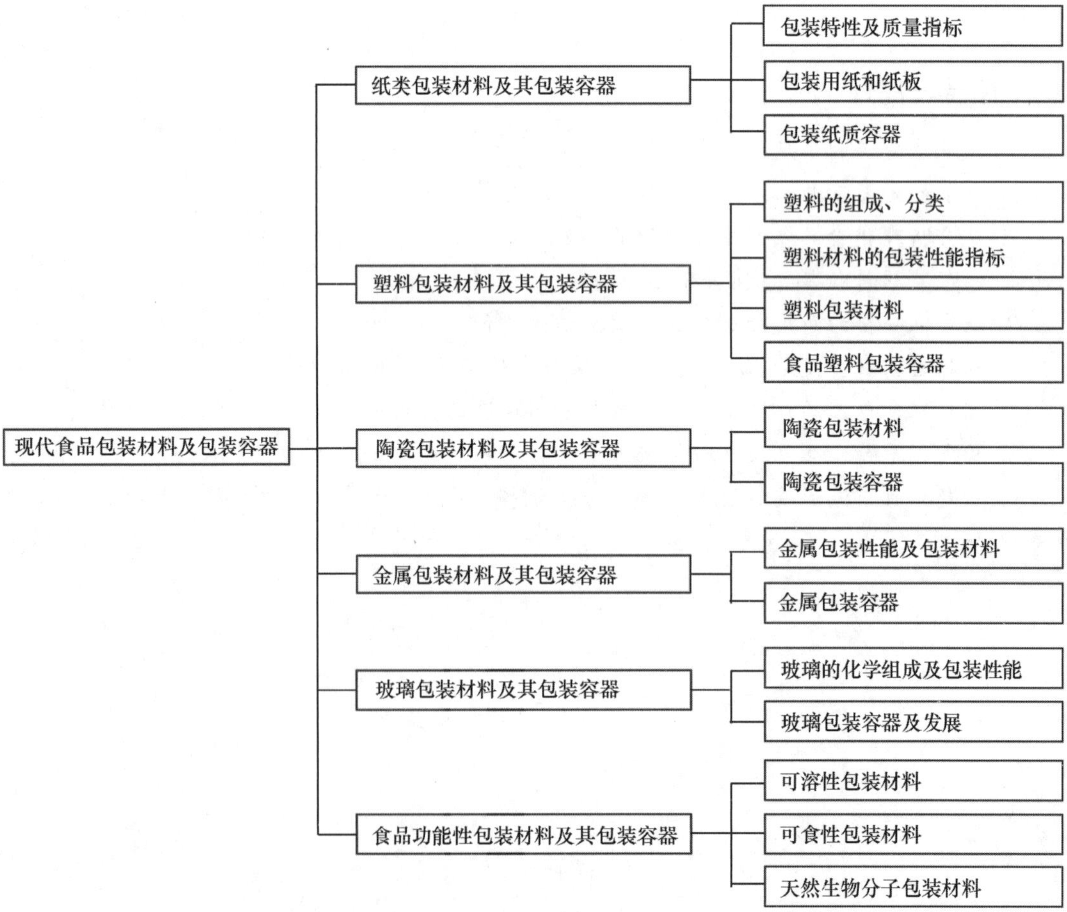

项目一 纸类包装材料及其包装容器

任务目标

- ☞ 食品包装用纸、纸板和纸容器的主要包装性能的理解；
- ☞ 纸箱、纸盒的结构形式、设计方法的认知；
- ☞ 纸箱、纸盒技术标准的理解；
- ☞ 其他纸类包装容器的种类、性能的识别；
- ☞ 其他纸类包装容器包装应用的理解。

纸在人类发展的历史上起着极为重要的作用。纸是以纤维素为原料制成的材料的通称，是一种古老而又传统的包装材料。纸对人类的经济、政治和文化的发展产生了深远的影响，纸类包装材料已广泛应用到食品、轻工、化工、医药等各个领域。某些发达国家纸包装材料占包装材料总量的 40%～50%，我国占 40%左右。从发展趋势来看，纸包装材料的用量会越来越大。

纸作为现代包装材料主要用于制作纸箱、纸盒、纸袋、纸质容器等包装制品，其中瓦楞纸板及其纸箱占据纸类包装材料和制品的主导地位。由多种材料复合而成的复合纸和纸板、特种加工纸已被广泛应用，并将部分取代塑料包装材料在食品包装上的应用，以解决塑料包装所造成的污染问题。

情境一 纸类包装材料的包装特性及质量指标

一、纸类包装材料的包装性能

(1)机械力学性能　纸和纸板具有一定的强度、挺度，机械适应性较好。强度大小主要取决于纸的质量、厚度、表面状况、加工工艺及一定的温度、湿度条件等。纸还具有一定弹性、折叠性及撕裂性等，很适合制作成型包装容器或用于包裹。

环境温湿度对纸和纸板的强度有很大的影响，空气温湿度的变化会引起纸和纸板平衡水分的变化，最终使其机械性能发生不同程度的变化。由于纸质纤维具有较大的吸水性，当湿度增大时，纸的抗拉强度和抗撕裂强度会下降从而影响纸和纸板的使用性。

在测定纸和纸板的机械性能指标时必须保持一个相对的温湿度条件。我国采用的是相对湿度(65±2)%、温度(20±2) ℃的试验条件；ISO 标准采用相对湿度(50±2)%、温度(23±1) ℃

的试验条件。

(2)阻隔性能　纸和纸板主要由多孔性的纤维组成，对水分、气体、光线、油脂等具有一定程度的渗透性，其阻隔性受温、湿度的影响较大。单一纸类包装材料一般不能用于包装水分、油脂含量较高及对阻隔性要求高的食品，但可以通过适当的表面加工来改善其阻隔性能。

(3)印刷性能　纸和纸板吸收和黏结油墨的能力较强，印刷性能好，因此在包装上常用于提供印刷表面。便于印刷装潢、涂塑和黏合。纸和纸板的印刷性能主要决定于表面平滑度、施胶度、弹性及黏结力等性质。

(4)加工使用性能　纸和纸板具有良好的加工性能，易于实现机械化操作。生产工艺成熟，可采用多种封合方式，容易加工成具有各种性能的包装容器。良好的加工性能为设计各种功能性结构(如开窗、提手、间壁及设计展示台等)制造了条件。另外，通过适当的表面加工处理，可以为纸和纸板提供必要的防潮性、防虫性、阻隔性、热封性、强度及物理性能等，扩大其使用范围。

(5)卫生安全性能　单纯的纸是卫生安全的，在自然条件下能够被微生物降解。但是，在纸的加工过程中，尤其是采用化学法制浆时，通常会残留一定的化学物质(如硫酸盐法制浆过程残留的碱液及盐类)。因此，必须根据包装内容物来合理选择各种纸和纸板。

二、纸及纸板的质量指标

纸和纸板由于用途不同，其质量指标有所差异。用作食品包装的纸类包装材料质量要求主要包括：外观、物理机械性能、光学和化学性能等方面。

(一)外观

不包括在纸张技术要求内的纸张缺欠称为纸病。可以用感官鉴别的纸病称为外观纸病。外观纸病的产生原因很多，如原料处理不当、操作掌握欠佳、生产规程不严、包装运输疏忽等。纸的外观质量可以根据纸的不同用途，用其各种外观纸病加以度量。

常见的外观纸病有以下几种：

(1)尘埃　是指肉眼可见的与纸张表面颜色有显著差别的细小脏点。

(2)透光点和透帘　把纸张迎着光照看，见到纤维层较纸页其他部分薄一些，而又没有穿破的迹象，小的称透光点，大的称透帘。

(3)孔眼和破洞　指纸张上完全穿通的窟窿，小的称孔眼，大的称破洞。孔眼多的纸影响防潮性，不适用于包装。

(4)折子　纸张本身折叠产生的条痕，能伸展开的(仍有折痕)称活折子，不能伸展开的称死折子。

(5)皱纹　纸面出现凹凸不平的曲皱，破坏纸张的平滑匀称，妨碍印刷。

此外还有斑点、裂口、硬质块、有无光泽等。根据等级不同规定不允许存在或加以限制。

(二)物理性能

(1)定量(GB 451.2—2002)　每平方米纸的质量，单位：g/m^2。

(2)厚度(GB 451.3—2002)　纸样在两测量板之间，在一定压力下直接测出来的厚度，单位：mm。

(3)紧度(GB 451.3—2002)　是纸的单位体积重，指纸的结实与松弛程度，单位：g/cm^3。

(4)成纸方向(GB 451.1—2002)　纵向：与造纸机运行方向平行的方向。横向：与造纸机运行方向垂直的方向。纸与纸板的许多性能都有显著的方向性，如抗拉强度和折度，纵向大于横向，撕裂度则横向大于纵向。

(5)纸面(GB 451.2—2002) 正面：指抄纸时与毛毯接触的一面，也称毯面。反面：指抄纸时贴向抄纸网的一面，也称网面。纸张的反面有网纹且比较粗糙、疏松，正面则比较平滑、紧密。

(6)水分(GB 462—2008) 指单位重量的试样在100～105 ℃温度下烘干至重量不变时所减少的重量占试样原重量的百分比，以%表示。

(7)平滑度(GB/T 456—2002) 指在规定的真空度下，使定量容积的空气透过纸样与玻璃面之间的缝隙所用的时间，单位：s。

(8)施胶度(GB/T 460—2008) 指用标准墨画线后不发生扩散和渗透的线条的最大宽度，单位：mm。它反映了加胶料的程度。

(9)吸水性(GB 1540—2002) 指单位面积的试样在规定的温度条件下，浸水60 s后吸收的实际水分，单位：g/m^2。

(三)机械性能

(1)抗拉强度(GB/T 12914—2008) 指纸或纸板抵抗平行施加的拉力的能力，即拉断之前所承受的最大拉力。有三种表示方法，即抗张力N、断裂长(m)以及单位横截面的抗张力N/cm^2。

(2)伸长率(GB/T 459—2002) 指纸或纸板受到拉力直到拉断，长度增加与原试样长度之比。

(3)破裂强度(GB/T 454—2020) 又称耐破度，指单位面积纸或纸板所能承受的均匀增大的垂直最大压力，单位：kPa。这是一个综合性能指标，对包装用纸具有特别意义。

(4)撕裂度(GB/T 455—2002) 可表明纸的抗撕破能力，是采用预切口将纸两边往相反方向撕裂至一定长度所需的力，单位：mN。它是包装纸、箱板纸的重要质量指标。

(5)耐折度(GB/T 457—2008) 指在一定张力下将纸或纸板往返折叠，直至折缝断裂为止的双折次数，分为纵向和横向两项，单位：折叠次数。

(6)戳穿强度(GB 2679.7—2005) 指在流通过程中，突然受到外部冲击时所能承受的冲击力的强度，单位用冲击能“J”表示。

(7)环压强度(GB 2679.8—2016) 在一定加压速度下，使环形试样平均受压压溃时所能承受的最大力，单位：N/m。

(8)边压强度(GB/T 6546—2021) 在一定加压速度下，使矩形试样的瓦楞垂直于压板，平均受压时所能承受的最大力，单位：N/m。

(四)光学性质

(1)白度 指白或近白的纸对蓝光的反射率所显示的白净程度，用标准白度计对照测量。用反射百分率“%”表示。

(2)透明度 指可见光透过纸的程度，以清楚地看到底样字迹或线条的试样层数来表示。

(3)尘埃度 肉眼可见的与纸张表面颜色有显著差别的斑点，单位：个/m^2。

(五)化学性质

(1)灰分 指造纸植物纤维材料经灼烧后残渣的质量与绝对干试样质量之比，主要为了检验纸中填料的含量是否适合纸的使用性能，以“%”表示。如印刷用纸根据使用性能要求10%以上的灰分。

(2)酸碱度　酸或碱的含量，属于纸类化学性质的质量指标。酸碱性能使纸的质量显著降低，必须严格控制。测定方法有两种：利用水的抽出物，采用pH计测量或用中和滴定法进行测定。

情境二　包装用纸和纸板

一、包装用纸和纸板的分类、规格

(一)纸和纸板的分类

纸类产品分纸与纸板两大类，以定量为划分标准。凡定量在225 g/m^2以下或厚度小于0.1 mm的称为纸，定量在225 g/m^2以上或厚度大于0.1 mm的称为纸板。但这个界限不是绝对的，要以纸页的特性和用途进行灵活判断。如有些折叠盒纸板、瓦楞原纸的定量虽小于225 g/m^2，通常也称为纸板。有些定量大于225 g/m^2的纸，如白卡纸、绘图纸等通常也称为纸。

在包装方面，纸主要用于包装商品、制作纸袋、印刷装潢商标等，纸板则主要用于生产纸箱、纸盒、纸桶等包装容器。常用包装用纸及纸板见表2-1。

表2-1　常用包装用纸和纸板

包装用纸	普通商业包装纸、牛皮纸、羊皮纸、鸡皮纸、玻璃纸、防潮玻璃纸、糖果包装纸、茶叶袋滤纸、防锈纸、仿羊皮纸、纸袋纸、复合纸等
包装用纸板	瓦楞原纸、白纸板、牛皮箱纸板、箱板纸、黄纸板、茶纸板、复合纸板等

(二)纸和纸板的规格

纸与纸板可分为平板和卷筒两种规格，其规格尺寸要求：平板纸要求长和宽，卷筒纸和盘纸只要求宽度。

纸和纸板的规格尺寸，由用途决定，单位为mm。平板纸和纸板的规格尺寸主要有：787 mm×1092 mm、880 mm×1 092 mm、850 mm×1 168 mm等。国产卷筒纸的宽度尺寸，主要有1 940 mm、1 600 mm、1 220 mm、1 120m、940 mm等规格。进口的牛皮纸、瓦楞原纸等的卷筒纸，其宽度多为1 600 mm、1 575 mm、1 295 mm等数种。

规定纸和纸板的规格尺寸，对于实现纸类包装容器规格尺寸的标准化和系列化具有十分重要的意义。

二、包装用纸

包装用纸品种很多，常用食品包装用纸有以下几种。

(一)牛皮纸(kraft paper)

牛皮纸是用硫酸盐木浆抄制的高级包装用纸，具有高施胶度，因其坚韧结实似牛皮而得名。定量一般在30～100 g/m^2，分A、B和C三个等级，可经纸机压光或不压光。

牛皮纸从外观上分单面光、双面光和条纹等品种。有漂白与未漂白之分。多为本色纸，色泽为黄褐色。牛皮纸机械强度高，柔韧结实，富有弹性，且抗水性、防潮性、印刷性良好，大量用于食品的销售包装和运输包装。如包装点心、粉末等食品，多采用强度不太大、表面涂树脂等材料的牛皮纸。

（二）羊皮纸（parchment paper）

羊皮纸又称植物羊皮纸或硫酸纸。它是用未施胶的高质量化学浆纸，在 15～17 ℃浸入 72%硫酸中处理，待表面纤维胶化，即羊皮化后，经洗涤并用 0.1%～0.4%碳酸钠碱液中和残酸，再用甘油浸渍塑化，形成质地紧密坚韧的半透明乳白色双面平滑纸张。

羊皮纸分为食品羊皮纸和工业羊皮纸，食品包装用羊皮纸定量为 45～60 g/m^2，应注意羊皮纸酸性对金属制品的腐蚀作用。

羊皮纸具有良好的防潮性、气密性、耐油性和机械性能。适于油性食品、冷冻食品、防氧化食品的防护要求，可以用于乳制品、油脂、鱼肉、糖果点心、茶叶等食品的包装。

（三）鸡皮纸（wrapping paper）

鸡皮纸是一种单面光的平板薄型包装纸，定量为 40 g/m^2。鸡皮纸不如牛皮纸强韧，故戏称为“鸡皮纸”。鸡皮纸纸质坚韧，有较高的耐破度、耐折度和耐水性，有良好的光泽。可供包装食品、日用百货等，也可印刷商标。

鸡皮纸生产过程和单面光牛皮纸相似，要施胶、加填和染色。用于食品包装的鸡皮纸不得使用对人体有害的化学助剂，要求纸质均匀、纸面平整、正面光泽良好及无明显外观缺陷。

（四）食品包装纸（food packaging paper）

食品包装纸按 QB/T 1014—2010 标准规定分三种类型：

（1）糖果包装原纸　为卷筒纸，经印刷上蜡加工后供糖果包装和商标用。分 A、B、C 三等，A 和 B 等供机械包糖用，C 等供手工包糖用。可按订货合同生产平板纸。

（2）冰棍包装原纸　分 B、C 两个等级，B 等供机械包装冰棍和雪糕用，C 等供手工包装用。有平板纸和卷筒纸，平板纸规格为：787 mm×1 092 mm、625 mm×118 mm，卷筒纸规格按订货合同规定。

（3）普通食品包装纸　有双面光和单面光两种，分 B、C、D 三个等级，可根据订货合同规定白度或其他色泽进行生产，技术指标参见 QB/T 1014—2010。

食品包装纸直接与食品接触，必须严格控制其理化卫生指标，纸张纤维组织应均匀，不许有明显的云彩花，纸面应平整，不许有折子、皱纹、破损裂口等纸病。

（五）半透明纸（semitransparent paper）

半透明纸是一种柔软的薄形纸，定量为 31 g/m^2，半透明纸可用于土豆片、糕点等脱水食品的包装，也可作为乳制品、糖果等油脂食品的包装纸。

半透明纸是用漂白硫酸盐木浆，经长时间的高黏度打浆及特殊压光处理而制成的双面光纸。质地紧密坚韧，具有半透明、防油、防水防潮等性能，且有一定的机械强度。

（六）玻璃纸（glass paper）

玻璃纸又称赛璐玢，是一种天然再生纤维素透明薄膜。玻璃纸是一种透明性最好的高级包装材料，可见光透过率达 100%。它是用高级漂白亚硫酸木浆经过一系列化学处理制成黏胶液，再成型为薄膜而成。质地柔软、厚薄均匀，有优良的光泽度、印刷性、阻气性、耐油性、耐热性，且不带静电。

玻璃纸多用于中、高档商品包装，主要用于糖果、糕点、化妆品、药品等商品美化包装，也可用于纸盒的开窗包装。但它的防潮性差，撕裂强度较小，干燥后发脆，不能热封。玻璃纸有普通玻璃纸和防潮玻璃纸两种，有白色和彩色、平板纸和卷筒纸之分。国产玻璃纸分 A、B 两等级，A 等不允许有气泡，B 等小于 0.5 mm 的气泡数量<5 个/m^2。用于直接接触食品的玻璃纸不得使用对身体有害的助剂，卫生要求符合 GB 4806.8—2016 的规定。

（七）茶叶袋滤纸（tea bag paper）

茶叶袋滤纸是一种低定量专用包装纸，用于袋泡茶的包装，要求纤维组织均匀，无折痕皱纹，无异味。应具有较大的湿强度和一定的过滤速度，耐沸水冲泡，同时应有适应袋泡茶自动包装机包装的强度和弹性。茶叶袋滤纸国外多用马尼拉麻生产，我国用桑皮纤维经高游离状打浆后抄造，再经树脂处理，也可用合成纤维（即湿式无纺布）制造。

（八）涂布纸（coated paper）

涂布纸主要是在纸表面涂布沥青、LDPE 或 PVDC 乳液、改性蜡（热熔黏合剂和热封蜡）等，使性能得到改善的纸。如 PVDC 涂布纸表面非常光滑，无臭无味，可用于极易受水蒸气损害，特别是需要隔绝氧气的食品包装。此外，还可以涂布防锈剂、防霉剂、防虫剂等制成防锈纸、防霉纸、防虫纸等。

（九）复合纸（compound paper）

复合纸是另一类加工纸，是将纸与其他挠性包装材料相贴合而制成的一种高性能包装纸。常用的复合材料有塑料及塑料薄膜（如 PE、PP、PET、PVDC 等）、金属箔（如铝箔）等。复合方法有涂布、层合等。复合加工纸具有多种优异的综合包装性能，从而改善了纸的单一性能，使纸基复合材料大量用于食品包装等场合。

工作单 2-1　分析总结包装用纸的分类、特点及适用范围

包装用纸分类	特点	适用范围	应用实例

三、包装用纸板

（一）白纸板（white board）

白纸板是一种具有 2～3 层结构的白色挂面纸板，是一种比较高级的包装用纸板。主要用于销售包装，具备良好的印刷性能、加工性能和包装性能，经彩色印刷后可制成各种类型的纸盒、箱，起着保护商品、装潢美化商品的促销作用，也可用于制作吊牌、衬板和吸塑包装的底板。

白纸板有单面和双面两种，其结构由面层、芯层、底层组成。单面白纸板面层通常是用漂白的化学木浆制成，表面平整、洁白、光亮，芯层和底层常用半化学木浆、精选废纸浆、化学草浆等低级原料制成。双面白纸板底层原料与面层相同，仅芯层原料较差。随着商品经济的发展，白纸板的需求量越来越大。

(二)标准纸板

标准纸板是一种经压光处理，适用于制作精确特殊模压制品以及重制品的包装纸板，颜色为纤维本色。

(三)箱纸板

箱纸板是以化学草浆或废纸浆为主的纸板，以本色居多，表面平整、光滑，纤维紧密、纸质坚挺、韧性好，具有较好的耐压、抗拉、耐撕裂、耐戳穿、耐折叠和耐水性能，印刷性能好。

箱纸板按质量分为 A、B、C、D、E 五个等级，其中 A、B、C 为挂面纸板。A 级适宜制造精细、贵重和冷藏物品包装用的出口瓦楞纸板，B 级适宜制造出口物品包装用的瓦楞纸板。C 级适宜制造较大型物品包装用的瓦楞纸板，D 级适宜制造一般包装用的瓦楞纸板，E 级适宜制造轻载瓦楞纸板。箱纸板分平板纸和卷筒纸两种。

(四)瓦楞原纸

瓦楞原纸经轧制成瓦楞纸后，用黏结剂与箱纸板黏合成瓦楞纸板，可用来制造纸盒、纸箱和当衬垫用。瓦楞纸在瓦楞纸板中起支撑和骨架作用。因此，提高瓦楞原纸的质量，是提高纸箱抗压强度的一个重要方面。

瓦楞原纸是一种低定量的薄纸板，具有一定的耐压、抗拉、耐破、耐折叠的性能。瓦楞原纸按质量分为 A、B、C、D 四个等级，瓦楞原纸的纤维组织应均匀，纸幅间厚薄一致。纸面应平整，不许有影响使用的折子、窟窿、硬杂物等外观纸病。瓦楞原纸切边应整齐，不许有裂口、缺角、毛边等现象。水分应控在 8%～12%，如果水分超过 15%，加工时会出现纸身软、挺力差、压不起楞、不吃胶、不黏合等现象。水分如果低于 8%，纸质发脆，压楞时会出现破裂现象。

(五)加工纸板

加工纸板是为了改善原有纸板的包装性能，对其进行再加工的一类纸板，如纸板表面涂蜡、涂聚乙烯或聚乙烯醇等，处理后纸板的防潮、强度等综合包装性能大大提高。

实操演练 2-1　GB/T 451.2—2002 纸和纸板定量的测定

一、实操目标

1. 理解纸和纸板定量测定的意义；
2. 掌握纸和纸板定量测定的原理；
3. 掌握仪器的校准及使用。

二、实操原理

测定试样面积和它们的质量，并计算定量。

三、实操耗材

切纸刀或专用裁样器、天平(试样质量 5 g 以下，分度值 0.001 g；试样质量 5 g 以上，分度值 0.01 g；试样质量 50 g 以下，分度值 0.1 g)。

四、实操步骤

1. 切样设备的校准

用切纸刀或专用裁样器，裁切试样，试样面积与规定面积相比，每100次中应有95次偏差范围在±0.1%范围内。

2. 定量测定

将5张样品沿纸幅纵向叠成五层，然后沿横向均匀切取0.01 m^2的试样两叠，共10片试样，用相应分度值的天平称量。宽度在100 mm以下的盘纸，应按卷盘全宽切取5条长300 mm的纸条，一并称量。测量所称量纸条的长边及短边，分别准确至0.5 mm及0.1 mm，计算面积。应采用精度为0.02 mm的游标卡尺进行测量。

3. 横幅定量差的测定

随机抽取一整张纸页，沿纸幅横向均匀切取0.01 m^2的试样至少5片，用相应分度值的天平分别称量。

4. 分析结果的表述

(1)试样的定量　　$G(g/m^2)=M\times 10$

式中：M—10片0.01 m^2试样的总质量(g)

(2)横幅定量差　　$S=(G_{max}-G_{min})/G\times 100\%$

式中：G_{max}—试样定量的最大值，g/m^2；

G_{min}—试样定量的最小值，g/m^2；

G—试样定量的平均值，g/m^2。

五、实操技能点

(1)切样设备及天平的校准。

(2)游标卡尺的正确使用。

(3)结果的计算与判定。

四、瓦楞纸板

瓦楞纸板由瓦楞原纸轧制成屋顶瓦片状波纹，然后将瓦楞纸与两面箱板纸黏合制成。瓦楞波纹宛如一个个连接的小型拱门，相互并列支撑形成类似三角的结构体，既坚固又富有弹性，能承受一定重量的压力。瓦楞形状由两圆弧以直线相连接所决定，瓦楞波纹的形状直接关系到瓦楞纸板的抗压强度及缓冲性能。

(一)瓦楞形状

瓦楞楞形即瓦楞形状。一般分为U形、V形和UV形三种，如图2-1所示。

U形瓦楞的圆弧半径较大，缓冲性能好，富有弹性，当压力消除后，仍能恢复原状，但抗压力弱些。黏合剂的施涂面大，容易黏合。

V形瓦楞的圆弧半径较小，缓冲性能差，抗压力强，在加压初期抗压性较好，但超过最高点后即迅速破坏。黏合剂的施涂面小，不易黏合，但成本低。

UV形是介于V形和U形之间的一种楞形，其圆弧半径大于V形，小于U形，因而兼有二者的优点，目前广泛使用UV形瓦楞来制造瓦楞纸板。

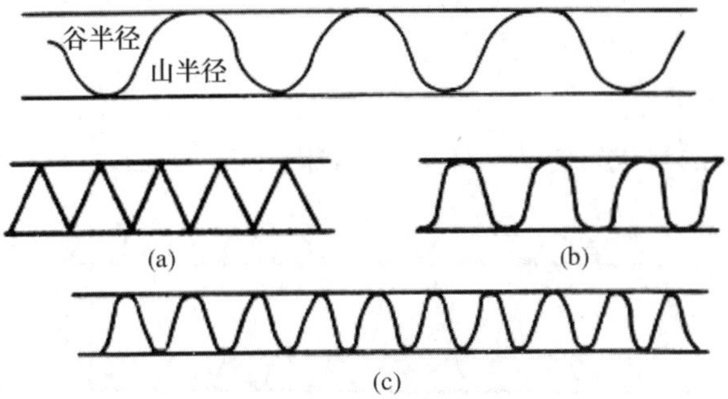

图 2-1　瓦楞楞形

(a)V 形　(b)U 形　(c)UV 形

工作单 2-2　图示比较瓦楞纸板的三种瓦楞形状

瓦楞形状(简图)		
U 形	V 形	UV 形

(二)瓦楞纸板的楞型

所谓楞型是指瓦楞的型号种类,即瓦楞的大小、密度与特性的不同分类。同一楞型,其楞形可以不同。按国家标准 GB/T 6544—2008 规定,所有楞型的瓦楞形状均采用 UV 形,瓦楞纸板的楞型有 A、B、C、E 四种,如表 2-2 所示。

表 2-2　我国瓦楞纸板的楞型标准(GB/T 6544—2008)

瓦楞楞型	名称	瓦楞高度/mm	瓦楞数/(个/300 mm)
A	大瓦楞	4.5～5	34±2
B	小瓦楞	2.5～3	50±2
C	中瓦楞	3.5～4	38±2
E	微小瓦楞	1.1～2	96±4

A 型大瓦楞在单位长度内的瓦楞数量少而瓦楞高度大,有较大的缓冲力。A 型大瓦楞纸箱适于包装较轻的易碎物品。

B 型小瓦楞在单位长度内的瓦楞数量多而瓦楞高度小。B 型小瓦楞纸箱适于包装较重和较硬的物品,多用于罐头、瓶装物品等的包装。由于 B 楞坚硬且不易破坏,近年来,多用它制造形状复杂的组合箱。

C 型中瓦楞在单位长度内的瓦楞数及瓦楞高度介于 A、B 型之间,性能则接近于 A 楞。近年来,随着保管及运输费用的上涨,纸板厚度低于 A 楞的 C 楞纸板受到人们的重视。

E 型微小瓦楞在单位长度内的瓦楞数目最多,瓦楞高度最小,具有平坦表面和较高平面刚度。用它制造的瓦楞折叠纸盒，比普通纸板缓冲性能好，而且开槽切口美观。表面光滑可进行较复杂的印刷，大量用于食品的销售包装。

（三）瓦楞纸板的种类

瓦楞纸板按其材料的组成可分为以下几种，如图 2-2 所示。

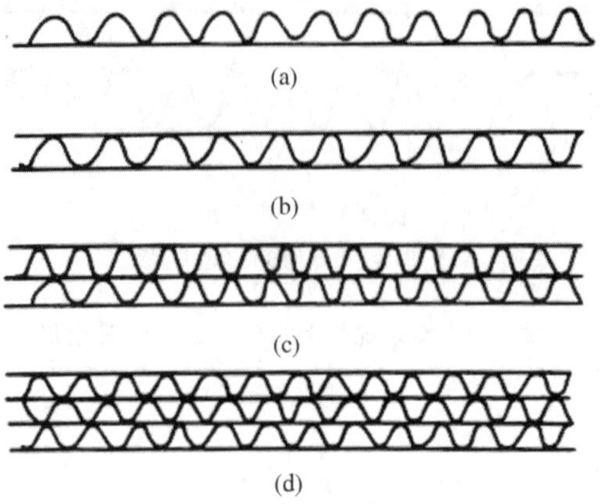

图 2-2 瓦楞纸板种类

（a）单面瓦楞纸板 （b）双面瓦楞纸板

（c）双芯双面瓦楞纸板 （d）三芯双面瓦楞纸板

（1）单面瓦楞纸板　仅在瓦楞芯纸的一侧贴有面纸，一般不用于制作瓦楞纸箱，是作为缓冲材料和固定材料。

（2）双面瓦楞纸板　又称单瓦楞纸板，在瓦楞芯纸的两侧均贴以面纸，目前多使用这种纸板。

（3）双芯双面瓦楞纸板　简称双瓦楞纸板，用双层瓦楞芯纸加以面纸板制成，即由一块单面瓦楞纸板和一块双面瓦楞纸板黏合而成。在结构上，可以采用各种楞型的组合形式，如AB、BC、AC、AA 等结构。组合形式不同，其性能也各不相同，一般外层用抗戳穿能力好的楞型，而内层用抗压强度高的楞型。由于双瓦楞纸板比单瓦楞纸板厚，所以各方面的性能都比较好，特别是垂直抗压强度明显提高，多用于制造易损、重的及需要长期保存的物品（如含水分较多的新鲜果品等）的包装纸箱。

（4）三芯双面瓦楞纸板　简称三瓦楞纸板，使用三层瓦楞芯纸制成，即由一块单面瓦楞纸板和一块双瓦楞纸板黏合而成。在结构上也可以采用 A、B、C、E 各种楞型的组合，常用 AAB、AAC、CCB 和 BAE 结构。其强度比双瓦楞纸板更强一些，可以用来包装重物品以代替木箱，一般与托盘或集装箱配合使用。

（四）瓦楞纸板技术指标

瓦楞纸板的技术指标见标准 GB/T 6544—2008。该标准按物理强度将单瓦楞纸板和双瓦楞纸板各分为 5 种，根据原材料与用途的不同将每种瓦楞纸板分为 3 类。同时标准规定瓦楞纸板表面应平整、清洁，不许有缺材、薄边，切边整齐，黏合牢固，其脱胶部分之和每 1 m^2 不大于 20 cm^2。

工作单 2-3 图示比较四种瓦楞纸板

瓦楞纸板简图			
单面瓦楞纸板	双面瓦楞纸板	双芯双面瓦楞纸板	三芯双面瓦楞纸板

情境三 包装纸质容器

一、包装纸箱

纸箱与纸盒是主要的纸制包装容器，两者形状相似，习惯上小的称盒，大的称箱，没有严格的区分界限。作为包装容器，盒一般用于销售包装，而箱多用于运输包装。包装用纸箱按结构可分为瓦楞纸箱和硬纸板箱两类，包装上用得最多的是瓦楞纸箱，下面介绍瓦楞纸箱。

(一)瓦楞纸箱的特性

瓦楞纸箱由瓦楞纸板制作而成，是使用最广泛的纸包装容器。纸板结构60%～70%的体积中空，具有良好的缓冲减震性能。与相同定量的层合纸板相比，瓦楞纸板的厚度大，大大增强了纸板的横向抗压强度，故大量用于运输包装。与传统的运输包装相比，瓦楞纸箱有如下特点：

(1)轻便牢固，缓冲性能好　瓦楞纸板是空心结构，采用少的材料构成刚性较大的箱体。

(2)原料充足，成本低　瓦楞纸板的原料很多，边角木料、竹、麦草、芦苇等均可。

(3)加工简便　瓦楞纸箱的生产可实现高度的机械化和自动化，用于产品的包装操作可实现机械化和自动化。

(4)使用范围广　瓦楞纸箱包装物品范围广，与各种覆盖物和防潮材料结合制造使用，可大大提高使用性能，拓展使用范围。

(5)贮藏和运输方便　空箱可折叠或平铺展开运输和存放，便于装卸、搬运和堆码，节省运输工具和库房的有效空间，提高其使用效率。

(6)易于印刷装潢　瓦楞纸板有良好的吸墨能力，印刷装潢效果好。

(二)纸箱箱型结构的基本形式

纸箱种类繁多，结构各异。按照国际纸箱箱型标准，基本箱型一般用四位数字表示，前两位表示箱型种类，后两位表示同一箱型种类中不同的纸箱式样。纸箱箱型结构基本形式如下。

1. 02类摇盖纸箱

开槽型纸箱是运输包装中最基本的一种箱型，由一页纸板裁切而成纸箱坯片，通过钉合、黏合剂或胶纸带黏合来结合接头。运输时呈平板状，使用时封合上下摇盖。这类纸箱使用最广，尤其是0201箱，可用来包装多种商品，国际上称为RSC箱(regular slotted case)。02类箱基本箱型和代号如图2-3所示。

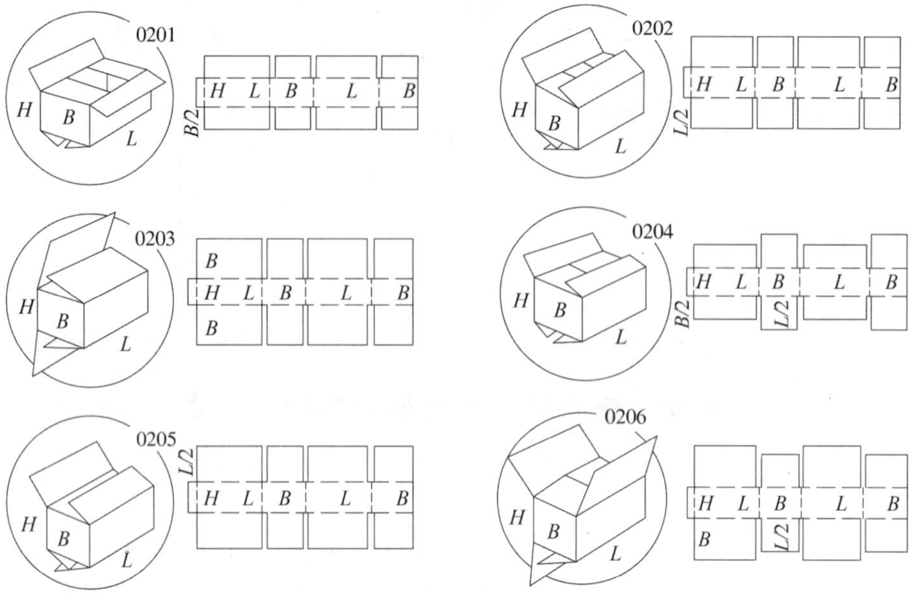

图 2-3　02 类箱基本箱型和代号

2. 03 类套合型纸箱

套合型纸箱由两片或三片纸板加工而成，箱体与箱盖(有时也包括箱底)分离。纸箱正放时，顶盖或底盖可以全部或部分盖住箱体。0310 箱型如图 2-4 所示。

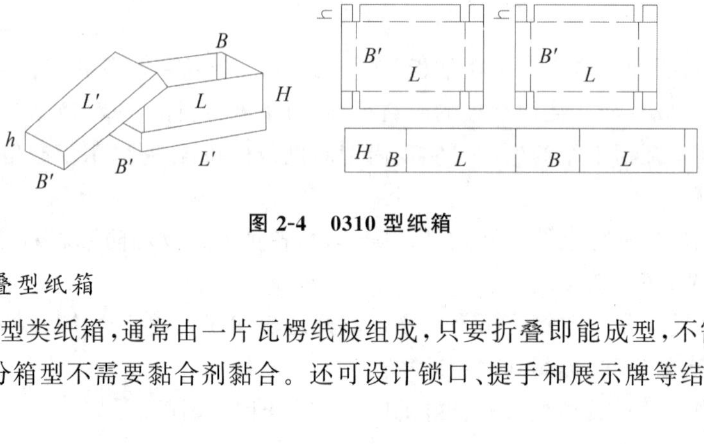

图 2-4　0310 型纸箱

3. 04 类折叠型纸箱

它也称为异型类纸箱，通常由一片瓦楞纸板组成，只要折叠即能成型，不需钉合或胶纸带黏合，甚至一部分箱型不需要黏合剂黏合。还可设计锁口、提手和展示牌等结构。图 2-5 所示为 0420 箱型。

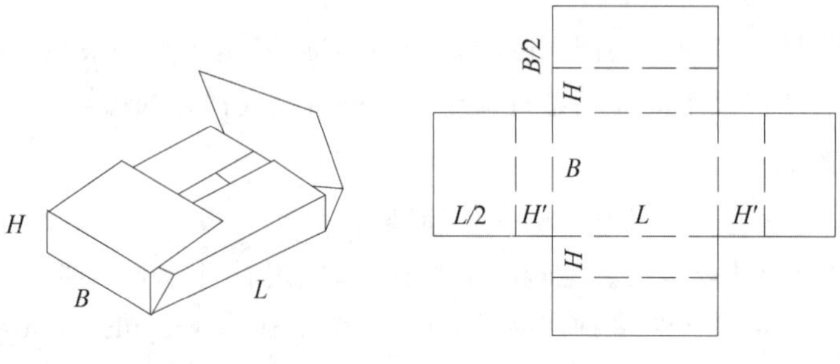

图 2-5　0420 型纸箱

4. 05 类滑盖型纸箱

它由数个内装箱或框架及外箱组成，内箱与外箱以相对方向运动套入。这一类型的部分箱型可以作为其他类型纸箱的外箱。图 2-6 所示为 05 类箱的两种形式。

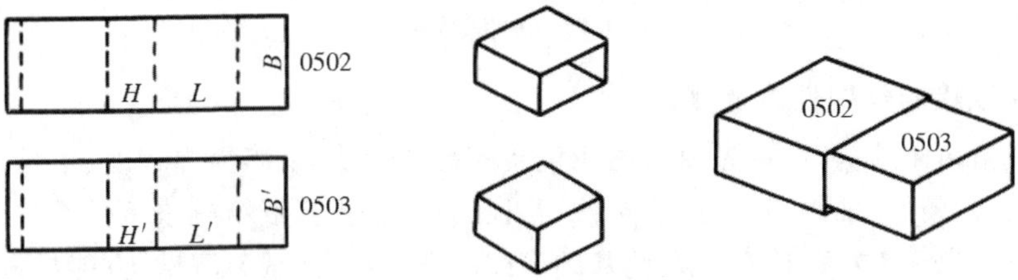

图 2-6　0502 型、0503 型纸箱

5. 06 类固定型纸箱

它由两个分离的端面及连接这两个端面的箱体组成。使用前通过钉合、黏合剂或胶纸带黏合将端面及箱体连接起来，没有分离的上下盖，成箱后不能折叠。图 2-7 所示为 0601 型纸箱。

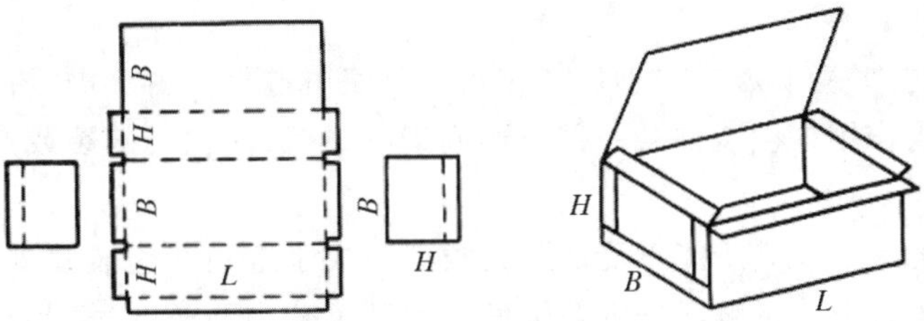

图 2-7　0601 型纸箱

6. 07 类自动型纸箱

仅有少量黏合，只是一页纸板成型，运输呈平板状，使用时只要打开箱体即可自动固定成型，结构与折叠纸盒相似。图 2-8 所示为 0713 型纸箱。

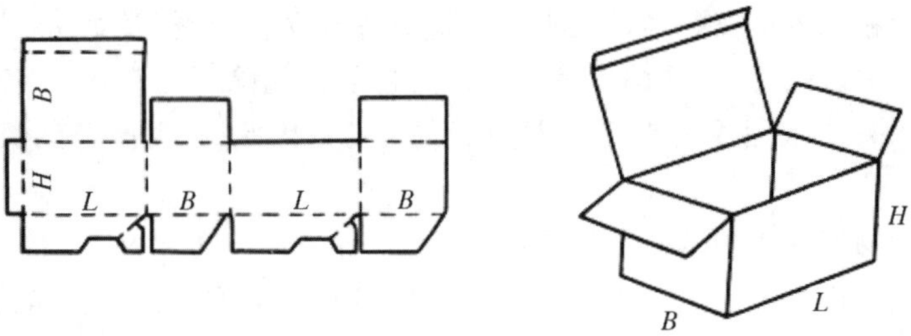

图 2-8　0713 型纸箱

7. 09 类——内衬件

此类包括隔垫、隔框、衬垫、隔板、垫板等。盒式纸板、衬套周边不封闭，放在纸盒内部，加强了箱壁并提高包装的可靠性。隔垫、隔框用于分割被包装的产品，提高箱底强度等。图 2-9 所示为 09 类隔框中常见的几种。

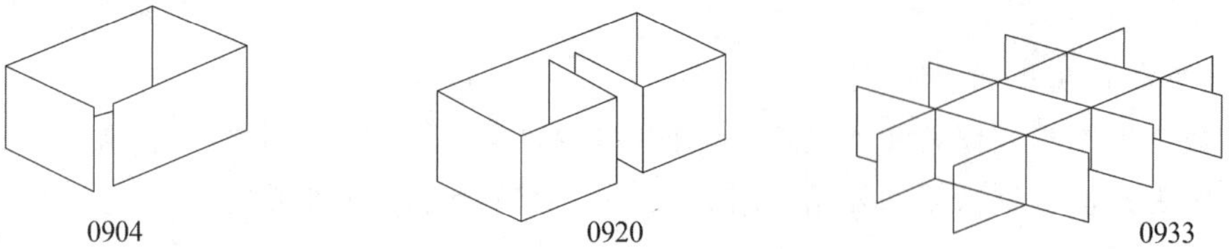

图 2-9　09 类隔框

(三)瓦楞纸箱的物理性能及测试

在设计纸箱箱体结构时，首先要根据所包装商品的性质、易碎易损程度、重量、拟采用的箱形结构式样、仓贮条件、堆码高度、运输条件、路程远近等，测算纸箱应该承受的压力，然后确定楞型、瓦楞纸板层数、用料配比等。在此基础上试制出样箱，经试装测试，方能批量生产。

1. 影响纸箱包装强度的主要因素

(1)包装纸箱的主要破坏方式　①在包装箱装载、封闭、堆垛、贮存及运输过程中，箱体材料中产生垂直方向的压缩，当包装强度不足时引起包装破坏。②在运输及装卸过程中，产生水平方向的压缩而引起包装破坏。③在包装过程中包装箱跌落时，由于动载荷会使包装产生轴向拉伸而引起包装破坏。④在使用过程中，当强行从包装箱取出商品时，包装箱会发生边缘撕裂。

(2)纸箱包装的主要变形形式　①包装在运输及使用过程中由于静载荷或动载荷产生的变形。②由于作用力作用在包装件某一部位形成集中载荷，使包装破裂或产生永久变形时造成包装件的变形。

包装件变形值的大小及其所能承受的最大载荷取决于纸箱的包装强度，而包装强度则取决于纸板材料的结构性质。影响瓦楞纸箱强度的因素可分为两类：一类是瓦楞纸板的基本因素，它是决定瓦楞纸箱抗压强度的主要因素，主要包括原纸的抗压强度、瓦楞楞型、瓦楞纸板种类、瓦楞纸板的含水量等因素；另一类是在设计、制造及流通过程中发生影响的可变因素，主要包括箱体尺寸比例、印刷面积与印刷设计、纸箱的制造技术、制箱机械的缺陷及质量管理等因素。这类因素在设计或制造瓦楞纸板及瓦楞纸箱的过程中可以设法避免。

2. 瓦楞纸板的物理性能测试

为了使瓦楞纸箱能抵抗在贮运过程中所遇到的各种损害，纸箱及纸板必须具有许多性能要求，如抗压强度、耐破强度、减震性能等。纸箱的包装性能除了与箱体尺寸、制造技术、流通使用环境等密切相关外，最主要取决于瓦楞纸板的性能。因此，常需测定瓦楞纸板的各种物理性能指标。

瓦楞纸板一般物理性能测试标准如下：

(1)定量　按 GB 451.2—2002 进行，试样必须具有足够的尺寸，最低限度 500 cm^3 (ISO 536)。

(2)厚度　测试时使用瓦楞纸板厚度计(GB/T 6547—1998)，试件的面积应大于厚度计的接触面积(10±0.2) cm^2，并施加一定的压力(20±0.5) kPa。

(3)水分　把试样放在 100～105 ℃(GB/T 462—2008)的烘箱内烘干至恒重，试样所减少的重量与试样原重之比即为水分测试值。

瓦楞纸板机械性能及测试标准如下：

(1)耐破强度　测定方法(GB/T 6545—1998),是以液压增加法测定其耐破强度值,测定时为了防止试样滑动,试样应具有不低于 690 kPa 的支持力。

(2)戳穿强度　指瓦楞纸板受锐利物品冲撞,发生损坏时的抵抗力。戳穿强度测定按 GB/T 2679.7—2005《纸板戳穿强度的测定方法》的规定进行测试。

(3)平压强度　依据 GB/T 2679.6—1996 的规定,在一定温湿度条件下,一定面积(大于 50 cm^2)试样在平压试验机上测定瓦楞纸板所能承受的压力,单位为 kPa。

(4)边压强度　测定方法(GB/T 6546—2021),是将矩形的瓦楞纸板试样置于耐压强度测定器的两压板之间,并使试样的瓦楞方向垂直于耐压强度测定器的两板,然后对试样施加压力,直到破坏时最大压力即边压强度,单位为 N/m。

(5)黏合强度　测定方法(GB/T 6548—2011),适用于测定各种瓦楞纸板楞峰与面板或芯纸的黏合强度,以试样被全部分离时所需的最大力表示,单位为 N/m。

3. 瓦楞纸箱的物理性能测试

(1)压缩强度试验　通常称为抗压力试验,是纸箱测试最基本的一个项目。抗压强度是考核纸箱质量的重要指标,它反映了纸箱内在强度质量,也是运输包装的主要考核指标。纸箱压缩强度试验方法(GB/T 4857.4—2008)是将试验样品置于试验机两平面压板之间,然后均匀施加压力,直到试验纸箱发生破裂时的最大压力,以 N 表示。

(2)综合测试　指瓦楞纸箱装入商品后,进行破坏性模拟试验、跌落试验等,这些试验项目一般由专门的包装测试机构实施。

二、包装纸盒及其他包装纸器

纸盒是商品的销售包装容器,一般由纸板裁切、折痕压线后经弯折成型、装订或黏接而制成,是直接和消费者见面的中小型包装。纸盒包装的结构要根据不同商品的特点和要求,采用适当的尺寸、适当的材料(瓦楞纸板、硬纸板、白纸板等)和美观的造型来安全地保护商品,美化商品,方便使用和促进销售。纸盒包装装潢应把商品通过艺术手法形象地传递给消费者,以达到促销目的。

精美的纸盒包装不仅是包装容器和帮助推销的工具,其本身就是一件艺术品。纸盒在食品、饮料、医药等物品的包装上得到广泛的应用。目前食品市场上,有各式各样印刷装潢精美的纸盒,制盒材料已由单纸板材料向纸基复合纸板材料发展。突出商品是第一性,艺术是第二性,纸盒作为销售包装容器具有强大的生命力。

(一)纸盒的种类及选用

纸盒的种类和式样很多,差别在于结构形式、开口方式和封口方法。通常按照制盒方式可分为折叠纸盒和固定纸盒两类。

1. 折叠纸盒(folding cartons)

采用纸板裁切压痕后折叠成盒,成品可折叠成平板状,打开即成盒,纸板厚度为 0.3～1.1 mm,可选用白纸板、挂面纸板、双面异色纸板及其他涂布纸板等耐折纸箱板。常用的折叠纸盒形式有扣盖式、黏接式、手提式、开窗式等。折叠纸盒按结构特征又可分为管式折叠纸盒、盘式折叠纸盒和非管非盘式折叠纸盒三类。

(1)管式折叠纸盒　由一页纸板裁切压痕后折叠、边缝黏接,盒盖盒底采用翼折叠组装固定或封口的一类纸盒。盒盖是商品内装物进出的门户,其结构必须便于内装物的装填和取出,且装入后不易自开，从而起到保护作用，在使用中便于消费者开启。

插入式折叠纸盒有三个摇翼，具有再封盖作用，在盒盖摇翼上做一些小的变形即可进行锁合；锁口式结构是主盖板的锁头或锁头群插入相对盖板的锁孔内，其封口比较牢固，但开启稍嫌不便；插锁式结构两边摇翼锁口相接合，其封口比较牢固；黏合封口式折叠纸盒的盒盖主盖板与其余三块襟片黏合，封口密封性能较好，包装粉末或颗粒状食品不易泄漏，适用于高速全自动包装机。图 2-10 所示为四种常见的管式折叠纸盒。

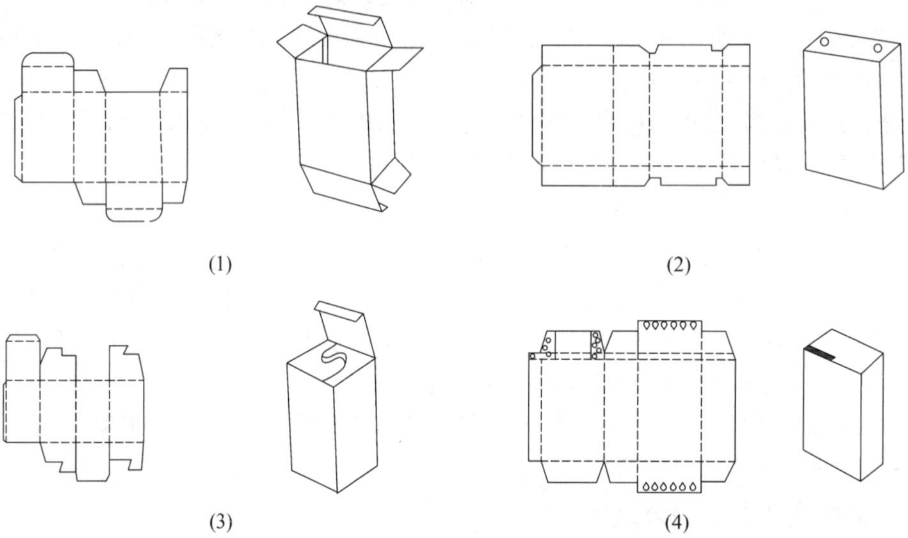

图 2-10　常见管式折叠纸盒结构

(1)插入式折叠纸盒　　(2)锁口式折叠纸盒

(3)插锁式折叠纸盒　　(4)黏合封口式折叠纸盒

正揿封口式折叠纸盒是在纸盒盒体上进行折线或弧线压痕，利用纸板本身的强度和挺度，揿下盖板来实现封口。其特点是包装操作简单、节省纸板，并可设计出许多别具风格的纸盒造型，但仅限小型轻量商品包装(图 2-11)。

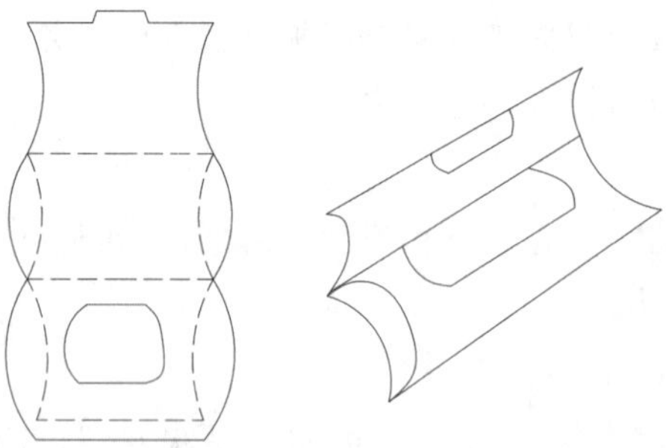

图 2-11　正揿封口式折叠纸盒

连续摇翼窝进式折叠纸盒是一种特殊的锁口形式，通过盒盖各摇翼彼此啮合折叠，使盒盖片组成造型优美的图案，装饰性强，可用于礼品包装。缺点是手工组装比较麻烦(图 2-12)。

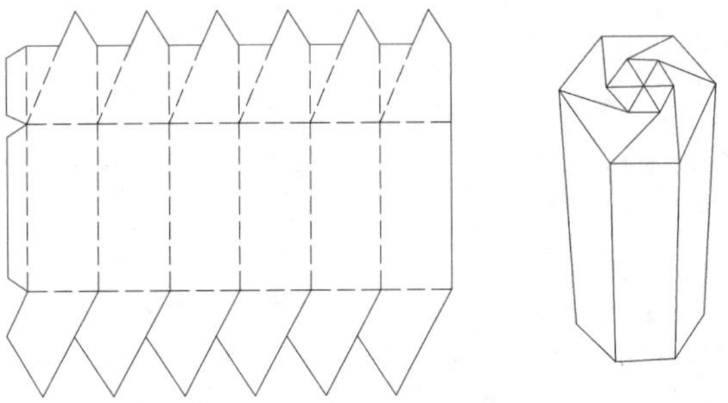

图 2-12 连续摇翼窝进式折叠纸盒

纸盒盒底主要承受内装物的重量，也受压力、振动、跌落等因素的影响，管式折叠纸盒盒底的结构设计既要保证强度，又要力求简单，前述盒盖结构一般均可作为盒底使用。

锁底式手提折叠纸盒需用手工组装，盒底能承受一定的重量，常用于中型纸盒的多件组合包装。自动锁底式结构其成型后仍可折叠成平板状贮运，可用于纸盒自动包装生产线(图 2-13)。

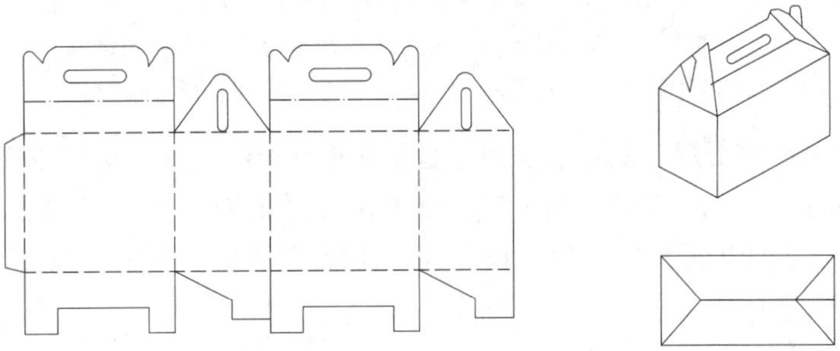

图 2-13 锁底式手提折叠纸盒

间壁封底式折叠纸盒是将折叠纸盒盒底的四个底片设计成把盒内分割成相等或不相等的二、三、四、五、六、八等格的不同间壁状态，有效地分隔和固定单个内装物(图 2-14)。

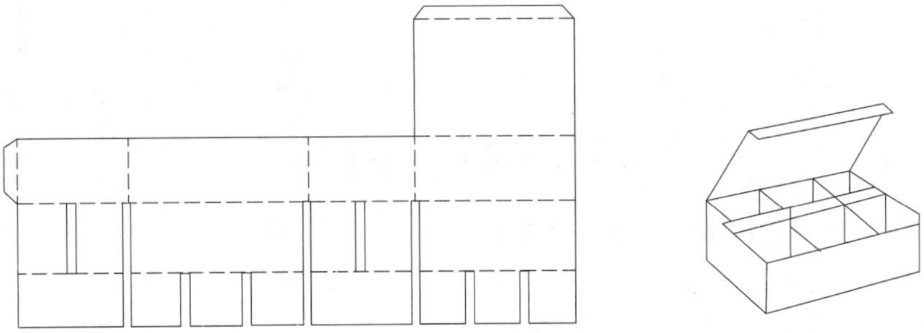

图 2-14 间壁封底式手提折叠纸盒

(2)盘式折叠纸盒　一页纸板裁切压痕，其四边以直角或斜角折叠成主要盒型，在角隅侧边处进行锁合或黏接成盒。由于盘式折叠纸盒盒盖位置在最大面积盒面上，负载面比较大，开启后观察内装物的面积也大，适用于食品、药品、服装及礼品的包装。图 2-15 所示为几种典型的盘式折叠纸盒结构形式。

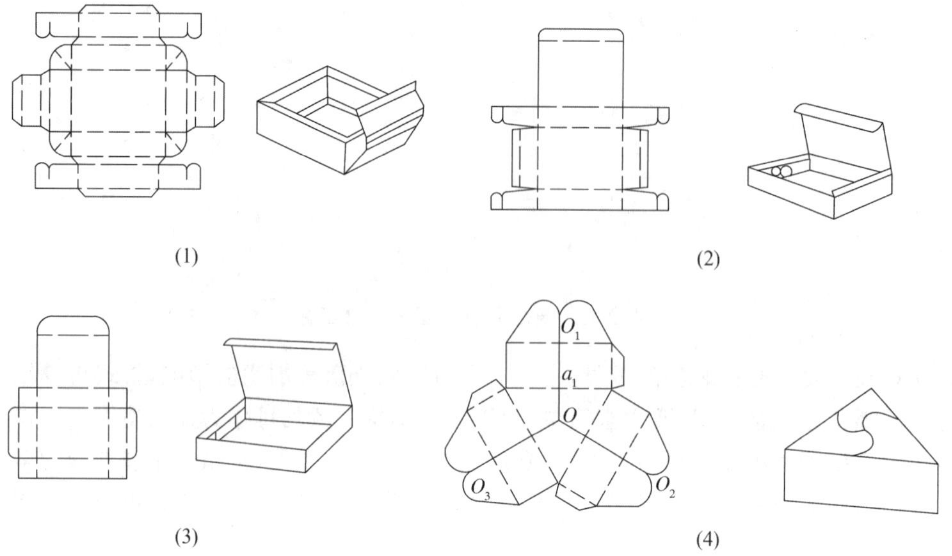

图 2-15　典型盘式折叠纸盒结构形式

(1)全封口一页成型盘式摇盖盒　　(2)锁合式盘式折叠纸盒

(3)襟片黏合盘式折叠纸盒　　(4)插别式折叠纸盒

(3)非管非盘式折叠纸盒　此种纸盒既不是单纯由纸板绕一轴线旋转成型,也不是由四周侧板呈直角或斜角折叠成型,而是综合了管式或盘式成型特点,并有自己独特的成型特点。如图 2-16 所示为非管非盘式折叠纸盒的一种,可用于瓶罐包装食品的组合包装。

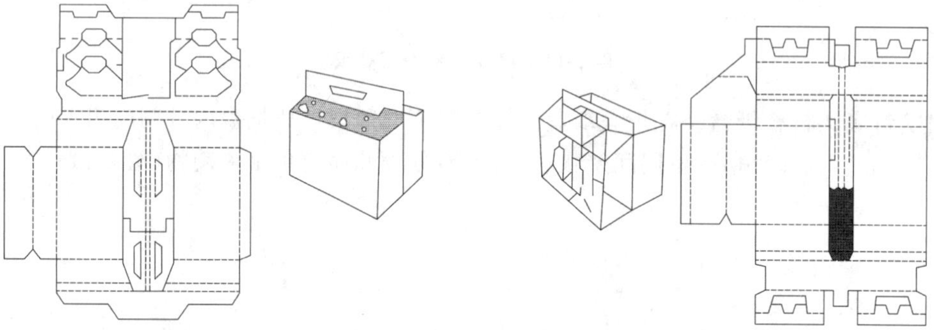

图 2-16　非管非盘式折叠纸盒

(4)折叠纸盒的功能性结构　折叠纸盒除了基本成型结构之外,可根据其不同功能要求,分别设计其他一些局部特征结构,常通过异型、间壁、组合、多件集合、提手、开窗展示、易开结构、倒出口结构等方面的设计来实现其功能要求。

2. 固定纸盒

固定纸盒又称粘贴纸盒,用手工粘贴制作,其结构形状、尺寸空间等在制盒时已确定,在贮运过程中也不改变原有形状和尺寸。

制造固定纸盒的基材主要选用挺度较高的非耐折纸板,其强度和刚性较折叠纸盒高,且货架陈列方便,但生产效率低、成本高、占据空间大。内衬选用白纸或白细瓦楞纸、塑胶、海绵等。

贴面材料包括铜版纸、蜡光纸、彩色纸、仿革纸以及布、绢、革和金属箔等。盒角可以采用涂胶纸带加固、钉合等方式进行固定。

(1)套盖式固定纸盒　此种纸盒的盒底与盒体分开成型，即基盒由体板和底板两部分组成，外敷贴面纸加以固定和装饰(图 2-17)，通过贴面纸装饰固定纸盒，可体现民族传统文化特色。

(2)摇盘式固定纸盒　此种纸盒的盒体盒底用一页纸板成型，用纸或布黏合、钉合或扣眼固定盒体角隅，结构简单，便于批量生产，但其压痕及角隅尺寸精度较差(图 2-18)，常用于礼品包装。

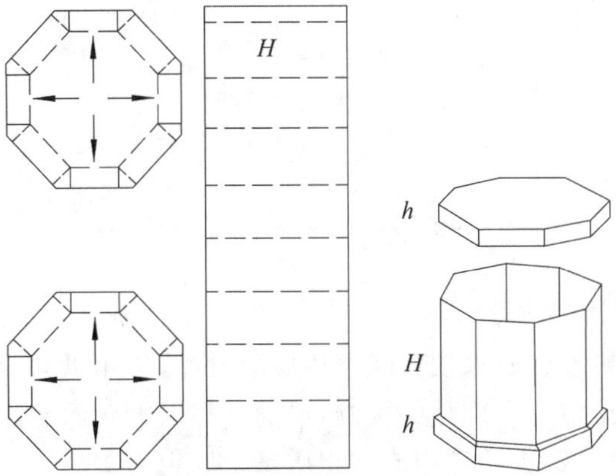

图 2-17　套盖式固定纸盒结构

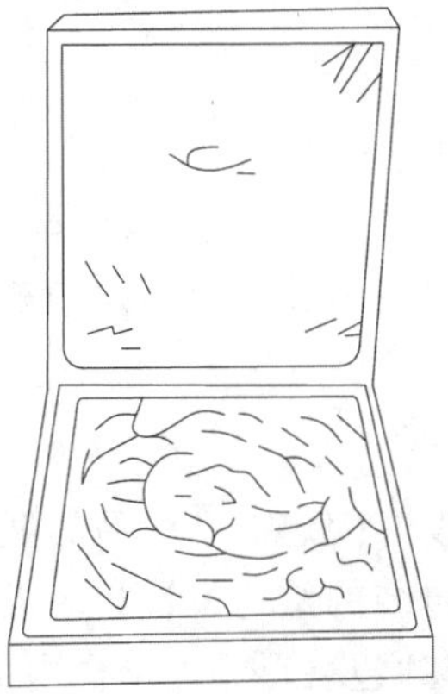

图 2-18　摇盘式固定纸盒

3. 纸盒的选用

一般来说，对于诸如饼干、糕点等易碎食品，又不易从盒的狭窄面放入或取出，应选用盘式折叠纸盒。对于重量较大的瓶装食品，一般采用锁底式管式折叠纸盒。对于保健品、生日蛋糕等带有装饰美感的食品，应选用透明开窗纸盒。手提式纸盒在酒类、礼品食品包装上得到广泛的应用。若要体现包装食品的民族传统文化特色，则可选用贴面纸装饰的固定纸盒。

(二)纸盒设计

1. 纸盒结构造型设计

纸盒的造型多为几何体及其组合或分割的形态，并以侧面、盒底、盒盖形成一定容积的空间来直接或间接地包装商品。为了设计出美观实用的纸盒，必须综合考虑商品的性质、形态、密度、使用方法、流通条件及销售对象等因素，在遵循有关设计原则的基础上吸收已有造型结构并有所创新。就食品而言，糕点多用套盖式纸盒；粉末、颗粒或流体食品多用较高的筒状纸盒；生日蛋糕的包装纸盒一般为圆形或多角形。

2. 纸盒结构尺寸的设计

纸盒的结构尺寸设计和瓦楞纸箱的结构尺寸设计相似，主要是确定内部尺寸、外部尺寸与制造尺寸的关系。

(1)具有固定形态的商品　对于包装整体的固态物品，纸盒尺寸应根据被包装物品的最大外廓尺寸来确定，并对纸盒各向尺寸另加 3～5 mm 的余量，包装硬挺的物品时取小余量值，包装规格尺寸差别大的物品时取大余量值。当纸盒结构尺寸确定后，为便于控制纸盒的加工质量，应用公差控制各向尺寸。一般的公差范围为±(0.5～3)mm。同样，被包装物品规格尺寸变化大者其公差值取大值。如图2-19所示为6个玻璃瓶装食品的组合包装，为节省用料和运输空间，盒型应设计成与物品外廓基本相符。考虑到瓶径 d 和瓶高 h 的制造误差以及设置隔垫防护等因素，应将纸盒尺寸适当加大。长、宽方向的内部尺寸加大量一般为(排列个数－1)×1 mm，高度方向内部尺寸的加大量为瓶高误差 Δ 的2～4倍。据此，纸盒尺寸应为：长度方向 $[3d+(3-1)\times1]\pm0.5$ mm；宽度方向 $[2d+(2-1)\times1]\pm0.5$ mm；高度方向 $[h+(2\sim4)\times\Delta]\pm0.5$ mm。

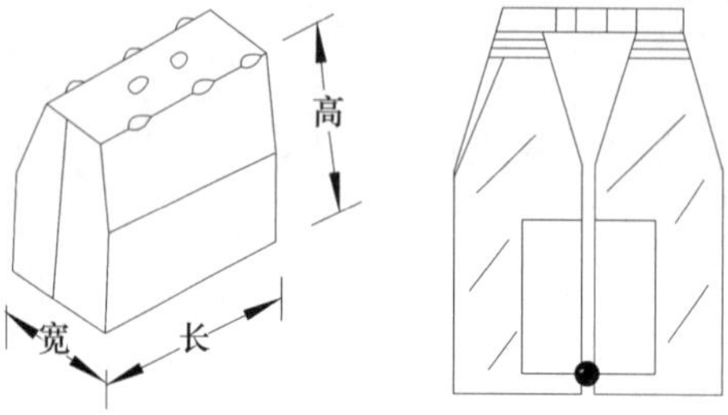

图2-19　商品组装纸盒

(2)没有固定形态食品的纸盒包装　对于粉末、颗粒、糊膏或流体状的食品，采用纸盒直接包装时，包装的结构设计相当重要。此类包装盒型不受商品的限制，但商品却以纸盒的造型而取得一定的包装形态。纸盒内部尺寸应根据商品销售的容积或体积质量来确定。

无固定形态食品的包装纸盒，其造型多为简单的几何体。一些常见的几何体体积计算公式可参阅有关资料。

实操演练2-2　GB 31604.47—2016　食品安全国家标准 食品接触材料及制品　纸、纸板及纸制品中荧光增白剂的测定

一、实操目标

1. 理解荧光增白剂测定的原理；
2. 掌握荧光增白剂的直接测定及确证；
3. 掌握荧光增白剂直接测定及确证的结果判定。

二、实操原理

荧光增白剂吸收近紫外光(波长范围300～400 nm)后，分子中的电子从基态跃迁，在极短时间内又回到基态，同时发射出蓝色或紫色荧光(波长范围420～480 nm)。在波长365 nm紫外灯照射下，通过观察试样是否有明显荧光现象来定性测定试样中是否含有荧光增白剂。如果试样出现多处不连续小斑点状荧光或试样有荧光现象但不明显时，可用碱性提取液提取，然后将提取液调节为酸性，再用纱布吸附提取液中的荧光增白剂，在波长365 nm紫外灯下，观察纱布是否有明显荧光现象，来确证试样中是否含有荧光增白剂。

三、实操耗材

1. 试剂及配制

(1)盐酸溶液(10%，体积分数)

(2)乙腈溶液(40%,体积分数)

(3)碱性提取液:用移液管按40∶60∶1的体积比分别量取乙腈、水和三乙胺混匀。

(4)标准储备液(1.00 mg/mL):于避光条件下,准确称取0.122 0 g标准品约10 mg于烧杯中,用碱性提取液溶解,转移至10 mL棕色容量瓶中定容,于−18 ℃以下黑暗处保存。

(5)标准工作液(40.0 μg/mL):将标准储备液用乙腈溶液逐级稀释,于4 ℃左右避光保存。

2. 材料

纱布、玻璃棉。

3. 仪器和设备

紫外灯(波长365 nm)、剪刀、直角三角板、超声波清洗器、高速粉碎机、旋转蒸发仪、恒温水浴锅、pH计、分析天平(感量分别为1 mg和0.1 mg)、鸡心瓶、具塞锥形瓶、玻璃漏斗、玻璃表面皿、托盘、离心机。

四、实操步骤

1. 试样制备

对于食品用纸或纸板,如食品包装纸、糖果纸、冰棍纸等,从试样中随机取5张,用剪刀和直角三角板裁剪成100 m^2大小。

2. 荧光增白剂的直接测定

于暗室或暗箱内,打开紫外灯的电源开关,检测波长365 nm。将制作好的100 m^2试样置于紫外灯光源下约20 cm处,观察试样是否有明显的蓝色或紫色荧光。如试样出现多处不连续小斑点状荧光或试样有荧光现象但不明显时,则需进行确证实验。

3. 荧光增白剂的确证

(1)标准对照纱布的制备　称取粉碎均匀的空白纸样2.0 g(精确至1 mg)于250 mL锥形瓶中,加入40.0 μg/mL标准工作液0.5 mL,于避光状态下加入100 mL碱性提取液,50 ℃下超声提取40 min。冷却至室温,将提取液通过装有少许玻璃棉(要求不含荧光物质)的玻璃漏斗过滤到鸡心瓶中,将提取液在50 ℃下减压浓缩至40～50 mL后转至250 mL烧杯,用盐酸溶液调pH为3～5,加水定容至100 mL。将一块5 cm×5 cm纱布浸没于提取液中,在40 ℃水浴吸附30 min。用镊子取出纱布用手挤去大部分液体,将纱布叠成四层,每层面积约为2.5 cm×2.5 cm,放于玻璃表面皿中。

(2)试样提取与吸附　称取粉碎均匀的试样2.0 g于250 mL锥形瓶中,其余操作按照(1)步骤中"于避光状态下,放于玻璃表面皿中"进行。每个试样进行两次平行试验,以2.0 g水代替试样进行空白试验。

(3)荧光增白剂的测定　于暗室或暗箱内,打开紫外灯的电源开关,检测波长选择365 nm。将放置标准对照纱布、试样纱布及空白试验纱布的表面皿一起置于紫外灯光源下约20 cm处,观察试样纱布是否比空白试验纱布有明显的蓝色或紫色荧光。

4. 结果判定

(1)荧光增白剂的直接测定实验　对于食品用纸或纸板,如果5张中任何一张的荧光面积大于5 cm^2,则判定该试样中荧光增白剂为阳性,否则判定该试样中荧光增白剂为阴性;对于食品用纸制品,2个同批次的产品中任何一个的荧光面积大于5 cm^2,则判定该试样中荧光增白剂为阳性,否则判定该试样中荧光增白剂为阴性。

(2)荧光增白剂确证实验　如果试样的两个平行试验均无明显荧光现象,则判定该试样中荧光增白剂为阴性,如两个平行试验均有明显荧光现象,则判定该试样中荧光增白剂为阳性。如只有一个试样纱布有明显荧光现象,需要重新进行两个平行试验,如重新试验后两个平行试验均无明显荧光现象,则判定该试样中荧光增白剂为阴性,否则判定该试样中荧光增白剂为阳性。

五、实操技能点

1. 标准对照纱布的制备。

2. 荧光增白剂测定结果的判定。

(三)其他包装纸器

其他包装纸器主要指包装纸袋、复合纸杯、复合纸罐、纸餐盒、纸质托盘、纸浆模塑制品及液体包装用纸容器和衬袋箱(盒)。

1. 纸袋

纸袋多采用黏合或缝合方式成袋。作为一种软包装容器,用途广泛,种类繁多。纸袋按形状可分为以下几类:

(1)信封式纸袋　它开口和折盖均在具有较大尺寸的侧面上,底部不形成平面,常用于包装粉状商品等。

(2)自立式纸袋　此种纸袋通常袋底呈长方形,袋口容易开启。由单层、两层或三层复合材料制成,可以印刷精美图案,制袋成本较低,可用于包装糖果、点心、咖啡等产品。最大的缺点是袋上折痕太多,常会影响其强度。

(3)便携式纸袋　一般用牛皮纸或复合纸制作,比较结实,在袋口处有加强边,并配有提手,以利于携带,常用于礼品包装。

(4)M形折式纸袋　它的侧边折痕呈M形,使用时,纸袋能扩张成长方形截面,一般具有较大容积。

(5)阀门纸袋　它的周围均封闭,在其中一端装一阀门,物料即由阀门处充填进袋,在袋内物品压力下关闭阀门,常用于颗粒物品包装。

2. 复合纸杯(composite paper-cup)

复合纸杯是以纸为基材的复合材料经卷绕并与纸胶合而成,口大底小、形状如杯,并带有不同的封口形式,是一种很实用的纸质容器。表2-3表示了几种材质的纸杯及应用:①PE/纸复合材料,可耐沸水煮而作热饮料杯;②涂蜡纸板材料,主要用作冷饮料杯或常温、低温的流体食品杯;③PE/Al/纸,主要用作长期保存型纸杯,具有罐头的功能,因此也称纸杯罐头。纸杯有有盖和无盖之分,质轻、卫生、价廉、便于废弃处理,广泛用作饭店、宾馆、飞机等的一次性使用容器。

表2-3　几种常见纸杯的应用

纸杯类型	适用食品
纸、Al/纸、纸/Al、纸/Al/PE	快餐类
蜡/纸、纸/蜡、蜡/纸/PE	冰激淋、冷饮料、乳制品
PE/纸/PE、纸/PE、皱纹纸/纸/PE	热饮料、乳制品、快餐类

3. 复合纸罐(composite paper-can)

复合纸罐是近年来发展起来的一种纸与其他材料复合制成的包装容器。由于复合纸罐集合了多种包装材料的包装性能，因此具有特定的包装功能。

（1）性能及应用　复合纸罐包装成本低、重量轻、外观好、废品易处理，且具有隔热性，可以较好地保护内容物，可代替金属罐和其他容器。与马口铁罐相比，耐压强度与其相近，而内壁具有耐蚀性，价格仅为马口铁罐的1/3，实用性更大。

复合纸罐可用于粉体、块体、流体内容物、油性黏流体内容物的包装。美国约有85%的浓缩柑橘汁采用复合纸罐包装，日本50%以上的软饮料是采用铝质易开盖的复合纸罐包装。复合纸罐也可应用特殊包装技术，如真空包装，包括咖啡、奶粉及花生等的“干”真空包装和浓缩汁及调味品的“湿”真空包装。复合纸罐的绝热性可阻隔外界温度的影响，但在冷冻和热加工包装上会减缓冷却和加热的速度而不适用。

（2）结构与材料　一般来说，复合纸罐由罐身、罐底和罐盖组成，罐身采用平卷罐和螺旋罐两种，罐身的层数或厚度越大，强度越高，成本也会增大，而且给制罐、封口、加工带来困难，罐身直径也会受到限制。罐底和罐盖采用金属材料，有利于增大容器的强度和刚性。

①内衬层　内衬层应具有卫生安全性和内容物保护性，常用PE、PP塑料薄膜和蜡纸、半透明纸、防锈纸、玻璃纸等加工以及复合内衬。

②中间层　也称加强层，应提供高强度和刚性，常用含50%～70%废纸的再生牛皮纸板多层结构。

③外层商标纸　应具有较好的外观性、印刷性和阻隔性，常用的是80～100 GSM预印的漂白牛皮纸和15 GSM LDPE/90 GSM白色牛皮纸复合商标纸（普通罐）以及采用预印的铝箔商标纸和用9 μm铝箔/90 GSM褐色牛皮纸复合商标纸（优质罐）。

④黏合剂　常用黏合剂有聚乙烯醇——聚醋酸乙烯共混物、聚乙烯、糊精、动物胶等。

⑤复合纸罐的罐底和罐盖　常用纸板、金属（马口铁和合金铝）、塑料（HDPE）及复合材料等。

4. 纸餐盒

纸餐盒是近年来开发的一种环保型包装制品，已经取代EPS发泡聚苯乙烯快餐盒。国家轻工业标准对以植物纤维为主要原料生产的纸餐盒给出了详细的规定，餐盒纸板的纸面应光洁均匀，无折子、孔眼、纸浆疙瘩等影响使用的纸病，加工或模压的纸餐盒外表颜色应正常、无异味、表面平整光洁。

5. 纸质托盘(paper pallets)

纸质托盘是用复合纸经冲切成杯后冲压而成，深度可达6～8 mm，所用复合材料以纸板为基材，经涂布LDPE、HDPE和PP等涂料后制成，必要时可涂布PET，可耐200 ℃以上的热加工温度。纸基材主要是漂白牛皮纸(SBS)。表2-4表示了各种加热方式适用的涂料种类。

表2-4　纸质托盘不同加工温度对涂料的选用

加热设备	涂料
微波炉	PP、HDPE
炊用炉(140～150 ℃)	PP
热风炉(130～140 ℃)	PP
蒸汽箱(100 ℃)	PP、HDPE
热水槽(100 ℃)	PP、HDPE

纸质托盘主要用于烹调食品、微波热加工食品、快餐食品等包装及用作收缩包装底盘，具有耐高温、耐油、成本低、使用方便、外观好等优点。

6．纸浆模塑制品（pulp mould）

纸浆模塑制品是植物原料或废纸经过制浆，通过模具成型的一类产品。纸浆模塑制品的形状取决于成型模的形状，灵活多变，可满足不同商品的包装要求。制造纸浆模制品有两种方法，即普通模制法和精密模制法（图 2-20）。

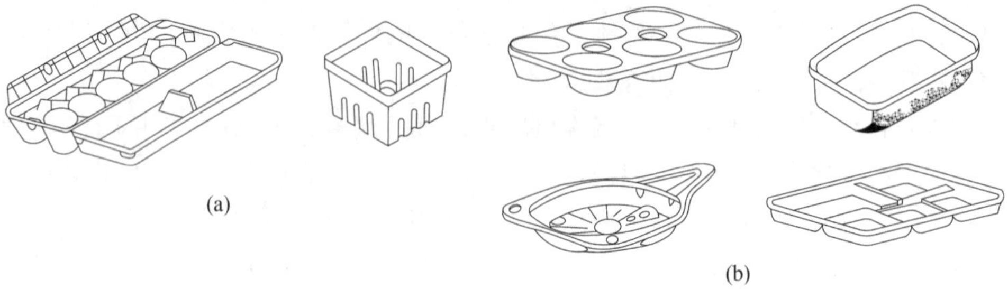

图 2-20 纸浆模塑制品

（a）普通模制法制品 （b）精密模制法制品

（1）普通模制法 制造的产品如浆果小篓，农产品预包装盘，蛋类、果品的定位浅盘等，适于商品流通运输，生产效率较高，原料便宜，成本低，具有一定的减振缓冲性能。为了使制品得到足够的强度，制造时必须加热加压。

（2）精密模制法 在产品成型、真空加压除水密实等前段工艺操作与普通模制法基本相同，精密模法制品形状稳定、精密度高。这类产品有一次性使用的盘、碟、碗和一些特殊制品（如扬声器喇叭筒）。

对有重复使用要求的纸浆模塑制品可进行二次加工，如自助餐厅用餐盘，可加入热固性聚合物纤维素复合材料模塑预制成型，再用真空热成型法将一层热塑性塑料薄膜与纸浆模制盘的一面层合，这种经二次加压制成的盘可用于盛放冷冻饭菜，适用微波炉操作。

7．液体包装用纸容器和衬袋箱（盒）

液体包装用纸容器是以纸为基材，与塑料膜、铝箔等复合制成，主要用于牛奶、饮料、酒类等液体食品包装，要求纸容器具有无毒卫生、无异味、耐化学性及高温阻隔性和热封性等特点。

由于液体包装纸容器是一种将各种不同性能材料组合起来的复合包装容器，兼有各种单一材料的优良特性，可满足液体食品各种特定的包装要求，因而近年来其使用范围和使用量逐年增加，部分取代了玻璃和金属包装容器，具有很好的发展前景。

（1）无菌包装纸盒 这类纸盒主要用于饮料的无菌包装，是国际饮料包装发展主流，容量为 150～1 500 mL 不等，常见的包装容量为 250～1 000 mL。按无菌灌装工艺分类主要有：

①预成型纸盒 此类纸盒在制盒厂已经成型，而后送用户灌装封口，由于此盒成本高、占空间、易破坏、易污染，现已很少应用。

②预切压痕纸盒 在制盒厂模切压痕成纸和坯料，然后送用户在盒成型－灌装封口机上完成纸盒成型、灌装、封口等包装操作。容器一般为矩形截面，人字形顶，材料为 LDPE/纸/LDPE 复合纸，也采用 LDPE/纸/铝箔/LDPE 复合纸，国际上典型的有国际纸业（International Paper）公司和利乐包装（TETRAPAK）公司推出的“人”字形顶无菌包装盒。

③后成型纸盒　将卷筒复合材料放入纸盒成型—灌装机上进行成型、灌装、封口形成无菌包装盒。复合材料有 5 层和 7 层两种，容器形状有砖形、“人”字顶形和梭形（正四面体形）。国际上典型的有国际纸业公司和利乐包装公司推出的无菌包装纸盒。图 2-21 为各种液体食品包装用纸容器。

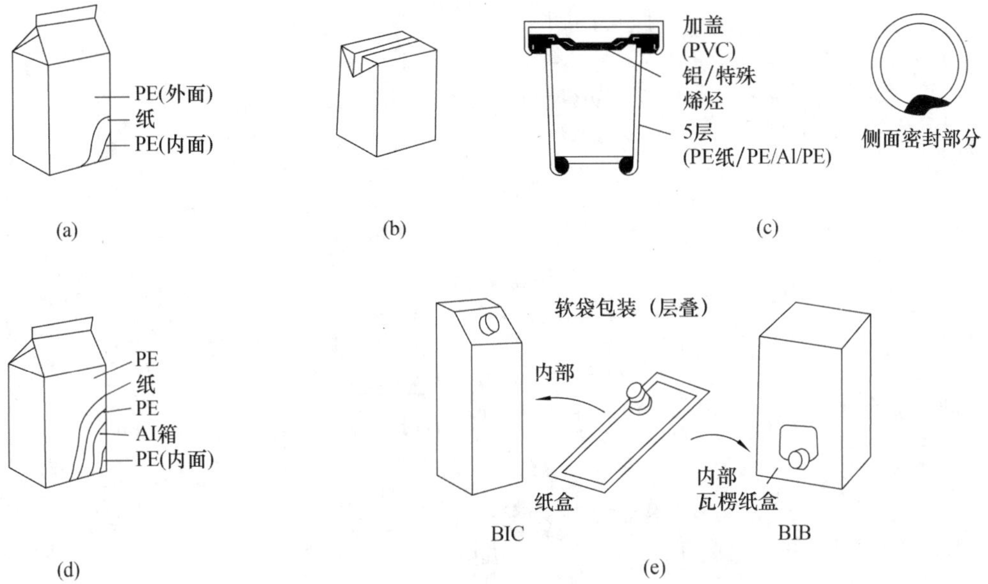

图 2-21　各种液体食品包装用纸容器

(a)“人”字顶方形　(b)砖形　(c)杯形　(d)带盖“人”字顶方形　(e)衬袋箱（盒）

（2）衬袋纸箱（BIB）和衬袋纸盒（BIC）　衬袋纸箱 BIB（bag in box）是供一次性运输包装液体的容器，主要用于浓缩果汁类食品的运输包装，这种容器的外包装是瓦楞纸箱，内衬塑料袋，一般容量范围为 5～20 L，大的可达 200～1 000 L。

衬袋纸盒 BIC（bag in carton）也称小型 BIB。BIC 的外包装是 E 形瓦楞纸盒，内衬塑料包装袋，容量在 2 000 mL 以下（图 2-22）。

BIB 和 BIC 是纸容器和塑料包装袋组合的新型包装容器，运输和贮存的刚性、缓冲性能好，两者在包装性能方面优势互补，构成了新一代食品包装容器。

工作单 2-4　市场调查包装纸器的种类，列举商品实例

包装纸器分类	特点	适用范围	商品实例

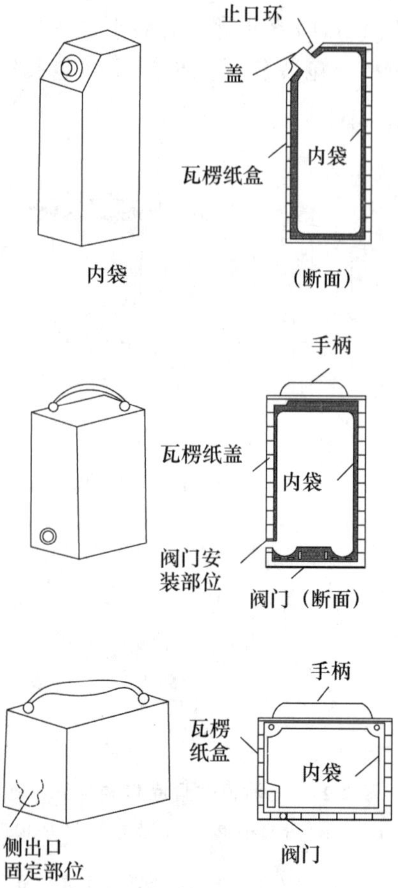

图 2-22 BIC 衬袋纸盒结构形式

项目二 塑料包装材料及其包装容器

任务目标

- ☞ 塑料的组成、分类及性能指标的掌握；
- ☞ 食品包装常用塑料包装材料及其特性的认知；
- ☞ 塑料包装容器分类及特点的识别。

塑料是一种以高分子聚合物——树脂为基本成分，再加入一些用来改善其性能的各种添加剂制成的高分子有机材料。塑料用作包装材料是现代包装技术发展的重要标志，因其原材料来源丰富、成本低廉、性能优良，成为近年来世界上发展最快、用量巨大的包装材料。塑料包装材料广泛应用于食品包装，逐步取代了玻璃、金属、纸类等传统包装材料，使食品包装的面貌发生了巨大的改变，体现了现代食品包装形式的丰富多样、流通使用方便的特点，成为食品销售包装中最主要的包装材料。尽管塑料包装材料用于食品包装还存在着某些卫生安全方面的问题及包装废弃物的回收处理对环境的污染等问题，但塑料包装材料仍是21世纪需求增长最快的食品包装材料之一。

情境一 塑料的组成、分类

一、高分子聚合物的基本概念

高分子聚合物是一类相对分子质量通常在10^4～10^6及以上的大分子物质，且大分子又有特殊的结构，从而使高分子聚合物具有一系列低分子化合物所不具有的特殊性能，如化学惰性、难溶、强韧性好等。

二、塑料的组成

塑料是一种以高分子聚合物为基本成分，再加一些用来改善性能的各种添加剂而制成的高分子材料。

(一)聚合物树脂

塑料中聚合物树脂占40%～100%，塑料的性能主要取决于树脂的种类、性质及在塑料中所占的比例。各类添加剂也能改变塑料的性质，但所用树脂种类仍是决定塑料性能和用途的根本因素。目前生产上常用树脂有两大类：一类为加聚树脂，如聚乙烯、聚丙烯、聚氯烯、聚乙烯醇、聚苯乙烯等，这是构成食品包装用树脂的主体。另一类是缩聚树脂，如酚醛树脂、环氧树脂、聚氨酯等，在食品包装上应用较少。

(二)常用添加剂

常用添加剂有增塑剂、稳定剂、填充剂、着色剂等。

1. 增塑剂

这是一类提高树脂可塑性和柔软性的添加剂。聚合物分子间夹有低分子物质后,加大了分子间距,降低了分子间作用力,从而增强了大分子的柔顺性和相对滑移流动能力。因此,树脂中加入一定量增塑剂后,树脂黏流态时黏度降低,流动塑变能力增高,从而改善塑料成型加工性能。

2. 稳定剂

稳定剂的功用是防止或延缓高分子材料的老化变质。塑料老化变质的因素很多,主要有氧气、光和热等。稳定剂主要有三类:第一类为抗氧剂,有胺类抗氧剂和酚类抗氧剂,酚类抗氧剂其抗氧能力虽不及胺类,但因具有毒性低、不易污染的特点而被大量应用。如抗氧剂 1076、抗氧剂 330 等因其安全无毒可用于食品包装用塑料。第二类为光稳定剂,用于反射或吸收紫外光物质,防止塑料树脂老化,延长其使用寿命,效果显著且用量极少。光稳定剂品种繁多,用于食品包装应选用无毒或低毒的品种。第三类为热稳定剂,可防止塑料在加工和使用过程中因受热而降解,是塑料等高分子材料加工时不可缺少的一类助剂。目前应用最多的是用于聚氯乙烯的热稳定剂。

3. 填充剂

填充剂的功用是弥补树脂的某些不足性能,改善塑料的使用性能,如提高制品的尺寸稳定性、耐热性、硬度、耐气候性等,同时可降低塑料成本。常用填充剂有:碳酸钙、陶土、滑石粉、石棉、硫酸钙等,其用量一般为 20%～50%。

4. 着色剂

用于改变塑料等合成材料固有的颜色,有无机颜料、有机颜料和其他染料。塑料着色可使制品美观,提高其商品价值,用作包装材料还可起屏蔽紫外线和保护内容物的作用。

5. 其他添加剂

根据其功能和使用要求,在塑料中还可加入润滑剂、固化剂、发泡剂、抗静电剂和阻燃剂等。

塑料所用各种添加剂应具有与树脂很好的相溶性、稳定性、不相互影响其作用等特性,用于食品包装的塑料,特别要求添加剂具有无味、无臭、无毒、不溶出,以免影响包装食品的品质、风味和卫生安全性。

三、塑料的分类

塑料的分类方法很多,通常按在加热、冷却时呈现的性质不同,将其分为热塑性塑料和热固性塑料两类。

1. 热塑性塑料

热塑性塑料主要以加成聚合树脂为基料,加入适量的添加剂而制成。在特定温度范围内能反复受热软化流动和冷却硬化成型,其树脂化学组成及基本性能不发生变化。这类塑料成型加工简单,包装性能良好,可反复成型,但刚硬性低,耐热性不高。包装上常用的塑料品种有:聚乙烯、聚丙烯、聚氯乙烯、聚乙烯醇、聚酰胺、聚碳酸酯、聚偏二氯乙烯等类塑料。

2. 热固性塑料

热固性塑料主要以缩聚树脂为基料，加入填充剂、固化剂及其他适量添加剂而制成，在一定温度下经一定时间固化，再次受热，只能分解，不能软化，因此不能反复塑制成型。这类塑料具有耐热性好、刚硬、不熔等特点，但较脆，且不能反复成型。包装上常用的有氨基塑料、酚醛塑料、环氧塑料等。

情境二　塑料材料的包装性能指标

一、主要保护性能指标

主要保护性能指标是保护内容物，防止其质变、被破坏，保证其内容物质量的性能。

(一)阻透性

包括对水分、水蒸气、气体、光线等的阻隔性能。

(1)透气度 Q_g 和透气系数 P_g　透气度 Q_g 指一定厚度材料在一个大气压差条件下、1 m^2 面积 24 h 内所透过的气体量(在标准状况下)，单位 $cm^3/(m^2 \cdot 24\ h)$。透气系数 P_g 指单位时间单位压差下透过单位面积和厚度材料的气体量，单位 $cm^3 \cdot cm/(cm^2 \cdot s \cdot 0.1\ MPa)$。

(2)透湿度 Q_v 和透湿系数 P_v　透湿度 Q_v 指一定厚度材料在一个大气压差条件下、1 m^2 面积 24 h 内所透过的水蒸气的克数，单位 $g/(m^2 \cdot 24\ h)$。透湿系数 P_v 指单位时间单位压差下透过单位面积和厚度材料的水蒸气的质量，单位 $g \cdot cm/(cm^3 \cdot s \cdot 0.1\ MPa)$。

(3)透水度 Q_w 和透水系数 P_w　透水度 Q_w 指 1 m^2 材料在 24 h 内所透过的水分重量，单位 $g/(m^2 \cdot 24\ h)$。透水系数 P_w 指单位时间单位压差下、透过单位面积和厚度材料的水分的质量，单位 $g \cdot cm/(cm^2 \cdot s \cdot 0.1\ MPa)$。

(4)透光度 T　透光度 T 指透过材料的光通量和射到材料表面光通量的比值，单位%。

(二)机械力学性能

机械力学性能指外力作用下材料表现出抵抗外力作用而不发生变形和破坏的性能，主要有下列几项：

(1)硬度　指在外力作用下材料表面抵抗外力作用而不发生永久变形的能力，常用布氏硬度(HB)和洛氏硬度(HR)表示。

(2)抗张、抗压、抗弯强度　材料在拉、压、弯力缓慢作用下不被破坏时，单位受力截面所能承受的最大力分别称为材料的抗张、抗压、抗弯强度(MPa)。

(3)爆破强度　使塑料薄膜袋破裂所施加的最小内应力，表示容器材料的抗内压能力，也可由材料的抗张强度来表示，常用来检测包装封口的封合强度。

(4)撕裂强度　指材料抵抗外力作用使材料沿缺口连续撕裂破坏的性能，也指一定厚度材料在外力作用下沿口撕裂单位长度所需的力(N/cm)。

(5)戳刺强度　材料被尖锐物刺破所需的最小力(N)。

(三)稳定性

稳定性指材料抵抗环境因素(温度、介质、光等)的影响而保持其原有性能的能力。

(1)耐高低温性能　温度对塑料包装材料的性能影响很大，温度升高，其强度和刚性明显降低，阻隔性能也会下降；温度降低，会使塑料的塑性和韧性下降而变脆。材料的耐高温性能用温度指标来表示，热分解温度是鉴定塑料耐高温性能的指标之一；耐低温性用脆化温度表示(指材料在低温下受某种形式外力作用时发生脆性破坏的温度)。

(2)耐化学性　指塑料在化学介质中的耐受程度，评定依据通常是塑料在介质中经一定时间后的重量、体积、强度、色泽等的变化情况，目前尚无统一的耐腐蚀标准。

(3)耐老化性　指塑料在加工、贮存、使用过程中在受到光、热、氧、水、生物等外界因素作用下，保持其化学结构和原有性能而不被破坏的能力。

二、加工工艺性及主要性能指标

1. 包装制品成型加工工艺性及主要性能指标

塑料包装制品大多数是塑料加热到黏流状态后在一定压力下成型的，表示其成型工艺性好坏的主要指标有：熔融指数(MI)，成型温度及温度范围(温度低、范围宽则成型容易)、成型压力(MPa)、塑料热成型时的流动性、成型收缩率。

2. 包装操作加工工艺性及主要性能指标

表示包装材料在食品包装各工艺过程，尤其在机械化、自动化工艺过程中的操作适应能力，其工艺性指标有：①机械性能，包括强度和刚度；②热封性能，包括热封温度、压力、时间及热封强度等。

3. 印刷适应性

包括油墨颜料与塑料的相容性、印刷精度、清晰度、印刷层耐磨性等。

情境三　塑料包装材料

一、食品包装常用塑料树脂

(一)聚乙烯(PE)

聚乙烯树脂是由乙烯单体经加成聚合而成的高分子化合物，为无臭、无毒、乳白色的蜡状固体。聚乙烯塑料是由 PE 树脂加入少量的润滑剂和抗氧化剂等添加剂构成。

1. 包装特性

聚乙烯阻水阻湿性好，但阻气和阻有机蒸汽的性能差；具有良好的化学稳定性，常温下与一般酸碱不起作用，但耐油性稍差；有一定的机械抗拉和抗撕裂强度，柔韧性好；耐低温性很好，能适应食品的冷冻处理，但耐高温性能差，一般不能用于高温杀菌食品的包装；光泽度、透明度不高，印刷性能差，用作外包装需经电晕处理和表面化学处理改善印刷性能；加工成型方便，制品灵活多样，且热封性能很好。PE 树脂本身无毒，添加剂量极少，因此被认为是一种安全性很好的包装材料。

2. 包装应用

(1)高压低密度聚乙烯(LDPE)　阻气阻油性差，机械强度也低，但延伸性、抗撕裂性和耐冲击性好，透明度较高，热封性和加工性能好。LDPE 在包装上主要制成薄膜，用于包装要求较低的食品，尤其是有防潮要求的干燥食品。利用其透气性好的特点，可用于生鲜果蔬的保鲜包装，也可用于冷冻食品包装，但不宜单独用于有隔氧要求的食品包装；经拉伸处理后可用于热收缩包装，由于其热封性、卫生安全性好、价格便宜，常作复合材料的热封层，大量用于各类食品的包装。

(2)低压高密度聚乙烯(HDPE)　其阻隔性和强度均比 LDPE 高，耐热性也高，长期使用温度可达 100 ℃，但柔韧性、透明性、热成型加工性等性能有所下降。HDPE 大量用于薄膜包装食品，与 LDPE 相比，相同包装强度条件下可节省原材料；由于其耐高温性较好，也可作为复合膜的热封层用于高温杀菌(110 ℃)食品的包装；HDPE 也可制成瓶、罐容器盛装食品。

(3)线形低密度聚乙烯(LLDPE)　具有比 LDPE 优的强度性能，抗拉强度提高了 50%，且柔韧性比 HDPE 好，加工性能也较好，可不加增塑剂吹塑成型。LLDPE 主要制成薄膜，用于包装肉类冷冻食品和奶制品，但其阻气性差，不能满足较长时间的保质要求。为改善这一性能，采用与丁基橡胶共混来提高阻隔性，这种改性的 PE 产品在食品包装上有较好的应用前景。

探究实验 2-1　食品包装用塑料膜(聚乙烯)的鉴别

一、实验原理

塑料树脂由于树脂组成的不同，其物理及化学特性存在很大差异。通过比较这些差异，能够对不同种类的塑料树脂进行鉴别。物理法鉴别不改变检测对象的结构和组成，通过塑料的物理特性，如密度、熔点等对塑料进行鉴别。化学法鉴别是通过化学反应对塑料进行鉴别。

二、实验器材

1. 实验材料

聚乙烯塑料薄膜。

2. 实验设备

小型煤气灯或酒精灯，铁镊钳，剪刀，温度计。

3. 玻璃制品

烧杯(50 mL)，硬质玻璃小试管(外径 10 mm，长 100 mm)。

4. 试剂

硫酸钠溶液(Na_2SO_4，100 g/L)：称取 100 g Na_2SO_4 溶于水，稀释到 1 000 mL。

5. 其他

高级绘图铅笔(一套)：从 6B 至 6H 共 14 种不同硬度铅笔，应符合 GB/T 149 的要求。

黄色氧化汞试纸：称取 0.5 g 黄色氧化汞，小心加入浓硫酸 1.5 mL，必要时可稍微加热促进其溶解。小心加入 8 mL 蒸馏水，搅拌使溶液澄清透明。将玻璃纤维滤纸条(10 mm×5 mm)浸入此溶液中，备用。

普通定性滤纸，广泛 pH 试纸(1～12)，石蕊试纸，氧化铝防水砂磨纸(400 号)。

三、实验步骤

1. 试样制备

试样表面清洗干净后，裁剪成小条状(50 mm×10 mm)、小块片状(10 mm×10 mm)或米粒状备用。

2. 感官性状鉴别

将聚乙烯塑料置于自然光下进行观察。

聚乙烯表面平整、均匀、光滑。聚乙烯未着色时呈乳白色，有一定的透明性，摸起来有蜡质感，较柔软而有一定的韧性，稍能伸长。与同等塑料相比质量比较轻。

3. 密度测试

取 50 mL 烧杯，其内加入 50 mL 硫酸钠溶液（Na_2SO_4，100 g/L）。将小块片状试样投入烧杯内，溶液温度约为 20 ℃，观察试样的沉浮情况。

聚乙烯产品的密度为 0.93～0.95，密度较小，能浮于水面。如果不是纯正的聚乙烯材料，将会沉入水底。

4. 硬度测试

（1）铅笔准备　用小刀削去铅笔木杆部分，使铅笔芯呈现圆柱状，铅笔芯外露大约 3 mm。在坚硬的平面上铺上一张砂磨纸，将铅笔芯垂直于此纸面，在砂磨纸上画圆圈。轻轻研磨，将铅笔芯尖端磨成平面，且边缘锐利。

（2）刮划试样　将试样平铺在水平实验台上，手持铅笔使其与水平桌面呈 45°角，以铅笔不折断为度，用铅笔挤压塑料表面，向试验者前方，以均匀的速度（大约 1 m/s）推动约 1 cm，在塑料表面刮划。同一硬度铅笔重复刮划五道，每刮划一道都要将铅笔芯进行重新研磨，以保持应有的平面和锐利的边缘。

（3）结果判定　在 5 道刮划试验结果中，要能找出塑料表面有 2 道或 2 道以上被刮划而留下的伤痕。否则要更换硬度高一级的铅笔重复前述试验过程。记下比此铅笔硬度低一级别的硬度标号。

PE 为 $5B_a$。

5. 燃烧试验

（1）热塑性与热固性塑料的鉴别　用铁镊钳夹取小条状试样，贴近煤气灯火焰，使其缓慢受热。观察试样是否熔化。

受热后如果软化熔融是热塑性的，如果不熔就是热固性的。PE 为热塑性塑料。

（2）燃烧过程的观察　用铁镊钳夹取小条状试样，缓慢地置于煤气灯氧化焰中。观察试样是否被迅速点燃，燃烧是否剧烈，火焰的颜色，是否冒出黑烟，冒出的黑烟是否浓烈，嗅闻所散发的烟气的气味，观察燃烧过程中是否有熔融物滴落，滴落物的颜色。将试样离开火焰，观察其是否继续燃烧，是否慢慢熄灭或者立即熄灭。燃烧完毕后，观察燃烧残烬物特征。

聚乙烯易燃，燃烧火焰上黄下蓝。燃烧时低烟，冒出的黑烟有石蜡气味。燃烧时有少量熔融蜡状滴落物，试样离开火焰后能继续燃烧。燃烧残烬物无焦黑层。

6. 热裂解气的试验

（1）酸碱性试验　在试管中加入少量的塑料试样，加热至热解温度时试样裂解放出气体，使试管口的试纸变色。含卤素聚合物的裂解气体 pH 在 0.5～4.0 范围内，聚烯烃裂解气体 pH 在 5.0～5.5 范围内。

取热裂解用硬质小试管，放入米粒状试样数颗，用酒精灯的小火缓慢加热，使其裂解产生烟气。用铁镊钳夹取湿润的 pH 试纸，置于试管口，使其接触烟气，观察试纸颜色的变化。对其 pH 进行判定。

(2)黄色氧化汞试纸试验　取热裂解用硬质小试管，放入米粒状试样数颗，用酒精灯的小火缓慢加热，使其裂解产生烟气。用铁镊钳夹取湿润的黄色氧化汞试纸，置于试管口，使其接触烟气，观察试纸颜色的变化。

黄色氧化汞和聚乙烯不发生反应，试纸无变化。

四、实验成果

实验记录如探究实验记录单 2-1 所示。

探究实验记录单 2-1

样品序号	感官性状鉴别	密度测试	硬度测试	燃烧试验		热裂解气的试验	
				热塑性与热固性塑料的鉴别	燃烧过程的观察	酸碱性试验	黄色氧化汞试纸试验
1							
2							
3							
4							
5							

(二)聚丙烯(PP)

聚丙烯塑料的主要成分是聚丙烯树脂，密度为 0.90～0.91 g/cm^3，是目前最轻的食品包装用塑料材料。

1. 包装特性

聚丙烯的阻隔性优于 PE，水蒸气透过率和氧气透过率与高密度聚乙烯相似，但阻气性仍较差；机械性能较好，具有的强度、硬度、刚性都高于 PE，尤其是具有良好的抗弯强度；化学稳定性良好，在一定温度范围内，对酸碱盐及许多溶剂等有稳定性；耐高温性优良，可在 100～120 ℃范围内长期使用，无负荷时可在 150 ℃使用，耐低温性比 PE 差，－17 ℃时性能变脆；光泽度高，透明性好，印刷性差，印前表面需经一定处理，但表面装潢印刷效果好；成型加工性能好，制品收缩率较大。

2. 包装应用

聚丙烯主要制成薄膜材料包装食品，薄膜经定向拉伸处理[双向拉伸聚丙烯(BOPP)、单向拉伸聚丙烯(OPP)]后的各种性能，包括强度、透明光泽效果、阻隔性比普通薄膜(CPP)都有所提高。适宜包装含油食品，在食品包装上可替代玻璃纸包装点心、面包等。其阻湿耐水性比玻璃纸好，透明度、光泽性及耐撕裂性不低于玻璃纸，印刷装潢效果不如玻璃纸，但成本可低 40%左右，且可用作糖果、点心的扭结包装。

聚丙烯可制成热收缩膜进行热收缩包装，也可制成透明的其他包装容器或制品，同时还可制成各种形式的扎绳、带，在食品包装上用途十分广泛。

(三)聚苯乙烯(PS)

聚苯乙烯由苯乙烯单体加聚合成，结构不规则，不易结晶，柔顺性很低。

1. 性能特点

阻湿、阻气性能差，阻湿性能低于 PE；机械性能好，具有较高的刚硬性，但脆性大，耐缓冲性能差；能耐一般酸、碱、盐、有机酸、低级醇。易受到有机溶剂如烃类、酯类等的侵蚀导致软化甚至溶解；透明度好，高达 88%～92%，有良好的光泽性；耐热性差，连续使用温度为 60～80 ℃，耐低温性良好；成型加工性好，易着色和表面印刷，制品装饰效果很好；无毒无味，卫生安全性好，但 PS 树脂中残留单体苯乙烯及其他一些挥发性物质有低毒，塑料制品中单体残留量应限定在 1%以下。

2. 包装应用

PS 塑料在包装上主要制成透明食品盒、水果盘、小餐具等，色泽艳丽，形状各异，包装效果很好。PS 薄膜和片材料经拉伸处理后，冲击强度得到改善，可制成收缩薄膜，大量用于热成型包装容器。发泡聚苯乙烯 EPS 可用作保温及缓冲包装材料，可热成型为一次性使用的快餐盒、盘，使用方便卫生，价格便宜，但因包装废弃物难以处理而成为环境公害，因此将被其他可降解材料所取代。

3. PS 的改性品种

PS 最主要的缺点是脆性。其改性品种 ABS 由丙烯腈、丁二烯和苯乙烯三元共聚而成，具有良好的柔韧性和热塑性，对某些酸、碱、油、脂肪和食品有良好的耐性，在食品工程上常用于制作管材、包装容器等。

（四）K-树脂

K-树脂是一种具有良好抗冲击性能的聚苯乙烯类透明树脂，由于其高透明和耐冲击性，被用于制造各种包装容器，如盒、杯、罐等。K-树脂无毒卫生，可与食品直接接触，经 γ 射线（2.6 MGy）辐照后其物理性能不受影响，符合食品和药品的有关安全性规定，在食品包装上尤其是辐照食品包装上应用前景看好。

（五）聚氯乙烯（PVC）

聚氯乙烯塑料以聚氯乙烯树脂为主体，加入增塑剂、稳定剂等添加剂混合组成。

1. 性能特点

PVC 树脂热稳定性差，在空气中超过 150 ℃会降解而放出 HCl，长期处于 100 ℃温度下也会降解，在成型加工时也会发生热分解，这些因素限制了 PVC 制品的使用温度，一般需在 PVC 树脂中加入 2%～5%的稳定剂。加入增塑剂来改善其成型加工性能，根据增塑剂的加入量不同可获得不同品种的 PVC 塑料，增塑剂量达树脂量的 30%～40%时构成软质 PVC，增塑剂量小于 5%时构成硬质 PVC。

2. 包装特性

PVC 的阻气阻油性优于 PE 塑料，硬质 PVC 优于软质 PVC；阻湿性比 PE 差；化学稳定性优良，透明度、光泽性比 PE 优良；机械性能好，硬质 PVC 有很好的抗拉强度和刚性，软质 PVC 相对较差，但柔韧性和抗撕裂强度较 PE 高；耐高低温性差，一般使用温度为－15～55 ℃，有低温脆性；着色性、印刷性和热封性较好。

3. 卫生安全性

PVC树脂本身无毒，但其中的残留单体氯乙烯VC有麻醉和致畸致癌作用，VC对人体的安全限量为1 mg/kg体重，故PVC用作食品包装材料时应严格控制材料中VC残留量。稳定剂是影响PVC安全性的另一个重要因素，用于食品包装的PVC材料不允许加入铅盐、镉盐、钡盐等较强毒性的稳定剂，应选用低毒且溶出量小的稳定剂。

4. 包装应用

软质PVC增塑剂含量大，卫生安全性差，一般不用于直接接触食品的包装，可利用其柔软性、加工性好的特点制作弹性拉伸膜和热收缩膜；因其价廉，透明性、光泽度优于PE，且有一定透气性而常用于生鲜果蔬的包装。硬质PVC中不含或含微量增塑剂，安全性好，可直接用于食品包装。

(六)聚偏二氯乙烯(PVDC)

PVDC塑料由PVDC树脂和少量增塑剂和稳定剂制成。

1. 包装特性

PVDC在热、紫外线等作用下易分解，加工性较差，制成薄膜材料时一般需加入稳定剂和增塑剂；阻隔性很高，且受环境温度的影响较小，耐高低温性良好，适用于高温杀菌和低温冷藏；化学稳定性很好，不易受酸、碱和普通有机溶剂的侵蚀；透明性光泽性良好，制成收缩薄膜后的收缩率可达30%～60%，适用于畜肉制品的灌肠包装。其热封性较差，膜封口强度低，一般需采用高频或脉冲热封合，也可采用铝丝结扎封口。

2. 包装应用

PVDC膜是一种高阻隔性包装材料，价格较高。目前除单独用于食品包装外，还大量用于与其他材料复合制成高性能复合包装材料。由于PVDC有良好的熔黏性，可作复合材料的黏合剂，或溶于溶剂成涂料，涂覆在其他薄膜材料或容器表面(称K涂)，可显著提高阻隔性能，适用于长期保存的食品包装。

(七)聚酰胺(PA)

聚酰胺是分子主链中含有大量酰胺基团结构的线型结晶型高聚物，俗称尼龙。

1. 包装特性

聚酰胺树脂阻气性好，分子极性较强，阻湿性差，吸水性强，且随吸水量的增加而溶胀，其阻气和阻湿性迅速下降，其强度和包装尺寸的稳定性受到影响；化学稳定性良好，有优良的耐油性，耐碱和大多数盐，但不耐强酸，且水和醇能使其溶胀；耐寒、耐热性好，正常使用的温度范围为-60～130 ℃，最高可以达到200 ℃；机械性能良好，强韧而耐磨，抗冲击强度比其他塑料明显高出很多；成型加工性好，印刷性好，但热封性差。无毒，卫生安全，符合食品包装的卫生要求。

2. 包装应用

聚酰胺主要加工成薄膜制品应用于食品包装。通过定向拉伸或与PE等复合，提高防潮性能和热封性能，可广泛应用于食品保温、蒸煮包装和深度冷冻包装。

阅读库

国内外塑料绿色包装技术发展现状

最新的市场预测报告显示：近几年及未来几年后，欧洲食品、饮料塑料包装用量呈上升态势。欧洲市场食品、饮料塑料包装销售额增长速度最快的将是PP包装市场，其中热塑性PP平均增长率将达10.7%，透明PP将增长9.5%，其次是PET，年均增长率为9.2%左右，而发泡PS和软质PVC市场增幅最小，甚至可能停止增长。欧洲食品饮料工业使用塑料包装材料最多的国家是法国，其次为意大利、德国等。随着人们生活水平的提高，新的包装技术、产品和材料不断涌现，绿色包装逐渐成为包装行业的主流。

塑料包装行业已成为我国塑料工业中发展最为迅速的领域之一。据我国权威部门预测，未来几年，塑料软包装在食品行业的销售额将超过包装工业销售额的近50%，预计软包装总的发展速度要略快于国民经济的发展速度。由于塑料材料改进后具有优异的阻透性、防紫外线性、耐冷冻性、耐热性等，因此应用市场广阔，尤其是饮料、乳制品行业有着巨大的商机。塑料在无菌包装中的应用，更是给塑料包装材料提供了一个发展空间，同时，塑料包装材料的改进，也必将推动我国无菌包装的发展。

高阻隔、多功能软塑包装材料已成为近年国内发展热点，涌现出一批新产品和新技术，其中高阻渗性、多功能保鲜膜、无菌包装膜等发展很快，有的复合薄膜正在向更深层次发展。制袋、印刷技术上了一个新台阶，已进入“彩色革命”时代，行业中已有胶版、凹版、柔版彩色系统，促进了软塑包装制品向更深度、更高档次发展。

国内市场对塑料薄膜的需求量将以每年9%的速度继续增长，我国塑料薄膜的市场前景十分广阔。目前我国塑料薄膜的产量约占塑料制品总产量的40%，我国现有塑料薄膜生产企业2 240家，产量在5 000 t以上的企业有65家，1万t以上的企业有25家，超过5万t的企业有5家。我国生产塑料薄膜所使用的合成树脂主要有聚丙烯、聚氯乙烯、聚乙烯和聚酯等，加工方式为吹塑、双向延伸、流延等。塑料薄膜的市场约60%以上用作包装材料，市场上主流产品是国产的PE保鲜膜和PVDC保鲜膜，PVC保鲜膜主要用于一些超市包装生鲜水果和蔬菜。国内PVC保鲜膜品牌主要是LG、三菱和三荣，三大品牌占据整个市场的70%～80%。国内市场上销售的家庭用食品保鲜膜大多采用安全的聚乙烯(PE)和聚偏二氯乙烯(PVDC)材料生产。

(八)聚乙烯醇(PVA)

PVA是由聚醋酸乙烯经碱性醇液醇解而得，是一种分子极性较强且有高度结晶的高分子化合物。

1. 包装特性

包装上PVA通常制成薄膜用于包装食品。阻气性能很好，特别是对有机溶剂蒸汽和惰性气体及芳香气体；为亲水性物质，阻湿性差，透湿能力是PE的5～10倍，吸水性强，在水中吸水溶胀，且随吸湿量的增加而使其阻气性急剧降低；化学稳定性良好，透明度、光泽性及印刷性都很好；机械性能好，抗拉强度、韧性、延伸率均较高，但因承受吸湿量和增塑剂量的增加而使强度降低；耐高温性较好，耐低温性较差。

2. 包装应用

PVA 薄膜可直接用于包装含油食品和风味食品，吸湿性强使其不能用于防潮包装，但通过与其他材料复合可避免易吸潮的缺点，充分发挥其优良的阻气性能，广泛应用于肉类制品如香肠、烤肉、切片火腿等包装，也可用于黄油、干酪及快餐食品包装。

(九)聚酯(PET)

聚酯是聚对苯二甲酸和乙二酯的简称，俗称涤纶。

1. 包装特性

聚酯树脂大分子主链因含有苯环而有高强韧性，因含有柔性醚键而有较好的柔顺性。聚酯的透明度高，光泽度好，并可阻挡紫外线，具有优良的阻气、阻湿、阻油和保香功能；机械性能好，具有其他塑料所不及的高强韧性，抗冲强度也很好；具有良好的耐磨和耐折叠性能，能在较宽的温度范围内保持其优良的物理机械性能，正常使用温度范围为−70～120 ℃，短期使用可耐受 150 ℃的高温；化学稳定性良好，耐稀酸、碱和普通的有机试剂；印刷性能好，卫生安全性好，但不易加工成型，热封性差。

2. 包装应用

由聚酯制成的未定向透明薄膜，抗油脂性好，可用来包装含油及肉制品，还可以作食品桶、箱、盒等容器的衬袋；制成的无晶型定向拉伸收缩膜，具有高强度和良好的热收缩性，可用作畜肉食品的收缩包装；还可与其他材料复合，如真空涂铝、K 涂 PVDC 等制成高阻隔包装材料，用于保质期较长的高温蒸煮杀菌食品包装和冷冻食品包装。

(十)聚碳酸酯(PC)

聚碳酸酯是聚酯的一种。

1. 性能特点

PC 大分子链节结构的规整性决定了它能够结晶，具有很好的透明性和机械性能，尤其是低温抗冲击性能，故 PC 是一种非常优良的包装材料，但因价格贵而限制了它的广泛应用。

2. 适用场合

在包装上 PC 可注塑成型为盆、盒，吹塑成型为瓶、罐等各种韧性高、透明性好、耐热又耐寒的产品，用途较广。在包装食品时因其透明而可制成“透明”罐头，可耐 120 ℃高温杀菌处理。存在的缺点是：因刚性大而耐应力开裂性差，耐药品性较差。应用共混改性技术，如用 PE、PP、PET、ABS 和 PA 等与之共混成塑料合金可改善其应力开裂性，但其共混改性产品一般都失去光学透明性。

实操演练 2-3　GB 31604.2—2016
食品安全国家标准　食品接触材料及制品　高锰酸钾消耗量的测定

一、实操目标

1. 掌握样品浸泡液的制备方法；
2. 学习锥形瓶的处理；
3. 巩固氧化还原滴定方法。

二、实操原理

试样浸泡液在酸性条件下，用高锰酸钾标准溶液滴定，根据样品消耗的滴定液的体积计算试样中高锰酸钾消耗量，表示可溶出有机物质的含量。本实验适用于聚乙烯、聚苯乙烯、聚丙烯为原料制作的食品容器，食品用包装薄膜的测定。

三、实操耗材

1. 试剂及配制

除非另有说明，本方法所用试剂均为分析纯，水为 GB/T 6682 规定的二级水。

(1)硫酸溶液(1+2)：取浓硫酸 100 mL 小心加入 200 mL 水中，混匀。

(2)0.04%高锰酸钾溶液：称取 0.4 g 高锰酸钾，加水溶解至 1 000 mL。

(3)草酸标准溶液[$c(1/2H_2C_2O_4)=0.1$ mol/L]：按 GB/T 601 配制与标定，或商品化产品。

(4)草酸标准滴定溶液[$c(1/2\ H_2C_2O_4)=0.01$ mol/L]：吸取 10.0 mL 草酸标准溶液[$c(1/2H_2C_2O_4)=0.1$ mol/L]，置于 100 mL 容量瓶中，用水定容至刻度。

(5)高锰酸钾标准溶液[$c(1/5\ KMnO_4)=0.1$ mol/L]：按 GB/T 601 配制与标定，或商品化产品。

(6)高锰酸钾标准滴定溶液[$c(1/5KMnO_4)=0.01$ mol/L]：吸取 10.0 mL 高锰酸钾标准溶液[$c(1/5\ KMnO_4)=0.1$ mol/L]，置于 100 mL 容量瓶中，用水定容至刻度。

2. 材料

食品包装用塑料袋或塑料膜(聚乙烯、聚苯乙烯、聚丙烯)。

四、实操步骤

1. 锥形瓶的处理

取 100 mL 水，加入 250 mL 锥形瓶中，加入 5 mL 硫酸溶液(1+2)，5 mL 0.04%高锰酸钾溶液，将锥形瓶置于电热板上加热。将溶液煮沸 5 min 后，倒去溶液，将锥形瓶清洗干净。

2. 样品浸泡液的制备

试样用洗涤剂洗净，用自来水冲洗干净，再用蒸馏水淋洗干净后晾干备用。

取适量塑料膜 4 份，用直尺测量估计其面积。分别置于具塞锥形瓶(500 mL)中，加入浸泡液浸泡。

有以下几种浸泡方法：

60 ℃的蒸馏水，浸泡 2 h。

60 ℃的 4%的乙酸溶液，浸泡 2 h。

室温的 65%的乙醇溶液，浸泡 2 h。

室温的正己烷，浸泡 2 h。

以上浸泡液按接触面积每平方厘米加 2 mL，在容器中加浸泡液到容器容积的 2/3～4/5 为宜。浸泡液总量不得少于 100 mL。

水浸泡液、乙酸浸泡液要放入 60 ℃的烘箱中保温。

浸泡同时做空白试验。

3. 滴定

准确吸取 100 mL 水浸泡液(可根据实际情况调整取样量)于上述处理过的 250 mL 锥形

瓶中，加入 5 mL 硫酸溶液(1＋2)及 10.0 mL 高锰酸钾标准滴定溶液(0.01 mol/L)。加入玻璃珠两粒，准确煮沸 5 min 后，趁热加入 10.0 mL 草酸标准滴定溶液(0.01 mol/L)，再以高锰酸钾标准滴定溶液(0.01 mol/L)滴定至微红色，并在 0.5 min 内不褪色，记取最后的高锰酸钾标准滴定溶液的滴定量。

另取 100 mL 水做试剂空白试验。

4. 分析结果的表述

试样中高锰酸钾消耗量按下式计算：

$$X=\frac{(V_1-V_2)\times c\times 31.6\times V}{V_3\times S}$$

式中：

X—试样中高锰酸钾消耗量，单位为毫克/平方分米(mg/dm^2)；

V_1—试样浸泡液滴定时消耗高锰酸钾溶液的体积，单位为毫升(mL)；

V_2—试剂空白滴定时消耗高锰酸钾溶液的体积，单位为毫升(mL)；

c—高锰酸钾标准滴定溶液的实际浓度，单位为摩尔/升(mol/L)；

31.6—与 1.00 mL 的高锰酸钾标准滴定溶液[$c(1/5KMnO_4)$]＝1.000 mol/L 相当的高锰酸钾的质量，单位为毫克(mg)；

V—试样浸泡液总体积，单位为毫升(mL)；

S—与浸泡液接触的试样面积，单位为平方分米(dm^2)；

V_3—测定用浸泡液体积，单位为毫升(mL)。

五、实操技能点

1. 三种样品浸泡液的制备方法。
2. 趁热滴定。
3. 高锰酸钾自身作指示剂滴定终点的准确判断。

(十一)乙烯-醋酸乙烯共聚物(EVA)

乙烯-醋酸乙烯共聚物是由乙烯和醋酸乙烯酯共聚而成。

1. 包装特性

EVA 的物理性能主要取决于醋酸乙烯酯的分子量以及它在共聚物中的含量。当醋酸乙烯酯的分子量一定时，用作塑料的 EVA 中醋酸乙烯酯的含量为 10%～20%，其性能接近于 PE；当醋酸乙烯酯的含量增大时，共聚物的弹性、柔软性、透明性增大，当大于 30%时 EVA 的性质近似于橡胶，而当含量大于 60%时便成为热熔黏结剂。因此作为塑料的 EVA，醋酸乙烯酯的含量为 10%～20%。

乙烯-醋酸乙烯共聚物透明度高，光泽度好，柔软，但阻隔性能较差，且随密度降低透气性增强；增加醋酸乙烯酯能增加抗紫外线能力，具有耐臭氧的能力；有良好的韧性，易着色，印刷性能好；加工成型温度低，加工性能好，可热封也可黏合，有良好的抗霉菌生长特性，卫生安全性好。

2. 适用场合

乙烯-醋酸乙烯共聚物根据醋酸乙烯酯的含量不同有不同的应用范围。当醋酸乙烯酯含量少时，EVA薄膜可作呼吸膜包装生鲜果蔬食品，也可直接用于其他食品的包装；当醋酸乙烯酯含量为10%～30%时，EVA薄膜可用作食品的弹性包裹或收缩包装，也可做复合膜的内封层；当醋酸乙烯酯含量高时，EVA可用作涂料。

(十二)乙烯和乙烯醇共聚物(EVAL)

EVAL是乙烯和乙烯醇的共聚物。

1. 包装特性

乙烯醇改善了乙烯的阻气性，而乙烯则改善了乙烯醇的可加工性和阻湿性，故EVAL具有聚乙烯的易流动加工成型性和优良的阻湿性，又具有聚乙烯醇的极好阻气性。

EVAL树脂是高度结晶型树脂，最突出的优点是对O_2、CO_2、N_2气体的高阻隔性及优异的保香阻异味性能。EVAL的性能依赖于其共聚物中单体的相对浓度，一般地，当乙烯含量增加时，阻气性下降，阻湿性提高，加工性能也提高。EVAL有良好的耐油性，且有高抗静电性，薄膜有高的光泽和透明度，并有低的雾度。

2. 适用场合

EVAL作为高性能包装新材料，目前已开始用于有高阻隔性要求的包装上，如真空包装、充气包装或脱氧包装，可长效保持包装内部气氛的稳定。EVAL可制成单膜，可共挤制成多层膜及片材，也可采用涂布方法复合，加工方法灵活多样。由于价格较高而限制了其在食品包装上的广泛应用。

探究实验2-2　食品包装用塑料原料的燃烧鉴别

一、实验原理

塑料树脂由于树脂组成的不同，其燃烧时呈现的现象存在很大差异。通过比较这些差异，能够对不同种类的塑料树脂进行鉴别。

二、实验器材

1. 实验材料

多种塑料树脂原料。

2. 实验设备

小型煤气灯或酒精灯，铁镊钳，剪刀，温度计。

三、实验步骤

1. 试样制备

试样表面清洗干净后，裁剪成小条状(50 mm×10 mm)备用。

2. 燃烧试验

用铁镊钳夹取小条状试样，缓慢地置于煤气灯氧化焰中。观察试样是否被迅速点燃，燃烧是否剧烈，火焰的颜色，是否冒出黑烟，冒出的黑烟是否浓烈，嗅闻所散发的烟气的气味，观察燃烧过程中是否有熔融物滴落，滴落物的颜色。将试样离开火焰，观察其是否继续燃烧，是否慢慢熄灭或者立即熄灭。燃烧完毕后，观察燃烧残烬物特征。

四、实验成果

实验记录如探究实验记录单 2-2 所示。

探究实验记录单 2-2

塑料名称	燃烧难易	火焰特性	烟气气味	离火后情况	其他现象

二、复合软包装材料

包装材料种类繁多，但性能存在着较大差异，尽管其本身有许多优异的性能，可应用于一定范围，但单一材料不可能拥有包装材料应有的全部性能，不能满足食品包装的全面要求。因此，根据使用目的将不同的包装材料复合，使其拥有多种综合包装性能。所谓复合软包装材料是指由两层或两层以上不同品种可挠性材料，通过一定技术组合而成的"结构化"多层材料，所用复合基材有塑料薄膜、铝箔(Al 箔)和纸等。

1. 复合软包装材料的特性

(1)综合包装性能好　综合了构成复合材料的所有单膜性能，具有高阻隔性、高强度、良好热封性、耐高低温性和包装操作适应性。

(2)卫生安全性好　可将印刷装饰层放于中间，具有不污染内容物并保护印刷装饰层的作用。

2. 用于食品包装的复合材料结构要求

(1)内层要求　无毒、无味、耐油、耐化学性能好，具有热封性或黏合性，常用的有 PE、CPP、EVA 及离子型聚合物等热塑性塑料。

(2)外层要求　光学性能好，印刷性好，耐磨耐热，具有强度和刚性，常用的有 PA、PET、BOPP、PC、铝箔及纸等。

(3)中间层要求　具有高阻隔性(阻气阻香，防潮和遮光)，其中铝箔和 PVDC 是最常用的品种。

复合材料的表示方法：从左至右依次为外层、中间层和内层材料，如：复合材料纸/PE/Al/PE，外层纸提供印刷性能，中间 PE 层起黏结作用，中间 Al 层提供阻隔性和刚度，内层 PE 提供热封性能。

3. 复合工艺方法及其复合材料

复合工艺方法主要有涂布法、共挤法和层合法三种，可单独应用，也可复合应用。

(1)涂布法(coating)　即在一种基材表面涂上涂布剂并经干燥或冷却后形成复合材料的加工方法。涂布法所用基材为：纸、玻璃纸、铝箔及各种塑料薄膜，涂布剂有：LDPE、PVDC、EVA

和 Lonomer 等。涂布 PVDC 即 K 涂主要用于提高薄膜阻隔性，涂布 PE、EVA、Lonomer 主要提供良好的热封层。

典型的涂布复合材料有：PT/PE、OPP/PE(EVA)、NY/PE(EVA)、PET/PE(EVA)。

(2)共挤法(co-extrusion) 即用两台或两台以上的挤出机，分别将加热熔融的异色或异种塑料从一个模孔中挤出成膜的工艺方法，主要用于材料性能相近或相同的多层组合共挤。共挤膜常用 PE、PP 为基材，有二层、三层、五层共挤组合。

典型的共挤复合膜有：LDPE/PP/LDPE、PP/LDPE、LDPE/LDPE 及 LDPE/LDPE/LDPE(异色组合)。

(3)层合法(laminating) 即用黏合剂把两层或两层以上的基材黏合在一起而形成复合材料的一种工艺方法，适用于某些无法用挤出复合工艺加工的复合材料，如纸、铝箔等。

典型的层合复合膜有：纸/铝箔/PE、BOPP/PA/CPP、PET/铝箔/CPP、铝箔/PE 等。表 2-5 为各种复合膜的性能比较及用途。

表 2-5 复合薄膜的构成、特性及用途

复合包装用薄膜的构成	特性										用途
	防湿性	阻气性	耐油性	耐水性	耐煮性	耐寒性	透明性	防紫外线	成型性	封合性	
PT/PE	☆	☆	⊙	×	×	×	☆	×	×	☆	方便面，米制糕点，医药
OPP/PE	☆	⊙	⊙	☆	☆	☆	☆	×	⊙	☆	干紫菜，方便面，冷冻食品
PVDC 涂 PT/PE	☆	☆	⊙	☆	☆	⊙	☆	⊙～×	×	☆	腌菜，火腿，鱼类加工品
OPP/CPP	☆	⊙	☆	☆	⊙	⊙	☆	×	⊙	☆	糕点(米制、豆制及油糕点)
PT/CPP	☆	☆	☆	×	×	×	☆	×	×	☆	糕点
OPP/PT/PP	☆	☆	☆	☆	☆	☆	☆	×	×	☆	腌菜，糖酱制鱼品，果子酱
OPP/K－PT/PE	☆	☆	⊙	☆	☆	⊙	☆	⊙～×	×	☆	高级加工肉类食品，豆品
OPP/PVDC/PE	☆	☆	☆	☆	☆	☆	☆	⊙～×	×	☆	火腿，红肠，鱼糕
PET/PE	☆	☆	☆	☆	☆	☆	☆	⊙～×	⊙	☆	冷冻食品，年糕，饮料粉
PET/PVDC/PE	☆	☆	☆	☆	☆	☆	☆	⊙～×	☆	☆	豆酱，鱼糕，冷冻食品
Ny/PE	⊙	⊙	☆	☆	☆	☆	☆	×	⊙	☆	鱼糕，年糕，冷冻食品
Ny/PVDC/PE	☆	☆	☆	☆	☆	☆	☆	⊙～×	⊙	☆	鱼糕，年糕，冷冻食品
OPP/PVA/PE	☆	☆	☆	☆	⊙	⊙	☆	×	⊙	☆	豆酱，饮料等
OPP/EVAL/PE	☆	☆	☆	☆	⊙	⊙	☆	×	⊙	☆	气密性小袋(饮料粉)
PC/PE	⊙	×	⊙	☆	☆	☆	☆	⊙～×	⊙	☆	切片火腿，饮料粉
Al/PE	☆	☆	☆	☆	⊙	⊙	×	☆	×	☆	医药，胶卷，糕点
PT/Al/PE	☆	☆	☆	×	×	⊙	×	☆	×	☆	医药，糕点，茶叶
PET/Al/PE	☆	☆	☆	☆	☆	☆	×	☆	×	☆	咖喱，焖制食品
PT/纸/PVDC	☆	☆	☆	×	×	⊙	×	☆	×	☆	干紫菜，茶叶，干食品
PT/PL/纸/PE	☆	☆	⊙	×	×	⊙	×	☆	×	☆	茶叶，豆料粉，奶粉

注：☆表示好 ⊙表示一般 ×表示差

4. 高温蒸煮袋用复合膜

高温蒸煮袋(retort pouch)是一类有特殊耐高温要求的复合包装材料，按其杀菌时使用的温度可分为高温蒸煮袋(121 ℃杀菌，30 min)和超高温蒸煮袋(135 ℃杀菌，30 min)；按其结构来分有透明袋和不透明袋两种。制作高温蒸煮袋的复合薄膜有透明和不透明两种。

透明复合薄膜可用 PET 或 PA 等薄膜为外层(高阻隔型透明袋使用 K-PET 膜)，CPP 为内层，中间层可用 PVDC 或 PVA，不透明复合薄膜中间层为铝箔。

高温蒸煮袋应能承受 121 ℃以上的高温加热灭菌，对气体、水蒸气具有高的阻隔性且热封性好，封口强度高。透明袋杀菌时传热较慢，适用于内容物 300 g 以下的小型蒸煮袋，而内容物超过 500 g 的蒸煮袋应使用有铝箔的不透明蒸煮袋。

工作单 2-5　编制食品包装常用塑料树脂信息表

塑料树脂	英文缩写	包装特性	应用范围	应用实例

情境四　食品塑料包装容器

塑料通过各种加工手段，可制成具有各种性能和形状的包装容器及制品。食品包装上常用的有塑料中空容器、热成型容器、塑料箱、钙塑瓦楞箱、塑料包装袋等。塑料包装容器成型加工方法很多，常用的有注射成型、中空吹塑成型、片材热成型等。可根据塑料的性能，制品的种类、形状、用途和成本等选择合理的成型方法。

一、塑料瓶

塑料瓶具有许多优异的性能而被广泛应用在液体食品包装上，除酒类的传统玻璃瓶包装外，塑料瓶已成为最主要的液体食品包装容器，大有取代普通玻璃瓶之趋势。

(一)塑料瓶成型工艺方法

1. 挤—吹工艺

挤—吹工艺是塑料瓶最常用的成型工艺，在塑料挤出机上将树脂加热熔融并通过口模挤出空心管坯，然后送入金属模具内，经一定长度合模后，从另一端向管内吹入压缩空气使塑料管管坯膨胀贴模，经冷却后形成制品，它是生产 LDPE、HDPE、PVC 小口瓶的主要方法。

2. 注—吹工艺

注—吹工艺包括两道主要工序，先是将塑料熔融注塑成具有一定形状的形坯，然后移去注塑模并趁热换上吹塑模，吹塑成型、冷却而形成制品。它是生产大口容器的主要方法，所适合的塑料品种主要有 PS、HDPE、LDPE、PET、PP、PVC、PAN 等。

3. 挤—拉—吹工艺

挤—拉—吹工艺是先将塑料熔融挤入出管坯，然后在拉伸温度下进行纵向拉伸并用压缩空气吹模成型，最后经冷却定型后启模取出成品。制品经定向拉伸而提高了透明度、阻隔性和强度，并降低成本、减轻质量。这种成型工艺主要适合于 PP 和 PVC 等塑料制品。

4. 注—拉—吹成型

瓶坯用注射法成型，再经拉伸和吹塑成型。其特点是制品精度高，颈部尺寸精确不必修正；容器刚性好、强度高、外观质量好，适合于大批量生产。其缺点是对狭口或异形瓶较难成型。这种工艺适合于 PET、PP、PS 等塑料瓶成型。

5. 多层共挤(注)—吹工艺

多层共挤(注)—吹工艺主要用于多层复合塑料瓶罐的成型。

(二)食品包装常用塑料瓶

1. 硬质 PVC 瓶

硬质 PVC 瓶无毒，质硬，透明度很好，食品包装上主要用于食用油、酱油及不含气饮料等液态食品的包装。

PVC 瓶有双轴拉伸瓶和普通吹塑瓶两种。双轴拉伸 PVC 瓶阻隔性和透明度均比普通吹塑 PVC 瓶好，用于碳酸饮料包装时的最大 CO_2 充气量为 5 g/L，在 3 个月内能保持饮料中的 CO_2 含量。但应注意拉伸 PVC 瓶的阻氧性极为有限，不宜盛装对氧较敏感的液态食品。

2. PE 瓶

PE 瓶主要有 LDPE 瓶和 HDPE 瓶，在包装上应用很广，但由于其不透明和高透气性、渗油等缺点而很少用于液体食品包装。PE 瓶的高阻湿性和低价格使其广泛用于药品片剂的包装，也用于日常化学品的包装。

3. PET 瓶

PET 瓶特点为高强度、高阻隔性、透明美观、阻气、保香性好、质轻(仅为玻璃瓶的 1/10)、再循环性好。因此，在含气饮料包装上几乎全部取代了玻璃瓶。

PET 瓶对 CO_2 的阻隔性还不充分，采用 PVDC 涂制成 PET-PVDC 复合瓶，能有效地提高其阻隔性而用于富含营养物质食品的长期贮存。

4. PS 瓶和 PC 瓶

PS 瓶的特点是光亮透明、尺寸稳定性好、阻气防水性能较好，价格较低。适用于对 O_2 敏感的产品包装，不适合包装含大量香水或调味香料的产品，因为其中的酯和酮会溶解 PS。

PC 瓶具有极高的强度和透明度，耐热、耐冲击、耐油及耐应变，但其最大的不足就是价格昂贵，且加工性能差，加工条件要求高，故其应用较少。在食品包装上用作小型牛奶瓶，可进行蒸汽消毒，也可采用微波灭菌，可重复使用 15 次。

5. PP 瓶

由于 PP 瓶的加工性能差而被限制了应用。PP 瓶透明度、耐油性、耐热性比 PE 瓶好，但它的透明度、刚性和阻气性均不及 PVC 瓶，且低温下耐冲击能力较差，易脆裂，因此很少应用。

采用挤(注)—拉—吹工艺生产的 PP 瓶，在性能上得到明显改善，有些性能还优于 PVC 瓶，且拉伸后质量减轻，可用于包装不含气果汁饮料及日用化学品。

工作单 2-6　比较各种塑料瓶使用性能

性能指标	硬质 PVC 瓶	PE 瓶	PET 瓶	PS 瓶	PC 瓶	PP 瓶
透明度						
透氧性						
CO_2 透过性						
耐酸性						
耐油性						
耐热性						
硬度						
价格						
主要用途						

注：★表示极好　☆表示好　⊙表示一般　×表示差

阅读库

“弃绿”更环保，塑料瓶去色化趋势正悄然蔓延

在物资商品丰富的当下，新奇美观的包装可以吸引消费者的目光，继而引发购买行为，这就是包装的艺术魅力所在。品牌的形象定义是稳定的，比如：可口可乐的红白配，百事可乐的醒目蓝，芬达的橙黄色，以及雪碧的标志性绿瓶黄盖。然而从 2019 年 9 月起，雪碧将坚持了 58 年的标志性绿色瓶体换为更易于回收的透明瓶。此外，在 2020 年初雪碧还在瓶子的生产中加入 50%的可再生塑料。尽管将回收来的绿色塑料重新加工成透明的材料将经历资金与技术的考验，雪碧也并没有将这些因素导致增加的成本向销售商和消费者转嫁。这种负责任的品牌发展策略赢得了不少赞美，而这些改变也确实使品牌和产品更具环保意义。

无论是从提高资源利用还是促进消费者提升购买意愿，塑料包装的去色化趋势在未来较长一段时间里将持续影响着包装领域，而这也恰恰与如今倡导环保的全球意识相吻合。顺应这一趋势，减少有色包装的使用或许更有利于饮料生产商的未来发展，毕竟环保已经成为全人类的事情。塑料瓶去色化趋势正在悄然蔓延，虽然目前主要还是要商家自发做出改变，但是相信未来会有更多的国家立法进行规范，或许我们离禁用有色塑料的那天并不遥远。

(三)食品用塑料瓶的发展方向

就食品包装而言，塑料瓶的发展方向主要是提高瓶子的阻隔性，采用更高阻隔性树脂和共挤(注)复合。可以使用 PET、EVAL、PVDC 等塑料来生产性能更好的瓶子，也可采用 PET/PVDC、PET/EVAL 等复合瓶。在复合瓶中，涂布 PVDC 即 K-PET 是最常用的方法，欧洲国家已采用 K-PET 瓶灌装啤酒。

瓶体的轻量化和高速化生产也是塑料瓶的发展方向。通过提高拉伸倍率，在提高瓶体强度和气密性的同时，使瓶子质量减轻，节省原材料和成本。

二、塑料周转箱和钙塑瓦楞箱

(一)塑料周转箱

塑料周转箱具有体积小、质量轻、美观耐用、易清洗、耐腐蚀、易成型加工和使用管理方便、安全卫生等特点,被广泛用作啤酒、汽水、生鲜果蔬、牛奶、禽蛋、水产品等的运输包装。

塑料周转箱所用材料大多是 PP 和 HDPE。用 HDPE 为原料制作的周转箱耐低温性能较好,而以 PP 为原料的周转箱的抗压性能比较好,其更适用于需长期贮存垛放的食品。由于周转箱经日晒雨淋以及受外界环境的影响,易老化脆裂,制造时应对原料进行选择并选用适当的添加剂,一般选用分子量分布范围较宽的树脂,或者将 HDPE 和 LDPE 混用,另外还需加入抗氧剂、颜料、紫外线吸收剂等添加剂来改性,以提高塑料周转箱的使用年限。

目前,EPS 发泡塑料周转箱作为生鲜果蔬的低温保鲜包装,因其具有隔热防振缓冲等优越性而被广泛应用。

(二)钙塑瓦楞箱

钙塑瓦楞箱是利用钙塑材料优异的防潮性能,来取代部分特殊场合的纸箱包装而发展起来的一种包装。

钙塑材料是在 PP、PE 树脂中加入大量填料如碳酸钙、硫酸钙、滑石粉等,及少量助剂而形成的一种复合材料(一般为树脂 50%+$CaCO_3$等 50%)。由于钙塑材料具有防潮防水、高强度等优点,可在高湿环境下用于冷冻食品、水产品、畜肉制品的包装。但钙塑材料表面光洁易打滑,减震缓冲性较差,且堆叠稳定性不佳,成本也相对较高。

三、其他塑料包装容器及制品

(一)塑料包装袋

(1)单层膜袋(single-layer film bag)　可由各类聚乙烯、聚丙烯薄膜(通常为筒膜)制成,因其尺寸大小各异、厚薄及形状不同,可用于多种物品包装,有口袋形塑料袋,也可做成背心袋用于市场购物。

LDPE 吹塑薄膜具有柔软、透明、防潮性能好、热封性能良好等优点,多用于小食品包装。HDPE 吹塑薄膜的力学性能优于 LDPE 吹塑薄膜,且具有挺括、易开口的特点,但透明度较差,常用制作背心式购物袋。LLDPE 吹塑薄膜具有优良的抗戳穿性和良好的焊接性,即使在低温下仍具有较高的韧性,可用于制作对抗戳穿性要求较高的垃圾袋。聚丙烯吹塑薄膜由于透明度高,多用于制作服装、丝绸、针织品及食品的包装口袋。

(2)复合薄膜袋(recombinal film bag)　为满足食品包装对高阻隔、高强度、高温灭菌、低温保存保鲜等方面的要求,可采用多层复合塑料膜制成的包装袋,如高温蒸煮袋便是复合薄膜包装袋的重要品种。

(3)挤出网眼袋(extruded mesh bag)　挤出网是以 HPPE 为原料,经熔融挤出,旋转机头成型,再经单向拉伸而成的连续网束,适合于水果、罐头、瓶酒的外包装,美观大方。

另一种挤出网袋是以聚苯乙烯 EPS 为原料,经熔融挤出制成,主要用于水果、瓶罐的缓冲包装。

(二)塑料片材热成型容器

片材热成型容器是将热塑性塑料片材加热到软化点以上、熔融温度以下的某一温度,采用适当模夹具,在气体压力、液体压力或机械压力作用下形成与模具形状相同的包装容器。由于热成型容器具有许多优异的包装性能,在食品包装上的应用得到了迅速发展。

(三)其他塑料包装制品

(1)高温杀菌塑料罐　材料组成 PP-EVOH-PP,其特点在于夹层以 EVOH 为材料,保气性极为良好,保存期与罐头相同,在常温下可保存两年,可用于取代目前的金属罐。

(2)微波炉、烤箱双用塑料托盘　以结晶性 PET 为材料,可耐高温,用于微波食品及烤箱食品。

(3)可挤压瓶　材料为 PP-EVOH-PP,用共挤压技术制造,保气性、挤压性良好,用于热充填、不杀菌的食品包装,如果酱、调味酱等。

项目三　陶瓷包装材料及其包装容器

任务目标

☞ 陶瓷包装材料的识别；
☞ 陶瓷包装容器的认知。

陶瓷是以黏土、长石、石英等天然矿物为主要原料，经粉碎、混合和塑化，按用途成型，并经装饰、涂釉，然后在高温下烧制而成的制品。陶瓷制品是我国使用历史最悠久的一类包装容器，陶瓷制品作为食品包装容器主要用于酒类、酱腌菜、腐乳、豆豉等传统食品及风味食品的包装。

情境一　陶瓷包装材料

一、陶瓷包装材料的原料组成

制造陶瓷的原料可以分为黏性原料、减黏性原料、助熔原料、细料。主要原料有：高岭土（陶瓷制造用）或黏土、陶土（陶瓷制造用）、硅砂以及助熔性原料（如长石、白云石、菱镁矿石）等。

二、陶瓷包装材料的特点

陶瓷包装容器具有耐火、耐热、隔热、耐酸、耐压、透气性极低等特点，可制成形状各异的瓶、罐、缸、坛等，历经多年不变形、不变质，可以重复使用。由于陶瓷制品原材料丰富，成型工艺简单，废弃物不污染环境，且与其他容器相比，更能保持食品的风味，包装更具有民族的特色，因此采用陶瓷包装容器包装的食品常给消费者带来纯净、天然、传统、有特色的感觉，受到消费者的欢迎。但陶瓷食品包装制品易破碎，且自身质量大，携带难度较大。同时，陶瓷食品包装制品不透明，无法直接对包装在其内的食品进行观察，生产率低且一般不能重复使用，所以成本较高，在一定程度上限制了陶瓷食品包装的使用。此外，随着人们对食品安全的不断重视，人们发现在陶瓷制品制作过程中必须要有上釉过程，而所使用的釉彩含有较高浓度的铅、镉等重金属，而与食品直接接触的表层釉中有重金属铅、镉的溶出，造成所包装食品的污染，进而对人体健康造成危害。

阅读库

基于绿色理念的陶瓷食品包装容器设计要素

功能要素：产品最首要和基本的就是要满足功能需求，容器是物品的承载物，有保护商品免受损害、方便物品取放使用、促进商品销售的基本功能要求。

技术要素：技术要素是最直接制约设计实现的要素，材料以及加工工艺都影响着产品的最终形式。随着技术的进步，我们对泥料、釉料、烧窑温度等影响因素的特性也更加了解，烧制方法也更加多样，从传统的柴窑到煤窑、气窑、电窑，通过细微的改变可以产生千变万化的效果。

市场要素：产品设计要素中包含商业可行性，产品的最终目的是走向市场，产品包装容器的市场开拓，一方面离不开其设计本身，合理性、实用性、美观性、创新型、环保性，这些都是保障产品市场的重要影响因子；另一方面营销手段也是促进销售的重要方面，通过多种营销策略，突出产品特征，提高产品知名度。

审美形态要素：审美形态要素是产品最为直接的要素，不同的造型、材料、色彩、质感，使消费者对商品产生不同的感受，通过外在的形式使人获得美的享受，产品设计是否符合大众审美要求，直接影响消费者的购买欲望和产品的市场占有情况。

情境二　陶瓷包装容器

一、陶瓷包装容器的制造

陶瓷包装容器的制造工艺大致为：原料配制→泥坯成型→干燥→上釉→焙烧。

(1)原料配制　根据对陶瓷容器的不同要求选择并按一定比例制成泥坯原料。

(2)泥坯成型　将原料经手工或模铸或注浆等方法制成一定形状的型坯(泥坯)。

(3)干燥　通过自然、热风、微波和辐射干燥等方法除去泥坯中的全部机械混合水。

(4)上釉　为了增加陶瓷容器对气、液的阻隔性，表面需要上一层釉。釉料的化学成分和玻璃相似，主要由某些金属氧化物和非金属氧化物的硅酸盐组成。这些氧化物熔融体硬化时与坯体发生化学反应，牢固地结合在坯体上，并形成一层薄釉膜，起保护坯体、增加坯体的阻气性、阻水性、保香性，提高陶瓷容器的耐化学性和阻止液体渗透性的作用。釉层使坯体表面处于承受一定预加压应力状态，可以提高陶瓷制品的使用强度。

(5)焙烧　以一定的升温速度将陶瓷加热至一定温度，并在一定的气氛下(氧化、碳化、氮化等)将上釉泥坯烧结成不同要求的陶瓷容器。

二、陶瓷包装容器的种类

1. 按陶瓷包装材料进行分类

按陶瓷包装材料主要分为粗陶器、精陶器、瓷器和炻器四大类。

(1)粗陶器　粗陶器多孔、表面较为粗糙，带有颜色，不透明，并有较大的吸水率和透气性，主要用作缸器。

(2)精陶器　精陶器又分为硬质精陶(长石质精陶)和普通精陶(石灰质、镁、熟料质等)。

精陶器较粗陶器精细，气孔率和吸水率较小，常作为坛、罐和陶瓶。

(3)瓷器　瓷器比陶器结构紧密均匀，表面光滑，吸水率低，极薄的瓷器还具有半透明的特性。瓷器主要作包装容器和家用器皿。

(4)炻器　炻器是介于瓷器与陶器之间的一种陶瓷制品，有粗炻器和细炻器两种，主要用作缸坛等容器。

此外，还有金属陶瓷与泡沫陶瓷等特种陶瓷。金属陶瓷是在陶瓷原料中加入金属微粒，如镁、镍、铬、钛等，使制出的陶瓷兼有金属的韧而不脆和陶瓷的耐高温、硬度大、耐腐蚀、耐氧化性等特点。泡沫陶瓷是一种质轻而多孔的陶瓷，其孔隙通过加入发泡剂而形成，具有机械强度高、绝缘性好、耐高温的性能。这两类陶瓷均可用于特殊用途特种包装容器。

2. 按陶瓷包装造型分类

按陶瓷包装造型可分为缸、坛、罐、钵和瓶等多种。

陶缸大多为炻质容器，下小上大，敞口，内外施釉，缸盖是木制的，封口常用纸裱糊。在出口包装中，陶缸是皮蛋、咸蛋等的专用包装。

坛和罐是可封口的容器，坛较大，罐较小，有平口和小口之分。有的坛两侧或一侧有耳环，便于搬运，坛外围多套有较稀但质地较坚实的竹筐或柳条、荆条筐。这类容器主要用于盛装酒、酱油、酱腌菜、腐乳等商品，封口方法一般都用纸胶粘封口或胶泥封口。

陶瓷瓶是盛装酒类和其他饮料的销售包装，其结构、造型、瓶口等与玻璃瓶相似。

实操演练 2-4　GB 31604.34—2016
食品安全国家标准　食品接触材料及制品　铅迁移量的测定

一、实操目标

1. 掌握铅标准系列溶液的准确配制；
2. 掌握迁移试验的操作过程；
3. 掌握火焰原子吸收光谱法测定铅含量。

二、实操原理

采用食品模拟物浸泡食品接触材料及制品中预期与食品接触的部分，浸泡液经火焰原子化，在 283.3 nm 处测定的吸收值在一定浓度范围内与铅含量成正比，与标准系列比较定量。

三、实操耗材

1. 试剂及配制

本方法所用试剂均为优级纯，水为 GB/T 6682—2016 规定的二级水。

(1)食品模拟物　按照 GB 5009.156 的规定配制。

(2)硝酸溶液(5＋95)

(3)硝酸溶液(1＋9)

(4)铅标准储备液(1 000 mg/L)　准确称取 1.598 5 g 硝酸铅，用少量硝酸溶液(1＋9)溶解，移入 1 000 mL 容量瓶定容。

(5)铅标准中间液(10.0 mg/L)　吸取铅标准储备液 1.00 mL 于 100 mL 容量瓶中，用硝酸溶液(5＋95)定容。

(6)铅标准系列溶液　分别吸取铅标准中间液(10.0 mg/L)0 mL、0.500 mL、1.00 mL、2.00 mL、3.00 mL、4.00 mL 于 10.0 mL 容量瓶中,用相应食品模拟物定容。此铅标准系列溶液的浓度分别为 0 mg/L、0.500 mg/L、1.00 mg/L、2.00 mg/L、3.00 mg/L、4.00 mg/L。

2. 材料

陶瓷包装容器。

3. 仪器和设备

火焰原子吸收光谱仪、分析天平(感量 0.1 mg)。

四、实操步骤

1. 试样的清洗

陶瓷包装容器按照说明书的要求进行清洗和处理,用洁净的滤纸将其表面的水分吸收干净,拿取容器要戴棉质手套。

2. 迁移试验

在试验用陶瓷包装容器中注入已达到试验温度的食品模拟物,将容器完全浸没在食品模拟物中,记录加入的食品模拟物的准确体积。按规定的试验条件进行迁移试验,得到试样浸泡液。

3. 浸泡液的预处理

迁移试验结束后,立即取部分试样浸泡液用于分析。若试样浸泡液为中性或碱性,则添加适量硝酸使试液中硝酸浓度约为 5%(体积分数)。同时做试样空白试验。

4. 标准曲线的制作

按浓度由低到高的顺序将铅标准系列溶液在火焰原子吸收光谱仪上测定。

5. 试样浸泡液的测定

将空白溶液和试样浸泡液分别导入火焰原子吸收光谱仪中测定,与标准曲线比较定量。

6. 分析结果的表述

总迁移量结果表示为每平方分米试样接触面积迁移出的铅的毫克数(mg/dm^2)或每千克食品模拟物中铅的毫克数(mg/kg)。

X_1(总迁移量,mg/dm^2)=铅的毫克数/试样接触面积

X_2(总迁移量,mg/kg)=铅的毫克数/食品模拟物质量

式中:铅的毫克数—从标准曲线查得的铅含量(mg)×(食品模拟物总体积/测定用试样浸泡液体积);

试样接触面积(dm^2)—食品模拟物总体积(L)×6;

食品模拟物质量(kg)—[试样接触面积(dm^2)/6]×1。

五、实操技能点

1. 试样的规范清洗过程。

2. 浸泡液的预处理。

3. 试样接触面积与食品模拟物质量的换算。

项目四　金属包装材料及其包装容器

任务目标

☞ 金属包装材料性能特点、主要性能指标的理解；
☞ 金属包装材料主要品种的认知；
☞ 金属包装容器结构分类、制造方法的掌握；
☞ 金属包装容器常用涂料的识别。

金属材料(metal material)是近代4种最重要的包装材料之一。我国早在5 000年前就开始使用金属容器，近代金属容器用于食品包装也有近200年的历史。由于金属包装材料及容器具有优良的包装特性和包装效果，包装材料及容器的生产效率高，用于包装食品具有良好的流通贮藏性能等，被广泛应用于食品包装工业，作为罐头、饮料、糖果、饼干、茶叶等的包装容器。

情境一　金属包装性能及包装材料

一、金属包装材料的优良性能

(1)高阻隔性能　金属材料可以隔绝气、汽、水、油、光等物质的通过，对内容物能起到良好的保护作用，延长食品的货架期。

(2)机械力学性能优良　金属材料具有良好的抗张、抗压、抗弯强度，能经受运输、堆码、振动等外力作用。

(3)容器成型加工性好且生产效率高　金属材料具有良好的塑变形性能，易于制成各种形状的容器以适应食品包装的需要，可以满足食品大规模自动化生产的需要。

(4)良好的耐高低温性、良好的导热性、耐热冲击性　金属材料这一特性用作食品包装可以适应食品冷热加工、高温杀菌以及杀菌后的快速冷却等加工需要。

(5)金属包装制品表面装饰性好　金属具有光泽，且可通过表面彩印装饰提供更理想美观的商品形象，以吸引消费者。

(6)卫生无毒，易回收处理　金属材料卫生无毒，符合食品包装卫生和安全要求，废弃物易回收处理可减少对环境的污染。

金属材料用作食品包装的缺点是：成本较高，自身的重量对运输有一定的影响。化学稳定性差、不耐酸碱腐蚀，特别是用于包装高酸性内容物时易被腐蚀，金属离子易析出而影响食品的风味。

二、金属包装材料

食品包装常用的金属材料按材质主要分为两类：一类为钢基包装材料，包括镀锡薄钢板（马口铁）、涂料镀锡板、镀铬薄钢板、镀锌薄钢板、低碳钢薄板等；另一类为铝质包装材料，包括铝合金薄板、铝箔、铝丝等。

（一）镀锡薄钢板

镀锡薄钢板是低碳薄钢板表面镀锡面制成的产品，简称镀锡板，俗称马口铁板，大量用于制造包装食品的各种容器，其他材料容器的盖或底。

1. 镀锡板的结构组成

镀锡板是将低碳钢（C＜0.13%）轧制成约 2 mm 厚钢带，经酸洗、冷轧、电解清洗、退火、平整、剪边加工，再经清洗、电镀、软熔、钝化处理、涂油后剪切成的板材成品。

镀锡板结构由五部分组成，如图 2-23 所示，由内向外依次为钢基板、锡铁合金层、锡层、氧化膜和油膜。镀锡板各构成部分的厚度、成分和性能见表 2-6。

图 2-23　镀锡板断面图

1. 钢基板　2. 锡铁合金层　3. 锡层　4. 氧化膜　5. 油膜

表 2-6　镀锡板各层厚度、成分及性能特点

结构名称	厚度		结构成分		包装性能特点
	热浸镀锡板	电镀锡板	热浸镀锡板	电镀锡板	
油膜	20 mg/m^2	2～5 mg/m^2	棕榈油	棉籽油或癸二酸二辛酯	润滑和防锈
氧化膜	3～5 mg/m^2（单面）	1～3 mg/m^2（单面）	氧化亚锡	氧化亚锡、氧化锡、氧化铬、金属铬	电镀锡板表面钝化膜是经化学处理生成的，具有防锈、防变色和防硫化斑作用
锡层	22.4 ～ 44.8 g/m^2	5.6～22.4 g/m^2	纯锡	纯锡	美观、易焊、耐腐蚀、无毒害
锡铁合金层	5 g/m^2	＜1 g/m^2	锡铁合金结晶	锡铁合金结晶	耐腐蚀，如过厚，加工性和可焊性不佳
钢基板	制罐用 0.2～0.3 mm	制罐用 0.2～0.3 mm	低碳钢	低碳钢	加工性能良好，制罐后具有必要的强度

2. 镀锡板的主要性能指标

镀锡板的主要性能指标有机械力学性能、耐腐蚀性等，是衡量镀锡板是否符合生产标准和使用要求的重要依据。

(1)镀锡板的机械力学性能　因为不同的包装用途和包装容器的成型加工方法,与之对应的各种镀锡板具有的机械力学性能强度、硬度、塑性、韧性也不相同。工业上为了便利地表示镀锡板的机械力学性能,用调质度作为表示镀锡板综合机械力学性能的指标,以满足使用性能和成型加工工艺性的要求。

锡板的调质度以其表面洛氏硬度值(HR30T)来表示,按照HR30T的大小,调质度也分为几个等级,等级符号以大写字母T以及数字组成,如T50。镀锡板的硬度与调质度等级成正对应关系,调质度越大,硬度越大,相应的镀锡板的韧性和调质度成负对应关系。因此,根据实际生产中的包装用途、成型加工方法,可以参考镀锡板的调质度等级来选择合适的镀锡板。

影响镀锡板的机械力学性能的因素主要有钢基板的化学成分,钢基板冶炼、轧制工艺和热处理工艺。镀锡板的钢基板根据成分的不同可以分为D、L、MR、MC型等。L、MR系杂质含量少的钢基板,强度低、塑性好,所制成的镀锡板调质度低。MC型钢基板含磷量较高,强度高、塑性低,所制成的镀锡板调质度相对较高。

(2)镀锡板的耐腐蚀性　镀锡板在食品包装工业上的应用十分广泛,其制成的容器内容物各不相同,化学性质也有区别,对镀锡板的耐腐蚀性有不同的要求,而镀锡板的耐腐蚀性又取决于构成镀锡板各个构层的耐腐蚀性。

①钢基板　钢基板的耐腐蚀性能主要取决于钢基板的化学成分、非金属杂质的含量和表面状态。一般情况下,减少钢基板中非金属杂质的含量、提高表面纯净度,可以提高钢基板的耐腐蚀性。酸浸时泄值(pickle lag)是评价钢基板的耐腐蚀性指标,即钢基板浸入盐酸时至溶解反应速度恒定时所需要的时间(s)。酸浸时泄值越小,钢基板的耐腐蚀性越好。

②锡铁合金层　处于钢基板和锡层之间的锡铁合金层主要成分是锡铁金属化合物$FeSn_2$。提高$FeSn_2$合金层的连续性和致密性可以有效地提高镀锡板的耐腐蚀性能。

③锡层　锡层的耐腐蚀性主要与锡层的连续性、锡的纯度和锡层晶粒大小有关。肉眼看来锡层完全覆盖在钢基板表面,但实际上镀锡层存在少许的孔隙,称为露铁点。镀锡层露铁点的多少用孔隙度来表示,即每平方分米上孔隙数或孔隙面积。镀锡板上的露铁点在有腐蚀性溶液存在的条件下将发生电化学腐蚀,严重影响镀锡板的耐腐蚀性。

④氧化膜　镀锡板表面的氧化膜既有锡层本身氧化形成的SnO_2和SnO,也有镀锡板钝化处理后形成的含铬化合物钝化膜。SnO_2比SnO的稳定性更好,耐腐蚀性更强,两者的形成与温度有很大的关系,合理控制温度,形成SnO_2层可提高镀锡板的耐腐蚀性。含铬钝化膜有效地提高了镀锡板的耐腐蚀性,钝化膜的耐腐蚀性与其含量有关系,含铬量越多,耐腐蚀性越好。

⑤油膜　镀锡板表面的油膜将板与腐蚀性的环境隔离开,可有效防止锡层被氧化。此外,油膜在镀锡板使用和制罐中起润滑剂作用,可有效防止加工、运输过程中的锡层擦伤破损而引起的镀锡板的腐蚀。一般采用棉籽油或癸二酸二辛酯。

3. 镀锡板的主要技术规格

(1)镀锡板的尺寸和厚度规格　为了方便镀锡板的生产和使用,统一规范了生产上提供的镀锡板长、宽尺寸。板宽系列为755 mm,800 mm,850 mm,875 mm,900 mm,950 mm,1 000 mm,1 025 mm,1 050 mm,板长一般与板宽差在200 mm内,可根据生产情况任意选用。国外产品采用英制规格。

镀锡板的厚度及厚度的偏差对容器的加工成型和使用性能有很大的影响，我国规定板厚系列为 0.2，0.23，0.25，0.28 四种。并规定板厚偏差一般不超过 0.015 mm，同一张板厚偏差不超过 0.01 mm。镀锡板厚度国际上采用重/基准箱法表示，即规定 112 张 20 in×14 in 或 56 张 20 in×28 in 的镀锡板为一基准箱，根据一基准箱镀锡板的重量表示板厚。重量/基准箱与镀锡板厚度成正相关关系（1 in＝2.54 cm）。

（2）镀锡板的镀锡量　镀锡板镀锡量的大小是用来衡量镀锡层厚度的指标，是选用镀锡板的重要参数。镀锡量以单位面积上所镀锡的质量表示（g/m^2）。另一种表示法是以 1 基准箱镀锡板上镀锡总量（磅）乘以 100 后所得的数字为镀锡量的标号，如 1 磅/1 基准箱的镀锡量标为 $^{\#}100$（相当于 11.2 g/m^2）。标号数值越大，镀锡层越厚。对两面镀锡量不等的镀锡板，用两种数分别表示两面的镀锡量，如 $^{\#}100/^{\#}25$ 即 11.2/2.8 g/m^2。

4. 涂料镀锡板

镀锡板具有的耐腐蚀性时常不能满足某些食品包装的需要，如富含蛋白质的鱼、肉食品，在高温加热中蛋白质分解产生硫化氢对镀锡罐壁产生化学腐蚀作用，与露铁点发生作用形成硫化铁，对食品产生污染。高酸性食品对罐壁腐蚀产生氢胀和穿孔，有色果蔬与罐内壁溶出的 2 价锡离子作用将发生褪色现象，有的食品还出现金属味等。为此，采用在镀锡板上涂覆涂料，将食品与镀锡板隔离，以减少它们之间的接触反应。

（1）涂料镀锡板的主要质量要求　涂料镀锡板是由镀锡板经钝化、表面净化处理、喷涂料、焙烤固化而制成。一般涂层厚在 12 g/m^2 以下，涂料层表面应连续光滑、色泽均匀一致、无杂质油污和涂料堆积等现象。

（2）食品包装对涂料的要求

①无味、无臭、无毒　不影响食品品质和风味。

②有良好的机械性能　涂料能承受冲压、弯曲等作用，不破裂、脱落。

③有足够的耐热性　能承受加工中的高温作用而不变色、不起泡、不剥离。

④施涂加工方便　涂层干燥迅速，与镀锡板间有良好亲润性以保证涂层质量。

（3）常用涂料　目前可选用的涂料种类很多，按其制成的容器是否与食品接触，分内涂料和外涂料；按涂料涂覆的顺序不同分为底涂料和面涂料；根据食品特性及其包装保护要求将所用的内涂料分为抗酸涂料、抗硫涂料、抗酸抗硫两用涂料、抗粘涂料、啤酒饮料专用涂料及其他专用涂料等。

知识窗

二维码在食品金属包装追溯体系中的应用

生产过程：从金属包装生产源头开始，将使用的原辅材料和生产订单等信息，通过 PC 端录入二维码系统数据平台，并在生产过程中将二维码附码在每件食品金属包装上，而后续加工过程中，也通过 PC 端不断地将生产过程信息加入系统数据平台上。

质检过程：通过对质检产品进行扫码，将相应的质检信息录入到系统数据平台上，对产品质量进行监督，当出现不合格产品时，根据扫码信息，可以快速查找出现质量问题的对应生产环节。

销售物流环节：运输和销售时，通过扫描可以录入食品金属包装产品物流运输和销售的相关信息。

下游食品企业：在 PC 终端录入食品生产信息、质检信息、物流信息和销售相关的促销活动信息到二维码系统数据平台。

消费者：通过手机扫码可以快速查看产品质量及源信息，并且可以浏览企业的相关促销或活动信息。

在生产过程中，二维码的数据平台可以根据生产需要，自动生成需要加标产品的追溯二维码，每个追溯码都具有唯一性。

（二）无锡薄钢板

由于金属锡资源少、价高，故镀锡板成本较高。为降低产品包装成本，在满足使用要求前提下，采用无锡薄钢板代替马口铁用于食品包装。常用的有：镀铬薄钢板、镀锌薄钢板和低碳薄钢板。

1. 镀铬薄钢板

镀铬薄钢板是表面镀有铬和铬的氧化物的低碳薄钢板。镀铬板的制造与镀锡板基本相同，是将经轧制到一定厚度的薄钢板经电解、清洗、酸洗等处理后，在镀铬槽中镀铬，再经铬酸处理、水洗、风干、涂油制得镀铬薄钢板。

镀铬板由钢基板、铬层、水合氧化铬层和油膜构成，镀铬板各结构层的厚度、成分及特性见表 2-7。

表 2-7 镀铬板各层厚度、成分及性能特点

各层名称	成分	厚度	性能特点
油膜	癸二酸二辛酯	22 mg/m^2	防锈，防滑
水合氧化铬层	水合氧化铬	7.5～27 mg/m^2	保护金属铬层，便于涂料和印铁，防止产生孔眼
金属铬层	金属铬	32.3～140 mg/m^2	有一定耐腐蚀性，但比纯锡差
钢基板	低碳钢	0.2～0.3 mm	提供板材必要的强度，加工性良好

镀铬板的机械性能与镀锡板相差不大，其综合机械性能也以调质度表示。镀铬板的耐腐蚀性能比镀锡板稍差，铬层和氧化铬层对柠檬酸、乳酸、乙酸等弱酸、弱碱有很好的抗蚀作用，但不能抗强酸、强碱的腐蚀，所以镀铬板通常施加涂料后使用。镀铬板表面涂料施涂加工性好，涂料在板面附着力强，具有更好的耐腐蚀性。使用镀铬板时尤要注意剪切断口极易腐蚀，必须加涂料以完全覆盖。

因镀铬层韧性较差，所以冲拔、盖封加工时表面铬层易损伤破裂，不能适应冲拔、减薄、多级拉伸加工。镀铬板不能锡焊，制罐时接缝需采用熔接或粘接。

2. 镀锌薄钢板

镀锌薄钢板又称白铁皮，是在低碳钢基板表面镀上一层厚 0.02 mm 以上的锌层所构成的金属板材。其制造过程为：低碳钢板→轧制→清洗→退火处理→热浸镀锌→冷却→冲洗→拉伸矫直。

镀锌板也可经电镀锌制成，所获保护作用的锌层较热浸镀锌板薄且防护层中不出现锌铁合金层。所以电镀锌板的成型加工性能较热浸镀锌板好，可焊性较好，但是耐腐蚀性不如热浸镀锌板。

镀锌板主要用于大容量的包装桶。

3. 低碳薄钢板

低碳薄钢板是指含碳量<0.25%，厚度为0.35～4 mm的普通碳素钢或优质碳素结构钢的钢板。低碳成分决定了低碳薄钢板塑性能好，易于容器的成型加工和接缝的焊接加工，制成的容器有较好的强度和刚性，且价格便宜。低碳薄钢板表面加特殊涂料后用于灌装饮料或其他食品，还可以将其制成窄带用来捆扎纸箱、木箱或包装件。

(三)铝质包装材料

铝质包装材料主要是指铝合金薄板、铝箔以及真空镀铝软包装。

1. 铝质材料的包装特性

(1)质量轻　铝是轻金属，密度为2.7 g/cm^3，约为铁的1/3，可减轻容器质量，降低贮运费用。

(2)热传导率高　耐热、导热性能好，适于经加热处理和低温冷藏过的食品包装，且减少能耗。

(3)阻隔性好　具有优良的阻挡气体、水蒸气、油、光线性能。

(4)优良的加工性　铝具有很好的延展性，适合于冲拔压延成薄壁容器或薄片，易于冲压成各种复杂的形状。可与纸、塑料膜复合，制成具有良好包装性能的复合包装材料。

(5)表面性能好　铝材料表面光泽，光亮度高，不易生锈，具有良好的装潢效果。

(6)再循环性能好　铝质包装废弃物可回收再利用，节约资源和能源。

(7)耐酸、碱性能差　酸性食品与铝会发生化学反应放出氢而导致膨罐，对铝罐内壁进行涂料处理或复合处理可以改善其耐蚀性能。

(8)焊接性能差　容器成型时，很难用焊接方式进行加工，加工局限性较大。

(9)强度低，材质较软，强度较低　铝的强度不如镀锡薄钢板和无锡薄钢板，而且表面易划伤，摩擦系数大，铝的薄壁容器受碰撞时易于变形。

铝对各种食品的耐蚀性见表2-8。

表2-8　铝对各种食品的耐蚀性

食品种类	耐蚀性	食品种类	耐蚀性	食品种类	耐蚀性
啤酒	○	酱油	⊙～△	面包屑	○
葡萄酒	⊙～○A	醋	○	明胶	○
威士忌	⊙，○A	砂糖水	○，○H	汽水	⊙○～△，○
白兰地	⊙，○A	食用油	○	果实香精	○A
杜松子酒	⊙，○A	脂肪	○	果汁	○～△，○A
清酒	○	牛乳	○，○H	橘子汁	△，○A
牛油	○	炼乳	○	柠檬汁	⊙～△，○A
人工干酪	○	奶油	○	洋葱汁	○，○H
干酪	○～△	巧克力	○B	苹果汁	⊙
盐	⊙～△	发酵粉	○		

注：○—不被侵蚀；⊙—稍被侵蚀，但可使用；△—被侵蚀；○A—阴极氧化时不被腐蚀；○H—加热也不被腐蚀；○B—沸点以上不被腐蚀。

2. 铝合金薄板

将工业纯铝或防锈铝合金制成厚度为0.2 mm以上的板材称铝薄板。铝薄板与镀锡板一样，也是用调质度来表示它的综合机械性能，其调质度按AA标记法分为“O”和“H”型两类。“O”型调质度的铝薄板是强度低、塑性很好的极软铝材，主要用于制箔。“H”型调质度的铝薄板按调质度不同分为H1X、H2X、H3X，其中$X=1\sim9$，X数字越大的板材强度越高。“H”型调质度铝薄板中调质度较低的用来制软管，调质度较高的用于做罐盖、易拉盖。

3. 铝箔

铝箔是一种用工业纯铝薄板经多次冷轧、退火加工制成的金属箔材，食品包装用铝箔厚度一般为0.05～0.07 mm，与其他材料复合时所用铝箔厚度为0.03～0.05 mm，甚至更薄。

铝箔很容易受到机械损伤及腐蚀，所以铝箔较少单独使用，通常与纸、塑料膜等材料复合使用。铝箔复合材料具有优良的耐腐蚀、阻透、光屏蔽、密封性能，大量用于食品的真空、充气包装。如制成蒸煮袋，制作多层复合袋，制软管，做泡罩包装的盖材，制作杯、盒、盘的盖材，制成浅盘盒及制商标等。

铝复合膜材料的组成及用途见表2-9。

表2-9 铝复合膜材料的组成及用途

用途	箔厚/μm	加工箔构成
口香糖(内装)	7	Al/蜡/薄叶纸
香烟	7	Al/黏合剂/模造纸
粉末食品	7	PP(印)/Al/PE
纸容器	7	Al/黏合剂/马尼拉板纸
贴纸	7	Al/黏合剂/高质纸
红茶	7	玻璃纸(印)/黏合剂/Al/黏合剂/模造纸/PE
牛油	7～8	Al/黏合剂/羊皮纸
复合罐	7	薄纸(印)/黏合剂/牛皮纸/黏合剂/Al/PE
蒸煮袋	9	PET(印)/黏合剂/Al/黏合剂/聚烯烃
干酪	10	喷漆/Al/喷漆
巧克力板	8～15	①平箔 ②AV/PVC ③Al/PE ④Al/蜡/薄叶纸
封瓶箔	15～30	①平箔 ②Al/PVC
“PTP”包装	20	Al/热封层
药品	20～40	①玻璃纸(印)/PE/Al/PE. ②着色玻璃纸/黏合剂 Al/PE
Crown spot	50	热封涂层/Al/耐热喷漆
乳酸饮料盖	50	Al(印)/PE/热融胶
箔容器	30～50	①平箔 ②喷漆/Al/喷漆 ③喷漆/Al/黏合剂/PP

4. 真空镀铝软包装

由于制作铝箔的纯铝价格较高，加工铝箔耗能又大。故使用铝箔包装成本较高，且单独使用有许多性能上的限制，一般还需二次加工。因此，包装上常采用真空镀铝软包装材料部分代替铝箔复合材料。

真空镀铝薄膜是用 PET、PE、PP 等或纸作为基材，将基材在镀铝真空室的冷却辊上展开，铝丝在坩埚内加热使其蒸发而蒸镀在基材表面，形成一层厚度 25～35 nm 的致密铝镀层。为保护这较薄的铝镀层，可再在其上复合一层聚乙烯。

真空镀铝膜的阻隔性虽不如铝箔好，但它耐折性和加工性能优于铝箔，具有热封性能，成本较低、综合包装性能好而大量应用于食品、医药等包装领域。

情境二 金属包装容器

金属容器在食品工业中广泛应用于罐头、饮料、糖果、饼干、茶叶等的包装容器。由于金属材料具有的优良特性，随着科学技术的迅速发展，金属容器产品与技术得到了很大的进步。

金属包装容器根据其大小规格的不同，可分为罐、桶、箱、盒、管等类型，其中在食品包装中最常用的是金属罐、金属软管、金属桶、铝箔容器和集装箱。

一、金属罐

金属罐是最常用的金属包装容器之一，与金属桶没有严格的区分，定义为：采用金属薄板制成的较小容量的容器。

(一)金属罐的分类

食品包装工业中金属罐分类方法多样，按罐是否有涂层分为素铁罐和涂料罐；按食用开启方法不同分为罐盖切开罐、易拉开罐、罐身卷开罐等，最主要的分类方法还是按其制造方法分为三片罐和两片罐。

1. 三片罐

三片罐的应用历史已近 200 年，虽经多次改进，仍由罐身、罐底和罐盖三片金属薄板(多为马口铁)制成，故得名“三片罐”。普通三片罐的罐底和罐盖的形状、尺寸及制造方法完全相同，统称为罐盖。罐身纵缝的密封形式主要有两种：锡焊和熔焊，前者使用较早，但由于锡焊中含有铅，已呈淘汰之势；后者可避免铅污染，能耗低、材料消耗少，但生产设备复杂。

三片罐刚性好，能生产各种形状的罐，材料利用率较高，容易变换尺寸，生产工艺成熟，包装产品种类多。主要用于密封性要求不高的食品罐，如茶叶罐、月饼罐、糖果巧克力罐和饼干罐，也可以用于各种饮料罐。

2. 两片罐

两片罐是 20 世纪中叶问世的。整个包装罐由罐身和罐盖组成，故称“两片罐”。两片罐的罐身是将金属薄板，用冲床通过拉伸成型模，使其受到拉伸变形，使罐底、罐身连成一体。两片罐的罐身分类有多种：按罐身的高矮，分浅冲罐和深冲罐；按制罐材料，分铝罐和铁罐；按制造技术，分薄变拉伸罐和深冲拉拔罐等。

两片罐优点很多：密封性好；罐身由冲拔工艺直接成型，不渗漏，可免去检漏工序；不用焊接密封，避免焊锡罐的铅污染，耐高温杀菌，可保证产品卫生；罐身无接缝，造型美观，罐身可连续进行装潢印刷；罐身制造工艺简单，可提高生产能力。

两片罐对材料性能、制罐技术、制罐设备等的要求较高，装填物料的种类较少。主要用于各种罐头和碳酸饮料等。

(二)金属罐的结构

主要介绍三片罐和两片罐的结构。

1. 三片罐的结构

三片罐由罐身、罐底和罐盖三部分组成。罐身的上缘和下缘分别为罐盖与罐身、罐身与罐底的结合部,为使罐身上缘与一定规格的罐盖相封合,可设计成缩口结构,结构如图 2-24 所示。

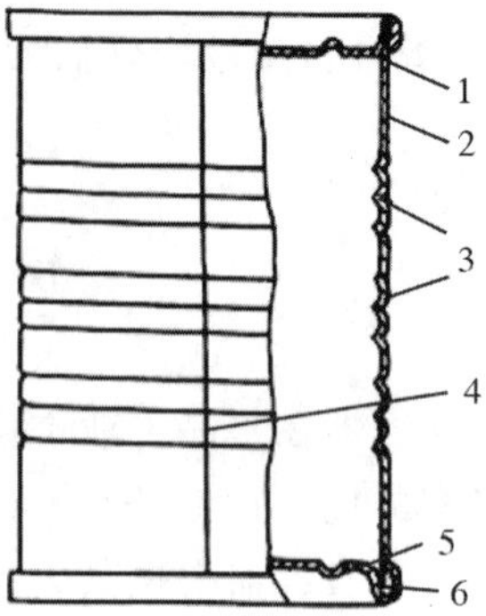

图 2-24 金属三片罐结构

1. 罐盖 2. 罐身 3. 罐身加强压筋 4. 罐身接缝 5. 罐底 6. 卷封边

(1)罐身 罐身分为罐身接缝、环筋和翻边,罐身接缝是罐身成型后罐身板两端的焊(粘)接接缝。当罐身直径和高度较大时,为防止罐身发生内凹和外凸,可在其圆周方向滚压环筋。罐身上、下边缘向外适当翻出,以便和罐盖或罐底进行卷边密封,罐身两端被翻出的部分即翻边。

(2)罐底和罐盖 罐盖和罐底结构大致相同,其结构有膨胀圈、盖钩圆边、肩胛、外面筋、斜坡、盖中心、密封胶等部分。膨胀圈作用是避免罐身因温度变化而引起的永久变形,提高罐盖(底)的力学强度,能使罐的卷边结构免遭破坏,保护封口结构的密封性能,便于识别变质食品。膨胀圈的形式取决于罐头品种、内装食品性质、罐内顶隙及真空度等因素。盖钩圆边是罐盖(底)边缘向内弯曲形成的边钩,以便于罐身的翻边用于卷边密封,盖钩内注密封胶。罐盖可分为普通盖和易开盖,结构如图 2-25 所示,易开盖与普通盖不同的是盖面上有刻痕和拉环,易开盖的罐盖和罐底的不同之处在于罐盖具有较深的埋头度,以便固定罐钥匙。

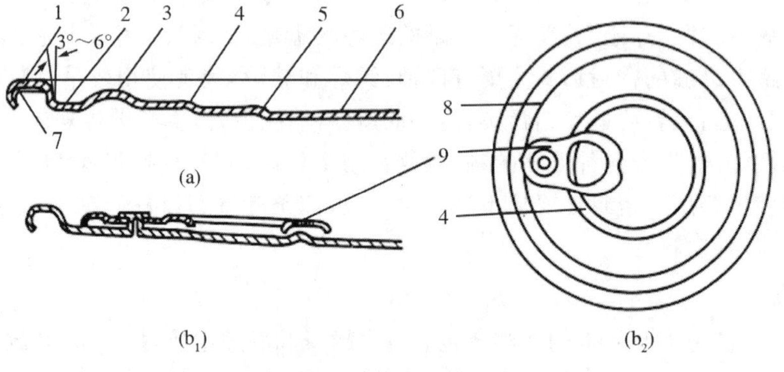

图 2-25 罐盖结构

(a)普通盖 (b_1)、(b_2)易开盖

1. 钩圆边 2. 肩胛 3. 外面筋 4. 一级斜坡 5. 二级斜坡 6. 盖心 7. 注胶 8. 刻线 9. 拉环

2. 两片罐的结构

两片罐是罐身与罐底为一体的金属罐,没有罐身接缝,只有一道罐盖与罐身卷封线,密封保护性比三片罐要好。二片罐的结构尺寸及封口形式由于受制罐设备的限制,可变化的余地很小,其结构设计在实质上是选定罐形、制造工艺方法及封口形式等。

(三)金属罐的规格

金属罐按外形不同分为 8 类：圆罐、冲底圆罐、方罐、冲底方罐、椭圆罐、冲底椭圆罐、梯形罐和马蹄形罐。几种罐的外形形状如图 2-26 所示。各罐型编号见表 2-10。

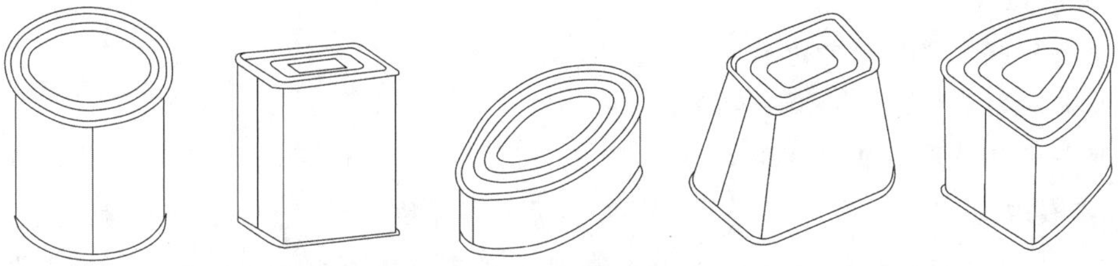

(a)　(b)　(c)　(d)　(e)

图 2-26　金属罐罐型

(a)圆罐　(b)方罐　(c)椭圆罐　(d)梯形罐　(e)马蹄形罐

表 2-10　罐型编号

罐型	编号	罐型	编号
圆罐	按内径、外高排列	椭圆罐	500
冲底圆罐	200	冲底椭圆罐	600
方罐	300	梯形罐	700
冲底方罐	400	马蹄形罐	800

金属罐规格按尺寸系列化并以统一的编号表示。我国作为国际标准化组织成员国，圆罐规格采用国际通用标准，见 GB/T 10785—1989。用罐内径、外高表示其系列规格：

内径规格为罐号开头 1～2 位，分别用 5(52 mm)、6(65 mm)、7(73 mm)、8(83 mm)、9(97 mm)、10(105 mm)、15(153 mm)表示。

三位数，后二位表示外高，如 539 罐：内径为 52.5 mm，外高为 39.0 mm。

四位数，后三位表示外高，如 9121 罐：内径为 99.0 mm，外高为 121.0 mm

五位数，后三位表示外高，如 15267 罐：内径为 153.0 mm，外高为 267.00 mm

冲压罐的罐型规格用三位数字表示，第一位数为罐型编号，后两位数表示该罐型不同尺寸规格的罐。表 2-11 为冲底圆罐成品规格系列。

表 2-11　冲底圆罐成品规格系列

罐号	成品规格/mm			计算体积/cm^3
	公称直径	内径 d	外高 H	
201	153	上：153.0 下：132.4	30.0	480.70
202	83	83.3	57.0	294.26
203	73	72.9	42.0	163.00
204	52	52.3	37.0	73.00

实操演练 2-5 GB 31604.48—2016 食品安全国家标准 食品接触材料及制品 甲醛迁移量的测定

一、实操目标

1. 熟悉甲醛迁移量测定的原理;

2. 掌握标准曲线系列的准确配制;

3. 掌握分析结果的准确计算。

二、实操原理

食品模拟物与试样接触后,试样中甲醛迁移至食品模拟物中。甲醛在乙酸铵存在的条件下与乙酰丙酮反应生成黄色的 3,5-二乙酰-1,4-二氢二甲基吡啶,用分光光度计在 410 nm 下测定试液的吸光度值,与标准系列比较得出食品模拟物中甲醛含量,进而得出试样中甲醛的迁移量。

三、实操耗材

1. 试剂及配制

(1)水基食品模拟物:按照 GB 5009.156—2016 的规定配制。

(2)乙酰丙酮溶液:称取 15.0 g 无水乙酸铵溶于适量水中,移入 100 mL 容量瓶中,加 40 μL 乙酰丙酮和 0.5 mL 冰乙酸,用水定容至刻度,混匀。此溶液现用现配。

(3)甲醛溶液(37%～40%,质量分数):0～4 ℃保存。

(4)甲醛标准储备液:吸取甲醛溶液 5～1 000 mL 容量瓶中用水定容。

(5)甲醛标准使用液:根据标定的甲醛浓度,准确移取一定体积的甲醛标准储备液,分别用相应的模拟物稀释至每升相当于 10 mg 甲醛,该使用液现用现配。

2. 材料

金属包装容器。

3. 仪器和设备

紫外可见分光光度计、恒温水浴锅、具塞比色管(10 mL)。

四、实操步骤

1. 试样的清洗

金属包装容器按照说明书的要求进行清洗和处理,用洁净的滤纸将其表面的水分吸收干净,拿取容器要戴棉质手套。

2. 迁移试验

在试验用金属包装容器中注入已达到试验温度的食品模拟物,将容器完全浸没在食品模拟物中,记录加入的食品模拟物的准确体积。按规定的试验条件进行迁移试验,得到试样浸泡液。迁移试验过程中至测定前,应注意密封,以避免甲醛挥发损失。同时作空白试验。

3. 标准曲线的制作

取 7 支 10 mL 比色管,分别吸取甲醛标准使用液 0 mL、0.5 mL、1.0 mL、1.5 mL、2.0 mL、2.5 mL 及 3.0 mL。用食品模拟物补加至 5.0 mL,分别加入 5.0 mL 乙酰丙酮溶液,盖上瓶塞后充分摇匀。将比色管置 40 ℃水浴中放置 30 min,取出后置室温下冷却。以空白液为参比,410 nm 处测定标准溶液的吸光度值,绘制标准曲线。

4. 显色反应

分别吸取 5.0 mL 试样浸泡液和空白溶液至 10 mL 比色管中,分别加入 5.0 mL 乙酰丙酮溶液,盖上瓶塞后充分摇匀。将比色管置 40 ℃水浴中放置 30 min,取出后置室温下冷却。显色后的试样溶液和空白液于 410 nm 处测定吸光度值。由标准曲线计算试样溶液中甲醛的含量。

5. 分析结果的表述

甲醛迁移量结果表示为每千克食品模拟物中甲醛的毫克数(mg/kg)。

X(甲醛迁移量,mg/kg)=甲醛的毫克数/食品模拟物质量

式中:

甲醛的毫克数—由标准曲线计算出的甲醛含量(mg)×(食品模拟物总体积/测定用试样浸泡液体积);

食品模拟物质量(kg)—[试样接触面积(dm^2)/6]×1;

试样接触面积(dm^2)—食品模拟物总体积(L)×6。

五、实操技能点

1. 迁移试验。
2. 显色反应。
3. 分析结果的表述。

(四)金属罐的制造

1. 三片罐(three piece cans)的制造

三片罐的制造主要包括罐身、罐盖制造、罐身与罐底盖卷封及空罐质量检验几个部分。罐身纵缝加工用高频电阻焊法、压接法和黏接法。

(1)电阻焊三片罐　罐身的制作包括切板、送料、弯曲成圆、搭接定位、电阻焊、补涂、烘干、翻边、压筋及缩颈(饮料罐)。罐盖的制作包括涂油、切板落料、冲盖、圆边、注胶及烘干固化,之后将罐身及罐盖进行卷封及质检。

图 2-27 所示为罐身接缝电阻焊加工原理,将待焊接的两层金属薄板重叠置于连续转动的两滚轮电极之间,通电后靠高频电阻产生的高热使滚轮之间的搭接缝金属接近熔化状态,并在滚轮碾压下连成一体而形成焊缝。电阻焊加工的优点是:避免锡焊带来的铅、锡等重金属对罐内食品的污染,节省了昂贵的锡,又提高了食品的卫生安全性,焊缝平直、光滑,密封性好且强度高。

三片罐罐身制造用料在焊接部位应留印刷空白,以免印制油墨影响接缝的焊接质量。

(2)压接三片罐　这类罐大都是手工或半自动化方式生产,罐形有方形、圆形、椭圆形、多边形(六边或八边)等多种。由于采用整版印刷制罐,罐面图案完整美观。

(3)黏接三片罐　无锡钢板的焊接性差,可用有机黏结剂(主要是耐高温的聚酰胺树脂系黏结剂)粘接身纵缝。

黏接罐在印刷时罐身接缝处不留空白，因而罐身外形美观，采用价格便宜的无锡钢板制罐，可以降低包装成本。黏接罐不能用于高温杀菌食品的包装，为保证足够的强度，罐身接缝的搭接宽度较大(约 5 mm)。

2. 两片罐(two piece cans)的制造

两片罐生产周期短，工艺简单，密封性好，广泛应用于啤酒及含气饮料的包装，国际上已采用预印刷的二片深冲罐用于罐头食品包装。由于罐身成型工艺不同，目前二片罐主要包括变薄拉伸罐(冲拔罐 DWI)和拉深罐(深冲罐 DRD)两种。

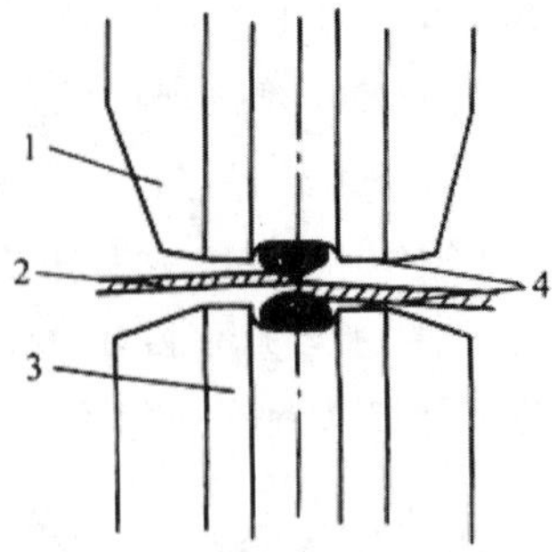

图 2-27　加压电阻焊接罐身原理

1. 上焊轮　2. 罐身搭接缝
3. 下焊轮　4. 铜线

(1)冲拔罐(DWI 罐，drawn and wall ironed can)
冲拔罐的制作经过两个重要过程，即预冲压和多次变薄拉伸，故称变薄拉伸罐。其大致工艺过程如下：卷材下料→冲压预拉伸成坯→多次拉伸变薄→冲底成型→修边→清洗润滑油→烘干→涂白色珐琅质→表面印刷→涂内壁→烘干→缩颈翻边→捡漏。

冲拔罐冲压、多次拉伸变薄成型过程如图 2-28 所示。

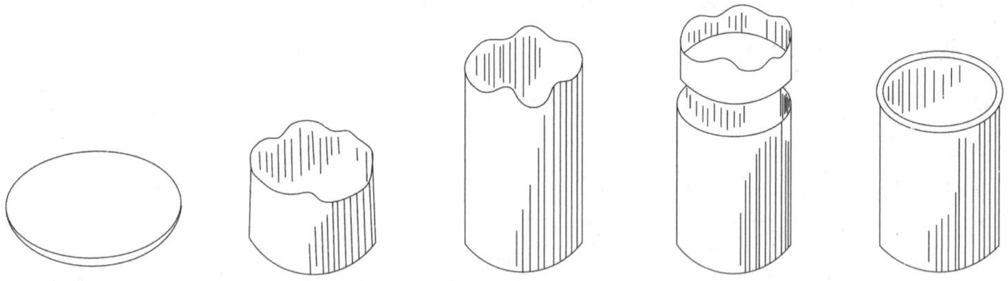

图 2-28　冲拔罐成型过程

冲拔罐的最大特点是罐的长径比很大(一般为 2∶1，最大可达 5∶1)，罐壁经多次拉伸后变薄，因此，这种罐身结构很适合于啤酒和含气清凉饮料的包装。近年来，由于液态氮在包装上的应用日趋增多，当用来盛装非含气饮料或固体食品时，可以借助液态氮进行包装，微量的液态氮足以用来支撑罐壁。

(2)深冲罐(DRD 罐，drawn and redrawn can)　深冲罐是将板材经连续多次变径冲模而成的二片罐。制罐时几次连续冲坯使罐身内径越来越小(一般为 2 次)，而罐壁和罐底的厚度保持原板厚，且整体罐体表面积等于原坯料的面积。深冲罐的特点是壁厚均等，强度、刚性好，因而它适应的包装范围广。

二、其他金属容器

1. 金属软管

金属软管目前主要由铝质材料制成。将铝料坯在压机上经挤压模制成管状，加工管口螺纹，再按需截取管长，然后退火软化，内壁喷涂料，外表印刷制成空软罐。使用时将食品由管尾灌入，然后将管尾卷封压平即完成良好密封。

金属软管可进行高温杀菌，开启方便，再封性好，可分批取用内装食品，未被挤出的食品受污染机会少。软管可高速成型、印刷、灌装，阻隔性比塑料软管好，但取出部分内容物后金属软管变瘪，外观不如后者。金属软管适用于果酱、果冻、调味品等半流体黏食品的包装。

2. 金属桶

金属桶一般指容量较大的金属容器，容积一般为 30～200 L，用于食品原料及中间产品的贮存、运输包装，具有密封好、强度好、耐热、耐冲击和可重复使用等优点。金属桶桶内壁涂有环氧类、乙烯类等树脂涂料，可用镀锡板、镀锌板、低碳钢板制成。根据装料口的大小不同，金属桶分为小口桶、中口桶、大口桶几种。小口桶适装液体类食品，不易泄露，方便运输。大口桶适合装块状、粉状或浆状食品，具有装、取料方便和便于桶内清理的特点。

3. 铝箔容器

铝箔材料因其优良的特性，广泛用于食品包装领域。铝箔与塑料和纸复合后，将铝箔的屏蔽性与纸的强度、塑料的热密封性融为一体，使被包装物品与外界的光、湿、气等成分隔绝。

铝箔容器是指以铝箔为主体材料制成的刚性、半刚性或软性容器，质轻美观、阻隔和传热性好，可高温杀菌，又可低温冷冻、冷藏，可制成各种形状且易进行彩印。

铝箔容器包装还有开启使用方便、用后易处理等优点，广泛用于包装烘焙类食品、餐后甜食、冷冻食品、方便食品、军需食品、应急食品及加热后食用的盒装食品、旅行食品等。

项目五　玻璃包装材料及其包装容器

任务目标

- ☞ 玻璃包装材料性能特点的理解；
- ☞ 玻璃包装材料主要品种的认知；
- ☞ 玻璃包装容器的识别。

玻璃作为包装材料有着悠久的历史，是食品工业、化学工业、医药卫生行业等常用的包装材料及容器。近十几年来，玻璃包装受到来自纸、塑料、金属等材料的冲击，在包装中所占的比例有所减少，但由于玻璃具有其他材料无法替代的优异包装特性，它仍将在包装领域中占有重要的地位。

情境一　玻璃的化学组成及包装性能

一、玻璃的化学组成

玻璃是由石英石(SiO_2)、纯碱(Na_2CO_3)、石灰石($CaCO_3$)为主要原料，加入澄清剂、着色剂、脱色剂等，经 1 400～1 600 ℃高温熔炼成黏稠玻璃液再经冷凝而成的非晶体材料。

玻璃的种类很多，用于食品包装的是氧化物玻璃中的钠—钙—硅系玻璃，其主要成分为：SiO_2(60%～75%)、Na_2O(8%～45%)、CaO(7%～16%)，其中 SiO_2 是构成玻璃的主要组分，Na_2O 主要起助熔剂的作用，CaO 可增强玻璃的化学稳定性，为稳定剂。此外还含有少量的 Al_2O_3(2%～8%)和 MgO(1%～4%)等。

二、玻璃的包装性能

玻璃的性能除了取决于它的化学组成以外，还受加热过程温度变化的影响，玻璃熔体的黏度随温度的升高而降低，这种变化过程反映了其易于加工成型的特点。玻璃的化学组成及其内部结构特点决定了其具有以下性能。

1. 加工性能

玻璃具有良好的成型加工性能，在高温下具有较好的热塑性，可以通过适当的模具、工艺制成各种形状和大小的容器，而成型加工灵活方便，易于上色，外观光亮，用于食品包装美化效果好，但印刷等二次加工性差。

2. 化学性能

玻璃内部离子结合紧密，是一种惰性材料，一般认为它对固体和液体内容物均具有化学稳定性，不会与之发生化学反应，具有良好的包装安全性，最适宜幼儿食品的包装。但碱性溶液对玻璃容器有一定的影响。对有严格包装要求的食品可改钠钙玻璃为硼硅玻璃，同时应注意玻璃熔炼和成型加工质量，以确保被包装食品的安全性。

3. 物理性能

(1)光学性能　玻璃具有良好的透光性，可充分显示内装食品的形色，有利于促进商品销售。同时可通过调整玻璃的化学成分、着色、热处理、光化学反应及涂膜等理化处理获得所需的各种光学性质。

(2)耐热性能　玻璃的热膨胀系数较低，可耐高温，用作食品包装能经受加工过程的杀菌、消毒、清洗等高温处理，能适应食品微波加工及其他热加工。但对温度骤变而产生的热冲击适应能力差，尤其玻璃较厚、表面质量差时，它所能承受的急变温差更小。

(3)阻隔性能　玻璃具有对气、汽、水、油等各种物质的完全阻隔性能，这是它作为食品包装材料的又一突出优点。其容器的密封性较好，盛装含气饮料，其 CO_2 的渗透率几乎是零。

4. 机械性能

玻璃硬度高，抗压强度较高，但脆性高，抗张强度低，抗冲击强度很低。玻璃的理论强度高达 10 000 MPa，但玻璃质量问题如气泡、成分分布不均匀、微小缺口、厚薄不均等会造成实际强度仅为理论强度的 1%以下。此外，玻璃成型时冷却速度过快使玻璃内部产生较大的内应力，也使其机械强度降低，所以玻璃制品需要进行合理的退火处理，以消除内应力，提高强度。

玻璃强度还受负荷作用的速度及时间的影响，较长时间荷重、使用时承受的周期变化负荷作用都会导致其强度降低，所以玻璃包装制品重复多次使用的次数应有一定的限制。

5. 原料来源丰富

玻璃制品价格较便宜，可回收再利用，废弃玻璃制品可回炉再成型，节约资源，降低能耗。

工作单 2-7　比较玻璃的包装性能

加工性能	化学性能	物理性能	机械性能

三、玻璃容器的结构

食品包装容器中，玻璃制品的主要形式是各种形状结构的瓶罐容器。如图 2-29 所示，玻璃容器的结构包括瓶口、瓶身、瓶底三部分。

1. 瓶口

瓶口是容器之口，是食品向瓶内灌装的通道和与瓶盖的盖封口。瓶口包括密封面封口突起、瓶口环、瓶口合缝线和瓶口与瓶身接缝线几部分。瓶口的形式有多种，如卡口、螺纹口、皇冠盖口和撬开口等。

2. 瓶身

瓶身是容器的主要部分，包括瓶颈、瓶肩、侧壁、瓶跟部、瓶身合缝等几部分。它的尺寸决定了容器的容量，结构形状影响容器的外观，同时对食品灌装操作和使用也有影响。

3. 瓶底

瓶底包括瓶底座和瓶底瓶身合缝。瓶底座端面为环形平面，使瓶立放平稳。瓶底向内凹成曲面，使瓶更好地承受内压。瓶底端面或内凹面可设有点、条状花纹以增加瓶立放的稳定性、减少磨损，提高瓶的内压强度和水锤强度，降低瓶罐所受的热冲击。瓶底还可能标示有容器的制造日期、模具编号、商标等。

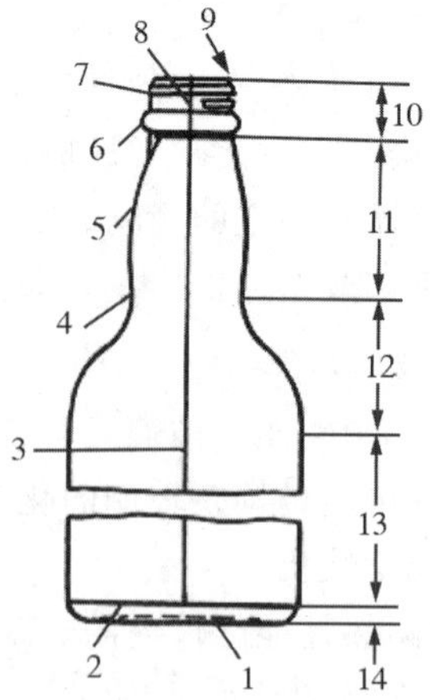

图 2-29　玻璃瓶的结构

1. 瓶底凹曲面　2. 瓶底瓶身接缝线　3. 瓶身合缝　4. 瓶颈基点　5. 瓶口与瓶身接缝线　6. 加强环　7. 螺纹　8. 瓶口合缝线　9. 封合面　10. 瓶口　11. 瓶颈　12. 瓶肩　13. 瓶身　14. 瓶底

四、玻璃容器的制造

玻璃的熔制和容器的成型是一个连续的工艺过程：配料（新原料或碎玻璃）经过熔炼（500～1 600 ℃）后，使容器成型（采用吹制法或压吹法），600～500 ℃下退火，然后经过二次加工（烧口、研磨、抛光、钢化或其他表面强化），二次加工品经过检验合格后即得成品。

成型后的玻璃容器可能会存在许多缺陷，如瓶内径不足、瓶口变形或尺寸超差，瓶壁内有气泡、凸起、伤痕、不熔物及壁厚不均等。这些缺陷的存在会影响食品的灌装量、灌装操作、灌封密封性等包装质量和包装生产效率，同时缺陷也会严重影响玻璃容器的强度，尤其是用于充气加压食品包装的玻璃容器，其内存在的缺陷导致突发的爆裂破损将危及消费者和生产者。所以必须对成型容器进行规范的质量检验。

五、玻璃容器的强度及影响因素

（一）玻璃容器的破裂分析

玻璃容器极易破碎，其破碎的形式及原因主要有三种，如图 2-30 所示。

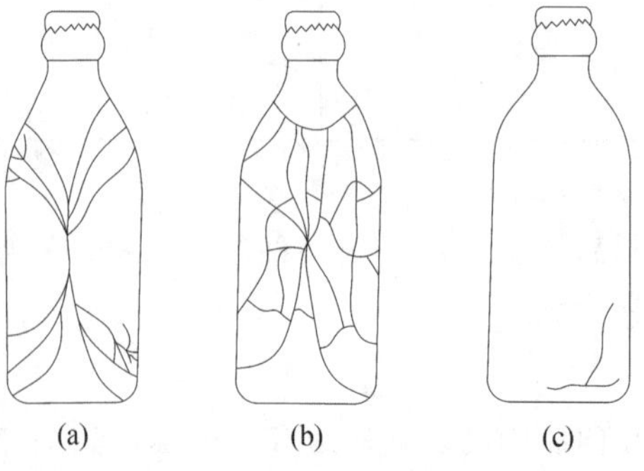

图 2-30　玻璃容器破裂分析

（a）内压破裂　（b）外部冲击破裂　（c）热冲击破裂

1. 内压破裂

内压破裂指玻璃容器局部承受不了内压作用而发生的破裂，其破裂形态是以裂纹起点为中心，裂纹曲线向外呈放射状延伸，裂纹线端部为分叉形。如果此种破裂起点靠近瓶颈部，则是因为设计上的不当，如瓶颈直径变化太快，圆角半径小，瓶受压时，使该处应力集中分布超过其强度极限而破裂；若靠近瓶底部，则多为瓶受过大振动，内压冲击导致破裂。

2. 外部冲击破裂

外部冲击力作用使瓶破裂，其裂纹稍粗，破裂块小。长颈或细长玻璃容器抗冲击能力很低，一般易发生这类破裂。

3. 热冲击破裂

热冷剧变产生的巨大热应力作用在玻璃容器上使容器破裂称热冲破裂。该种破裂多发生在瓶底部或瓶壁厚薄差异较大的地方，裂纹线粗、量少。

(二)玻璃容器的包装强度

玻璃容器的包装强度是其包装应用中最重要的性能，主要包括内压强度、热冲击强度、机械冲击强度、垂直荷重强度和水锤强度5方面。玻璃容器的强度除了与玻璃的质量有关外，容器的表面形状及质量、结构设计、灌装质量及运输等多方面因素对其都有影响。

1. 内压强度

指容器不破裂所能承受的最大内部压应力，在一定程度上可体现玻璃容器的综合强度，主要取决于容器的形状结构、容器的壁厚以及玻璃的强度。圆形截面玻璃容器能承受的内压强度最高，壁薄、直径大，内压强度小。

2. 热冲击强度

指玻璃容器耐急冷和急热的能力。其大小取决于冷热变化导致容器内产生的应力的大小。应力的大小受温差值和容器壁厚的影响。温差值越大、壁厚越小，热冲击强度越大。

3. 机械冲击强度

指玻璃容器承受外冲击不破碎的能力。容器的冲击强度与容器的形状密切相关，容器口至底部冲击强度大小不一。在瓶口、瓶底处强度最低，最易发生破碎。冲击强度还与容器壁厚有关，壁厚增加冲击强度升高，玻璃容器越不易破裂。

4. 垂直荷重强度

指玻璃容器承受垂直负荷的能力。玻璃容器在灌装、压盖、开盖、堆垛时都受到垂直负荷的作用，其承受垂直负荷的能力与瓶形有关。

5. 水锤强度

指玻璃容器底部承受短时内部水冲击的能力，也称水冲击强度。玻璃容器包装食品在运输过程中受到震动、冲击时，容器内可能出现上空隙部分空气受压，底部局部地区形成真空现象，瞬间产生巨大冲击力冲击容器底部，且时间越短，产生冲力越大，有时在万分之一秒内可产生高达350～3 500 MPa的冲击应力，容器底部水锤强度不足将发生破损。

情境二 玻璃包装容器及发展

玻璃容器较重、易碎，一些领域被金属容器、塑料瓶、复合材料软包装等取代。尤其近年来，各类包装材料都在以其独特的性能优势在包装领域相互竞争，玻璃食品包装市场面临严峻的考验。轻量瓶、强化瓶的出现为玻璃容器在包装工业中的竞争打开了新的局面。

一、轻量瓶

在保持玻璃容器的容量和强度的条件下，通过减薄其壁厚而减轻重量制成的瓶称轻量瓶。玻璃容器轻量化程度用体积质量表示。即容器的质量 m(g)与其容量 V(mL)之比，也即单位容积瓶重，$m/V<0.6$ 为轻量瓶。容器的体积质量越小，则其壁厚越薄，一般轻量瓶的壁厚为2～2.5 mm，还有进一步减薄的趋势。玻璃容器的轻量化可降低运输费用、减少食品加工杀菌时的能耗、提高生产效率、增加包装品的美感。为保证轻量瓶的强度及生产质量，对其制造过程和各生产环节要求更加严格，要求原辅料的质量必须特别稳定，同时对轻量瓶的造型设计、结构设计要求也更高。此外，还必须采取一系列的强化措施以满足轻量瓶的强度和综合性能要求。

二、强化瓶和强化措施

为提高玻璃容器的抗张强度和冲击强度，采取一些强化措施使玻璃容器的强度得以明显提高，强化处理后的玻璃瓶称作强化瓶。若强化措施施用于轻量瓶，则可获得高强度轻量瓶。

1. 物理强化

将成型玻璃容器放入钢化炉内加热到玻璃软化温度以下某温度后，再在钢化室内用风吹或在油浴中急速冷却，使容器壁厚方向因冷却速度不同在表层产生一定的均匀压应力。经钢化处理的容器比普通容器抗弯强度提高5～7倍，冲击强度也明显提高，且在受到过大的力作用破碎时，玻璃破碎成没有尖锐棱角的碎粒，可减少对使用者的损伤。

2. 化学强化

化学强化也称为离子交换法，将玻璃容器浸在熔融的硝酸钾溶液中，用半径较大的 K^+ 离子置换表层玻璃中半径较小的 Na^+ 离子，从而使玻璃表面形成高强度的压缩层，形成均匀的压应力，提高玻璃容器的抗张强度和冲击强度。

3. 表面涂层强化

玻璃表面的微小裂纹对玻璃强度有很大影响，采用表面涂层处理可防止瓶罐表面的划伤和增大表面的润滑性，减少摩擦，提高强度，此方法常用于轻量瓶的增强处理，有两种涂层处理方法：

(1)热端涂层　在瓶罐成型后送入退火炉之前，用液态 $SnCl_4$ 或 $TiCl_4$ 喷射到热的瓶罐上，经分解氧化使其在瓶罐表面形成氧化锡或氧化钛层。

(2)冷端涂层　瓶罐退火后，将单硬脂酸、聚乙烯、油酸、硅烷、硅酮等用喷枪喷成雾状覆盖在瓶罐上，形成抗磨损及具有润滑性的保护层。

也可以同时采用冷端和热端处理，即双重涂覆，使瓶罐性能更佳。

4. 高分子树脂表面强化

(1)静电喷涂　将聚氨酯类树脂等塑料粉末用喷枪喷射，喷出的带有静电的粉末被玻璃瓶表面吸附，然后加热玻璃瓶，使表面吸附的树脂粉末熔化，形成薄膜包覆在玻璃瓶表面，使玻璃的润滑性增加、强度增加，并可减少破损时玻璃碎片向外飞散。

(2)悬浮流化法　将预先加热的玻璃瓶送入微细塑料粉末悬浮流化体系中，塑料粉末熔结在玻璃瓶表面，再将玻璃瓶移出流化系统并加热，使表面的树脂熔化，冷却后成膜包覆在玻璃瓶表面。

(3)热收缩塑料薄膜套箍　将具有热收缩性的塑料薄膜制成圆形套筒，套在玻璃瓶身或瓶口，然后加热，使塑料套筒尺寸收缩，紧贴在瓶体或瓶口周围形成一个保护套。这种热收缩膜套箍不仅可以增加瓶与瓶之间的润滑性，而且能提高瓶的强度，减少破损，即使破损也会减少玻璃碎片飞溅。

5. 粒化强化

用滚花、刻痕等方式，使玻璃罐表面形成密集粒状花纹，可以减轻冲击的破坏性，提高瓶的耐内压强度。

项目六　食品功能性包装材料及其包装容器

任务目标

- ☞ 功能性包装材料内涵的理解；
- ☞ 可溶性包装材料的熟悉；
- ☞ 可食性包装材料的熟悉；
- ☞ 天然生物分子包装材料的认知。

功能性包装材料是普通包装材料的延伸，也就是说，功能性包装材料在具有一般包装材料功能和特性的同时，还必须具备特殊的性能。这些特殊性可能满足所要包装的食品的特殊要求和特殊环境条件。功能性包装材料与传统功能材料有相同之处，但却有根本的区别，特别是食品功能性包装材料。

情境一　可溶性包装材料

可溶性包装材料指的是在常温下自然溶解的包装材料。目前，人们研究得较多或正在进行研究的水溶性包装材料、降解包装材料、自溶型包装材料均属于可溶性包装材料。

一、水溶性包装材料

水溶性塑料包装薄膜作为一种新颖的绿色包装材料，在欧美、日本等国被广泛用于各种产品的包装，其主要特点是：

(1)降解彻底　降解的最终产物是 CO_2 和 H_2O，可彻底解决包装废弃物的处理问题。

(2)使用安全方便　避免使用者直接接触被包装物，可用于对人体有害物品的包装。

(3)力学性能好　可热封，热封强度较高。

(4)具有防伪功能　可作为优质产品防伪的最佳武器，延长优质产品的寿命周期。

(5)防静电　良好的防静电性，不会因静电而引起其可塑性降低及静电附尘性能。

(6)水分及气体透过率高　可以完好保持被包装产品的成分及原有气味。

(7)印刷性能好　可以用普通的印刷方法进行清晰印刷，印刷性良好。

(8)耐油性及耐化学药品性　具有良好的耐油性(植物油、动物油、矿物油)，但强碱、强酸、氯自由基、某些染料等可与 PVA 发生化学反应，这类物质建议不要用水溶性薄膜包装。

二、生物溶性包装材料——生物降解薄膜

生物降解薄膜的降解是指用后的包装薄膜置于大气或土壤中，可被微生物分解。

1. 生物降解薄膜特性

生物降解薄膜的主要特性包括柔软性、耐破度、伸展性、透明度、降解率、脆性等。生物降解膜还要求在必要时间内可以暴晒而不老化，经过一段时间也可进行降解，这也就是所谓的稳定性。例如，用淀粉加入丙烯酸乙烯共聚物制得的生物降解薄膜，其特性取决于淀粉的加入比例。当加入淀粉比例为30%～40%时，该薄膜可在30 d以上保持柔韧性和抗冲击性，也就是其稳定性较好；而当加入淀粉比例达50%～90%时，其脆性较大，并且在3～7 d就受到微生物的侵蚀而化解。

2. 生物降解薄膜包装材料的发展方向

生物降解薄膜包装材料主要有如下两个发展方向。

(1)生物聚酯合成生物降解包装材料　生物聚酯就是利用微生物产生的共聚聚酯，经过改变其共聚成分，制得的类似于晶体的坚硬的塑料类材料，它既可是结实的线材，也可是透明柔软的薄膜，它是一种很有前途的生物降解材料。

(2)植物合成生物降解包装材料　植物合成生物降解包装材料就是通过操纵植物的遗传因子，部分控制淀粉高分子链的质化度，从而制造出以廉价的淀粉为主的生物降解包装材料。

三、光溶解包装材料——光降解薄膜

光溶解包装材料是可溶性环保型包装材料之一，目前有关光解塑料薄膜的光降解机理归纳起来主要有如下两大理论：即紫外线分解裂变和光降解氯化(及老化)降解。光降解薄膜的降解理论还有一些其他的假设，如能量理论、分子裂变理论等，但均属于探究阶段，还需要进一步研究探索。

四、其他可降解包装材料

1. 乳酸降解材料

此项技术非常成熟，具有10%的降解效果。它主要是以乳酸为原料，生产出的一种具有特殊性质的聚合物，可用作胶囊包装。它不仅有完全的生物降解性，还有环境安全性。但它的亲水性太强，在0.25 s即可完全降解，因此在包装上的应用范围十分有限。

2. 酵素降解材料

它是利用动物乳，通过酸化后得到的。在酵素中加入增塑剂、色料及填充剂，并加入适量水，搅拌均匀后，再用螺旋挤压方式成型，最后在甲醛溶液中硬化而得。

3. 蛋白降解材料

利用植物性蛋白质(如玉米、大豆等)，加入一定量的水、甲醛、增塑剂及颜料进行搅拌，再经挤压或模压而得。它可单独用作包装或用作纸张的涂料(覆膜)，是一种理想的食品包装材料。

另外用动物甲壳制取包装材料的研究也在进行之中。

知识窗

功能性食品包装材料未来发展趋势及展望

"诊疗一体化"指在生物医学中将疾病的诊断或监测与治疗有机结合的新型医学技术。将"诊疗一体化"的概念运用到功能性食品包装上,集食品的保鲜与品质监测功能于一体,一方面延长食品的货架期;另一方面通过实时监测食品品质反馈包装的保鲜效果。不仅可以克服单一功能食品包装的缺点,而且更能体现功能性食品包装的智能性,由此可见,将"诊疗一体化"应用于食品包装将是未来的发展趋势之一。

鉴于当前对于环保的重视,不可降解、难回收的塑料包装材料在未来将会被生物可降解的环保型材料所取代,开发生物可降解食品包装将是大势所趋。将 2 种或 2 种以上的聚合物共混改善包装材料的性能缺陷,或开发一些新型高性能的生物可降解包装材料是未来的发展趋势。还可以添加具有生物活性的物质到包装材料中,赋予包装材料不同的功能特性,同时还应考虑材料的成本和加工工艺。

相对发达国家,我国的冷链物流体系存在不健全、基础设施不完善、技术水平较低等缺点。大部分生鲜蔬菜等农产品的附加价值较低,使用冷链贮藏成本较高,流通过程缺乏有效的保鲜方法,导致损耗较为严重。控温包装通过蓄冷剂吸收热量来控制箱内温度,保持食品在物流过程中的品质,作为冷链系统的补充,是一种较为经济和实用的食品保鲜方式。目前控温包装材料大部分都是石油基发泡材料,存在成本高、难回收、难降解等问题,因此,对于新型控温包装材料的开发,延长生鲜蔬菜等食品的货架期具有重要研究意义,开发生物可降解发泡材料,利用新工艺制备环境友好的保温材料等方面具有良好的发展前景。

情境二 可食性包装材料

可食性包装材料是一种新型的包装材料,按其名可解释为可以食用的包装材料。也就是当包装的功能实现后,即将变为"废弃物"时,它转变为一种食用原料,这种可实现包装材料功能转型的特殊包装材料,便称为可食性包装材料。

一、可食性包装材料的技术原理

可食性包装材料的技术原理是利用本身可食用的材料成分,经混合、加热、加压、涂布、挤出等方法而成型。在其不同的工序与工艺中,分别产生化学的、物理的变化,而从本质上不改变其可食的特性。其与合成包装膜具有许多相似的功能性质,如黏性、阻隔性、韧性、阻止水分、氧气或溶质的迁移等。

可食性包装材料在制作过程中,会产生一种实现包装功能的反应,以促进包装材料或包装容器的成型,这种反应可以是化学的、物理的,也可以是生物或发酵方面的。可食性包装材料的加工技术原理很大程度上是建立在食品加工与高分子成型的基础上的,可食性包装材料的技术原理也就是化学与机械的结合原理。

二、可食性包装材料的类别

根据制膜基料、辅料组分的不同,可食性包装材料大致分为蛋白质类、淀粉类、脂肪类、多糖类及复合类 5 类。

1. 蛋白质类可食性包装材料

蛋白质类可食性包装材料是以蛋白质为基料，利用蛋白质的胶体性质，同时加入其他添加剂改变其胶体的亲水性而制得的包装材料。

蛋白基膜视蛋白质来源又分为胶原蛋白薄膜、乳基蛋白薄膜和谷物蛋白薄膜3类。胶原蛋白薄膜以动物性蛋白质为基料；乳基蛋白薄膜以乳清蛋白质或乳酪蛋白质或两者的组合蛋白质为基料；谷物蛋白薄膜则分别以大豆蛋白、玉米蛋白、小麦谷蛋白等为基料。

2. 淀粉类可食性包装材料

淀粉类可食性包装材料主要用于糖果或干果的防护表面，可延缓酸败。该类薄膜清晰、透明且柔软，在低相对湿度下或有增塑剂存在时还具有极佳的氧阻隔性能。

3. 脂肪类可食性包装材料

脂肪类可食性包装材料是利用食物中脂肪组织纤维的致密性制得的包装材料。脂肪基膜视脂肪源的不同分为植物油型薄膜、动物脂型薄膜及蜡质薄膜3类。植物型薄膜分别以桂树脂酸、亚麻油酸、棕榈油、向日葵油等为基料；动物脂型薄膜以无水乳脂、猪油等为基料；蜡质薄膜以蜂蜡、巴西棕榈蜡等为基料，且多以涂膜方式保鲜食品。

4. 多糖类可食性包材料

多糖类可食性包装材料主要是利用食物多糖的凝胶作用，以多糖食品原料为基料所制得的包装材料。

多糖基膜视基料的不同可分为纤维素膜、壳聚糖膜、茁霉多糖膜及淀粉薄膜4类。纤维素膜以甲基纤维素、羟丙基甲基纤维素、果胶等为基料；壳聚糖膜以贝类提取物——壳聚糖为基料；茁霉多糖膜以土豆、木薯、碎米等农副产品经发酵后产生的生物高分子化合物茁霉多糖为基料；淀粉薄膜则以谷物淀粉为基料。

5. 复合类可食性包装材料

为了使各种可食薄膜材料的性能进行互补并限制各自的缺点，由几种材料构成的复合型可食性薄膜可使性能更完善。复合型薄膜视需要对蛋白质、多糖、脂肪按照合理的比例组配，并以其作为基料，采用不同的加工工艺制成包装材料。例如，蛋白质—脂肪酸—淀粉复合膜、玉米淀粉—海藻酸钠或玉米淀粉—壳聚糖复合膜等。

三、新型可食性包装材料

1. 胶原蛋白基可食性包装材料

以动物性蛋白质为主要原料制成，用于包装肉块，在0 ℃下贮藏20周，肉的氧化程度、颜色、微生物生长情况以及感官品质都没有变化。胶原蛋白可食性膜紧贴食品表面，保持肉质多汁，当肉解冻和蒸煮时，膜溶化并且可以食用。

2. 乳基可食性包装材料

乳蛋白可食性包装膜减少防腐剂及抗氧化剂的同时，降低包装材料的用量，提高食品的货架期，可显著提高产品档次、安全性、方便性及包装效率。

3. 海藻酸盐可食性包装材料

海藻酸盐膜的良好阻气性可用来包裹高油脂食品而防止食品发生脂质氧化，从而改善食品的风味、质构。

4. 油脂薄膜

以植物油为主要原料，与紫外线反应转化为硬化塑料而制成。具有良好的塑性及韧性，用来包装食品起到与塑料薄膜一样的作用。

5. 生物薄膜

是用蟹壳、蝶翅、真菌细胞壁及其甲壳素和衍生物制成的包装薄膜，具有良好的防潮性能。

6. 微生物共聚聚酯可食性包装膜

这类膜是以自然资源糖蜜、油脂等为原料，通过微生物发酵产生的3-羟基丁酯、3-羟基戊酯、4-羟基丁酯、己内酯等经过聚酯制成可食性包装膜。这类膜光学性能好，透明有光泽，物理性能优良，质轻密度小，化学性能稳定，易成型加工，应用性广泛，受到各国的重视。

可食性包装材料是一种无废弃物的资源型包装材料，可使资源得到最大程度的利用，具有环保特征。多功能可食性包装材料、多层可食性包装材料、可食性膜材料微胶囊化、类塑料可食性包装材料、零度可食性包装材料是新型可食性包装材料的研究热点领域，也将成为包装行业未来发展的重点之一。

工作单 2-8　说明可食性包装材料

类型	原料	特性	应用
蛋白质类			
淀粉类			
脂肪类			
多糖类			
复合类			

情境三　天然生物分子包装材料

天然生物分子材料类是指以天然生物分子为主要原料，再加以必要的辅料，通过一定的工艺生产出来的包装材料，在自然界中能完全自然分解且无毒，因此这类天然高分子材料日益受到重视。

一、天然植物纤维包装材料

以秸秆植物为原料，可生产出纤维可降解包装材料。其主要生产过程是：首先采用“生物菌化”技术，对秸秆进行生物处理(经过一系列化学的、物理的、生物的变化)，这种处理后的原料被称为“生物料”。其次是采用“蛋白变性”技术，即天然蛋白质分子在外界因素的作用下，从有序的构型变成无序的、松散的伸展肽链，从而导致蛋白质分子理化性质的改变。最后对原材料进行机械加工定型，可制成纤维包装材料。

我国对天然植物纤维包装材料进行了大量的研究，研制了以稻草为主要原料的新型无污染植物纤维包装材料，使用后可迅速腐解。

二、变性淀粉包装材料

淀粉是一种天然的高分子材料，且可以再生，废弃后在自然环境中完全自然降解，也可以被食用或者作为饲料。淀粉本身很脆，不单独用作降解材料，必须要通过物理改性、化学改性改变其分子结构，使其因无序化而具有热塑性能。

国外对变性淀粉包装材料的研究较早，开发了许多淀粉材料制品。美国 Warner Lamber 药物公司研制的一种完全以淀粉制成的新型树脂(Novon)，其组成为 70%支链淀粉和 30%直链淀粉，可以替代正在农业和医药等方面使用的各种可降解塑料。德国 Battelle 研究所的改良青豌豆高直链淀粉制膜后，淀粉膜的性能与 PVC 膜相似，在生物活性环境中可完全分解。澳大利亚国家食品加工与包装科学中心成功推出了一种全淀粉包装材料，已用于食品包装和农用薄膜方面。

我国也加强了对淀粉包装材料的研究。北京轻工业研究所以木薯淀粉为原料，生产出生物可降解一次性快餐餐具；江西省科学院将热塑性淀粉制成膜，用于一次性包装材料。变性淀粉包装材料解决了环境和包装的矛盾，是包装材料的重要发展方向。

三、微生物发酵物包装材料

微生物合成的高分子主要是聚羟基烷酸酯(PHA)，其中最常见的是聚羟基丁酸酯(PHB)和聚羟基戊酸酯(PHV)。PHB 是理化特性类似于聚丙烯的天然可降解的热塑聚合物，该材料的机械特性好，耐热性优良，耐油性和气体阻隔性也很好，在空气和净水中不会降解，安全稳定，被广泛用于各种包装材料。在厌氧条件下，显示出良好的生物降解性，最后分解为二氧化碳和水。

L-聚乳酸(PLA)是一类良好的生物降解包装材料，它是某些细菌在以淀粉、糖蜜等碳水化合物为发酵基质制得 *L*-乳酸后，再通过化学合成方法制得的。其性质与聚苯乙烯相似，具有良好的生物降解性，在土壤微生物的代谢作用下最终转变成二氧化碳和水，可用于食品包装、农用薄膜及医用材料等领域。

四、转基因植物包装材料

随着植物基因工程的迅速发展，针对微生物发酵生产 PHB 存在价格昂贵等问题，一些大公司相继开展了利用转基因植物作为反应器生产 PHB 等包装材料的研制工作。英国的 ICL/Zeneca 种子公司将细菌生物合成 PHB 的途径导入合适的作物，利用转基因植物大规模生产 PHB/PHV 包装材料；美国 Monsanto 公司建立了用转基因油菜生产包装材料的技术体系。

我国也对转基因植物包装材料进行了研究，已从真养产碱杆菌中克隆了 PHB 合成的 2 个关键基因(phbB 和 phbC)，构建原核载体导入大肠杆菌获得了表达，还成功地将此基因导入马铃薯中。为了增加 PHB 产量，他们完成了 phbA 基因的克隆，并构建了种子特异性表达载体，用以转化油菜基因，并将转化后的基因定位于油菜籽的按需质体中。

阅读库

传统包装升级为智能包装是必然趋势

智能包装，指通过创新思维，在包装中加入了更多机械、电气、电子和化学性能的新技术，使其既具有通用的包装功能，又具有一些特殊的性能，以满足商品的特殊要求和特殊的环境条件。智能包装分为功能性材料智能包装、结构性智能包装、信息型智能包装。

智能包装涉及保鲜技术、水溶膜包装技术、二维码技术、包装性与结构创新技术、便携包装技术、纹理防伪技术、磁共振射频防伪识别技术、食品安全溯源方案技术等。其精髓是创造性设计和人本位思想，它能在保护消费者权益与人身安全、保护市场正常秩序、方便商务电子化、开发新颖的产品消费形式等方面起到重要的作用，具有极广阔的发展前景。

第一代智能包装技术基于光学/视觉识别，侧重于通过光学特性解决防伪、追踪、防盗等问题。第二代智能包装技术将融合印刷电子、RFID、柔性显示等新型技术，使商品及其包装对于人类更具有亲和力，更加主动地呈现出物联网特性。

根据最新报告，全球智能包装市场将以近 80% 的复合年增长率增长，2019 年已超过 310 亿美元。电子包装市场的主要服务对象仍将以拥有电子功能的包装消费品(CPG)为主，其 10 年内的总产品数量将增至 145 亿件。当前国外已有相当数量的成熟应用案例，并成立了相应的行业组织指导产业的发展，而国内目前智能包装产业尚处于起步阶段，然而对于用户需求和应用环境丝毫不亚于国外，在未来的 2～3 年，智能包装市场必将成为物联网产业新的蓝海。

工作单 2-9　认识天然生物分子包装材料

类型	原料	特性	应用领域	产品实例
天然植物纤维				
变性淀粉				
微生物发酵物				
转基因植物类				

拓展与提升

1. 比较纸病及外观纸病的定义，外观纸病是由哪些原因造成的？常见的外观纸病有几种？

2. 纸类包装材料质量要求主要包括外观、物理机械性能、光学和化学性能等方面。试列表说明其物理性能。

3. 纸类产品常以定量为划分标准，请从定量和厚度两方面阐述纸和纸板的定义。

4. 从定义(加工制造方法)、包装特性、用途等方面介绍常用食品包装用纸。

5. 瓦楞纸板的几种瓦楞形状各有哪些特性？

6. 瓦楞纸板的瓦楞楞形和瓦楞楞型是两个不同的概念，归纳两者的区别。

7. 列表说明纸箱箱型结构基本形式。

8. 折叠纸盒按结构特征可分为管式折叠纸盒、盘式折叠纸盒和非管非盘式折叠纸盒三类。其在制作工艺方面有哪些特性？主要应用在哪类食品中？

9. 复合罐是近年来发展起来的一种纸与其他材料复合制成的包装容器，说明构成复合罐罐身的几种包装材料。

10. 简要叙述液体包装用纸容器具有的主要优缺点，并列举几款市场上常见的包装实例。

11. 塑料的分类方法很多，按在加热、冷却时呈现的性质不同，将其分为热塑性塑料和热固性塑料两类，总结两种塑料的特性。

12. 从感官性状、密度、硬度、燃烧特性、热裂解气特性等方面说明食品包装用塑料膜（聚乙烯）的鉴别。

13. 食品接触材料及制品中，高锰酸钾消耗量的测定有何意义？简要说明该实验的实验原理。

14. 比较定向拉伸塑料薄膜和热收缩薄膜。

15. 食品包装用塑料原料的燃烧鉴别可从哪些方面进行？

16. 目前包装上常用的塑料瓶品种有：PE、PP、PVC、PET、PS和PC等。阐述各个品种的包装特性及适用范围，并列举商品实例。

17. 陶瓷食品包装容器茶叶罐的设计中，应考虑到哪些包装设计要素？

18. 铅迁移量的测定中，利用铅标准储备液（1 000 mg/L），如何配制铅标准中间液（10.0 mg/L）？利用铅标准中间液（10.0 mg/L）如何配制铅标准系列溶液（浓度分别为0 mg/L、0.500 mg/L、1.00 mg/L、2.00 mg/L、3.00 mg/L、4.00 mg/L）？

19. 铅迁移量的测定中，总迁移量结果表示为X（总迁移量，mg/dm^2）＝铅的质量/试样接触面积，其中的试样接触面积（dm^2）如何计算？

20. 列举二维码在食品包装追溯体系中的应用。

21. 玻璃容器极易破碎，其破碎的形式及原因主要有哪几种？试画图说明。

22. 可溶性包装材料包括哪几类？分别剖析其包装机理。

23. 解释新型可食性包装材料。

模块三

食品包装技术要求

知识目标：熟悉食品包装的内在要求和外在要求；认知包装食品的货架期；掌握食品包装的强度、阻隔性、呼吸控制、营养控制等指标要求；掌握食品包装的安全性、促销性、便利性、环保性等指标要求。

能力目标：能够扎实掌握食品包装强度要求、阻隔性要求、呼吸控制、营养控制，并为今后工作中的实际应用做好准备；能够把握食品包装促销性、便利性、环保性要求；能够遵循食品包装卫生安全、搬运安全、使用安全；能够准确判断食品货架期，科学指导工作和生活。

素质目标：培养学生安全责任意识；培养学生崇尚真知、实证意识和严谨的求知态度；培养学生"绿色包装"观念和可持续发展意识，形成绿色低碳的生活方式。

【思维导图】

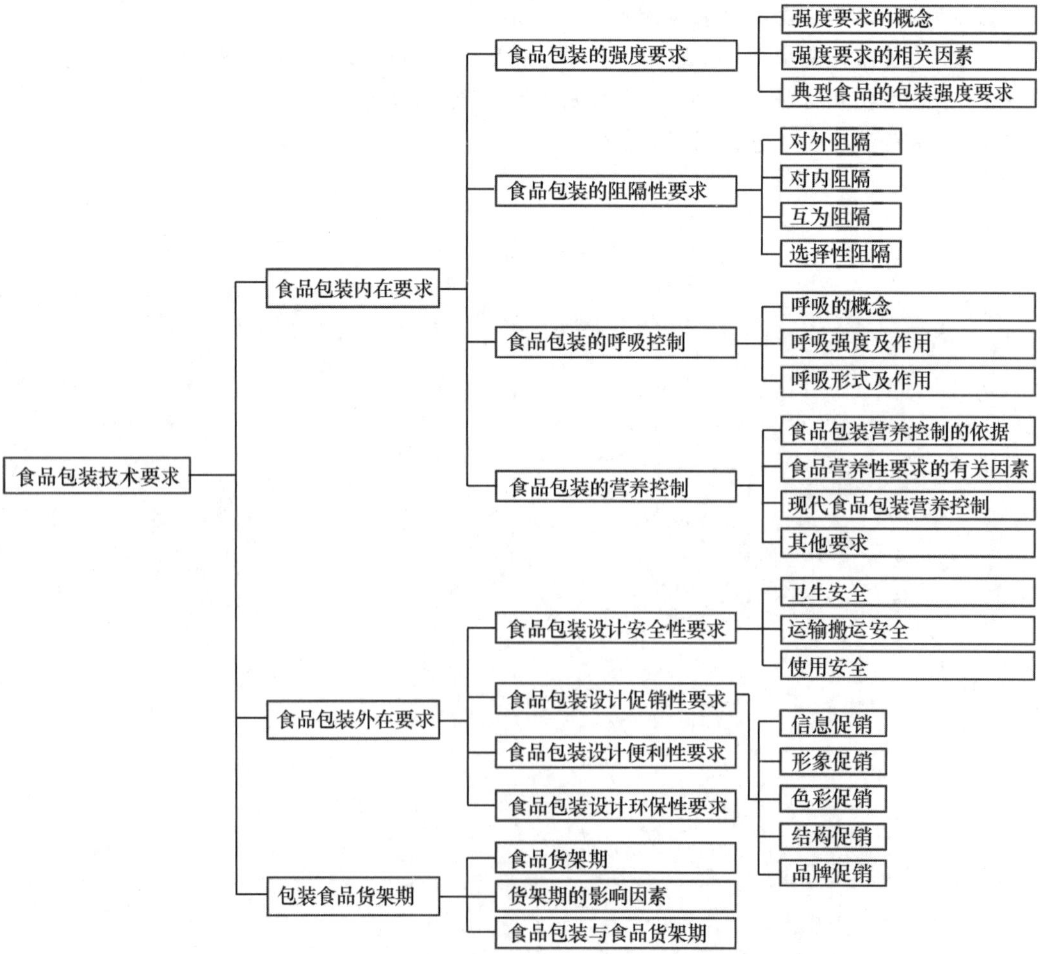

项目一　食品包装内在要求

任务目标

☞ 食品包装强度要求相关因素的理解；
☞ 不同堆码方式与包装强度和稳定性关系的识别；
☞ 食品包装阻隔性特征的理解；
☞ 对内阻隔、对外阻隔、互为阻隔的识别；
☞ 呼吸形式对食品包装要求的理解；
☞ 食品包装营养性要求相关因素的认知。

从包装性能上来看，食品包装要求可分为内在要求和外在要求两个方面。内在要求，指通过包装，使食品在其包装内实现保质保量的技术性要求；外在要求，指利用包装反映出食品的特征、性能、形象，是食品外在形象的表现形式。

情境一　食品包装的强度要求

一、食品包装强度要求的概念

强度是物体抵抗外力的能力。物体的强度与所用的材料、断面形状和断面面积大小等因素有关。食品包装的强度要求是指包装要保护食品在贮藏堆码、运输、搬运过程中能抵抗外界各种破坏力。这些破坏力可能是压力、冲击力或振动力等。强度要求对食品包装而言，是一种力学保护性。

二、强度要求的相关因素

食品包装强度要求的相关因素很多，主要有运输、堆码和环境三大类。

（一）运输因素

运输因素包括运输方法、装卸方式和运输距离等转移过程。运输方法主要有汽车、火车、飞机、人力车或畜力车，装卸方式有机械和人工两种。运输距离越长越会有遭受破坏力作用的可能，运输方式与强度要求有很大的关系。一旦产品进入运输环节，就离开了厂家和用户的管辖，有可能会遇到对包装物品毫不关心或缺乏责任心的人来装卸和运输，这会使食品难以得到保护。为使食品的破损减少到最少，包装必须有一定强度。

(二)堆码因素

在各种堆码方式中,单层堆码仅限于陈列商品,其他堆码方式一般均采用平齐多层堆码(图3-1)。平齐多层堆码方式可提高包装抗压能力,但稳定性差。能同时达到提高包装强度和稳定性的堆码,最理想的是骑缝堆码和"井"字堆码(图3-2)。

图3-1 平齐多层堆码

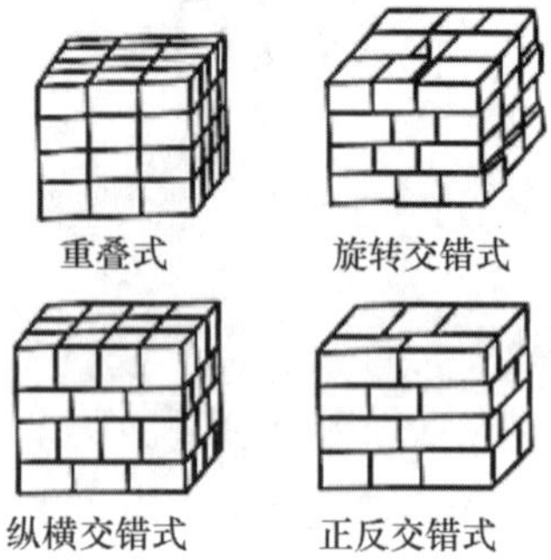

图3-2 "井"字堆码

(三)环境因素

影响食品包装强度的环境因素很多,主要是运输环境、气候环境、贮藏环境和卫生环境。运输环境是指运输道路平整程度、路面等级,海运的航海水面条件等。路面或海面条件越差,设计食品包装时,越需考虑其强度问题。

气候环境包括温度、湿度及温差与湿差。温度越高,湿度越大,食品包装的强度越易减弱。同样,温差与湿差越大,也越易使食品包装强度降低,最终因包装强度引起包装内食品的变性和变质。

贮藏环境是指食品在仓储期间存放仓库或货房中地面与空间的潮湿程度、支撑商品平面的平整性、通风效果等。优良的贮藏条件,才有可能提高食品包装强度。

卫生环境是指商品贮藏与陈列等场地的卫生条件,有无老鼠、蚊虫等。一旦出现虫鼠,将损害包装和产品。

三、典型食品的包装强度要求

典型食品主要有禽蛋类、酒类、果蔬类、饼干糕点类、豆腐及豆制品、膨化食品等。禽蛋类食品包装是典型的防外力作用的保护性包装,其强度要求具有抵抗外力的作用,同时还要防止内部相互碰撞。酒类指瓶装或瓶盒套装酒,其抵抗外力与瓶内相撞问题也需要有较高强度要求。果蔬、饼干、豆腐及豆制品等食品均需防外力作用,只有在包装的刚性与防潮功能保护下,才能更好地实现产品的正常转移。膨化类食品是最易破碎的食品,仅靠包装的强度来保护还不够,还需通过充入气体才能达到其防震、防压、防冲击等目的。自身具有内压的食品包装,如啤酒、汽水、可乐饮料等,因其内部有二氧化碳气体的作用而导致内压,这类包装需起到承受内外压力的双重保护作用。

以上各类食品的包装,在强度要求上根据自身的特性,针对运输因素、堆码因素和环境因素,采取不同材料、不同结构、不同性能的包装材料进行包装方可满足所要实现的强度要求。

情境二　食品包装的阻隔性要求

阻隔性是食品包装的重要性能之一，很多食品在贮藏与包装中，由于阻隔性差，而使食品的风味和品质发生变化，最终影响产品质量。为达到食品包装效果，满足食品对外界的阻隔性要求，一般都通过包装来实现，即食品包装的阻隔性要求是通过食品对包装材料的阻隔性要求来实现的。

食品包装阻隔性要求是由食品本身特性所决定的，不同食品对包装阻隔性要求的特性也不一样。食品包装阻隔性特征主要有以下几种。

一、对外阻隔

对外阻隔就是将食品通过包装容器包装后，使包装外部的各种气味、气体、水分等不能进入包装内食品中。很多食品都需要用这种对外阻隔的材料进行包装，以保证在一定时间内达到保护食品原有风味的目的。实际上，这种对外阻隔是防止食品受环境空间各种不良成分污染的包装措施，尤其对食品覆盖面广、市场大、销售和运输环境较为恶劣的场合。

对外阻隔是一种单向阻隔技术在食品包装上的应用，可使包装内物品排出气体向外渗透，而不让包装外的有关成分与物质向包装内渗入。

二、对内阻隔

对内阻隔是通过包装容器阻止包装内的食品所含的气味、湿度、油脂及发挥性物质向包装外渗透，保护包装内食品的各种成分不溢出。

对内阻隔主要是针对自身呼吸速度和呼吸强度很低的食品所要求的。而这类食品销售、运输、陈列所处的环境应较为优良，其环境空间均有利于食品贮藏。

三、互为阻隔

互为阻隔包含两种含义：一种是在大包装内有小包装食品，且这种小包装食品各具特征，为防止不同特性的食品在包装中不串味，则必须要求内包装具有阻隔性。另一种是通过包装使包装内食品和包装外各种物质不相渗透，即包装内的物质不向外溢出，而包装外的各种物质也不渗入。

很多食品都需要有互为阻隔性，互为阻隔越好，其货架寿命就越长。互为阻隔性在不带活性的加工食品中非常重要。

四、选择性阻隔

选择性阻隔是经过近年研究发现的。它要求根据食品的性能，利用包装材料，使内外物质有选择性地阻碍有关成分的渗透，让某些成分渗透通过，而另外一些成分经阻碍不能通过。实际上是利用不同物质分子直径，使包装材料起到了分筛的作用。当某些物质的分子直径大于某个值，则该物质的分子便被阻隔；当分子直径小于某个值，则该物质便可通过。

有很多食品都需要选择性阻隔来达到其包装目的，如果蔬类食品的保鲜就需要其包装具有这种特性。影响食品贮藏品质并需要阻隔的物质有很多，因食品种类和加工方法而异，主要有空气、湿气、水、油脂、光、热、异味及不良气体、细菌、尘埃等。这些物质一旦渗透到包装内食品中，轻则使食品的外观产生变化，严重时会使食品变味，产生化学反应，形成有害物质，最终使食品腐烂变质。

阻隔性是保证食品品质的重要技术措施。对食品包装最重要的一点是包装材料与包装容器在具备阻隔性能的同时,还必须保证自身无毒,无挥发性物质产生,即要求自身具有稳定的结构成分。在包装工艺实施过程中,也不能产生与食品成分发生化学反应的物质和成分。此外,包装材料与包装容器在贮藏和转移过程中,不能因气候和环境因素的变化而产生化学变化。

工作单 3-1 说明食品包装阻隔性特征

阻隔类型	特征
对外阻隔	
对内阻隔	
互为阻隔	
选择性阻隔	

情境三 食品包装的呼吸控制

有很多食品都是具有生命的食品,因此,此类食品在包装贮藏过程中必须保持呼吸状态,如鲜活食品、非加工食品等。

一、呼吸的概念

呼吸是鲜活食品在包装贮藏中最基本的生理机能,是其细胞组织中复杂的有机物质在酶的作用下缓慢地分解为简单的有机物质,同时释放出能量的过程。这种能量一部分用来进行正常的生理活动,一部分以热量形式散发出来。因此,呼吸是一种营养消耗的过程,也是一种缓慢的生物氧化过程。

食品的呼吸靠吸收氧气、排出二氧化碳来进行,食品的正常呼吸是在贮藏中使其保质保量、延长货架寿命的条件。鲜活食品的呼吸可通过包装来控制其呼吸强度、供氧量,使之得到好的贮藏。

二、呼吸强度及作用

呼吸强度是指呼吸作用的强弱或呼吸速度的快慢。一般以 1 kg 活性体在 1 h 内消耗的氧气或释放出的二氧化碳的毫克数来计量。

呼吸强度对食品包装与贮藏有很大影响。呼吸强度越大,食品内原积存的有机质消耗就越多,产生的呼吸热也越多,从而促进活性食品的衰老进程。过多的呼吸热可使贮藏环境的温度升高,造成产品受热变质以及腐败,从而缩短商品的保质期。反之,呼吸强度越小,呼吸作用就越微弱,而过于微弱的呼吸会使正常的生命活动受到破坏,降低对微生物的抵抗力,同样也会加速食品的衰老进程,进而大大缩短保质期。由此可见,活性食品的呼吸强度太大或太小都会影响食品的贮藏期或货架寿命。与呼吸强度有关的因素包括:活性食品的成熟度、贮藏环境温度、环境与包装内的气体成分等。

三、呼吸形式及作用

活性食品的呼吸形式可分为有氧呼吸与无氧呼吸。

(一)有氧呼吸

有氧呼吸是在有氧供给条件下进行的呼吸。活性食品靠呼吸作用吸收周围空气中的氧，把体内的碳水化合物、蛋白质、脂肪、有机物氧化分解为二氧化碳和水，同时释放出能量。有氧呼吸放出的能量一部分变成了呼吸热，在通风不良或无降温措施时，这种呼吸热会逐渐积累，致使食品体内温度升高，而温度升高又会促使呼吸作用加强，进而使所释放的热量增多，呼吸随之进一步加强。如此产生恶性循环，最终导致活性食品的衰老和腐败变质。由此可见，有氧呼吸是正常呼吸形式，但为了达到较长的保质期，必须控制其养分量，使之处于低水平状态。在包装措施上就是利用包装透氧量来实现，并利用包装的隔热等功能来降低呼吸热，以延长货架寿命。

(二)无氧呼吸

无氧呼吸是缺氧条件下进行的呼吸。无氧呼吸在一般情况下，活性食品体内有机物不被彻底氧化，而变成乙醇和乳酸等，同时释放出少量能量。研究表明，无氧呼吸所提供的能量很少，活性食品为了获得维持其生理活动能量，只能分解更多的呼吸基质，也即消耗更多的养分，这些养分的消耗使活性食品衰老和腐烂加速。另外，所产生的酒精、乙醇和乳酸等积累到一定程度后，会引起细胞中毒死亡和整体新陈代谢活动受阻，最后导致活性食品的腐烂变质。实际上，无氧呼吸就是发酵。因此，为了较好地贮藏和包装，应避免无氧呼吸的发生，或在无氧呼吸包装内加入有关成分控制发酵。

食品的呼吸要求就是对包装材料或包装容器的透气性、包装与贮藏环境温度、气体成分提出的要求。

知识窗

猕猴桃保鲜剂贮藏法

1. SDP型猕猴桃保鲜剂研制及应用

采用菜油磷脂和其他天然产物为原料研制成的SDP型猕猴桃保鲜剂，可使果实表面形成一层营养性半透膜，既能抑制其呼吸代谢作用，又能补充供给果实“活体”所需的部分养料，增强防腐、抗病能力，延缓果实软化和生理衰老进程，获得较好的综合保鲜效果。

2. $CaCl_2$处理猕猴桃

氯化钙处理能推迟猕猴桃果实呼吸高峰的时间，降低其峰值。随外源钙处理浓度提高，其抑制呼吸的作用效果增强。钙会抑制乙烯生成，能有效降低果实乙烯的释放率，处理浓度越高，乙烯生成的受抑程度愈强。

3. I-MCP保鲜剂

I-MCP是一种乙烯竞争抑制剂，具有稳定性强、无污染等优点，已通过美国环保署（EPA）安全无毒审查许可，化学名是1-甲基环丙烯，商品名安喜培。用I-MCP处理的猕猴桃，呼吸强度显著降低，它能较好地抑制内源与外源乙烯的作用，减缓猕猴桃的完熟软化，保鲜效果比较明显。

4. 天然保鲜剂

壳聚糖和水杨酸这两种物质对猕猴桃的保鲜有独特的功效。在贮藏过程中它们能渗透到猕猴桃果皮果肉内，达到调节果实生理功能的作用。壳聚糖在果实表面形成一层膜保护膜，使果实体内形成一种低氧气、高二氧化碳浓度的环境，抑制果实的呼吸作用，改变呼吸作用途径。

情境四　食品包装的营养控制

食品在包装贮藏过程中，随着时间的推移，会逐渐变化、变质甚至腐败，从而失去食用价值。所以，食品对包装有营养性要求，即对食品的包装应有利于营养的保存，更理想的是能通过包装对营养加以补充(难度较大)。

一、食品包装营养控制的依据

食品包装对于营养控制主要从两方面来说：食品在贮藏过程中会发生一系列的物理化学变化和向食品包装贮藏中加入应用补充剂。水分子的散失、糖分的增减、有机酸和淀粉的变化、维生素和氨基酸的损失以及色素及芳香物质的失去等，所有这些损失或失去的成分均属于食品的营养成分。通过实验和研究得出结论，食品在包装时加入具有营养补充作用的保鲜剂，通过相应的技术和工艺，使用具有保鲜作用的包装材料等，都是针对营养消耗进行的补充措施，使得食品在营养消耗与外界补充中得以暂时平衡，最终使食品拥有较长的货架寿命。

二、食品营养性要求的有关因素

对于食品而言，与其营养性要求的有关因素大概分为以下几个方面：

(1)不同的食品在包装贮藏中营养损失的快慢有所不同，但总体而言，随着贮藏时间的增长，其损失也逐渐增加。

(2)在较低的温度和较弱的光照条件下，更有利于营养损失的减少。

(3)理想的包装技术与良好的功能包装材料具有减少营养损失或补充营养素的作用。

(4)加入食品所含的营养成分有利于减小营养损失和营养补充。

(5)包装最重要的目的是保存食品的营养成分，在包装材料成分中加入营养成分是最理想的营养补充包装。

三、现代食品包装营养控制

(1)“眼见为实”已经不能体现营养的存在。例如，超过食品有效保存期的食品，从包装上看与有效期内的食品并无两样，而实际上很多过期的食品品质已经完全破坏。因此，现代食品必须通过专门的仪器来检测包装内容物的营养所在。

(2)食品包装已经从单一的营养保护转向营养保护与营养补充相结合。

(3)食品的很多包装是通过保鲜来实现保质和营养保护。

(4)包装技术、包装材料和包装辅料相结合是保护食品营养或补充营养的最好办法。

四、其他要求

关于食品包装的其他要求还有很多，例如食品包装的耐温控制、食品包装的避光控制、食品防碎要求、食品保湿要求等。

项目二　食品包装外在要求

任务目标

☞ 食品包装促销性的理解；
☞ 食品包装设计便利性要求的掌握；
☞ 食品包装设计环保性要求的掌握；
☞ 食品包装卫生安全、搬运安全、使用安全的认知。

随着现代经济的快速发展，食品工业也在飞速的更新。市场上商品琳琅满目，竞争十分激烈，而产品之间的竞争不再仅仅是质量与价格的竞争，已逐渐发展为以产品文化为特征的品牌竞争。产品不加包装和加精美礼品盒包装的市场差价巨大，且远远超过了包装成本，名牌产品和非名牌产品虽然质量相差无几，但市场价格却相差很大，由此可见，包装及其形象的增值效应。

好的食品包装设计一定要同时具有安全性、促销性、便利性和环保性。

情境一　食品包装设计安全性要求

食品包装设计的安全性主要包括卫生安全、运输搬运安全和使用安全等方面。

一、卫生安全

随着生活水平的提高，人们越来越注重食品的安全和卫生问题，而食品包装作为保证食品安全卫生的重要手段得到了更广泛的重视。卫生安全是指食品包装材料中不应含有对人体有害的物质，而在食品包装设计技术方面，使处理后的食品在营养成分、感官等方面尽可能保持不变。

食品包装目前使用量最大的几种材料是纸、塑料、金属和玻璃。我国国家标准 GB 9685—2016《食品接触材料及制品用添加剂使用标准》中规定了食品接触材料及制品用添加剂的使用原则、允许使用的添加剂品种、使用范围、最大使用量、特定迁移限量或最大残留量、特定迁移总量限量及其他限制性要求。国标对食品包装原纸的理化指标及微生物指标都有相应的规定。

用于食品包装的金属材料有马口铁和铝，在与食品接触的内表面通常会有涂层，是一种热固性塑料环氧树脂，防止食品中的酸性物质和蛋白质加热过程中产生的硫对金属造成的腐蚀。食品包装常用的塑料有 PE(聚乙烯)、PP(聚丙烯)和 PET(聚酯)等，因为在加工过程中助剂使用的减少，而树脂本身的性质比较稳定，所以它们的安全性是最高的。但塑料树脂中残留单体超量会构成安全问题，对人身造成伤害。对此，GB 4806.7—2016《食品安全国家标准　食品接触用塑料材料及制品》、GB 4806.6—2016《食品安全国家标准　食品接触用塑料树脂》中分别规定了食品接触用塑料材料及制品、食品接触用塑料树脂的单体及其他起始物的特定迁移限量、待定迁移总量限量、最大残留量等理化指标。而对于食品包装所用的玻璃制品应该注意避免重金属的超标，GB 4806.5—2016《食品安全国家标准　玻璃制品》中对铅、铬等理化指标有明确规定。

二、运输搬运安全

搬运安全是指包装设计能够保证所运输的物品在运输和装卸过程中的安全问题，还应包括消费者在购买时提取和购买后携带的安全。搬运安全要求食品包装要适于放置、搬运、陈列和方便购买，不能带有伤人的棱角或者毛刺，要尽量设有方便手提的装置，以便携带。

三、使用安全

使用安全是保证消费者在开启、食用过程中不至受到伤害。食品包装设计还要考虑到在打开包装时，即使打开方式不正确，也不至于对消费者造成伤害。

情境二　食品包装设计促销性要求

促销性是食品包装的重要功能之一，通过一种独特的包装设计，刺激消费者的购买欲望，达到促销的目的。

食品的性能、特点、食用方法、营养成分、文化内涵(历史及传说等)不可能像古代商品交换那样，靠品尝来加以鉴别。在现代社会中，只能依靠宣传和说明，而在包装上加以说明就是最好的宣传，这就是商品包装的促销性。很多商品都有促销性要求，而包装的功能之一就是促进销售。食品包装设计的促销性包括:必要的信息促销、形象促销、色彩促销、结构促销和品牌促销等。

一、必要的信息促销

必要的信息是指有关法规明文规定的必须在食品包装袋上标明的内容，如食品的名称、商标、生产厂商、主要成分、净含量、出厂日期(生产日期)、保质期、产地(厂址)等。将这些必要信息标示在包装上，消费者购买后，包装和商品一道伴随消费者的足迹被带往各地，无形中起到了宣传促销作用。另外还可以在包装上加入代理商通信方式、产品标准号、产品简介、贮藏方法等。在产品简介中，选择合适的文字、恰当的语言，通过简洁而具有吸引力的陈述，会有更大的促销效果，实际上起到一个推销员的作用。

二、形象促销

食品包装设计的形象是综合能力的表现。对于一件高档的食品包装可将其形象表达为:

形状之好、颜色之美、材料之精良、合适的容量、别具一格的造型和别致的表现形式。

形象促销是利用包装体现内在食品魅力的促销方法，食品外观包装可在消费中确定一种形象，通过包装促销使消费者产生第一次购买欲望。消费者第一次消费感到满意就会再次购买，而且每当他看到同样的包装或类似的包装时就会联想到第一次使用时的满足感。现在人们不只是购买生活需要最小限度的商品，还购买自己爱好而并非生活急需的商品，商品交换成功是靠包装的形象促销而成的。形象促销的关键是做好商品的定位，然后再确定其包装的形象。商品定位指的是礼品、日常消费品、休闲食品和日用必需品等。例如，国酒茅台声誉响遍全球，其高贵典雅的包装，从内包装的瓷瓶到外包装的精美彩盒，构成了茅台整体形象。形象促销针对消费者的不同要求来吸引消费者(视觉)，起到感召作用，从而使包装为食品销售扮演重要角色。

三、色彩促销

食品包装选用色彩对促销具有积极作用，主要是通过各种色彩对人的心理作用而产生的。食品包装一般的准则是应尽量采用鲜明丰富的色调。用红、黄、橙等强调味觉，突出食品的新鲜、美味和营养；用蓝、白色表示卫生和清凉；用透明或无色显示食品的纯净安全；用绿色展示食品(如果蔬)的新鲜、无污染；用沉着古朴的色调说明传统食品工艺的历史与神奇感；用红色、金色表示食品的高贵与价值。另外，对易于发霉的食品如乳肉制品、蛋制品和面包糕点类应谨慎使用绿色。自然美观的食品最好选用无色透明的食品包装。

四、结构促销

包装促销的结构多种多样，主要有以下几大类：

(一)整体结构

造型别致，与众不同。特殊食品包装盒整体结构促销的关键，是通过特殊来表现与众不同和引起消费者的注意和兴趣。在广泛的市场调查基础上进行创造性设计，如将包装瓶设计成圆形、腰鼓形、棱形、动物形、球形、组合型、果物形等。

(二)局部结构

包装的某一部位采用特殊的结构，如包装的封口和出口，某部位设置特殊的提手、开孔(手提用或透气用)，加密于内层的有奖识别或开启方法，易引起购买者的注意而进行促销。

五、品牌促销

品牌促销是利用包装设计体现食品内涵的促销方法，有些食品品牌名称极其响亮，甚至成为该类产品的代名词。

包装品牌促销关键的问题是怎样设法在众多的食品或同类的产品中引起消费者注意，这可以通过有形的包装在立体与平面相结合的基础上加以实现。

商标、图案有鲜明的象征性。商标及图案、文字是消费者识别不同产品与厂商的凭证。象征图标具有说明力和影响力，让人铭记于心，最能反映产品的特性和品质，更多的是提升产品品位。由于商标及标记与图案通过包装来传递给消费者，在设计时有可能要提出几十个图案和表现手法，应多方面考虑商标与标识上所用文字，经过字形测试与评估从中挑选出最有象征意义和档次的。

工作单 3-2　解析食品包装设计的促销性

促销方式	促销策略	代表产品
必要的信息促销		
形象促销		
色彩促销		
结构促销		
品牌促销		

情境三　食品包装设计便利性要求

包装的便利性经常是消费者选择某种食品的重要理由。包装的便利性包括使用便利，如调味品的包装；形态便利，如奶片（干吃奶粉）；场所便利，如外出食用的旅游、休闲食品要求具有质量轻、体积小、开启方便等特点，以及携带便利、计量便利、操作便利和选择便利等方面的要求。

易开启是包装便利性最典型的体现。以往必须借助工具才能开启的包装，如今已普遍为易拉罐、易拉盖、旋转盖、易撕开盖和插孔等所替代。包装便利性已成为食品包装、饮料包装必不可少的重要因素。对于一些大包装或不能一次用完的包装，包装的可再密封性就显得尤为重要。目前，不同厂家推出了多种可再密封包装结构，如各种咬合盖、拉链、滑动锁扣和各种压力扣等。便利包装新技术，除了以往的易开启与再密封之外，包装便利性需要考虑的因素还有很多，涉及包装的使用、储存、运输、安全等多个环节。

此外，还可以期待更新、更方便的包装技术，如具有自动提示温度、产品质量、包装保质期或者内装物是否已经变质等功能的包装，还可以根据精确的设定值进行对内容物的加热和冷却等。

知识窗

包装便利性

我们谈及的包装便利性，围绕着包装材料的选取、运输和仓储、货架展示与营销、消费及回收 5 个部分进行。

针对商品的个性，选择合适的包装材料，特别是在需要大批量生产的商品包装，在设计初始就必须考虑到如何适应生产工艺过程与工厂生产流水线操作的要求，避免不切实际的虚高设计，降低或者杜绝生产上的麻烦与材料浪费。

包装是生产的终点，同时也是物流的起点。与销售包装不同，物流包装更强调包装最初衷的目的——保证商品安全。在出厂、运输、装卸、储存、分发、二次包装、送货等环节中都必须确保包装的安全可靠。因此，合理的包装设计要考虑到运输与仓储的便利性，以便于最大程度地提升物流速度和确保库存的妥善。合理的结构将提高包装的强度与承受能力，清晰明了的标志和信息条有助于对货物分类、识别与警示，进一步推进物流包装的标准化。

从某种意义上来说，商品的意义最大化在于被消费使用，在这个环节中，包装的便利性将面临最大的考验。明确、便捷的开启方式，易于携带，可以再封，这些精巧并且贴心的设计都是商品包装便利性的体现。良好的包装便利性无疑将使消费使用者更加满意，也会为培养商品自身的固定消费群提供积极的正面力量。

最后谈及的是商品包装回收的便利性。据有关部门统计全国每年的城市固体废物中，包装物占到了 30%，大量的自然资源被无谓消耗，使用后则形成大量的废弃物对环境造成了严重破坏。绿色环保的商品包装被提上议事日程，商品包装的回收便利性成为新的关注点。最大化地进行减量、简化的包装设计，大力推广可循环包装，对包装弃物进行创新应用，都将起到积极意义。

情境四　食品包装设计环保性要求

食品包装设计无论是在材料的选择上，还是在结构的设计上，都应该符合环保的要求，尽量减少浪费。首先要做到节省包装材料，做到既能控制材料又能美观大方。其次包装材料应该环保，要考虑包装材料的回收与再利用，不要在丢弃时对环境产生破坏，最好为可降解或可回收再利用的材料，或者设计成可循环使用的包装，还有避免采用昂贵的材料，减少浪费不必要的资源。最后切忌过度包装、重复包装、多层包装，以便减小商品的体积。国外已经研发出可以食用的包装材料用于巧克力包装，做到了真正的零废弃包装。

在我国，包装废弃物未能回收造成自然资源的浪费，尤其是造纸业所需大量木材对森林资源及生态环境的破坏是较为严重的。因此发展绿色包装材料是食品工业的发展方向。

一、纸类包装材料

纸包装使用后可再次回收利用，少量废弃物在大自然环境中可自行分解，对自然环境不造成危害。因此，世界公认纸、纸板及纸制品是绿色产品，符合环境保护要求，对治理由于塑料造成的白色污染能起到积极的替代作用。目前国内外正在研究开发的纸包装材料有以下几类：

(1)研究开发高性能的纸质薄膜来代替食品包装中常用的塑料薄膜，是非常有前景的绿色包装。有的纸质包装薄膜由层次结构构成，从外至里依次包括复合于一体的印刷层、纸基层、阻隔层、胶粘层、铝膜层、热压层。其具有双层阻隔性能，有效地隔绝了食品包装外部的水气和氧气进入包装内部而影响食品的质量，避免了使用不安全的脱氧剂进行保鲜。

(2)纸盒、纸盘、纸碗、纸饭盒等一次性纸质容器可以取代各种塑料容器。

我国已经利用稻草、麦秆、麻、蔗渣制造出质量较好的纸及快餐饭盒，利用废纸浆制造的纸浆模塑品取代 EPS 泡沫塑料，具有良好的缓冲性能及防霉、抗静电等优点。蜂窝夹心纸板也是一种 EPS 替代纸制品，上下两侧纸板黏合，中间为自然蜂窝状纸芯，具有非常好的缓冲性能和机械强度，适用于包装贵重易损商品。

二、塑料包装材料

塑料包装废弃物对环境所造成的污染是各类包装废弃物中最严重的。目前处理方案为回收利用和开发应用降解塑料相结合，以回收利用为主。对一次性塑料废弃物而言，应根据不同情况区别对待。易回收又有价值、经济合理的，应最大限度回收，反之，采取降解塑料较为适宜。

1. 废聚酯(PET)包装回收利用

PET 是包装领域应用广泛的材料之一。大量的 PET 瓶投入市场，消费后将对环境造成很大的污染，充分回收利用，可节约资源与能源，创造经济效益。

2. 废塑料油化技术的开发应用

目前国内外都在积极开发此项技术并有部分实验企业投入生产。在我国废塑料热解液化技术开发十分活跃，一般称为废塑料油化技术。但有的技术不成熟，推向市场还会对环境产生新的污染，对此要采取慎重推广的态度。

3. 废塑料生产高强度阻燃复合塑料技术的开发应用

该技术是以热塑型树脂为母体加入木材纤维素以及多种化学助剂，经高温混炼而成的一种新型复合材料，产品一问世就受到欢迎，取得了很好的代替木材的效果。

4. 用废旧塑料生产包膜材料

用废旧包装塑料(包括 PE、PP、PVC、PS)和填充共混物(包括多种城乡废弃物、如活性炭废渣、粉碎的动植物废料、风化煤、腐殖酸等粉末)共同组成肥料包膜，包覆在肥料颗粒表面，形成特殊结构。释放肥料、粉碎、降解全过程均不妨碍耕作，相反还会增加土壤的透气性和透水性。

另外，发展可降解塑料包装材料，逐步淘汰不可降解塑料包装是世界科技发展的大趋势，是材料开发的热点之一。可降解塑料在自然环境中分解和还原，最终以无毒形式重新进入生态环境中，回归大自然。

三、金属包装材料

由于金属包装材料易于回收处理，其废弃物对环境的污染相对于塑料和纸较小。近年来金属罐变化和发展方向为：

(1)提高材料强度，减少基板厚度，可较大程度地节约金属材料用量、降低成本且减轻未能回收罐对环境的影响。

(2)减少马口铁镀锡量。

(3)以马口铁代替铝制罐。由于铝价值高，且价格不稳定，各国纷纷用马口铁代替铝生产食品和饮料罐。

(4)采用电阻焊，实现无铅污染。

(5)采用铝箔代替塑料和纸。由于铝箔容易回收，对环境几乎无污染，所以用铝箔代替塑料和纸是比较好的发展方向。

四、玻璃包装材料

从国外玻璃包装材料的发展来看，食品包装采用的玻璃瓶，朝着提高剥离强度和轻量化(薄壁化)的方向发展，轻量化和薄壁化会影响玻璃容器的强度，解决这个问题的方法除了采用合理的结构设计以外，主要采用化学和物理的强化工艺以及表面涂层处理方法提高玻璃的物理机械强度。

项目三　包装食品货架期

任务目标

☞ 食品货架期定义的认知；
☞ 食品货架期影响因素的理解；
☞ 食品包装与食品货架期关系的熟悉。

一、食品货架期

商品(食品)货架期是指自商品(食品)出厂之日起,经过各流通环节到消费者手中为止,它所能保持质量不变的时间长度。货架期对于厂商的信誉、对于消费者的健康与安全至关重要。

在储存期间,食品也会发生一系列的物理、化学和微生物变化。食品货架期通常都由该产品的生产商决定,生产商必须考虑生产流通过程影响食品品质的因素,延长食品货架期的可行性技术及运作成本等。

二、货架期的影响因素

(一)产品本身及其功能

产品货架期受产品的微生物、酶类和生化反应的影响。微生物自身产生了一些有害物质或微生物利用产品中的某些营养成分生成其他物质,从而影响了产品的货架期。酶的作用是影响货架期的重要因素,生物化学方面的变化主要表现在氧化反应上,生化反应主要影响产品的外观,风味和口感。

(二)环境

影响产品货架期的环境因素包括:贮藏温度、环境的相对湿度、水分含量、水分活度、气体浓度、pH、金属离子、氧化还原反应电势、压力和辐射等。其中最重要的环境因素是温度,温度影响生化反应速度。一般而言,反应速度随着温度的升高而加快,产品的贮藏温度高,货架期缩短。

(三)包装材料

包装材料可分为以下几类:纸质材料、金属材料、玻璃与陶瓷材料、合成高分子材料、复合材料、纤维材料和木材等。不同的包装材料其透气性、密封性、透光性、阻湿性等都不同,从而影响产品的货架期。材料不同,其性能就不同,要根据产品的特性选择合适的包装材料,才能发挥其有效的阻隔作用。

三、食品包装与食品货架期

产品货架期失效就是产品变质，出现吸潮、氧化、失去香味、降低或失去营养价值、化学性变质等。消费者食用了变质产品，轻则造成经济损失，重则危害健康和生命安全。为了维护食品质量，延长货架寿命，应根据贮藏环境条件及货架期要求等进行综合考虑，合理选择包装材料和包装方法。

食品包装的材料及其包装形式的选择是对食品货架期最直接的重要影响因素。针对食品的敏感性有选择地挑选食品包装是对食品的一个很好保护，也是对消费者负责任的表现。导致食品变质的原因将决定阻隔材料的选择。如果食品变质的原因是由于氧化，则应该选择氧气阻隔材料；如果食品变质的原因是由于受潮、发霉，则解决办法是使用水汽阻隔材料；如果食品变质原因还牵涉芳香风味遗失，则需要考虑使用多层复合材料；如果变质的原因是由于微生物活动，则有必要监控和采取抑制细菌生长的措施。

只要把影响食品货架期的各项因素全部降到最低，就可有效地避免产品的变质，延长产品的货架期。包装的最终目标是对产品提供足够的保护，使该产品在货架期能保持其质量。为确保产品包装质量而对其采取的措施是个复杂的系统工程。企业首先需要了解产品的性能，同时还要考虑到包装所用的材料及其加工、包装的流程，并根据产品的属性来考虑贮藏、运输及使用等方面的安全保护措施。

阅读库

食品货架期预测新技术进展

英国的一些超级市场，在肉类和一些半成品上试用了一种可以检验食品新鲜程度的新型标签。这种可粘贴标签由黄色的背景和一个绿色的圆环组成，绿色圆环中间涂有特殊的热敏颜料，热敏颜料在正常情况下为黄色，但过了固定的时间后或温度上升到一定值时，颜料会由黄色变成比周围的绿色圆环更暗的深绿色。消费者根据这一颜色变化可以直观地判断食品是否已过货架期。

美国发明了一种 Soleris 技术，这种技术可以在 38 h 内准确预测巴氏灭菌奶的货架期，其效率是传统测试方法的 5 倍，并且 Soleris 技术在表明牛奶货架期方面比传统使用的 Moseley 质量保证测试方法更加有效。

我国研究人员联用预培养法及阻抗法，快速预测盒装巴氏奶货架期。通过一定的预培养及适当提高反应温度，大幅度缩短了巴氏奶货架期的预测周期，从以前的 48 h 减少到 11～14 h，最终得到的货架期预测结果较为准确、可靠，且操作步骤简单方便。

近年来，国外食品界出现了一种 TTI 技术，即时间-温度积分器（Time-Temperature Integrator）或时间-温度指示器（Time-Temperature Indicator）。这是一种易于测量和观察的和时间-温度变化相关的简单装置，其变化反映了食品全程或部分所处的温度情况。其反应原理是利用一些与温度相关的并且是连续累积的变化，包括机械的、化学的、电化学的、酶反应、微生物等不可逆的变化。变化的结果最后通常以可见的物化现象如颜色变化等反映出来。将这种技术应用在那些对温度比较敏感的冷藏、冷冻食品上，如鲜牛奶、冷鲜肉、海鲜产品等，可以作为很有前景的货架期预报装置。现在有直接指示食品新鲜程度的延伸产品-新鲜度指示器（Freshness Indicators）面市。

近年来，出现了一种分析、识别和检测复杂嗅味和挥发性成分的仪器——电子鼻(E-nose)。电子鼻常被用于检测果蔬成熟度、分析和识别茶叶及白酒等饮品、检测肉制品等。在此基础上，有研究人员结合食品的货架期研究，利用电子鼻预测了苹果的采后货架期、准确地区分了不同货架期的纯牛奶等。

拓展与提升

1. 食品包装强度要求的概念是什么？
2. 影响食品包装强度要求的因素有哪些？
3. 什么是食品包装的阻隔性要求？
4. 分析比较食品包装对外阻隔、对内阻隔及互为阻隔的特点。
5. 呼吸、呼吸强度的概念是什么？
6. 分析有氧呼吸与无氧呼吸对食品包装的要求。
7. 分析食品营养性要求的有关因素。
8. 什么是食品包装卫生安全、搬运安全、使用安全？
9. 食品包装设计的促销性包括哪些方面？
10. 食品包装袋上必要的信息促销内容包括哪些？
11. 简述食品包装设计便利性要求的内容。
12. 简述食品包装设计环保性要求。
13. 食品货架期的定义是什么？
14. 试分析影响食品货架期的因素。

模块四

食品变质与包装原理

知识目标：理解光对食品品质的影响；掌握包装避光机理和方法；理解氧气、温度对食品品质的影响；掌握抑制包装食品中相应微生物的措施；理解包装食品的色泽变化机理、油脂氧化控制、色素稳定性。

能力目标：在掌握光线、油脂氧化酸败、温度、微生物对包装食品的作用机理基础上，正确进行不同食品贮藏包装方法的选择；能够有效防止食品褐变、风味变化。

素质目标：铸就学生用心、专心、细心、恒心、独具匠心；实现学生知识、技能、素养、精神的高度融合，加速其“工匠精神”的体验、实践和养成；提高学生的创新能力和语言表达能力，增强学生的自信心。

【思维导图】

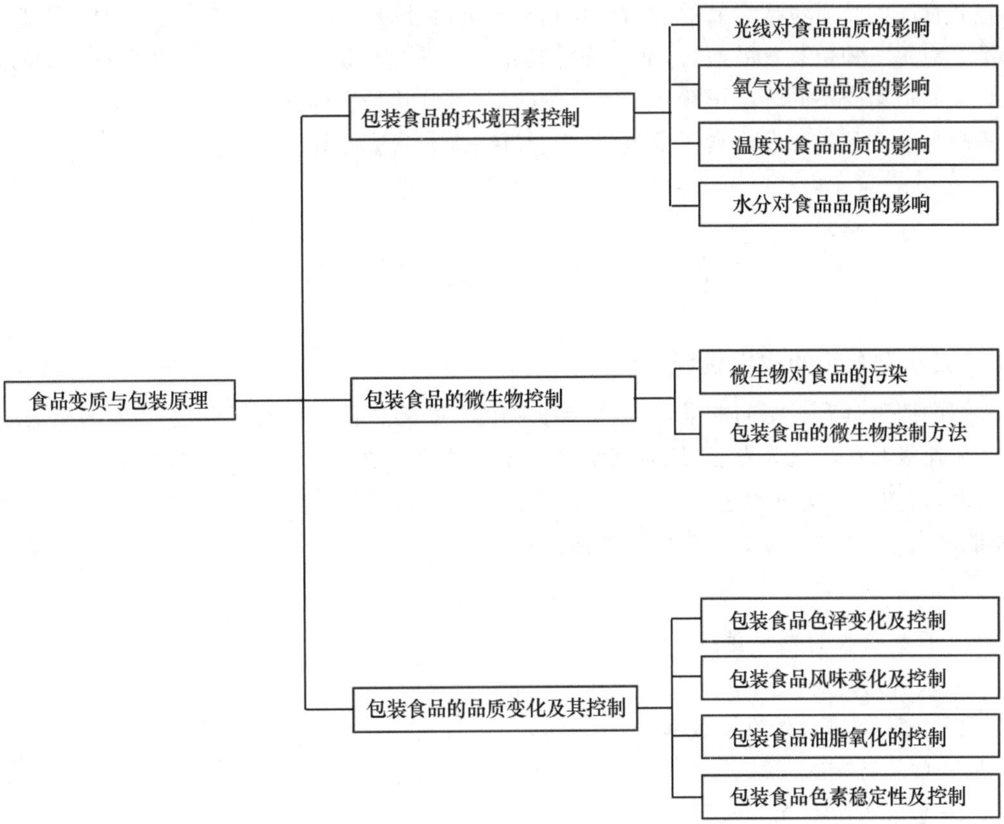

项目一　包装食品的环境因素控制

任务目标

- ☞ 光线对包装食品的作用机理的掌握；
- ☞ 光线对食品变质作用的掌握；
- ☞ 食品中油脂氧化酸败机理的理解；
- ☞ 高温和低温对包装食品影响的理解；
- ☞ 不同食品贮藏包装方法的掌握。

包装食品的品质包括食品的色、香、味和营养价值，以及应具有的形态、质量及应达到的卫生标准。对每一种包装食品而言，都应符合其相应的质量标准。然而，包装食品在贮藏、运输和销售期间极易受不同环境影响而发生质量的变化，尤其是生鲜食品。

影响包装食品的环境因素主要包括：光、气体、水分和温度等。

情境一　光线对食品品质的影响

一、光线对食物的作用机理

光线的照射具有一定的能量，可以引起食物的一系列变化。在光照下，食物中的光敏成分可以被快速吸收并转化为光能，从而刺激食物发生腐败变质的化学反应。食物吸收和传递的光能越多，食物腐败变质的速度越快，越严重。食物吸收的光能量用光密度表示。光密度越高，光能越大，对食物变质的影响作用越强。

$$I_a = I_i T_p/(1-R_f)R_p$$

式中：I_a—食品吸收的光密度；

I_i—入射光密度；

T_p—包装材料对光的传播率；

R_f—食品对光的入射率。

R_p—包装材料对光的入射率；

包装材料对入射光的传播遵循比尔-朗伯(Beer-Lambert)定律：

$$I_t = I_i e^{-\alpha X}$$

式中：I_t—包装材料传播的光密度；

α—包装材料的吸光系数；

X—包装材料的厚度。

由此可见，入射光密度越高，投入食品的光密度也越高，深度也越深，对食品的影响也越大；吸光系数不仅与材料的属性有关，还与波长有关，短波长光透入食品的深度较浅，所接受的光密度也较少，如紫外线对食品透入较浅；反之，长波长光如红外光透入食品的深度较深，此外，食品的组分各不相同，每一种成分对光波的吸收有一定的波长范围。

因此，对一给定的包装，其光传播量取决于入射光和包装材料的性质及厚度。一些材料（如 LDPE）对可见光和紫外光的传播性能相似，而另一些材料（如 PVC）传播可见光，吸收紫外光。

对于塑料材质的包装，可采用染色、印刷或涂布等方式来改变其吸光性，对于玻璃材料，可采用添加着色剂或使用涂层等方法来达到目的。通过这类方法，由相同的基材可获得具有不同光传播特性的包装材料。

二、光线对食品的变质作用

光对食品品质的影响很大，它可以引发并加速食品中营养成分的分解，引起食品的腐败变质反应，光线对食品的变质作用体现在以下 5 个方面：

(一)促使食品中油脂的发生氧化反应而酸败

油脂是众多食品的重要组成成分，也是形成食物的口感和风味的重要物质。由于油脂中常常含有许多不饱和脂肪酸，这些脂肪酸易与空气中的氧发生氧化作用产生过氧化物，引起油脂的酸败和食品的变质。

发生光氧化反应必须要有光敏剂的存在，油脂中常见的光敏剂有叶绿素和脱镁叶绿素。此外还有酸性红、甲基蓝、核黄素和卟啉等。即使油脂在得到较好的精炼以后仍然有少量的光敏物质存在（如叶绿素等），这些物质不仅引起光氧化反应，还会引起油脂的自动氧化。光氧化的主要对象是油脂中的多不饱和脂肪酸如油酸、亚油酸、亚麻酸和花生四烯酸等。O_2作用于这些不饱和脂肪酸的双键上，双键发生移位形成过氧化物。但是这些过氧化物非常不稳定，容易分解，尤其是当有金属离子存在时分解得更快。最终的分解产物是许多挥发或者不挥发的物质，包括醛、酮、酒精、酸、碳水化合物、内酯、呋喃和酯。产生不良气味的大多数都是羰基化合物。脂肪族醛是过氧化物分解产物中最重要的一种产物，因为它们是导致食品不良气味的主要因素。

(二)引起食品中蛋白质和氨基酸的变性

光线对蛋白质的作用主要分为两种情况：一是光线直接对蛋白质造成破坏，二是由于食品中光敏剂的存在，由光氧化造成蛋白质的破坏。蛋白质中的芳香族氨基酸、色氨酸、酪氨酸和苯基丙氨酸等在波长小于 310 nm 的紫外线照射下，可能会吸收紫外光的能量，引起一些肽链的断裂，使蛋白质发生变性。肽链断裂还可能产生一些有异味的物质或者色素。

(三)引起光敏感性维生素的破坏并发生不良化学反应

1. 光对维生素 C 的破坏

食品中含有的各种维生素在光敏剂存在时，在光的照射下也会发生光敏氧化。光敏剂吸收光能产生单线态 O_2，O_2作用于维生素分子上的碳双键而引起氧化破坏，使食品的营养价值降低。研究发现，将牛奶暴露在阳光下仅仅 1 h 就会损失 80％～100％的维生素 C。牛奶中 80％～90％的维生素 C 在 400～550 nm 的荧光下照射 24 h 会全部损失掉，这是因为光敏剂核黄素对这个波长段的光有最大吸光率(450 nm 时吸光率最大)。

2．光对维生素 D 的破坏

维生素 D 对骨骼生长具有十分重要的作用。当维生素 D 水解成 1，25-二羟基维生素 D 时，能促进肠道对钙的吸收。当牛奶暴露在阳光下时，牛奶中的维生素 D 会很快被破坏。

研究发现，当维生素 D 处在没有核黄素的环境中，光照时维生素 D 并没有被破坏，而含有核黄素的脱脂牛奶中的维生素 D 在光照下却很快被破坏。

3．光对维生素 B_2 的破坏

食品中的维生素 B_2 在烹饪或者贮藏在黑暗的地方时是相当稳定的，但是维生素 B_2 即核黄素是很好的光敏剂，在光的照射下很容易将基态 O_2 激发产生单线态 O_2，核黄素有一个三键和许多双键，这些键很容易跟 O_2 反应。牛奶中的维生素 B_2 在光照下 30 min 会损失掉 30％，而烹饪相同时间的牛奶只损失了 12％。所以在光照条件下维生素 B_2 损失得相当快，尤其是当光的波长在 450 nm 的时候维生素 B_2 损失得最快，因为它在这个波长下对光的吸收率最大。

(四)使食品中的色素发生变化而导致食品变色

食品的色泽是通过它们对可见光的选择吸收及反射而产生的。食品中能够吸收和反射可见光波进而使食品呈现各种颜色的物质统称为食品色素，食品中的色素包括天然含有的色素和加工过程中由原料成分转化的有色物质和外加的食品着色剂。

食品中的色素都是有机物，具有发色团和助色团结构，常见的发色团是由多个碳双键构成的共轭体系，其中还可能有几个碳氧双键、氮氧双键和碳硫双键等杂原子的双键。很多色素自身就是很好的光敏剂(如叶绿素)，它们吸收一定的光能产生单线态 O_2，单线态 O_2 与发色基团上的双键作用，使色素颜色改变。

例如，与光和氧气作用会导致叶绿素不可逆地褪色。可见光还能使火腿、香肠等肉类腌制品发生褐变。这些腌制品中添加了硝酸盐或亚硝酸盐作为发色剂，使原来肉中的色素肌红蛋白、高铁肌红蛋白和肌色原转变成氧化氮肌红蛋白、氧化氮高铁肌红蛋白和氧化氮肌色原，所以腌制品的颜色更鲜艳诱人。可见光可以促使腌制品中的色素重新转变成肌红蛋白和肌色原，而肌红蛋白和肌色原被氧化后转变成高铁肌红蛋白和高铁肌色原，于是这些腌制品发生了褐变。

食品中的叶绿素、叶黄素、血红素、花色苷、原花色素、甜菜红素、红曲色素及一些类黄酮色素在光照条件下都很容易被氧化褪色，因此食品的避光保存十分重要。

(五)引起包装材料老化

光照能够引起包装材料的老化，从而使包装的食品受到污染。特别是紫外线光线，能够引起塑料包装和纸制包装的光化学反应。

探究实验 4-1　光照对食品保质期的影响

一、实验原理

以猪肉为例，测定不同光照条件对肉制品中脂肪品质的影响。

二、实验器材

1. 实验材料

猪里脊肉 2 000 g，氯仿/甲醇(2∶1，V/V)简称 CM 液，NaCl 溶液。

2. 实验设备

白炽灯，日光灯，天平(分度值 0.001 g)。

三、实验步骤

1. 肉样的分组

将取回的肉样分割成 50 g 的肉块，随机分成 3 组，每组 8 个样品，各组肉样采用托盘包装。

2. 处理样品

(1) Ⅰ组避光室温贮存；

(2) Ⅱ组白炽灯照射室温贮存，光照强度为(400±20) lx；

(3) Ⅲ组日光灯照射室温贮存，光照强度为(400±20) lx。

分别在第 0、3、5、7 d 时从三组样品中取两份进行脂肪提取。

3. 脂肪的提取

每份样品搅碎，分别取 10 g 于三角瓶中，加入 140 mL CM 液，振摇抽提 3 h 后过滤，向滤液中加适量 NaCl 溶液，静止分层后，下层的氯仿层即为脂肪提取液。用无水 Na_2SO_4 干燥后，在 40 ℃水浴中用旋转蒸发器浓缩，得到脂肪。

4. 测定

酸价和过氧化值(POV)的测定分别按照 GB 5009.229—2016 和 GB 5009.227—2016 执行。

四、实验成果

根据测定结果，绘制不同条件下猪里脊肉脂肪中酸价和过氧化值含量变化曲线。根据曲线的变化，讨论不同照射光源对脂肪品质的影响。

三、包装避光机理和方法

不同的食品成分(主要是光敏剂)对不同波长的光的敏感程度不同，如核黄素对波长为 450 nm 的光有最大吸收峰，叶绿素对波长为 408 nm 和 655 nm 的光都有吸收峰，因此这些波长的光对含有核黄素和叶绿素的食品具有最大的破坏作用。

选用不同成分和不同厚度的包装材料，可以达到不同程度的遮光效果。

要减少或避免光线对食品品质的影响，主要的防护方法是：通过包装直接将光线遮挡、吸收或反射回去，减少或避免光线直接照射食品。同时，防止某些有利于光催化反应因素如水分和氧气透过包装材料,从而起到间接的防护效果。

包装材料对光具有遮挡、反射和散射作用,对食品具有一定的保护作用。包装材料的厚度会影响透光性,越厚越不易透光。

不同颜色的包装材料对光的防护能力不同,其防护能力依次为:黑色>棕色>绿色>蓝色>红色>黄色>无色。

所以,食品进行包装时,根据食品的吸光特性和包装材料的吸光特性,选择一种对食品敏感的光波具有良好遮挡效果的材料作为包装材料,从而能够有效地避免光对食品品质的影响。为了满足不同食品的避光要求,可对包装材料进行必要的处理来改善其遮光性能,如玻璃采用加色处理,对有些包装材料还可采用表面涂覆遮光层的方法改变其遮光性能。在透明的塑料包装材料中,加入不同的着色剂或在其表面涂敷不同颜色的涂料,同样可达到遮光的效果。

探究实验 4-2　紫外线对牛乳的败坏作用

一、实验原理

紫外线主要是通过对微生物(细菌、病毒、芽孢等病原体)的辐射损伤和破坏核酸的功能使微生物致死。本实验通过紫外线对牛乳的照射,研究牛乳的品质变化。

二、实验器材

1. 实验材料

鲜牛乳,牛肉膏,蛋白胨,氯化钠,琼脂,牛胆盐,乳糖,溴甲酚紫,氢氧化钠,正己烷,乙醇。

2. 实验设备

紫外灯,培养箱,干燥箱,灭菌箱,天平。

三、实验步骤

1. 牛乳的分组

将牛乳样品分成两组,分别放置于培养盘中。

2. 处理样品

将一组牛乳样品进行紫外灯光照射,固定紫外灯和牛乳的距离为 20 cm,培养盘中牛乳的厚度为 5 mm。

另一组不进行紫外灯光照射,其培养盘中牛乳的厚度为 5 mm。

分时间段,对两组样品进行取样。

3. 测定项目

细菌总数的测定按照 GB 4789.2—2016 执行。

四、实验成果

根据测定结果绘制不同条件下细菌数目变化曲线,从而确定紫外线对牛乳中细菌数量的影响,进而确定牛乳的品质变化。

情境二　氧气对食品品质的影响

食品包装内的气体由氧气、二氧化碳、氮气、氩气、一氧化碳和二氧化硫等组成，其中影响食品品质的主要气体为氧气。

干燥的空气中通常包含21%氧气、78%氮气、0.9%氩气、0.03%二氧化碳，其中大气中的氧对食品中的营养成分同样会产生不利影响。主要表现在：

一、造成食品中油脂的氧化酸败

食品中油脂的氧化酸败，是食品发生败坏的主要原因。食品油脂中不饱和酸酯因空气氧化而分解成低分子羰基化合物(醛、酮、酸等)，具有特殊气味。油脂氧化的初级产物是氢过氧化物。

油脂氧化包括3种类型，都是与空气中的氧气进行的反应，分别为自动氧化、光敏氧化和酶促氧化。

即使在低温条件下，油脂的氧化也会进行，产生过氧化物和环氧化物，这不但会使食品失去食用价值，同时产生异臭，产生有毒有害物质。

二、使食品中的维生素和氨基酸失去营养价值

包装食品贮藏期间，其自身所含的维生素能与氧气发生氧化反应，导致营养价值的降低。如维生素C易被氧化为二酮基，同时具内脂环，易水解。

氧气能够氧化食物蛋白质中半胱氨酸、组氨酸、色氨酸、蛋氨酸和酪氨酸残基，生成过氧化物，使蛋白质丧失功能，导致营养损失和产生有毒有颜色的化合物，造成不良风味。

三、加剧食品的氧化褐变反应

氧的存在使食品的氧化褐变反应加剧，使色素氧化褪色或变成褐色。

褐变是食品普遍存在的一种变色现象。食品在包装贮藏过程中，原有的颜色变深，或者变成褐色，就称为褐变。褐变对某些食品是有益，如酱油、咖啡、红茶、啤酒以及面包和糕点等。许多食品，特别是水果和蔬菜，褐变不仅影响食品的外观和风味，而且降低食品的营养价值。很多较浅色的水果和蔬菜，如香蕉、莲藕等，当它们的组织被碰伤、切开、削皮、遭受病虫害或处在不正常的情况下，很容易发生褐变。这是因为它们的组织暴露在空气中，在酶的催化下使多酚类氧化为邻醌，再进一步氧化聚合而生成褐色色素或称黑色素。

四、促进微生物繁殖生长导致食品腐败变质

氧气是包装食品内好氧微生物生长繁殖的一个非常重要的条件，而好氧微生物在食品腐败过程中的数量占多数，因此在食品受到微生物污染后，若置于无氧环境中，食品也可以变质，但变质速度略慢于有氧环境。

食品受氧气作用发生酸败、褐变等变质的程度与食品所接触的环境中的氧分压有关。油脂的氧化速度随氧分压的提高而加快，在氧分压及其他条件相同时，与氧的接触面积越大氧化速度越快。此外，食品氧化与食品所处环境的温度和持续时间也有关。

氧气对于具呼吸作用的新鲜水果、蔬菜及一些肉制品的影响例外，由于生鲜果蔬在储运过程中仍进行呼吸，保持正常的代谢作用，故需要吸收一定数量的氧，生成二氧化碳和水并消耗一部分营养；为了保持新鲜肉类的鲜艳红色，包装内也需要一定浓度的氧气；海产品气调包装

中，氧气的存在对厌氧微生物的生长繁殖不利；鲜切蔬菜气调包装研究证明，高浓度氧气能抑制许多需氧菌和厌氧菌的生长繁殖，抑制蔬菜内源酶引起的褐变，可获得比空气包装更长的保鲜期。

食品包装的主要任务之一，就是通过包装手段防止食品中的营养物质受氧的影响而破坏造成食品腐变。因此，采用适宜的包装材料或容器对产品进行真空包装或改变气氛（气调）包装，在新鲜果蔬、肉制品及焙烤食品包装方面应用广泛。

知识窗

防止葡萄酒氧化的措施

1. 合理使用 SO_2

在所有预防葡萄汁和葡萄酒氧化的技术中，添加 SO_2 是首选，且简单易行，效果显著，在葡萄酒的酿造过程中具有不可取代的地位。合理地使用 SO_2 可以消除酒（汁）中溶解氧、抑制多酚氧化酶和杂菌的侵染。

2. 合理使用抗坏血酸

抗坏血酸是一种抗氧剂，它能与溶解氧迅速反应，消耗葡萄酒中的溶解氧，如添加 50 mg/L 抗坏血酸就可消耗 3.5 mL 溶解氧。在酿造葡萄酒的各个阶段都可添加，抗坏血酸的使用也有助于 SO_2 的还原而减少其用量。

3. 把好原料关

酿酒师应保证在葡萄成熟良好、达到最佳采收期时采收葡萄。运输过程中应避免果粒的破损，采后尽快加工处理，并剔除病虫和腐烂果，保持原料的新鲜度。尽可能地将多酚氧化酶的活力降至最低，降低氧化的概率。

4. 控制发酵温度

在发酵葡萄酒时，通过低温澄清后的葡萄汁应尽快使其回温至 20 ℃，而后接种酵母菌，尽快启动酒精发酵。再将葡萄汁的发酵温度控制在理想的范围，以减少葡萄汁被氧化的风险。

5. 使用惰性气体保护

做到满罐贮存，尽可能在每次倒罐前，将空罐中充满惰性气体，然后再往罐里倒酒，使酒的上面始终有惰性气体隔绝空气，以抑制酵母菌、醋酸菌等好气性微生物的繁殖，防止葡萄酒与空气的接触引起的氧化。惰性气体可以是 N_2、80% N_2＋20% CO_2 混合气体或 CO_2 气体，同时，葡萄酒中游离 SO_2 的含量保持在 30～40 mg/L。

情境三　温度对食品品质的影响

引起食品变质的原因主要是生物和非生物两个方面的因素，温度对这两方面都有非常显著的影响。

一、高温对食品品质的影响

（一）加快酶促和非酶促的化学反应速率

温度对酶促反应的影响包括两方面：一方面，是当温度升高时，反应速度也加快，这与一般化学反应相同；另一方面，随温度升高而使酶逐步变性，即通过减少有活性的酶而降低酶的反应速度。

温度对酶促反应速度的影响是化学反应的速度随温度增高而加快。但酶是蛋白质，可随温度的升高而变性。在温度较低时，前一影响较大，反应速度随温度升高而加快，一般地说，温度每升高 10 ℃，反应速度大约增加一倍。但温度超过一定数值后，酶受热变性的因素占优势，反应速度反而随温度上升而减缓，形成倒 V 形或倒 U 形曲线。在此曲线顶点所代表的温度，反应速度最大，称为酶的最适温度。

从动物组织提取的酶，其最适温度多为 35～40 ℃，温度升高到 60 ℃以上时，大多数酶开始变性，80 ℃以上，多数酶的变性不可逆。酶的活性虽然随温度的下降而降低，但低温一般不破坏酶。温度回升后，酶又恢复活性。

非酶褐变也称碳氨反应或美拉德反应。是由蛋白质、氨基酸等的氨基和糖以及脂肪氧化的醛、酮等羰基所发生的反应。使食物带有红棕色和香气，如烤面包的硬壳，酱油、豆酱的颜色气味，炼乳、果汁等的棕色物质等。有的是人们希望的，有的则是要避免的，凡原料中有氨基与羰基的高温工艺，均须注意这种褐变反应。

（二）加快腐败反应速度

温度是决定腐败反应速度的关键因素，在某些条件下，包装材料能够影响食品的温度，尤其是具有绝热性质的包装材料，这类典型的包装材料主要用于冷藏及冷冻食品。贮藏于冷柜中的包装大多靠传导和对流来制冷，同时，照明用的荧光灯通过辐射产生热输入，在此条件下铝箔因其高反射率和传导率，具有很大优势，然而，这类包装极少用于冷藏冷冻食品。

温度对食品中微生物繁殖的影响和对食品腐败变质的反应速度的影响都是相当明显的。根据微生物生长的最适温度，可将微生物分为嗜冷、嗜温、嗜热 3 个生理类群。每一类微生物都有最适生长的温度范围，但这三群微生物又都可以在 20～30 ℃生长繁殖，当食品处于这种温度的环境中时，各种微生物都可以生长繁殖而引起食品的腐败变质。

一般来说，在一定温度范围内，食品在恒定水分含量条件下，温度每升高 10 ℃，其腐败变质的反应速度将加快 4～6 倍。

关于温度对包装食品中微生物的影响，有许多理论模型进行了描述，如包装食品的热处理温度与微生物致死率之间的关系可用线性方程来表述；温度对腐败反应速度的影响符合著名的 Arrhenius 方程；生物系统对温度变化的反应还可以用温度熵来描述。

（三）引起食品营养成分及外观变化

高温作用于食品，可使食品的自身营养成分发生一系列改变：

1. 蛋白质变性

指高温作用下蛋白质分子四级结构改变，空间构象破坏，肽链松散开，酶等特殊蛋白质失去生理功能，氮溶解指数（NSI）下降，保水性下降，易受消化酶作用而有利于在体内消化吸收等。热处理也可使食品蛋白质由溶胶状态变成凝胶状态而改变食品构型，加热也可使食品中游离氨基酸、寡肽、嘌呤、嘧啶、肌酸等增加或溶出，而使食品有悦人的香气与美味。

2. 油脂氧化

经 160～180 ℃及以上加热，特别是达到 250 ℃时，将产生过氧化物、低分子分解产物、脂肪酸的二聚体和多聚体、碳基和环氧基等，以致油脂变色、黏度上升、脂肪酸氧化，而有一定毒性并破坏氨基酸等营养素。例如，豆油 180 ℃加热 64 h，聚合物含量达 26%。

3. 高温工艺对食品中碳水化合物有多种影响

(1)淀粉的 α 化即糊化　淀粉粒结晶被破坏，膨润与水结合，黏度增高。α 化即淀粉性食物一般认为的生熟标志，要求这类食物 α 化至少达 85%以上，这是人体吸收利用淀粉的必要条件。几种食物淀粉的糊化温度，大米、马铃薯、玉米、小麦粉分别为 63.6 ℃、64.5 ℃、86.2 ℃和 87.3 ℃。淀粉类食物热处理后的 α 化程度，是高温工艺关键问题之一。

(2)淀粉性食物老化　俗称回生。老化与糊化是淀粉粒呈结晶态不与水结合或分子内氢键结合破坏与水结合的两个相反的过程，在一定条件下老化与糊化是可逆的。如馒头冷凉之后变硬(老化)，干烤之后变软(糊化)。馒头、面包一类食品，人们均不喜欢其老化。

(3)碳水化合物的焦糖化　是焙烤业、糖果业高温工艺中食品的重要变化，适度焦糖化可赋予食物悦人的色泽与香气。焦糖化一般分两个阶段：①150 ℃以下，糖类分子不断链，产生一系列异构化，分子间和分子内脱水，生成寡聚糖、无水糖等；②温度超过 150 ℃，则糖分子碳链断裂，产生低分子挥发物，如麦芽醇及某些酮类等香气物质，碱性物质有促进这种反应的作用。

温度对食品的影响还表现在某些食品由于温度的升高而发生软化或低温冷冻，结果都将使食品失去应有的物态和外形，或破坏食品内部组织结构而严重影响其品质。如含巧克力的糖果食品在贮运时应避免温度变化无常，否则会使巧克力产生霜斑。

二、低温对食品品质的影响

(一)引起食品内部组织结构和品质的破坏

大多数液体食品是复杂的多扩散系统，食品乳浊液的水相中含有可溶性的盐类、有机酸、蛋白质等，油相中常含有油、脂肪。冷冻食品中牛乳、奶油、冰激凌、蛋黄、奶油汤、调味酱、凉拌色拉是油/水型乳浊液，黄油、人造黄油是水/油型乳浊液。食品加工中常使用搅拌器、均质器、胶体磨等设备来促进乳化，增强食品乳浊液的稳定性。冷冻导致多数液体的界面张力增加，使油/水型乳浊液在冷至乳化作用的最佳温度时趋于不稳定。冻结使冰晶和油脂部分结晶，脂肪球膜被破坏，油滴易结合变大，形成游离脂肪小块，促使油/水型乳浊液分离，故解冻时未经均质的含脂乳会发生“出油”(出现游离脂肪)现象。

在－6 ℃下冻结的蛋黄，解冻后会出现胶凝现象，均质不完全的冰激凌缓慢冻结时会出现搅乳现象(“黄油”状的结构)。冻结的凉拌色拉、调味酱、奶油汤也容易发生油水相分离现象，冻结中乳状液的分离是不可逆的，除非重新均质，解冻时水不能再度使油乳化。

大多数食品来自动物或植物，细胞是生物体的基本单位，许多生化反应是在细胞中进行的。但不适当的低温能够引起其不可逆的有害变化，破坏细胞结构，损伤细胞功能，主要是因为冰晶的机械作用。冰晶析出时脱水引起的物理化学影响，与稀溶液的冻结相类似。细胞质在冻结过程中形成不规则的树枝状结晶，细胞间的自由水较多，具有较高的凝固点，且不易形成过冷状态，故先形成冰晶。由于细胞内过冷水的蒸气压较冰结晶的高，使水经细胞壁向外渗透，而冰晶又为细胞壁阻隔，水分不能穿入细胞内，导致细胞内失去水分。

(二)水分蒸发

对于果蔬,水分蒸发抑制果蔬的呼吸作用、影响新陈代谢,造成果蔬的凋萎、新鲜度下降,果肉软化收缩、氧化反应加剧,果蔬产生质量损失。对于肉类,会在肉的表面形成干化层,加剧脂肪的氧化。影响水分蒸发的主要因素有冷空气的流速、相对湿度、食品物料的摆放形式、食品物料的特性以及有无包装等。

(三)低温冷害与寒冷收缩

低温冷害指当冷藏的温度低于果蔬可以耐受的限度时,果蔬的正常代谢活动受到破坏,使果蔬出现病变,果蔬表面出现斑点、内部变色(褐心)等。而寒冷收缩则是畜禽屠宰后在未出现僵直前快速冷却造成的,寒冷收缩后的肉类经过成熟阶段后也不能充分软化,肉质变硬,嫩度变差。

(四)成分发生变化

果实成熟,糖分、果胶增加,维生素 C 等有一定损失,果实质地变得软化多汁;肉类和鱼类成熟,肉组织自溶,蛋白质、ATP 等分解,其中的氨基酸等含量增加,肉质软化。

(五)变色、变味和变质

果蔬的叶绿素和花青素会减少,而胡萝卜素等会显露;由于肉中的肌红蛋白和血红蛋白被氧化生成高铁肌红蛋白和高铁血红蛋白,红色肉变成褐色肉;由于脂肪水解后的脂肪酸被氧化,白色脂肪变成黄色;物料中微生物的数量会增加,导致食品腐败变质。

探究实验 4-3　不同贮藏温度对食品保质期的影响

一、实验原理

食品处于不同的温度下,其物理性状和理化指标都会随之产生变化,甚至产生有毒物质对人体的健康造成影响。

本实验以稻米为试材,采用不同的贮藏温度,研究稻米的感官评价和水分含量变化。

二、实验器材

1. 实验材料

稻米。

2. 实验设备

色差仪,砻谷机,碾米机,锤式旋风磨,天平,干燥箱。

三、实验步骤

1. 将稻米样品进行分组

每组 100 g,进行包装。分别于 40 ℃、20 ℃、0 ℃和−10 ℃贮藏 3 个月。

2. 水分测定

采用 105 ℃恒温干燥方法对样品进行水分含量测定。

3. 感官评定

采用相同方法对不同组分稻米进行脱壳、碾米、蒸制。

四、实验成果

根据测定结果，绘制不同贮藏温度条件下，每组样品水分含量变化曲线。同时对比各组样品的感官评定结果。根据上述结果，探讨不同贮藏温度对食品保质期的影响。

情境四　水分对食品品质的影响

一般的食品都含有水分，这部分水分是食品维持其固有性质所必需的。但水分对食品品质的影响很大：一方面，它能促使微生物繁殖，使酶活性增强，助长油脂氧化分解，促进褐变反应和色素氧化；另一方面，水的存在将使一些食品发生某些物理变化，如有些食品受潮继而发生结晶，使食品干结硬化或结块，有的食品因吸湿而失去脆性和香味。

根据食品中所含水分的比例，一般将食品分为三大类，用水分活度 A_w 表示，当把水分活度的概念用于食品时，可把食品看作为水中溶解很多物质的溶液，$A_w>0.85$ 的食品为湿食品，$A_w=0.6\sim0.85$ 的食品为中等含水量食品，$A_w<0.6$ 的食品为干食品。各种食品具有不同的水分活度范围，这表明食品本身抵抗水影响的能力不同。食品的水分活度值越低，相对越不易发生由水带来的不利变化，吸水性越强，对环境湿度的增大越敏感。

一、水分活度 A_w 与微生物

食品中各种微生物的生长发育是由其水分活度而不是由其含水量决定的。食品的水分活度决定了微生物在食品中萌发的时间、生长速率及死亡率。

$A_w>0.91$ 时，微生物变质以细菌为主，$A_w<0.91$ 时可抑制一般细菌的生长。在食品原料中加入食盐、糖后，水分活度下降，一般细菌不能生长，但一种嗜盐菌却能生长，就会造成食品的腐败。有效抑制方法是在 10 ℃以下的低温中贮藏，以抑制这种嗜盐菌的生长。

二、水分活度 A_w 对酶促反应的影响

$A_w<0.85$ 时，导致食品原料腐败的大部分酶会失去活性，一些生物化学反应就不能进行。酶的反应速率还与酶能否与食品相互接触有关。当酶与食品相互接触时，反应速率较快，当酶与食品相互隔离时，反应速率较慢。

三、水分活度 A_w 对食品化学变化的影响

食品中存在着氧化、褐变等化学变化，食品采用热处理的方法可以避免微生物腐败的危险，但化学腐败仍然不可避免。食品中化学反应的速率与 A_w 的关系是随着食品的组成、物理状态及其结构而改变的，也受大气组成（特别是氧的浓度）、温度等因素的影响。

A_w 对脂肪氧化酸败的影响：A_w 高，脂肪氧化酸败变快。

A_w 为 $0.3\sim0.4$ 时速率较慢；$A_w>0.4$ 时，氧在水中的溶解度增加，并使含脂食品膨胀，暴露了更多的易氧化部位；若再增加 A_w，又稀释了反应体系，反应速率开始降低。

水分活度对美拉德反应的影响：A_w 在 $0.6\sim0.7$ 时最容易发生，水分在一定范围内时，非酶褐变随水分活度增加而增加；A_w 降到 0.2 以下，褐变难以进行；A_w 大于褐变的高峰值，则因溶质受到稀释而速度减慢。

色素的稳定与 A_w：A_w 越大，花青素分解越快。

四、水分活度 A_w 对食品质构的影响

A_w 从 0.2～0.3 增加到 0.65 时，大多数半干或干燥食品的硬度及黏性增加。各种脆性食品，必须在较低的 A_w 下，才能保持酥脆。水分活度控制在 0.35～0.5 可保持干燥食品理想性质。

对于含水较多的食品，如冻布丁、蛋糕、面包等，它们的 A_w 大于周围空气的相对湿度，保存时需要防止水分蒸发。

通过食品的包装创造适宜的小环境，尽可能达到不同食品对水分活度的要求。

因此，控制环境湿度是保证食品品质的关键。当食品被置于一个稳定的温度和相对湿度环境时，最终会与环境达到平衡，其稳定状态所对应的水分含量称为平衡水分含量。在一定的温度下，水分含量随相对湿度或水分活度变化的曲线，称为等温吸湿曲线，这类曲线有助于评价食品的稳定性和选择有效的包装。食品的水分活度随温度而变化，在水分含量一定的条件下，A_w 随温度的升高而增大。

食品的水分活度对于控制化学反应及酶反应速度十分重要，A_w 的细微变化可导致反应速度的巨大变化。

项目二 包装食品的微生物控制

任务目标

- ☞ 微生物污染食品途径的分辨；
- ☞ 微生物污染包装食品机理的理解；
- ☞ 包装食品微生物控制方法的辨析。

情境一 微生物对食品的污染

一、微生物引起食品腐败变质的条件

微生物作为自然界存在的一种生物与我们赖以生存的食品有着密切的关系。微生物在许多食品的生产中起着至关重要的作用，同时也是导致食品腐败变质的元凶。但是微生物能够引起食品腐败变质也是需要一定条件的。

食品本身具有丰富的营养成分，各种蛋白质、脂肪、碳水化合物、维生素和无机盐等都有，只是比例上存在不同。如有一定的水分和温度，就十分适宜微生物的生长繁殖。当环境为低温时，会明显抑制微生物的生长和代谢速率，因而会减缓由微生物引起的腐败变质。食品处于高温环境时，如果温度超出微生物可忍耐的高限，则微生物很快死亡。如果温度在适宜生长温度以下时，则微生物的生长会随着温度的提高而加快，食品的腐败变质随之会加快。食品所处环境的湿度较高，一方面有利于微生物的生长与繁殖；另一方面有利于微生物的生命活动，不会因湿度太小而使细胞体失水干缩。

二、微生物对食品污染的途径

食品在生产加工、运输、贮藏、销售以及食用过程中都可能遭受到微生物的污染，其污染的途径可分为两大类。

(一)内源性污染

凡是作为食品原料的动植物体在生活过程中，由于本身带有的微生物而造成食品的污染称为内源性污染，也称第一次污染。如畜禽在生活期间，其消化道、上呼吸道和体表总是存在一定类群和数量的微生物。当受到沙门氏菌、布氏杆菌、炭疽杆菌等病原微生物感染时，畜禽的某些器官和组织内就会有病原微生物的存在。当家禽感染了鸡白痢、鸡伤寒等传染病，病原

微生物可通过血液循环侵入卵巢，蛋黄在形成时被病原菌污染，最终家禽所产卵中也含有相应的病原菌。

(二)外源性污染

食品在生产加工、运输、贮藏、销售、食用过程中，通过水、空气、人、动物、机械设备及用具等而使食品发生的微生物污染称外源性污染，也称二次污染。

1. 通过水污染

在食品的生产加工过程中，水既是许多食品的原料或配料成分，也是清洗、冷却、冰冻不可缺少的物质，设备、地面及用具的清洗也需要大量用水。各种天然水源包括地表水和地下水，不仅是微生物的污染源，也是微生物污染食品的主要途径。自来水是天然水净化消毒后而供饮用的，在正常情况下含菌较少，但如果自来水管出现漏洞、管道中压力不足以及暂时变成负压时，则会引起管道周围环境中的微生物渗漏进入管道，使自来水中的微生物数量增加。在生产中，即使使用符合卫生标准的水源，由于方法不当也会导致微生物的污染范围扩大。如在屠宰加工场中的宰杀、除毛、开膛取内脏的工序中，皮毛或肠道内的微生物可通过用水的散布而造成畜体之间的相互感染。生产中所使用的水如果被生活污水、医院污水或厕所粪便污染，就会使水中微生物数量骤增，水中不仅会含有细菌、病毒、真菌、钩端螺旋体，还可能会含有寄生虫。用这种水进行食品生产会造成严重的微生物污染，同时还可能造成其他有毒物质对食品的污染，所以水的卫生质量与食品的卫生质量有密切关系。食品生产用水必须符合饮用水标准，采用自来水或深井水。循环使用的冷却水要防止被畜禽粪便及下脚料污染。

2. 通过空气污染

空气中的微生物可能来自土壤、水、人及动植物的脱落物和呼吸道、消化道的排泄物，它们可随着灰尘、水滴的飞扬或沉降而污染食品。人体的痰沫、鼻涕与唾液的小水滴中所含有的微生物包括病原微生物，当有人讲话、咳嗽或打喷嚏时均可直接或间接污染食品。人在讲话或打喷嚏时，距人体 1.5 m 内的范围是直接污染区，大的水滴可悬浮在空气中达 30 min 之久；小的水滴可在空气中悬浮 4～6 h，因此食品暴露在空气中被微生物污染是不可避免的。

3. 通过人及动物接触污染

从事食品生产的人员，如果他们的身体、衣帽不经常清洗，不保持清洁，就会有大量的微生物附着其上，通过皮肤、毛发、衣帽与食品接触而造成污染。在食品的加工、运输、贮藏及销售过程中，如果被鼠、蝇、蟑螂等直接或间接接触，同样会造成食品的微生物污染。试验证明，每只苍蝇带有数百万个细菌，80％的苍蝇肠道中带有痢疾杆菌，鼠类粪便中带有沙门氏菌、钩端螺旋体等病原微生物。

4. 通过加工设备及包装材料污染

在食品的生产加工、运输、贮藏过程中所使用的各种机械设备及包装材料，在未经消毒或灭菌前，总是会带有不同数量的微生物而成为微生物污染食品的途径。在食品生产过程中，通过不经消毒灭菌的设备越多，造成微生物污染的机会也就越多。已经过消毒灭菌的食品，如果使用的包装材料未经过无菌处理，则会造成食品的重新污染。

(三)食品中微生物的消长

食品受到微生物的污染后，其中的微生物种类和数量会随着食品所处环境和食品性质的变化而不断地变化。这种变化所表现的主要特征就是食品中微生物出现的数量增多或减少，即称为食品微生物的消长。食品中微生物的消长通常有以下规律及特点。

1. 加工前

食品加工前，无论是动物性原料还是植物性原料都已经不同程度地被微生物污染，加之运输、贮藏等环节，微生物污染食品的机会进一步增加，因而使食品原料中的微生物数量不断增多。虽然有些种类的微生物污染食品后因环境不适而死亡，但是从存活的微生物总数看，一般不表现减少而只有增加。这一微生物消长特点在新鲜鱼肉类和果蔬类食品原料中表现明显，即使食品原料在加工前的运输和贮藏等环节中曾采取了较严格的卫生措施，但早在原料产地已污染而存在的微生物，如果不经过一定的灭菌处理它们仍会存在。

2. 加工过程中

在食品加工的整个过程中，有些处理工艺如清洗、加热消毒或灭菌对微生物的生存是不利的。这些处理措施可使食品中的微生物数量明显下降，甚至可使微生物几乎完全消除。但如果原料中微生物污染严重，则会降低加工过程中微生物的下降率。在食品加工过程中的许多环节也可能发生微生物的二次污染。在生产条件良好和生产工艺合理的情况下，污染较少，故食品中所含有的微生物总数不会明显增多；如果残留在食品中的微生物在加工过程中有繁殖的机会，则食品中的微生物数量就会出现骤然上升的现象。

3. 加工后

经过加工制成的食品，由于其中还残存有微生物或再次被微生物污染，在贮藏过程中如果条件适宜，微生物就会生长繁殖而使食品变质。在这一过程中，微生物的数量会迅速上升，当数量上升到一定程度时不再继续上升，相反，活菌数会逐渐下降。这是由于微生物所需营养物质的大量消耗，使变质后的食品不利于该微生物继续生长，而逐渐死亡，此时食品不能食用。如果已变质的食品中还有其他种类的微生物存在，并能适应变质食品的基质条件而得到生长繁殖的机会，这时就会出现微生物数量再度升高的现象。加工制成的食品如果不再受污染，同时残存的微生物又处于不适宜生长繁殖的条件，那么随着贮藏日期的延长，微生物数量就会日趋减少。

由于食品的种类繁多，包装工艺及方法和贮藏条件不尽相同，致使微生物在不同食品中呈现的消长情况也不可能完全相同。充分掌握各种食品中微生物消长规律的特点，对于指导食品的包装具有重要的意义。

三、微生物对食品安全的影响

微生物是导致食品被污染的主要因素，对于食品安全有着一定的影响和危害，具体体现为：食品在包装中受生产环境影响而出现微生物感染，例如大肠杆菌、沙门氏菌等。食品在运输和存储中会受到环境影响发生腐败变质，例如霉变食品导致的中毒。

一些生产商为了谋取私利，压缩成本，违规操作，导致食品被微生物污染。微生物在适宜的条件下会繁殖生长，条件不合适时，微生物不能生长。环境条件的变化对微生物的生长具有重要影响。当环境条件改变时，如包装袋破损、温度升高，适合微生物生长，微生物就会大量繁殖，导致食物变质；当 pH 偏高或偏低时，微生物会死亡；当 pH 合适时，微生物也会大量生长；水分含量大时，也容易造成微生物滋生，而干燥的环境下微生物污染概率较低。

工作单 4-1　归纳霉菌对食品的污染情况

序号	食品名称	归属大类	包装方式	贮藏条件/时间	是否受到霉菌污染	污染情况	是否受到其他微生物污染

情境二　包装食品的微生物控制方法

食品的微生物控制方法多种多样，有物理方法和化学方法等，这里主要介绍包装食品，即食品经过包装之后的微生物控制方法及灭菌方法。

一、包装食品的低温贮存

在低温下，食品本身酶活性及化学反应得到延缓，微生物的生长和繁殖也被抑制，能较好地保持食品的品质。包装食品的低温贮存可分为冷藏和冷冻两种方式，前者无冻结过程，常用于新鲜果蔬和短期贮藏的食品，后者要将食品降温到冰点以下，使水全部或部分冻结，常用于动物性食品。

（一）冷藏

冷藏温度一般设定在－1～10 ℃。在此温度下，嗜热性微生物不会发生繁殖，嗜温性细菌增殖速度放缓，故冷藏是一种有效的、短期的食品保存方法。

对于动物性食品，冷藏温度越低越好，但对于新鲜果蔬来说，要考虑避免受到冷害，在不致造成细胞冷害的范围内，尽量降低贮藏温度。

目前，为了提高包装食品的贮藏效果，常常将低温贮藏方法与真空包装、气调包装、脱氧包装、冷杀菌技术结合来控制微生物对食品腐败的影响。

（二）冻结

将包装食品的温度降低到冰点以下，其细胞组织内的水分就会冻结，普通食品在－5 ℃左右，80％以上的水分就冻结了。但当温度降低到－10 ℃时，低温性微生物还能繁殖。温度再降低，微生物就基本上停止繁殖，但化学反应和酶作用仍未停止。一般认为，食品在－18 ℃以下的冻结条件下，能达到一年以上的货架期。

冻结使食品中的水分成为冰晶而分离，残余水中的溶质浓缩，水分活度 A_w 值减小，使微生物失活。同时，微生物细胞内冰晶的形成，对细胞产生机械损伤而导致部分微生物裂解死亡。因此，对食品冷冻处理，能够灭杀食品中的部分微生物，并能使残余微生物的增殖得到抑制。

冻结速度决定了冰晶的大小，快速冻结形成的冰晶小，分布均匀，对细胞组织损伤小，解冻复原效果较好，蛋白质变性的程度也越低，有利于保持食品的品质。冷冻调理食品所用的塑料及其复合材料必须具备优良的低温性能，如 PA/PE、PET/PE、BOPP/PE、Al 箔/PE 等；浅盘包装采用 PP、HIPS、OPS 等；对于高档的冷冻食品包装，可用铝箔内包装后再外装纸盒（表 4-1）。

表 4-1　冷冻调理食品的包装形式和包装材料

食品		包装形式	包装材料
蔬菜		袋、含气包装	PE、OPP/PE、PET/PE
鱼贝类	一般鱼	重叠、含气包装	盘子：泡沫 PS、HIPS 外部包装：PET/PE、OPP/PE
	虾、干贝	袋覆皮、紧贴包装	盘子：EVA 覆层的泡沫 PS 密封材料：聚合树脂/EVA
	金枪鱼	袋、真空包装	OPA/PE、尼龙、聚合树脂
水产加工品（烤鳗鱼串）		袋、真空包装	OPA/PE
烹调食品	汉堡肉饼、饺子	重叠、含气包装	盘子：HIPS、OPP、PP 外部包装：PET/PE、OPP/PE
	烹调食品、奶汁、烤通心粉	纸盒、含气包装	盘子：铝箔容器 外包装：PE、OPA/PE 外箱：厚纸盒
	米饭	纸盒、真空包装	外包装：PET/PE、OPA/PE 外箱：厚纸盒
	馅饼	纸盒、收缩包装	外包装：收缩 PVC、收缩 PP 外箱：厚纸盒
果品		袋、含气包装	PE、OPP/PE、OPA/PE
冷冻点心		纸盒、含气包装	盘子：铝箔容器 外包装：PP/PE 外箱：厚纸盒
汤		纸盒、脱气包装	筒：PE/PVDC 盘子：PP/PE 外包装：PET/PE 外箱：厚纸盒

二、包装食品的加热杀菌

（一）影响微生物耐热性的因素

食品成分会不同程度地影响微生物抗热性。高浓度糖液对细菌孢子有保护作用，因此，糖水水果罐头的杀菌温度或时间一般比不加糖的同类产品高或长。食品中的淀粉和蛋白质也有保护微生物的作用。油脂对生物及其孢子的保护作用较大，除了直接保护外，还能阻止湿热渗透。水分是一种有效的传热体，它能进入微生物细胞或孢子中，因而一定温度条件下湿热比干热更具有致死性。如果微生物被截留在脂肪球内，那么水分就不易渗入细胞，湿热致死效果就与干热相近。因此，同一食品物料中，液相内的微生物可以迅速地被致死，而油相内菌群却不易杀死，这就使得油脂类食品的杀菌温度更高、时间更长而造成风味损失。

另外，食品成分对微生物的耐热性有间接影响，即不同食品成分物料的热传导率有差别，如脂的导热性比水差。更重要的是生物的耐热性与食品稠度有关。如果把足够的淀粉或其他增稠剂添加于食品中，使其内部的对流加热系统转化为传导加热系统，那么除了对生物有直接保护作用外，还会缓解热量至容器内或食品物料内部冷点的热渗透速率，这样就间接地保护了微生物。pH 对加热杀菌也有很大的影响，当食品含酸量高时，如番茄汁或橙汁，就不需高度加热，因为酸可提高热的杀菌力。如果有足够的酸度，用 93 ℃、15 min 加热杀菌便可达到要求。一般来说，pH 越低，杀菌所需的加热温度也越低、时间越短。

（二）加热杀菌温度和时间的组合

加热杀菌温度和时间密切相关，即温度越高，破坏微生物所需时间越短。虽然温度和时间是破坏微生物所需要的，但在破坏微生物作用上，同样有效的不同温度—时间组合对食品的损害作用不同。在现代加热杀菌中，这是最重要的实践，也是几种比较先进的包装技术的基础。

在杀菌温度—时间组合中，高温对微生物的致死至关重要，但损害食品色泽、风味、质地和营养价值等更重要的因素是时间长，而不是高温。如用肉毒杆菌接种牛乳，试样分别按 100 ℃ 330 min、116 ℃ 10 min、127 ℃ 1 min 条件加热，虽然其灭菌作用相同，但对牛乳的热损害却大大不同：加热 330 min 的试样具有蒸煮味并呈棕色；加热 10 min 的试样几乎有同样的质量问题；加热 1 min 的试样虽稍过热，但其品质与未经加热的牛乳差异不大。

（三）加热杀菌方法

加热杀菌方法可分为湿热杀菌法和干热杀菌法，前者是采用热水或和蒸汽直接加热食品包装达到杀菌目的，是一种最常用的杀菌方法；后者是利用热风、红外线、微波、通电加热等加热方法达到杀菌目的。

1. 低温杀菌

低温杀菌最初是为了防止葡萄酒变质而研制出来的杀菌方法，也称为巴氏杀菌。由于这种杀菌方法是在 100 ℃以下进行，所以同蒸馏杀菌相比，食品在品质、弹性、风味等方面的质量较好。用巴氏杀菌法未能杀死的残存微生物，除了嗜热性乳杆菌外均为芽孢细菌的芽孢，而大部分芽孢细菌在 5 ℃以下的低温环境中是不能繁殖的，所以在 75 ℃左右加热杀菌的包装熟食品再进行低温贮藏，其保存期也是较长的。

采用巴氏杀菌的包装食品包括：乳酸饮料、果酱、果冻和袋装牛奶等。此外，Sous Vide 包装技术（调理食品真空包装巴氏杀菌）具有广阔的应用前景，它是将生或半熟的原配料用塑料袋或塑料盒真空包装后，进行控制温度与时间的蒸煮热处理，随后快速冷却、低温冷藏和食用前再加热的一种公共饮食服务系统。这种方法取得成功的原因在于，塑料薄膜阻隔了风味物质的蒸发，且低温蒸煮杀菌抑制了需氧微生物繁殖，降低了其他化学反应速度，并保持了食品的营养物质与组织结构。

2. 高温高压杀菌

这种方法适用于灌装、瓶装及蒸煮袋食品，即罐头食品，先将食品装入容器中完全密封后，用水蒸气或热水加压蒸馏杀菌。一般的罐头食品要在 115 ℃左右下进行 60～90 min 的杀菌处理，普通蒸煮袋食品要在 115～120 ℃下进行 20～40 min 的杀菌，高温蒸煮袋杀菌则可在 121～135 ℃下进行 2 min 的超高温杀菌处理。

不同食品所要求的蒸馏杀菌温度和时间各不相同，在实际生产中，为了确保食品在保质期内的质量，一般采用中心温度 121 ℃，加热时间为 5～6 min 的蒸馏杀菌条件。高温杀菌食品的包装材料通常使用金属马口铁、高温复合蒸煮袋、铝箔袋等，要求能承受121 ℃以上的加热灭菌处理，对气体、水蒸气、光等具有高阻隔性，且热封性好，封口强度高。

高温杀菌食品在灭菌前，一般采用真空包装，既能减少氧对食品的影响，又能加快传热、抑制胀灌的发生。部分产品采用含气蒸煮盒包装，然后在多阶段升温、两阶段冷却的调理杀菌锅内进行等差压杀菌，既能防止容器的变形破裂，又较好地保持了食品原有的色、香、味和营养成分，并可在常温下保存和流通长达6～12个月。

3. 高温短时杀菌和超高温瞬时杀菌(HTST和UHT)

这种方法适合于流动性液态或半液态食品的短时、连续杀菌，它能有效地保持食品原有的营养成分和风味，常用于无菌包装食品的杀菌。HTST(high temperature in short time)的灭菌温度通常为100～110 ℃，灭菌时间为几秒钟到6 min，主要适用于低温流通的无菌奶和低酸性果汁饮料的灭菌。UHT(ultra high temperature instantaneous time)的灭菌温度130～150 ℃，灭菌时间为2～8 s，主要适用于常温流通液态奶及果汁饮料的灭菌。

这类食品是将被包装的液态食品、包装材料容器分别灭菌，再在无菌环境条件下完成充填、密封，其最大的特点是被包装食品和包装材料容器分别灭菌。

三、包装食品的微波杀菌

(一)微波灭菌机理

采用微波辐射包装食品，既可在短时间内加热熟化食品，又可在低温度下使细菌致死。其灭菌作用可认为是微波热效应和非热力生物效应共同作用的结果，两种效应相互依存、相互加强。微波致死细菌机理与传统加热杀菌致死完全不同，当微生物处于高强度的微波场中，其细胞膜电位会发生变化，细胞的正常生理活动功能将被改变，以致影响细胞的存活。组成微生物的蛋白质、核酸和水介质作为极性分子在高频微波场中被极化的理论也是常见的微波灭菌机理的一种解释。

(二)微波灭菌的热力温度特性

传统加热灭菌其热力由食品表面向里层传递，传热速率决定于食品的传热特性，这就决定了食品表层和中心的温度差以及中心升温的滞后性，从而延长了食品整体灭菌所需要的总时间，而且单纯的热力作用较难杀灭耐热性较强的芽孢杆菌。微波透入食品加热传热的特性使食品升温时间大大短于传统加热升温时间，而且微波灭菌使细菌致死的因素还有非热力的生物效应，这使得微波灭菌时间更短，且温度较低，这为保持食品的色、香、味和营养成分创造了条件。必须指出的是，灭菌是对食品整体而言的，微波灭菌时食品表面温度可能会因散热或水分散失而低于其内部温度，致使食品表面的细菌残留存活，这一微波灭菌工艺上的问题应予以注意和解决。

(三)微波灭菌工艺

目前，用于食品工业的微波杀菌工艺有连续微波杀菌技术、多次快速加热和冷却的微波杀菌技术、微波加热与常规加热杀菌相结合的杀菌技术等，其应用也得到了广泛深入的研究。有研究表明，微波可应用于食品包装用纸的杀菌，用微波对质量为3 kg、体积为15 cm×12 cm×25 cm的冰棍纸和60 g糖纸杀菌，仅用5 s即能杀灭包括纸面表层的试验微生物，无菌试验也证明效果良好。

包装食品进行微波加热杀菌时，由于包装内部气体压力随温度而升高，会胀破包装袋，因此整个杀菌过程应在负压下进行，或将包装置于加压的玻璃容器中进行处理。根据加工工艺的要求，微波处理食品的包装材料要求具有较高的耐高温性能、良好的耐低温冷冻性能，脆折点低及较高的内压强度。

微波火菌作为食品加工新技术应用于传统加工食品的保鲜工艺近年来得到较大的发展，如糕点类、豆制品、畜肉加工制品、鱼片等经微波火菌处理，可较好地保全食品原有风味特色，并有效延长货架保质期。由于微波灭菌保鲜食品其保鲜期长于冷冻食品，可高于 0 ℃冷藏而无须低温冻藏，且食用时烹调快，能与家用微波炉配套使用。因此，食品微波灭菌技术将有更广的应用前景。

知识窗

微波杀菌在食品工业中的应用

目前，在美国、日本等发达国家及地区，微波杀菌技术在食品工业中已得到较广泛的应用，涉及食品诸多领域。

采用传统方法对果蔬制品进行杀菌处理，往往造成果蔬制品的风味和口感变差，尤其是硬度和脆度降低。而微波杀菌由于其快速、低温的特点，可以较好地保持果蔬的风味。目前，像酱菜、紫菜、泡菜、糖水罐头等许多果蔬制品都有采用微波杀菌的报道。

国内外已有许多采用微波对食品的杀菌实例。瑞士某公司研制出 1 台面包微波杀菌防霉装备（频率 2 450 MHz，功率 80 kW）。面包片在设备中放置 1～2 min，温度由室温升到 80 ℃，取出后面包片的保质期可以由原来的 3～6 d 延长至 30～60 d。意大利有用微波对生面条进行杀菌防霉的研究，生面条通过微波设备（频率 2 450 MHz，功率 120 kW，温度 85 ℃，时间 5～6 min）处理后，口感和风味均得到良好的改善。

国内早在 20 世纪 70 年代就有用隧道式微波炉生产儿童蛋糕的报道，隧道式微波炉烘烤的同时杀死蛋糕制品内部的细菌，既节能降耗，又防止发霉，延长保质期。杨红旗等对微波和紫外线协同杀菌作用进行研究，结果表明，采用兼容微波良好的穿透性和紫外线的强灭菌性组成的特殊控制电路，能起到增强杀菌效果的目的。杜宏宇通过微波杀菌试验，对哈尔滨红肠保质期短的问题进行了研究，结果表明，进行二次微波杀菌处理的真空包装红肠，可杀灭贮藏初期 99.96%的细菌微生物，大大延长红肠的保质期。同时与传统热力杀菌比较，微波杀菌既可以保持红肠的营养成分，又能提高红肠的感官指标。

四、包装食品的超高压杀菌

包装食品的超高压处理杀菌是将包装食品置于高压釜内，利用水压或者液压对食品进行 100～1 000 MPa 的加压处理，从而达到杀灭微生物的目的。高压杀菌机理通常认为是在高压下，蛋白质的立体结构崩溃而发生变性使微生物致死。杀灭微生物的营养细胞只需室温下 450 MPa 以下的压力，而杀灭耐压性的芽孢则需要更高的压力或结合其他处理形式。据研究，压力每增加 100 MPa，料温升高 2～4 ℃，温度升高和压力增加成比例，故也有人认为其杀菌效果是压缩热和高压的联合作用。

超高压处理为冷杀菌，可较好地保持食品的原有风味，如经过超高压处理的草莓酱可保留 95%的氨基酸，在口感和风味上明显超过加热处理的果酱；超高压处理对蛋白质的变性及淀粉的糊化状态与加热处理有所不同，从而可获得新型特性的食品。

超高压处理在果浆生产中已得到成功应用，日本明治屋食品公司在温室下采用 400～600 MPa 的压力对软包装密封果酱处理 10～30 min，所得产品保持了新鲜水果的口味、颜色和风味。此外，超高压处理也在肉制品及水产品加工中得到应用。

五、抗菌包装系统

抗菌包装系统包括加入抗菌剂的包装材料和抗菌聚合物。

传统的食品包装功能是阻隔水蒸气和氧气，而抗菌包装除此之外还增加了阻隔微生物的功能，它们都是应用包装材料阻止食品腐败的栅栏技术。

抗菌剂或抗菌聚合物的抗菌包装系统通常有 3 种类型：释放型、吸收型和固定型。释放型抗菌包装系统的溶质或气体抗菌剂迁移到食品中抑制微生物生长，但溶质类抗菌剂不能通过食品与包装间的空气迁移到食品，而气体类抗菌剂则可以渗透通过空气迁入食品。吸收型抗菌包装系统是通过清除微生物生长的基本要素（如氧）来抑制微生物的生长，清除霉菌生长所需要的氧。固定型抗菌包装系统通过食品与包装材料的抗菌剂接触而达到抑制微生物生长的目的，液体食品接触面比固体食品大，因而微生物抑制效果更好。

（一）抗菌剂类型

抗菌剂分为有机抗菌剂和无机抗菌剂两大类。有机抗菌剂包括：有机酸及盐（如山梨酸盐等）、有机脂、酶（如葡萄糖氧化酶）、细菌素、天然聚合物（如壳聚糖）、植物天然提取物（如葡萄籽提取物）、杀菌剂等。无机抗菌剂包括：抗菌性金属离子如银、锌和铜，二氧化钛为代表的光催化型抗菌剂。各种抗菌剂可通过混入塑料薄膜、涂层、载体、小袋和气体等方式构成无菌包装系统。

（二）抗菌包装结构和包装形式

抗菌包装结构有抗菌剂与包装材料混合的混合类型和抗菌剂与包装材料结合的结合类型。混合型抗菌剂可从包装材料迁移到食品，而结合型抗菌剂不能迁移到食品。

抗菌剂与包装材料混合有以下类型：抗菌剂在塑料薄膜挤出前加入塑料中；抗菌剂溶解于涂层溶剂；混合到纸或纸板填充材料中。当法规不允许食品与抗菌剂接触时，可采用抗菌剂共价键或包装材料化学结构相结合的方式，这种方式要求抗菌剂具有同包装材料结合的基团，如抗菌剂具有肽、酶、聚酰胺等功能基团。结合类型的抗菌剂通过与食品接触来抑制微生物繁殖。

抗菌包装的形式主要有：

1. 抗菌剂小袋和衬垫

商业应用的抗菌包装是在包装中加入含抗菌剂的小袋或衬垫，如包裹在二氧化硅微胶囊或小袋中的乙醇释放剂和含抗菌剂的吸收衬垫。吸收衬垫主要应用在浅盘包装的零售鲜肉中，可吸收肉产品流出的汁液，防止微生物繁殖，一般吸收垫中添加有机酸和表面活性剂。

2. 抗菌塑料薄膜

在塑料薄膜加工中混入抗菌剂可加工成有抗菌功能的包装薄膜。抗菌剂添加量为 0.1～5 g/100 g，以融化或溶解方式加入塑料包装材料中。由于塑料薄膜加工过程温度很高，要求抗菌剂能耐高温，银离子抗菌剂可以耐受 800 ℃高温，适合加工抗菌薄膜。有些不耐热的抗菌剂如酶类可通过溶解方式加入包装材料中，如将溶菌酶溶解到纤维素薄膜中可防止溶菌酶变性。

3. 涂布或吸附抗菌薄膜

不耐热的抗菌剂可以涂布或吸附于薄膜上制成抗菌薄膜。如将尼生素甲基纤维素膜包覆在聚乙烯薄膜上或直接将尼生素玉米蛋白膜包裹在家禽肉上，或将尼生素吸附在 PE、PP、EVA、PVC、PA 等薄膜上制成抗菌薄膜。

4. 可食抗菌涂层

食品上涂布含可食抗菌剂的涂层，抗菌剂可以从涂布有效地渗透到食品表面，其优点是可食，可生物降解。可食涂布有干、湿两种，干涂层可与化学或天然的抗菌剂结合作为食品的物理阻隔层，同时也是微生物阻隔层；而湿涂层需要另外裹包，防止湿度损失。但湿涂层抗菌剂功能比干涂层好，如乳酸菌混合到湿涂层中与细菌竞争控制，该新型湿涂层对于新鲜肉类和禽类很有效。

(三)抗菌包装的影响因素

影响抗菌包装效果的因素很多，主要包括以下几个方面：

(1)抗菌剂的品种、渗透性、蒸发性；

(2)抗菌剂与包装材料的混合方法；

(3)抗菌剂的活性和阻力、释放速度与机理；

(4)食品与抗菌剂的化学性质；

(5)贮藏和销售温度；

(6)薄膜或容器的加工条件；

(7)抗菌包装材料的机械和物理性能；

(8)抗菌剂的感官和毒性以及相关法规。

项目三　包装食品的品质变化及其控制

任务目标

☞ 食品褐变及变色机理的了解；
☞ 食品褐变及变色影响的认知；
☞ 包装食品风味变化原因的识别；
☞ 包装食品色素稳定性的熟悉。

情境一　包装食品色泽变化及控制

削过皮的苹果放在空气中慢慢变成褐色，土豆切成片放置一段时间变褐甚至变黑。食物色泽的变化会伴随营养价值的变化，同时也可能改变食品的口感和风味。我们需要了解食品色泽发生变化的原因、给食品带来的不利影响，从而在设计包装时更有针对性，使包装起到保护食品的作用。

一、食品的褐变及变色

食物变色指原有颜色在外界因素作用下褪色或发生色泽变化。其中最常见的是褐变。褐变有两种反应：非酶促褐变、酶促褐变。

（一）非酶促褐变

非酶促褐变主要发生于干制及浓缩食品的贮藏过程中，典型的非酶促褐变主要有氨基-羰基反应和焦糖反应。

氨基-羰基反应也称为美拉德反应，指羰基与氨基经过缩合、聚合反应生成类黑色素和某些风味物质的褐变反应。啤酒酿制、面包焙烤过程发生了美拉德反应。美拉德反应对食品有利的方面包括：褐变产生深颜色及强烈香气和风味；不利的方面包括：造成食品营养损失，特别是氨基酸损失严重，反应过程可能产生某些致癌物质。

非酶促褐变另一种是焦糖反应。在无水条件下加热糖或糖浆，糖会发生脱水与降解，生成深色物质，这一过程称为焦糖反应，通常情况下是一种有益的褐变。比如，以蔗糖为原料通过焦糖化反应生产出多种色素应用在烘焙食品以及啤酒中，提升食品的色泽和风味。

（二）酶促褐变

酶促褐变多发生在水果蔬菜等新鲜植物性食品中，在植物组织中含有酚类物质，当细胞组织被破坏后，氧大量侵入，酚在酶的催化作用下形成醌，醌不断积累，进一步氧化聚合形成褐色色素，造成食物褐变。如马铃薯、苹果、香蕉、茄子、山药受伤、去皮或切片之后，其组织与氧接触引起褐变，这类褐变通常伴随着营养成分的破坏和口感的下降。

知识窗

酶促褐变

酶促褐变是在酶的作用下，发生的褐变作用。酶促褐变发生在水果、蔬菜等新鲜植物性食物中，这种作用大部分情况下需要氧的参与。食品发生酶促褐变，必须具备3个条件，即：多酚类底物或一元酚、酚氧化酶和氧，缺一不可。因此，欲控制食品中的酶促褐变，只需要改变其中的任何一个条件即可达到目的，目前采用的控制方法，主要是从酶和氧入手的。

1. 酶抑制剂法

酚酶的抑制剂有二氧化硫、亚硫酸钠、亚硫酸氢钠等，在食品中加入或渗入这些抑制剂后，酚酶即可以失活。

2. 热处理法

加热食品，使酚酶失活，即可控制褐变的发生。这种方法是使用最广泛的一类方法，其关键是要在最短时间内钝化酶而又不使食品质量下降。

3. 酸处理法

酚酶的最适 pH 在 6～7，当 pH＜3 时，酚酶失去活性。因此，选用合适的食用酸，如柠檬酸、苹果酸、抗坏血酸，使食品的 pH＜3，即可防止褐变的发生。

4. 驱氧法

无氧可以防止褐变。最简单的方法是将食品浸没在清水、糖水或盐水中。但是由于水中能吸附少量的氧气，所以，这种处理方法仍使褐变以缓慢的速度进行。

5. 底物替代法

加入酚酶底物类似物肉桂酸、对位香豆酸及阿魏酸等酚酸可以对某些褐变起到控制作用。

二、食品褐变及变色的影响因素

酶促性褐变对食品有害，非酶促褐变也会有不利影响，食品的褐变或变色的影响因素通常体现在光、氧气、水、温度、pH 和金属离子六大方面。

(一)光

光线中紫外线对包装食品的变色和褪色有明显促进作用。天然色素中叶绿素和胡萝卜素在光线照射下容易分解。通过实验证明随着光照度增大，β-胡萝卜素残留减少，并且发现波长 300 nm 以下的紫外光线对其分解影响最为显著。

了解了光对食品的影响，在进行食品包装设计时可以利用包装材料对一定波长的光进行阻隔，减少光对食品的影响。例如，一些婴儿食品采用棕色包装材料可以防止类胡萝卜素被破坏。

(二)氧气

氧气对食品变色的影响需要从两方面来考虑：一方面，食品中的胡萝卜素、肌红蛋白、醌类、花色素都是易于氧化的天然色素，氧化会引起食品的褐变或褪色，维生素营养成分被破坏，风味变差。

另一方面，并非所有食品都需要隔绝氧气或在低氧条件下保存，一些食品的保鲜需要一定浓度的氧气，比如肉类。牛肉在不同气体条件下肌红蛋白发生变化造成牛肉红度值发生改变。在低氧条件下，牛肉中氧合肌红蛋白变成还原肌红蛋白，牛肉由鲜红色变成紫红色；而高氧条件下，氧合肌红蛋白形成正铁肌红蛋白，牛肉由鲜红色变成褐色，均影响牛肉的红度从而影响新鲜感。因此，在进行食品包装的设计中根据食品种类控制包装内氧气含量至关重要。

(三)水

褐变反应进行依赖于一定的水分条件。酶促褐变在水分活性大于 0.40 时发生，非酶褐变水分活性需要大于 0.25，两者的反应速度都随着水分活性的上升而加快，水分活性在 0.55～0.90 的中等水分条件中反应最快。了解了水对褐变反应的影响，我们可以根据食品不同的种类进行防水或防潮包装设计，有效控制褐变反应的发生。

(四)温度

温度影响的是变色的速度，温度越高速度越快。干燥食品吸湿就会褐变或褪色，这种反应与环境温度密切相关。由氨基-羰基反应引发的非酶促褐变，温度每提高 10 ℃，褐变速度提高 2～5 倍。高温会使食品失去原有的色泽，如干菜、绿茶、海带等含有叶绿素、类胡萝卜素的食品，高温破坏色素和维生素类物质而使风味降低，若长期贮存，应关注环境温度的影响。在肉类食品的低温冻藏过程中，温度对褐变影响尤为显著。

(五)pH

pH 对褐变有明显影响，中性和酸性条件可以抑制褐变，pH 为 3 时，褐变反应速度最慢。

(六)金属离子

铜、铁、镍、锰等金属离子对色素分解有促进作用。橘子汁中的叶黄素、番茄中的胭脂红只要遇到微量的铜、铁离子就被氧化，橘子汁明显褪色，番茄汁变为黄色。蓝莓、葡萄等含花青素的食品罐藏时，会与金属壁的锡、铁反应，颜色从紫红色变成褐色。在使用金属罐包装食品时需要在金属表面增加涂层，防止金属离子与食品中的色素发生反应。

三、控制包装食品褐变的方法

主要有隔氧包装、避光包装和防潮包装三种。

(一)隔氧包装

隔氧包装的容器一般具有较高的阻氧性、阻油性、阻湿性、阻异味性，良好的力学性能和良好的耐撕裂、抗冲击物理性能，还有良好的化学稳定性和较宽的耐温范围，可延长被包装食品、物品的保鲜期和保质期。

选用一定厚度的 EVOH 作阻隔层，PP、PS 为表层的多层共挤复合片材生产的包装盒，即可充分体现 EVOH 优越的高阻隔性能，又可发挥 PP、PS 的优越性。包装内容物可为固态、半固态和液态产品。在食品包装方面，用 EVOH 制成的塑料容器完全可以替代玻璃和金属容器。常用作冷鲜肉、米饭、果冻食品、水果罐头和酸奶等食品的包装。

(二)避光包装

利用包装材料对一定波长范围内光波的阻隔性，防止光线对包装食品的影响；选用的包装材料应既不失内装食品的可视性，又能阻挡紫外线等对食品的影响。例如，能阻挡400 nm以下光的包装材料，适用于油脂食品包装，用于含有类胡萝卜素及花色素类的食品也有效。然而，对于一般色素，可见光也会加速变质，对长时间暴露在光照下的食品，可对包装材料着色或印刷红、橙、黄、褐色等色彩，这样虽部分丧失了包装的可视性，但能有效地阻挡光线对食品品质的影响，而且通过丰富多彩的图案装潢设计，可增加食品的陈列效果和广告促销作用。现代食品包装也采用阻光阻氧阻气兼容的高阻隔包装材料，如铝箔、金属罐等，防止光、氧对食品的联合影响，大大延长食品的保质期。

（三）防潮包装

防潮包装的作用是通过高阻湿性的包装材料减缓或阻隔外界湿气渗入包装内的速度或同时用干燥剂吸收渗透入包装内的水分，保持商品的含水量并取得一定的保存期。一般防潮包装采用高阻湿性的防潮纸包装或塑料薄膜包装就可达到一定的防湿包装要求，但对防潮包装要求高的膨化食品或其他高级商品还需封入干燥剂以保证食品的风味或脆度等。

工作单 4-2　探究影响食物褐变变色的因素

序号	食品名称	包装方式	贮藏条件/时间	是否发生褐变	引起褐变的原因	对该种食品的影响

情境二　包装食品风味变化及控制

一、包装食品风味变化的因素

（一）源于食品自身

由于食品原料中含有的芳香成分或在加工过程中产生的理想的挥发性成分，所以必须用保香性良好的材料包装，以防止香气成分的减少。

（二）氧化和褐变引起

在贮藏中，因油脂、色素等食品成分的氧化和因氨基酸反应产生的褐变等化学变化而产生异味，这些氧化和褐变反应是由包装容器内的残存氧气和从包装材料外部透入的氧气引起的，易引起氧化和褐变的食品要用阻隔性好的材料包装，要通过置换活性气体和遮光等抑制氧化与褐变。

（三）微生物引起

贮藏中，由于微生物的繁殖和酵素的作用，有时会产生异味。此时，要根据食品的形状和贮藏寿命，选择加热杀菌、低温贮藏、环境气体控制等各种适宜的包装及保存技术，防止因微生物和酵素产生的腐坏现象。

(四)贮藏期间的变化

由包装材料、贮藏、流通环境转移来的异味,要用无异味的材料包装食品,避开包装后贮藏、流通环境的异味。

二、高阻隔透明包装材料的种类

从保持食品的质量与风味来看,最重要的阻隔性是氧气阻隔性。高阻隔性薄膜主要有在聚丙烯、尼龙、聚酯等薄膜上涂覆聚偏二氯乙烯的薄膜,聚偏二氯乙烯薄膜或与其他基材复合的薄膜,以乙烯、乙烯醇共聚物为基材复合的薄膜,聚乙烯醇与防湿性薄膜的复合薄膜,涂复聚偏二氯乙烯的双向拉伸维尼纶薄膜,陶瓷蒸镀或玻璃蒸镀薄膜等。

情境三　包装食品油脂氧化的控制

由于现代加工食品的构成中大多含有油脂成分,油脂不仅能改变食品的风味,而且能够为人体提供日常所需的能量,对人体发育和生理机能起到重要的作用。油脂一旦变化,则发出异味,不仅失去食用价值,还对人体产生毒害作用。油脂的变化根据变化的条件不同可分为三类。

一、自动氧化

油脂的自动氧化指油脂与空气接触时,吸收空气中的氧气。这种氧化是油脂中的不饱和物质在环境条件作用下的一个连锁的复杂的反应过程,从而使油脂分解而生成有害物质,有害物质的主体是过氧化物,自动氧化在低温环境中也会缓慢进行。

二、热氧化

油脂热氧化指油脂在与空气的热接触状态下进行加热时所引起的现象,此时明显产生较强毒性的醚型化合物。

三、酶促氧化

脂肪氧化酶和脂肪氢过氧化酶参与的脂肪氧化反应称为酶促氧化,通常所说的酶促氧化,主要是指脂肪氧化酶在有氧或无氧状态下氧化油脂。脂肪氧化酶(LOX)主要存在于植物体内,含有一个以 Fe^{2+} 或 Fe^{3+} 状态存在的高自旋非血红素铁原子,氧化脂肪时具有专一性、选择性,只能氧化含有顺顺五碳双烯结构的不饱和脂肪酸,对饱和酸、一烯酸和共轭酸等不具有氧化作用。

四、油脂类食品变质因素及其控制

(一)光线

光线能明显地促进油脂的变化。在所有光线中,紫外线的影响最大。对于包装食品,直接暴露在阳光下的机会是很少的,主要受到橱窗和商店内部荧光灯产生的紫外线照射。表 4-2 列出了光波波长和油脂氧化的关系,500 nm 以下的光线对氧化的影响极大,为了防止食品由透明薄膜引起的光氧化,最好采用红褐色薄膜作为富含油脂食品的包装材料。因荧光灯照射引起的包装食品氧化，即使其过氧化值较低，也会使食品产生特有异味，并使香味降低。因此，对光氧化敏感的食品，必须采用避光包装材料和包装方法。

表 4-2 使用各种波长的光照玉米油和棉籽油以后的过氧化值

滤纸的透过性范围/μm	过氧化值/(g/100 g)			
	玉米油		棉籽油	
	试料 1	试料 2	试料 1	试料 2
360～420	0.265	0.256	0.223	0.220
420～520	0.110	0.108	0.157	0.159
490～590	0.057	0.062	0.103	0.100
590～680	0.014	0.018	0.039	0.043
680～790	0.013	0.015	0.027	0.023

奶油、奶酪和奶品，对空气中的氧是相对稳定的，当受荧光灯照射时，就会迅速发生变化，产生异味。但是使用蛋白质的奶油可以抑制光氧化，这是因为蛋白阻止光线的透过而产生的保护作用。

近年来，铝箔及其复合包装材料的大量使用，使光线对食品氧化的作用减少，但为了提高包装食品的透视性以便吸引消费者，大部分食品依然采用透明性包装，故光线对食品氧化变质的影响一直存在。解决这个问题的方法只能局部或大部分牺牲包装食品的可视性，采用装潢印刷、制成完全避光的包装材料来保全光氧化敏感食品的风味和品质。

(二)氧气

食品中油脂氧化与氧分压密切相关，氧浓度与亚油酸乳浊液氧化速度的关系研究结果表明，当 O_2浓度下降至 2%以下时，氧化速度明显下降，故油脂食品常采用真空或充气包装。

食品油脂氧化还与和氧的接触面积以及油脂氧化稳定性有关。若食品中油脂氧化稳定性差则极易氧化变质，这时可采用封入脱氧剂的包装方法，使包装内的氧浓度降低到 0.1%以下。

(三)水分

食品中的水分以游离水和化合水两种形式存在。干燥食品中化合水的存在对保护食品质量稳定非常重要，过度干燥并失去了化合水的食品，其氧化速度很快；水分的增加又会助长水分解而使游离脂肪酸增加，并且会使霉菌增殖和脂肪氧化酶活性增加，故应尽可能保持食品的较低水分活度。水分对油脂氧化的影响是复杂的，对油脂食品的包装，一般以严格控制其透湿度为保质措施，即不论包装外部的湿度如何变化，采用的包装材料必须使包装内部的相对湿度保持稳定。

(四)温度

油脂的氧化速度随温度的升高而加快，低温贮藏能明显减缓食品中油脂的氧化。

情境四　包装食品色素稳定性及控制

包装食品的色素种类繁多，同时也特别易受诸多复杂因素影响而褪色，容易变色的色素大致分为：

一、类胡萝卜素

类胡萝卜素易受水分、光、温度的影响，主要表现为氧化劣变和非氧化劣变。

氧化劣变分为：非酶氧化-复合氧化、金属离子催化氧化、纯氧氧化、酶氧化-脂肪氧化酶氧化、脂肪过氧化酶氧化、过氧化酶氧化。

非氧氧化劣变有：顺-反异构化、环氧化合物异构化。如β-胡萝卜素是具有维生素A活性的黄色素，分子中有许多不饱和双键，对光、氧、热敏感，易发生降解。栀子黄是自然界难得的水溶性类胡萝卜素，对食品染色性好，但耐光耐热性差，一般含苷不纯物，用于食品时会变成绿色。

二、花色苷色素

花色苷色素极不稳定，易在花色素酶作用下水解，迅速分解并褪色；在加工保藏中受pH、加热、氧化、还原，以及糖、光、金属离子、抗坏血酸等影响发生褪色、褐变。另外，抗坏血酸自然氧化产生的脱氧抗坏血酸及过氧化氢，也对花色苷的褪色、变色有较大影响。如葡萄皮色素，水溶性好，在酸性下为红色，在中性和碱性下则呈蓝色，对热和光不稳定，金属离子可使其变色。

三、黄酮类化合物

黄酮类化合物在酸性条件下稳定，在碱性条件下不稳定，受热或长时间放置便分解。黄酮类化合物依其种类、浓度及其他条件不同，C环的开裂方式也不同。如红花黄易溶于水，耐热性较差，在pH 4.5～7时呈黄色，且色调稳定，但在碱性溶液中则带红色。

四、其他

氮杂酶蛋白系红曲红和甜菜碱色素甜菜红。红曲红极易对蛋白质染色，但耐光性差，在荧光灯下也会褪色。甜菜红耐光耐热性差，100 ℃条件下，其红色渐渐消退而变成淡黄色、褐色，氧也可引起其褪色或褐变。

五、控制措施

了解了天然色素的性质以及影响其稳定性的各种因素，就可以据此有效消除食品在加工、包装及商品流通整个过程中引起的变色、褪色条件。例如，可将其始终保持在稳定的pH范围内，采用专用的机械和包装材料，产品尽可能在低温条件下流通等。但有些因素无法完全消除和改变，如生产、流通过程中光和热的影响。在天然色素的稳定化方面，最为简捷的方法是使用有效的护色稳定剂，其护色剂的种类包括单一护色剂和混色护色剂。

阅读库

影响天然色素稳定性的因素

天然食用色素市场份额不断提高，它具有“天然、营养、多功能”的作用，但是受其自身性质的影响，稳定性一般较差，易受外界诸多因素影响。在天然色素的使用过程中，应注意以下一些影响因素。

1. 氧

氧是一个很活跃的元素，可以参与许多反应生成氧化物，造成食品中的营养成分的损失，天然食用色素添加后，更易受到氧的攻击。在包装后的食品中添加适量的抗氧化剂，如维生素C、维生素E、异维生素C钠等，它们可以通过自身氧化而耗尽包装中氧，降低或消除天然色素的氧化程度。

2. pH

天然食用色素中许多色素会因pH的变化造成色调的变化和稳定性的改变。如醌类色素中的紫胶红，酸性时呈橙色，中碱性时呈红至紫色，强碱性时褪色；玫瑰红为深红色液体，在pH为2时，水溶液的颜色为红紫色，pH逐渐增加大于7时，溶液颜色也逐渐转为暗色。因此，选用天然色素时不仅要选择色泽好的色素，还应该与食品本身的pH相匹配。

3. 金属离子

金属离子的存在对天然色素的稳定性影响非常明显，它可以直接和色素反应引起色变，加速天然色素褪色。如Fe^{3+}、Ca^{2+}、Co^{2-}等金属离子促进辣椒红褪色；姜黄色素在Fe^{3+}的作用下，变为墨绿色。因此，在使用天然色素时对其包装、生产用水都有严格要求。

4. 光照和温度

光照和温度对天然色素的影响很大，0.02%的β-类胡萝卜素，在38 ℃日光灯照射下，24 h全都褪色。光照和温度会造成天然色素氧化分解或热分解或聚合，所以天然色素的添加要设计在生产工艺的末端，尽量缩短加热时间，快速冷却，最好避光保存。

拓展与提升

1. 光线对食品的影响有哪些？
2. 对包装食品产生影响的环境因素主要有哪些？
3. 什么是食品的水分活度，阐述水分活度的变化对包装食品中的微生物有何影响？
4. 氧气对食品的影响主要有哪些？
5. 防止氧气对食品质量影响的措施有哪些？
6. 影响食品中微生物生长繁殖的主要因素有哪些？
7. 根据微生物对温度的适应性把微生物分成哪三类？
8. 微生物对食品的破坏表现在哪些方面？
9. 生物系统对温度变化的反应如何用温度熵来描述？
10. 二氧化硫在果蔬包装和葡萄酒包装过程中所起的作用？
11. 气调包装中，常充入的气体种类有哪些？比例分别是多少？
12. 加热杀菌包装如何分类？每种包装杀菌方法有何不同？

模块五

通用食品包装技术及设备

知识目标：掌握食品充填技术、灌装技术、袋装与裹包技术；识别装盒机械与装箱机械，熟悉装盒技术、装箱技术；掌握收缩包装与拉伸包装方法；认知封口、贴标、捆扎材料；识别封口、贴标、捆扎设备。

能力目标：掌握各种食品包装技术的基本原理；熟悉各种食品包装特点及所适用的包装对象；掌握食品包装机械设备的操作。

素质目标：培养学生"时间管理""执行力"等行动能力；培育学生一定的忧患意识，多做规划；培养学生爱护公共财物的思想，积极主动维护各种仪器设备。

【思维导图】

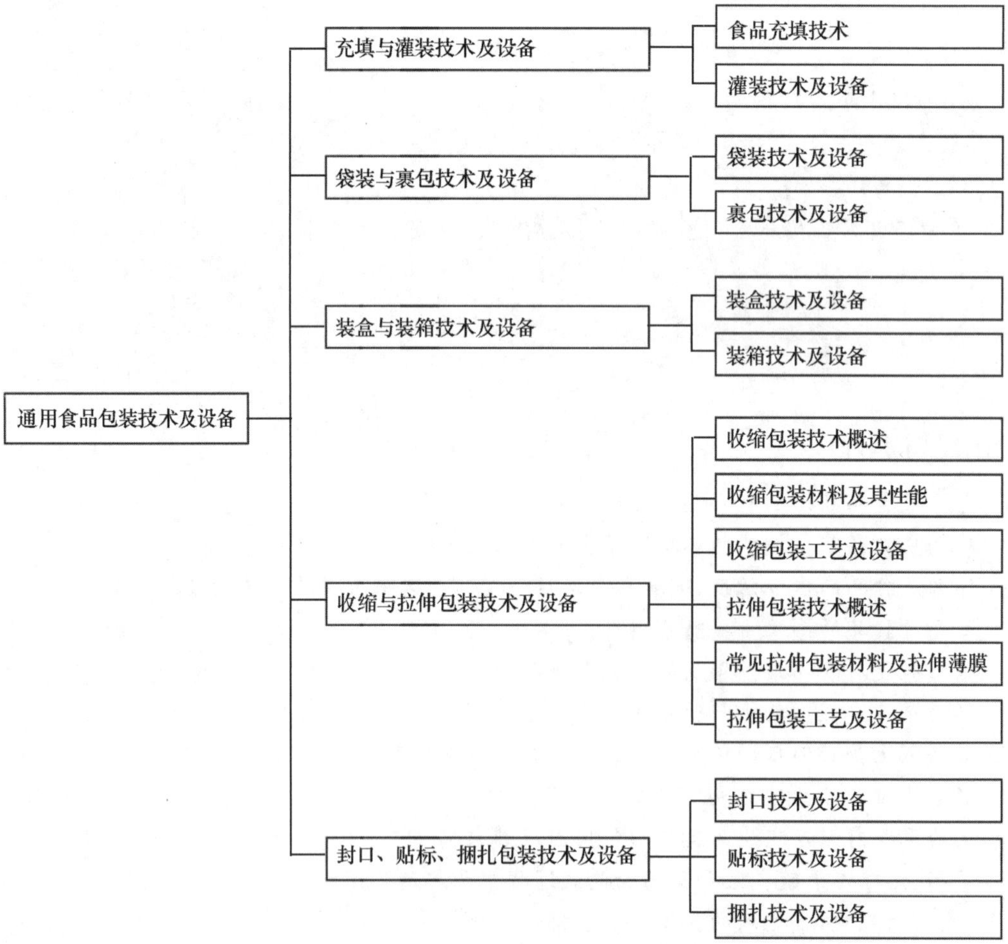

现代食品生产过程中，选用适宜的包装材料和容器对保护食品、方便储运、促进销售具有重要作用。同时，采用合理的包装技术力法、设置正确的包装工艺路线、选择合适的机械设备、确定一系列必要的包装技术措施，也同样是现代规模化食品生产过程中保证包装食品品质、提高商品价值和市场竞争力的关键。

项目一　充填与灌装技术及设备

任务目标

- 食品充填技术的掌握；
- 食品灌装技术的掌握；
- 食品容积充填法的熟悉。

充填(filling)是食品包装的一个重要工序，它是指将一定规格质量的食品按要求充入包装容器中的操作，主要包括食品计量和充入。由于食品的种类繁多，形态及流动性能各不相同，包装容器也是形式多样，用材各异，因此就形成了充填技术的复杂性和应用的广泛性。工程实际中一般将液体食品的充填称为灌装(canning)。

食品充填和灌装时，食品按照要求的预定量装入容器，一般规定一定的计量精度要求，充填的计量精度是指允许装入容器物料标定数量的误差范围。对罐头包装时，固体部分和流汁部分都要达到计量精度要求。充填的计量精度关系食品生产企业的信誉和经济效益，因此，所选机械设备的计量精度等级要达到生产企业规定的要求。容器内要留有一定的间隙，一般间隙量为整个容积的6%。要求快装、快封，减少食品的污染，充填完毕，容器口、壁应保持清洁干净。

情境一　食品充填技术

一般根据食品的计量方式不同，将食品充填技术分为体积式充填、称重式充填和计数式充填。其中体积式充填又分为量杯式、插管式、柱塞式、螺杆式、料位式、定时式等。称重式充填又分为称重充填法、毛重充填法及连续式称量。计数式充填又分为单件计数式、多件计数式等。

对粉状物料主要采用体积充填法和称重充填法，对液体、半流体物料采用体积充填法，对块状、梗枝状或颗粒状物料采用计数充填法。一般来讲，体积充填法工作速度高，装置结构简单，广泛用于计量流体、半流体、粉状和小颗粒食品，但不适用于体积质量不稳定的物料。称重充填法计量精度较高，但工作速度较低，装置结构较复杂，多用于充填粉状和小颗粒状食品。

计量充填精度除受装置本身的精度影响外，还受到物料的物理化学性质的影响，如物料体积质量的不稳定性，易吸潮、易飞扬以及不易流动等。另外，计量精度还取决于包装食品的价值，价值高的食品其计量精度要求也高。

一、体积充填法

体积充填法是通过控制食品物料的体积来进行定量充填的，它要求被充填的物料体积质量稳定，否则会产生较大的计量误差。常用的定量装置有容杯式、转鼓式，螺杆式、柱塞式、液面式等。

(一)容杯式充填法

容杯式充填装置如图 5-1 所示。

这种定量装置适合于流动性能好的粒状、片状、粉状物料的计量。工作时物料靠自身的重力自由地落入量杯，刮板将定量量杯上多余的物料刮去，然后再使量杯中的物料在自重的作用下充填到包装容器中去。物料经供料斗 1 自由地靠重力落到计量杯中，圆盘口上装有数个量杯和对应的活门底盖，圆盘上部为粉罩 2。当主轴 8 带动圆盘 7 旋转时，粉料刮板 10 将量杯 3 上面多余的物料刮去，当量杯转到卸粉工位时，开启圆销 6 推开定量杯底部的活门 4，量杯中的物料在自重作用下充填到下方的容器中。当量杯转到装料工位时，闭合圆销 5 推开量杯底部的活门 4，物料进入到固定量杯中，重复下一个工作循环。

这种固定量杯的计量不能调整，当计量变化时只能更换定量量杯。为适应密度发生变化的情况，可以采用可调容量式充填装置，如图 5-2 所示。它可随产品容量的变化而自动调节容积的量杯来量取产品，并将其充填到包装容器中。它与定量式量杯的区别在于计量杯是由两个相配合的容杯组成，通过调节机构可改变上下套筒的相对位置而实现体积的微调。微调可自动进行，也可手动进行，计量精度可达到 2%～3%。

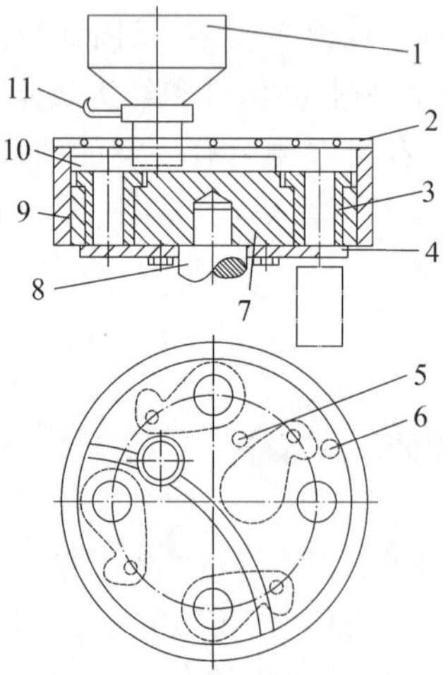

图 5-1 容杯式充填装置

1.供料斗 2.粉罩 3.量杯 4.活门 5.闭合圆销 6.开启圆销 7.圆盘 8.主轴 9.壳体 10.粉料刮板 11.下料阀门

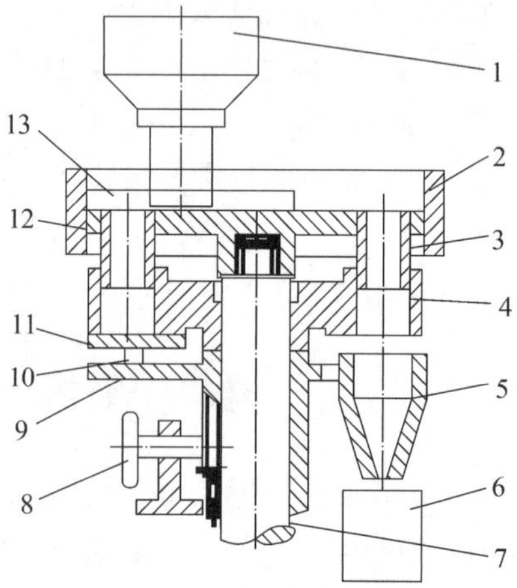

图 5-2 可调容量式充填装置

1.供料斗 2.护圈 3.固定量杯 4.活动量杯托盘 5.下料斗 6.包装容器 7.主轴 8.手轮 9.圆盘 10.活门导柱 11.活门 12.调节支架 13.刮板

(二)转鼓式充填法

转鼓形状有圆柱形、菱柱形等,计量腔在转鼓外缘,容腔形状有槽形、扇形和叶轮式。计量腔容积有定体积和可调体积两种,图 5-3 所示为槽形截面可调容腔结构的圆柱转鼓计量机构。该机构容腔计量体积的调整是通过调节螺丝改变计量容腔柱塞的位置来实现。这个调节量是非常有限的,只适用于密度小变化范围的调节,改变计量重量则需更换转鼓。

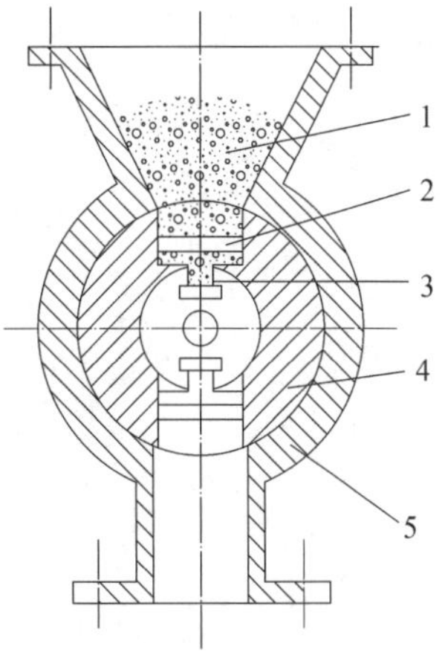

图 5-3　转鼓式充填装置

1.料斗　2.柱塞板　3.调节螺丝　4.转鼓　5.外壳

转鼓由传动系统带动回转,物料靠自重由上料口装入计量容腔,随转鼓到下料口落入包装容器。转鼓转动的线速度,视包装物料及计段腔结构的不同可在 0.025～1 m/s 范围内,转速过快将使定量不准确。

转鼓式定量装置适用于密度稳定、流动性好的粉状或小颗粒状物料的计量。

(三)螺杆式充填法

螺杆式充填法适合于粉状、小颗粒状等物料的充填,不宜用在较大易碎的大粒物料或密度变化大的物料。图 5-4 所示为一种带有搅拌器的螺旋推进定量装置。螺杆 8 的外径与导管 7 的内径有一定的配合间隙,由螺杆螺纹与导管之间形成一定的体积,通过螺杆旋转把物料向前推送。这种计量机构的优点是物料充填距离较短,不易形成粉尘飞扬。

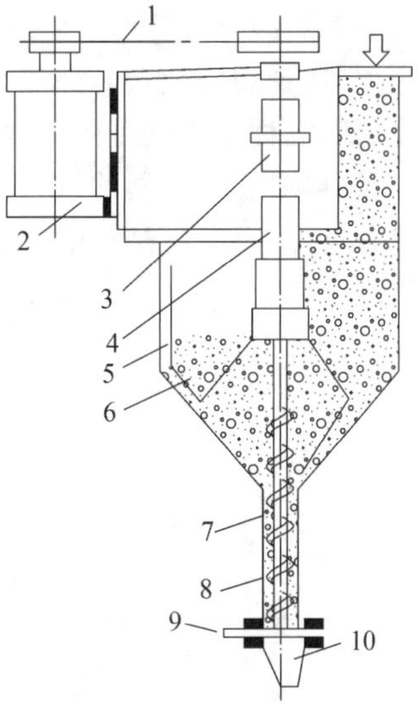

图 5-4　螺杆式定量充填装置

1.传送皮带　2.电动机　3.电磁离合器　4.支承　5.料斗　6.搅拌器　7.导管　8.计量螺杆　9.阀门　10.漏斗

螺杆式定量装置的计量速度一般为 80 次/min,计量精度为 5%。计量螺杆通常垂直安装使用,以便于物料充满在螺旋槽中。

(四)柱塞式定量充填法

柱塞式定量装置适用范围较广,粉粒类和半流体物料均可适用,对于输送流动性差、易结块和易产生架桥现象的物料更为合适(图 5-5)。柱塞通过连杆机构由凸轮机构或气动液压缸推动做直线往复运动,柱塞在往复行程中形成一定的理论空间容腔,该容腔即为定量装料的体积。

二、称量充填法

称量充填法适用于易吸潮、易结块、粒度不均匀,容重不稳定的物料计量。根据称量方式的不同可分为净重充填法、毛重充填法以及连续式称量法三类。

(一)净重充填法

净重充填法是称出预定质量的物料,将其充填到包装容器内,其结果不受包装容器重量的影响,是精确的称重充填。为了达到较高的充填精度,在称量时可先使大部分物料高速进入计

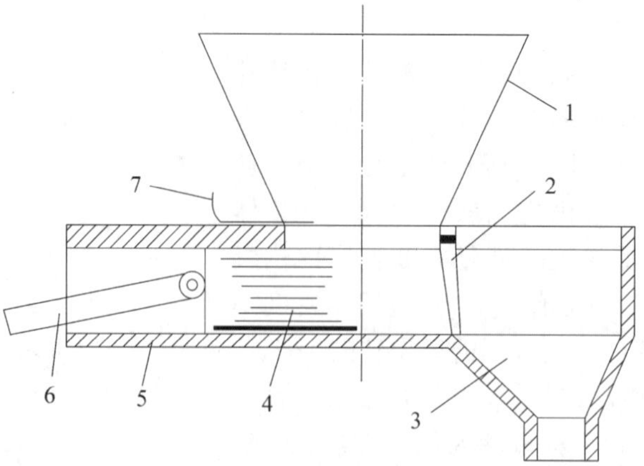

图 5-5 柱塞式定量装置

1. 供料斗 2. 料门 3. 出料斗 4. 柱塞 5. 柱塞缸 6. 连杆 7. 调节活门

量斗，剩余的小部分物料通过微量装置缓慢进入计量斗。这种充填法广泛用于包装重量要求精度高，产品价格贵的产品。净重充填法装置如图 5-6 所示。

(二)毛重式充填法

图 5-7 所示为毛重式充填法装置图。毛重式充填是在充填过程中，将包装容器放在秤上一起称重，达到规定数量时即停止进料，称得的是毛重。毛重称量通常用于产品与称重料斗发生粘连而影响称重准确度的情况。为了得到精确的净重，容器的重量必须相同，或先对空容器进行称重，再对应空容器的重量而确定毛重。因此，包装容器本身的重量直接影响到充填物料的规定重量，适合于价格一般的自由流动的物料即黏性物料的充填包装。

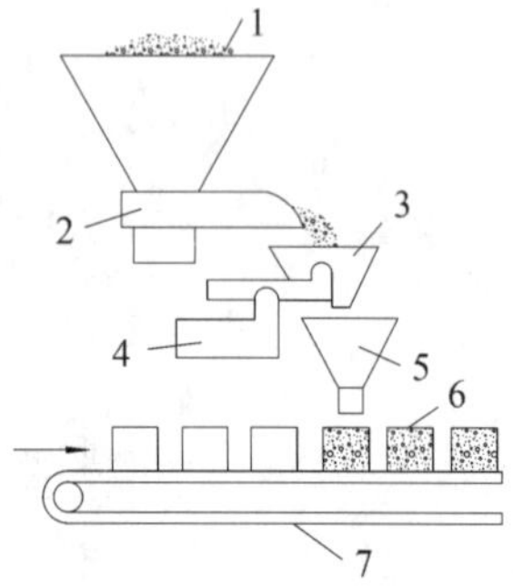

图 5-6 净重式充填装置

1. 贮料斗 2. 进料器 3. 计量斗 4. 秤 5. 落料斗 6. 包装件 7. 传送带

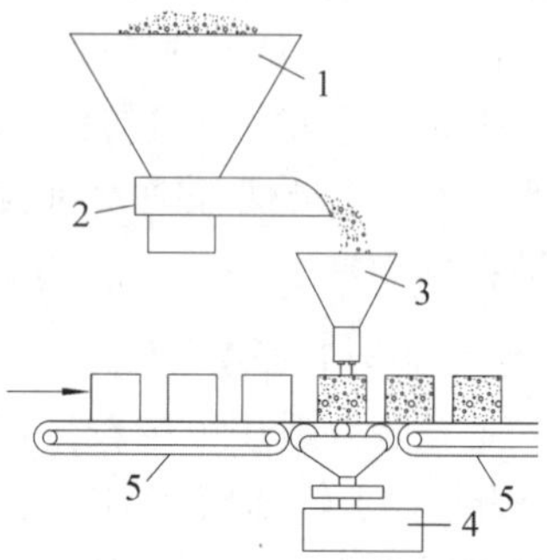

图 5-7 毛重式充填装置

1. 贮料斗 2. 进料器 3. 落料斗 4. 秤 5. 传送带

(三)连续式称量法

采用电子皮带秤称重，可以从根本上克服杠杆秤发出的信号与供料停机时已送出物料的计量误差问题，同时还能大大提高计量速度，适应高速包装机的需要。

图 5-8 为控制闸门开启的电子皮带秤。物料在皮带输送过程中，连续地流经秤盘。在秤盘上面的这一段(测量距离)，皮带上的物料会由于视密度变化而发生重量变化，而这一变化将通过传感器(如压差传感器)转化为电量变化。并与给定值进行比较，再经综合放大去驱动执行机构(如可逆电机)，使其控制闸门升降，以调节料层厚度。也可以通过控制皮带速度来控制

充填量。

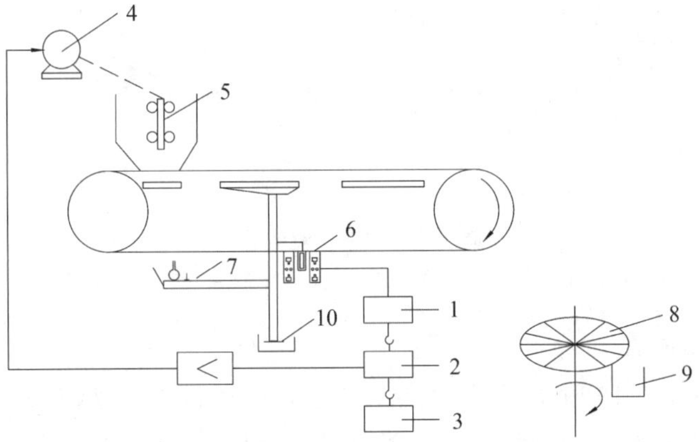

图 5-8 控制闸门开启的电子皮带秤

1.整流器 2.调节器 3.重量给定 4.可逆电机 5.闸门 6.差动变压器 7.秤 8.等分格转盘 9.包装容器 10.阻尼器

为了实现定量包装，在电子皮带秤物料流出端的下方设置一个等速旋转的等分格转盘。转盘上各分格在相等的时间内截取一段皮带上的物料(即截取等重量的物料)，然后注入包装容器中。适当调节皮带速度和等分格转盘的转速，就能截取到预定重量的物料。

电子皮带秤的计量速度为 20～200 包/min，计量范围为 50～100 g/包，计量精度为 ±(1.5～2)%，适应密度变化范围为±(10～30)%，秤感量为±0.5 g 要求的物料包装计量。

三、计数法定量装置

在食品工业生产中，一些块状、棒状或大颗粒状食品，如饼干、方便面、面包、糖果等，或由于实现了机械自动化生产，或由于实现了规格化、标准化生产，每个产品具有相同的重量和几何形状。这类食品的计量大多采用计数法定量装置，计数定量法在固态的块状、颗粒状和棒状食品包装中应用非常广泛。

从计数的量来分，有单个包装和集合包装两种。单个包装如常见的方便面、面包等的包装，集合包装是多个产品经计数后集中包装在一起，如饼干、云片糕等的包装。

(一)长度计数装置

这种装置使物品具有一定规则的排列，按其一定长度、高度、体积获得一定数量。这种装置比较简单，以长度计数装置为例进行介绍。

这种计数装置常用于块状食品，如饼干、云片糕等的包装计数。由于这类食品形状规则，具有确定的几何尺寸，它们若干块、盒、包叠加成的长度或厚度、宽度亦具有确定的数值。如图 5-9 所示，物料经输送带送进计量腔(图中未画出)中，当物料碰到挡板上的触点开关(电触头或机械控制装置)时，控制装置发出信号，使推板向前推进，将要求计量的物品推送到包装材料上进行裹包包装。通过适当选取推板的长度，便可以对食品进行一定数值的计数。通常推板的长度以小于规定块数的叠加长度为准。

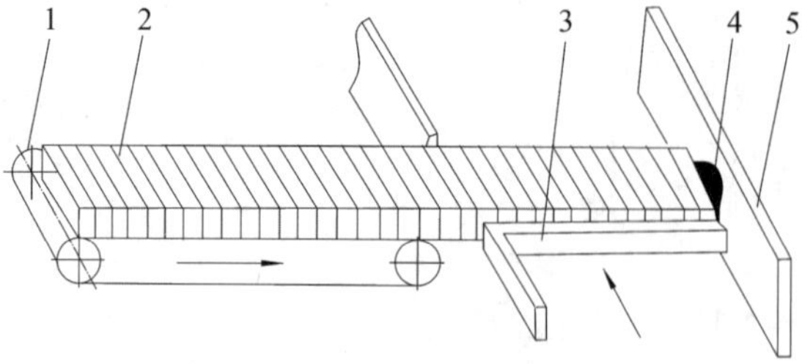

图 5-9　长度计数装置

1.输送带　2.物品　3.横向推板　4.触点开关　5.挡板

(二)光电式计数装置

光电式计数器如图 5-10 所示，物品在传送带上逐个通过光电管，从光源射出的光线由于物品的通过呈现穿过和被挡住两种状态，由光电管把光信号转变为电信号送入计数器进行计数，并在窗口上显示出数码。

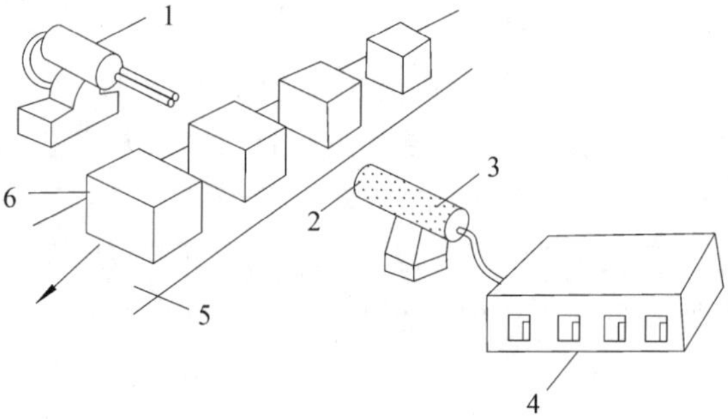

图 5-10　光电式计数器原理图

1.光源　2.凸透镜　3.光电管　4.计数器　5.传送带　6.物品

(三)转盘式计数装置

转盘式计数装置特别适合于形状、尺寸规则的球形和圆片状食品的计数。

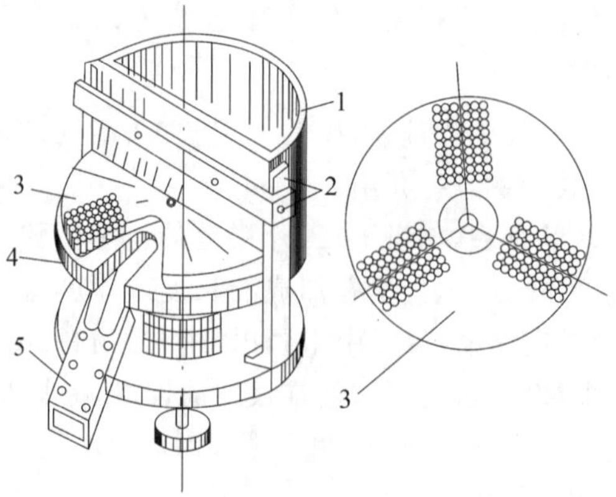

图 5-11　转盘式计数装置示意图

1.料筒　2.夹板　3.装料筒底盘　4.卸料盘　5.卸料斜槽

图 5-11 为适合球形食品计数的转盘计数机构，固定卸料盘 4 和装料筒 1 由支架夹板 2 固

定在底盘上。物料装在料筒1内，装料筒底盘3是一转动的定量盘。定量盘3上每隔120°的位置上设有若干一定数量的小圆孔带，共分3组。定量盘上的孔径稍大于物料直径0.5～1 mm，定量盘的厚度比物料直径稍大，以确保计量孔只能容纳一粒产品。定量盘下装有带卸料槽的卸料盘4，在计量过程中，卸料盘4承托住充填在计数定量盘3中的物料，只有当定量盘带有物料的一组孔带转到卸料槽时，才使已定量的物料自由落入卸料斜槽5并进入包装容器中。定量盘的一组孔带在卸料的同时，其他两组孔带进行上料，所以这种机构的效率比较高。

工作单 5-1　举例说明食品充填技术应用

充填方法	适用范围	应用举例
容积式		
称重式		
计数式		

情境二　灌装技术及设备

灌装是指将液体(或半流体)灌入容器内的操作，容器可以是玻璃瓶、塑料瓶、金属罐及塑料软管、塑料袋等。影响液体食品灌装的主要因素是黏度，其次为是否含有气体、起泡性、微小固体物含量等。因此，在选用灌装方法和灌装设备时，首先要考虑液体的黏度。

一、液体食品的种类

根据灌装的需要，一般将液体按黏度分为3类：流体、半流体和黏滞流体。

(1)流体　指靠重力作用下可在管道内按一定速度自由流动，黏度范围在0.001～0.1 Pa·s的液体，如牛奶、消凉饮料、酒等。

(2)半流体　除靠重力外，还需加上外力才能在管道内流动，黏度范围在0.1～100 Pa·s的液体，如炼乳、番茄酱、酸奶等。

(3)黏滞流体　靠自身重力不能流动，必须借助于挤压等外力才能流动，黏度在100 Pa·s以上的物料，如花生酱、果酱等。

二、灌装原理

液体的灌装要求是灌装精度高，使用方便、卫生、快速。

液体的灌装方法有常压灌装、真空灌装、等压灌装和机械压力灌装。常压灌装和等压灌装时液体靠自身重力作用流入容器，这时液体贮槽内和包装容器内液面上的气体压力相等，灌装压力取决于液体贮槽液位与灌装头排液口之间的高度差。真空灌装和机械压力灌装主要是靠液体贮槽与包装容器中气体压力差的作用或者在活塞作用下进行。流入方式的选择应根据所灌装液体的类型而定。

灌装机按容器的输送形式可分为旋转型灌装机和直线型灌装机两种。旋转型灌装机灌装迅速、平稳、生产效率高，现在大中型企业液体灌装设备多采用旋转型。不论哪种形式的灌装机，按其各部件的功能大致可分为5个部分，即传动部分、瓶托升降部分、灌装阀及其控制部分、封盖部分及电气控制部分。现以灌装玻璃瓶容器的旋转型灌装机为例说明其工作原理(图 5-12)。

空瓶由进瓶星轮沿导板准确同步地送到下转盘托瓶机构或托瓶气缸的瓶托 2 上,空瓶连同瓶托和灌装阀 4 一起转动,转到一定位置时,空瓶被托瓶机构顶起,瓶门与注液管 3 接触,并顶开灌装阀 4 或靠专门开阀装置 5 打开阀,贮液罐 7 中液体经注液管流入瓶内。其灌装量由计量装置决定。当转盘连续回转至一定位置时,容器内已灌满定量,瓶托 2 下降,灌装阀 4 随之关闭,瓶由拨瓶星轮拨出至输送带运至封盖机封口。

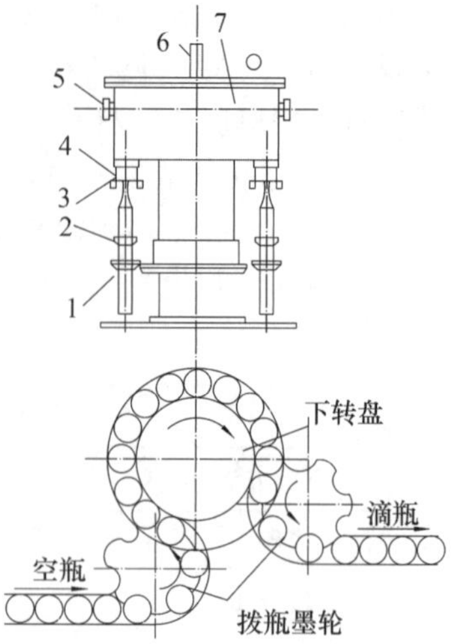

图 5-12 旋转型灌装机原理图

1.下转盘 2.瓶托 3.注液管 4.灌装阀 5.开阀装置 6.进液管 7.贮液罐

三、常用罐装方法

常用罐装方法有常压灌装、真空灌装、等压灌装和机械压力灌装。

(一)常压灌装

在常压下液体靠自身重力产生流动而灌入容器的方法称常压灌装。大部分流体都可用此法灌装(图 5-13)。

液体从贮液槽 1 流经灌装阀 4 进入容器。罐装时升降机构将容器向上托起(或将灌装管向下降),容器口部和灌装阀下部的密封盖 5 接触并将容器密封,然后使容器再上升顶开弹簧而开启灌装阀,液体靠重力自由流入容器中。当液体上升至排气口上部时,即停止流动,液位达到规定高度完成灌装后,升降机构将容器下降,灌装阀失去压力并由弹簧自动关闭,容器内的空气经设在灌装管端部的空气出口 2 通到贮液槽液面上部的排气管 3 排出。

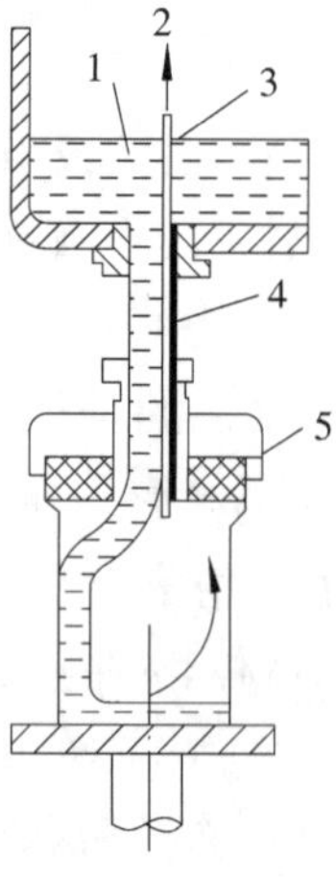

图 5-13 常压灌装

1.贮液槽 2.空气出口 3.排气管 4.灌装阀 5.密封盖

这种方法适用于低黏度非起泡性的液体,如牛奶、矿泉水、酱油、醋等,使用的设备构造简单、操作方便、易于保养,至今仍被广泛使用。

(二)真空灌装

真空灌装指在真空条件下进行的灌装,有以下两种方法。

1. 重力真空灌装

即贮液箱处于真空,对包装容器抽气形成真空,随后料液依靠自重流进包装容器内。此法采用低真空,可消除纯真空灌装法所产生的溢流和回流现象(图 5-14)。

位于顶部的贮液槽是封闭的,供液管 1 从槽顶伸入并浸没在液体下部,由浮子 2 控制液面,其上部空间保持低真空。当容器输送到灌装阀 4 下方时,升降机构将它托起,与密封盖 5 吻合,将容器密封,继续上升将阀开启。由于容器经阀中的排气管 3 与贮液槽上部联通形成低真空，因而液体经阀中的套管靠重力灌入容器内。与重力灌装一样，当排气口被上升的液体封闭时，容器中的液面就不再上升。灌装完毕，容器下降，灌装阀由弹簧自动关闭。

这种灌装系统尤其适用于白酒和葡萄酒的灌装，因为灌装过程中，挥发性气体的逸散量最小，不会改变酒精浓度，使包装产品不失醇香。

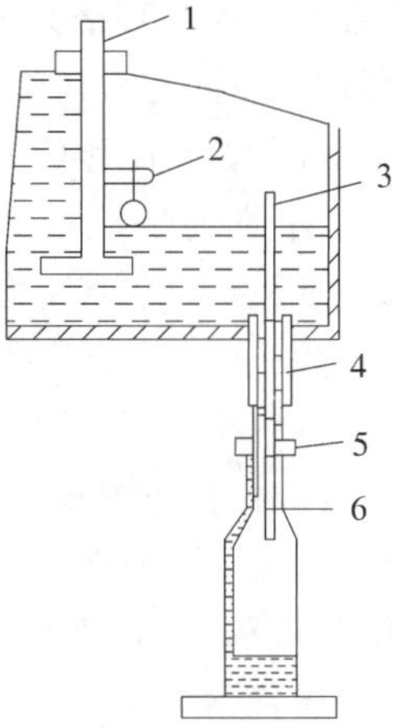

图 5-14　重力真空灌装

1. 供液管　2. 浮子　3. 排气管
4. 灌装阀　5. 密封盖　6. 灌装液位

2. *真空压差灌装*

即贮液箱内处于常压，只对包装容器抽真空，料液依靠贮液箱与待灌装容器间压差作用产生流动而完成灌装（图 5-15）。供液管 1 由供液阀 2 控制，液位由浮子 3 保持。另设有真空泵 7 和真空室 6 以建立真空。溢流至真空室的液体由供液泵 5 送向贮液槽。应用此法灌装时，瓶子上升或灌装阀下降，将瓶口密封，并在瓶内建立高真空（860～930 Pa），然后开启灌装阀 10，阀中套管内有真空管与真空室相连。当阀封住瓶口并开启后，真空口也同时开启，瓶内变为真空。液体靠压力差从贮液槽流入瓶内，当液体上升到灌装阀中真空管口时即停止流动，液位保持不变。如果瓶子不离开阀门，液体会继续缓慢地流出，因为抽真空时会将液体从瓶内吸出，形成溢流和回液。

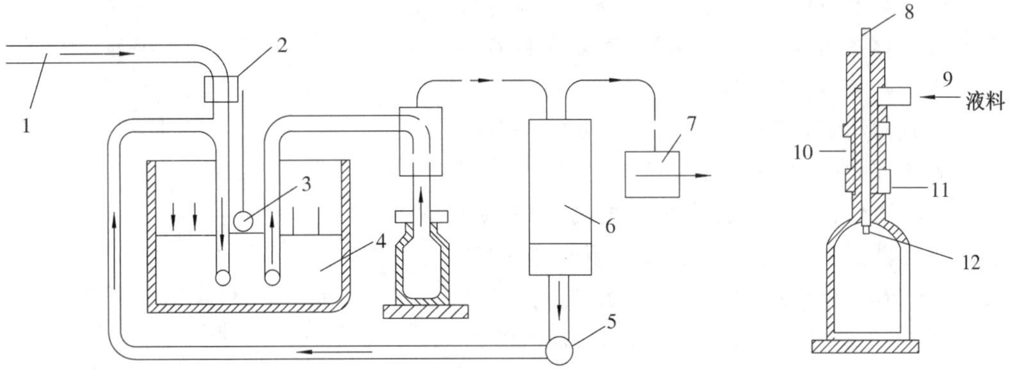

图 5-15　真空压差灌装

1. 供液管　2. 供液阀　3. 浮子　4. 贮液槽　5. 供液泵　6. 真空室　7. 真空泵
8. 真空管　9. 液料　10. 灌装阀　11. 密封材料　12. 灌装液位

真空压差灌装适用于易氧化变质的液体食品，如富含维生素等营养成分的果蔬汁产品的灌装。

（三）等压灌装

在高于大气压条件下首先对包装容器充气，使之形成与贮液箱内相等的气压，然后再依靠被灌装液料的自重流进包装容器内。等压灌装属于定液位灌装，仅限于灌装含 CO_2 的饮料，如汽水、啤酒、香槟酒等。加压的目的是使液体中 CO_2 含量保持不变，压力可取 0.1～0.9 MPa（图 5-16）。

回转台上方的贮液槽是密封的，其液面由浮子1控制，液面以上空间充有压缩空气或CO_2以保持一定压力（灌装啤酒时要求用CO_2，以避免啤酒与氧气接触）。液体经下部的供液口2进入，灌装阀4装在贮液槽内，其中部设有的排气管顶端伸出液面，下端为排气口7和泄压口5。当容器上升至灌装阀口时，先由密封盖3将容器封闭，然后压缩弹簧，顶开灌装阀，开始灌装。同时，机械弹簧打开排气管顶部的充气阀6，使容器的压力与贮液槽上部的压力相等，通常称为“建立背压”。当液体上升到排气管口时，液位不再变化。采用等压灌装时，在灌装过程中可改变排气速度，借以改变灌装速度。当液体灌装到规定液位时，容器顶部的空气具有一定压力，为排除这种压力，在阀门中装一个机械泄压口，使容器顶部与大气压力相同，保证当容器下降失去密封时，液体不至喷出。

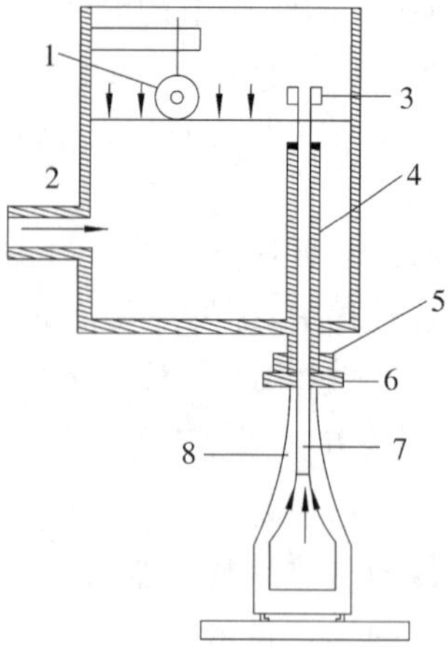

图 5-16 等压灌装法

1.浮子 2.供液口 3.密封盖 4.灌装阀 5.泄压口 6.充气阀 7.排气口 8.灌装液位

（四）机械压力灌装

利用机械压力如液泵、活塞泵或气压将被灌装液料压入包装容器内，主要适用于黏度较大的黏稠性物料，如酱类食品的灌装（图5-17）。

灌装阀5与贮液槽8分开放置，供液泵7将液体送入灌装阀。容器与阀连接处靠密封盖6密封后，灌装阀开启进行灌装，同时容器内的空气由溢流管3排至贮液槽，当容器内液面达到溢流管口处时，液体开始经溢流管流回贮液槽，液面不再变动。溢流管口与容器顶部的相对位置决定了灌装液面的高度，只要保持灌装阀与容器的密封，液体就会连续不断地通过溢流管流出，当容器不再密封时会关闭灌装阀和溢流口，贮液槽经供液阀2与供液槽1连接，液面由浮子4控制。

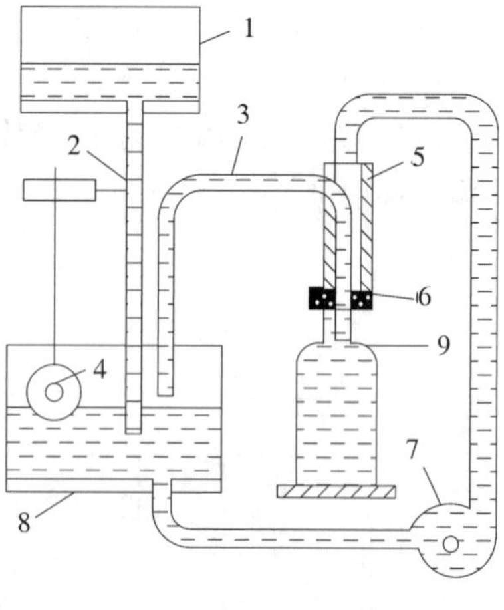

图 5-17 机械压力灌装法

1.供液槽 2.供液阀 3.溢流管 4.浮子 5.灌装阀 6.密封盖 7.供液泵 8.贮液槽 9.灌装液位

工作单 5-2 比较几种常用灌装方法

灌装方法	灌装原理	适用范围	应用实例
常压灌装			
重力真空灌装			
真空压差灌装			
等压灌装			
机械压力灌装			

四、灌装机常用定量方法

灌装机的定量方法可分为两种类型:高度定量法和容积定量法。

(一)高度定量法

高度定量法通过控制容器中的液位高度来达到定量灌装的目的,即每次灌装液料的容积等于一定高度的瓶内容积,故习惯上称之为"以瓶定量法"。

图 5-18 所示为高度定量灌装原理图。当橡胶垫 6 和滑套 5 被上升的瓶子 8 顶起后,灌装头 7 和滑套间出现间隙,料液由贮液箱 9 流入瓶内,瓶内原有气体由排气管排至贮液箱内部完成进液回气过程;当瓶内料液升至排气管嘴口 C—C 截面时,气体不能排出,而料液继续灌入致使液面超过排气管嘴,瓶门部分剩余的气体受压缩,一旦与阀口上的液位压头相平衡,料液就不再进入瓶内,而沿排气管上升至与贮液箱内液位水平,即完成液位定量,停止进液过程;然后瓶子下降,压缩弹簧 4 保证灌装头与滑套间的重新密封,排气管内的液位靠自重流入瓶内,至此,完成一次定量灌装。通过转动调节螺母 10,改变排气管嘴伸入瓶口位置即可改变灌装量。

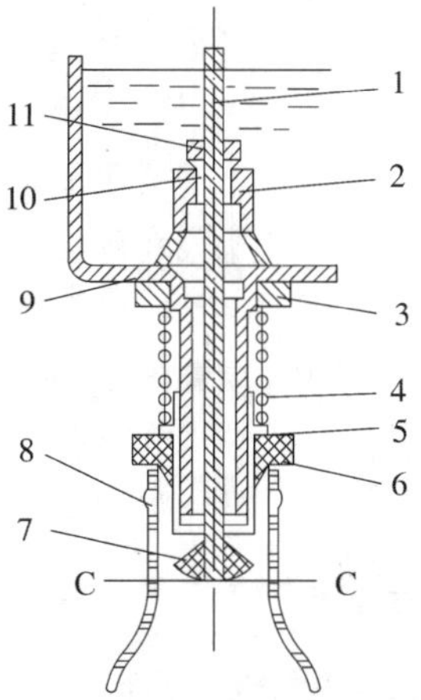

图 5-18　高度定量灌装原理图

1.排气管　2.灌装架　3.螺母　4.弹簧　5.滑套　6.橡胶垫　7.灌装头　8.瓶子　9.贮液箱　10.调节螺母　11.压缩螺母

(二)容积定量法

用容量杯或一定行程的活塞缸容积完成定量,即先将料液注入定量杯或活塞缸,然后再灌入包装容器内,因此,定量精度比高度定量法高。

图 5-19 所示为定量杯定量灌装原理图。在空瓶尚未升起时,定量杯 1 由弹簧 7 作用浸没在贮液箱中而使料液充满定量杯,随后空瓶由瓶托抬起,瓶嘴将灌装头 8 连同进液管 6、定量杯 1 一起抬起,使定量杯超出液面而完成定量,并使进液管中间的上下两孔均与阀体 3 中间槽相通,使定量杯中料液经过定量调节管 2 流入瓶内,瓶内空气由灌装头的透气孔逸出而完成进液排气过程。当定量杯中料液下降至调节管 2 的上端时,则完成整个定量灌装。改变定量调节管 2 在定量杯中的高度或更换定量杯,即可调节灌装量。

图 5-20 所示为活塞缸定量灌装原理图。活塞 9 做上下往复运动,向下运动时,料液由贮料缸 1 在重力及压差作用下,经滑阀 5 上的弧形槽 6 流入活塞缸 10 内。当容器由瓶托抬起并顶紧灌装头 8 时,滑阀 5 被迫上升,贮料缸 1 与活塞缸 10 被间隔,滑阀上的下料孔 7 则与活塞接通,同时活塞 9 做向上推进,把料液压入待灌容器内。灌装结束,容器连同瓶托一起下降,弹簧 3 迫使滑阀向下运动,滑阀上的弧形槽又将贮料缸与活塞缸沟通,进行下一个灌装循环。如在某一个瓶托上缺少待灌容器时,尽管活塞仍然做向上运动,但由于滑阀保持活塞缸与贮料缸的连通,体现了"无瓶不开阀"的功能。灌装量的调节通过活塞的运动行程来实现。

五、灌装设备

灌装机按容器的输送形式可分为旋转型灌装机和直线型灌装机两种。旋转型灌装机灌装迅速、平稳、生产效率高,是大中型企业首选的液体罐装设备。目前,国内以旋转型灌装机为基础,吸收国际最先进的灌装技术开发出集洗瓶、灌装、封盖、贴标于一体的组合型灌装系统。

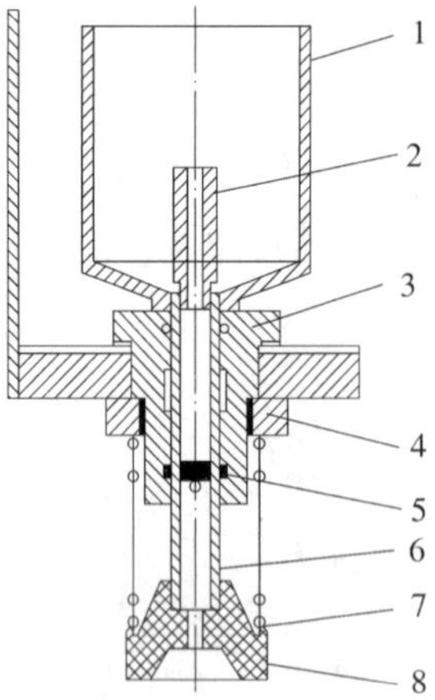

图 5-19 定量杯定量灌装原理图

1.定量杯 2.定量调节管 3.阀体 4.锁紧螺母 5.密封圈 6.进液管 7.弹簧 8.灌装头

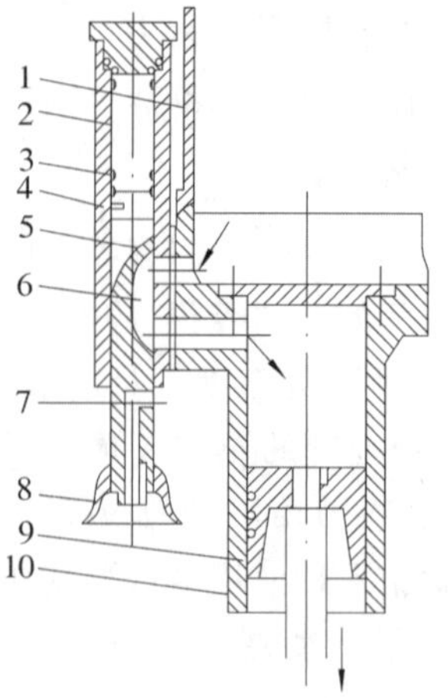

图 5-20 活塞缸定量灌装原理图

1.贮料缸 2.阀体 3.弹簧 4.导向螺钉 5.滑阀 6.弧形槽 7.下料孔 8.灌装头 9.活塞 10.活塞缸

阅读库

我国灌装设备的发展方向

随着生产企业对灌装要求不断提高，灌装生产线越来越受到青睐，灌装生产线包含了输送、灌装、装配等一系列生产设备，国内的灌装设备市场在不断扩大，应用领域不断扩展，灌装设备生产企业也在不断成熟。对于生产企业来说，高质量灌装设备将会为食品的生产“加码”，这也在倒逼灌装设备制造企业对自身进行反省，通过自主创新，跳出“落后一引进一仿制一落后”的怪圈，提高设备的市场竞争力。市场需求的增加也对灌装设备提出了更高的要求，灌装设备制造商要紧跟市场需求，不断对技术和设备进行创新。从整个灌装设备市场来看，灌装设备主要有以下三个发展方向：

1. 增强多功能性

企业在研发灌装设备时，要加强对多功能性的创新，加强设备的灵活性和多功能性是目前灌装机械行业发展趋势走向。例如，设备可以进行茶饮料、咖啡饮料、豆乳饮料和果汁饮料等多种饮料的热灌装，既可进行聚酯瓶的灌装，也可进行玻璃瓶的灌装，集多种功能于一身。同一台设备具有多功能，可以广泛应用于多种产品的生产加工，提高产品的质量和生产效率、企业效益，同时降低生产企业的投资成本。

2. 提高智能化水平

设备制造商要将提高设备智能化水平作为研发灌装设备时的关键点之一，利用人工智能等新型信息技术，提高设备的机电一体化。通过引入高精技能、电子技能、微电子技能等，加强灌装设备的可靠性、安全性、无人作业性。

3. 提高设备整套供应能力

生产企业对生产一体化要求不断提高，在包装机械零部件生产专业化的前提下，灌装设备制造企业要加强自己的设备成套供应能力，提高灌装生产线一体化水平。现在很多液体灌装机生产厂家将液体灌装机与旋盖机、贴标机、喷码机等其他设备配合工作，从而更好地满足企业对生产线一体化的需求。

项目二　袋装与裹包技术及设备

任务目标

☞ 袋装技术及设备的理解；
☞ 裹包方法与裹包形式的掌握；
☞ 袋装机械与裹包机械的识别。

情境一　袋装技术及设备

袋装(bag packaging)是松散态粉粒状食品及形状复杂多变的小块状食品的主要销售包装形式，生鲜食品、加工食品或诸如牛奶等液体食品也广泛采用袋装。在当今食品加工业中，袋装技术应用最为广泛，许多为保证食品质量而采用的食品包装专用技术多以袋装技术为基础。

一、袋装的形式和特点

(一)袋装的形式

袋装的形式较多，用于食品销售包装的各种小袋见图 5-21，图 5-21(A)至图 5-21(F)为扁平袋，用于味精、奶粉、糖果等粉状小颗粒食品包装。图 5-21(G)至图 5-21(L)为自立袋，用于饮料、牛奶等液体食品包装。用于袋装食品的包装材料有纸袋、塑料薄膜袋及各种复合袋。

按袋装方法分类，袋装有预制袋和制袋-充填-封口两种。预制袋是在包装之前预先用制袋机制成袋，在包装时先将袋口撑开，充填物料后封口，主要适用于手工包装。制袋-充填-封口是在一台设备上连续完成 3 步动作而形成产品的包装，是目前较为先进的一种袋装技术。

(二)袋装的特点

袋装作为一种古老的包装方法至今仍作为一种最主要的包装技术而被广泛使用，这是由袋装本身所具有的优点决定的。

(1)价格便宜　形式丰富、适合各种不同的规格尺寸。

(2)包装材料来源广泛　可用纸、铝箔、塑料薄膜及其复合材料，品种齐全，具备适应各种不同包装要求的性能特点。

(3)袋装本身质量轻，省材料　便于流通和消费，并且通过灵活多变的艺术设计和装潢印刷，采用不同的材料组合、不同的图案色彩，形成从低档到高档的不同层次的包装产品，满足日益多变的市场需求。

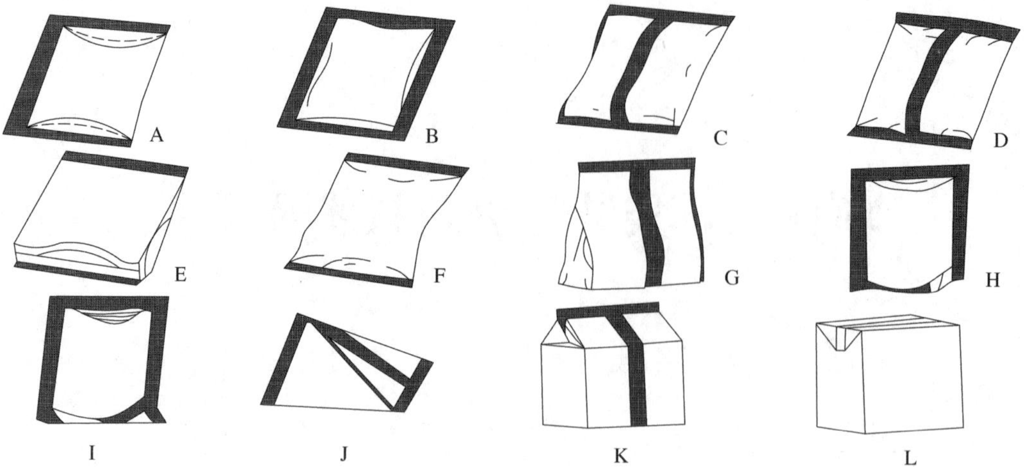

图 5-21 热封薄膜包装袋的形式

A二边封口袋 B. 四边封口袋 C. 纵缝搭接袋 D. 纵缝对接袋 E. 侧边折叠袋 F. 筒袋 G. 平底楔形袋 H. 椭圆楔形袋 I. 底撑楔形袋 J. 塔形袋 K. 尖顶柱形袋 L. 立方柱形袋

二、袋装机械

(一)立式成型制袋-充填-封口包装机

这类包装机有很多形式,按包装结构分,主要有枕形袋、扁平袋、角形自立袋等类型。

(1)枕形袋立式成型制袋-充填-封口包装机 这类袋装机也有许多形式,图 5-22 所示为翻领成型制袋的枕形袋成型制袋-充填-封口包装机,主要应用于松散态物品包装,也可应用于松散态规则颗粒物品、小块状物品包装。

包装用卷筒薄膜 1 绕经导辊组 2、张力装置 3,由光电检测控制装置 4 对薄膜材料带上商标图文位置进行检测后,通过翻领成型器 5 卷合成薄膜圆筒裹包在充填管 6 的表面。先用纵向热封装置 9 对卷合成筒的薄膜接口部位热封,然后将密封筒状的薄膜移动到横向热封装置 10 处进行横封,构成包装袋筒。计量充填装置 7 把计量好的物品通过上部充填管 6 充填入包装袋内,再由横向热封装置 10 热封并在居中切断,形成下部的枕形袋包装成品 11,并同时形成下一个筒袋的底部封口。为了使包装过程延续进行,包装材料由牵拉进给装置,即图示横向热封装置夹持,按工作节拍由光电检测装置控制,完成包装材料的牵拉送进和热封切断,然后热封装置松开对包装成品的夹持,空程向上返回,进入下个工作循环。

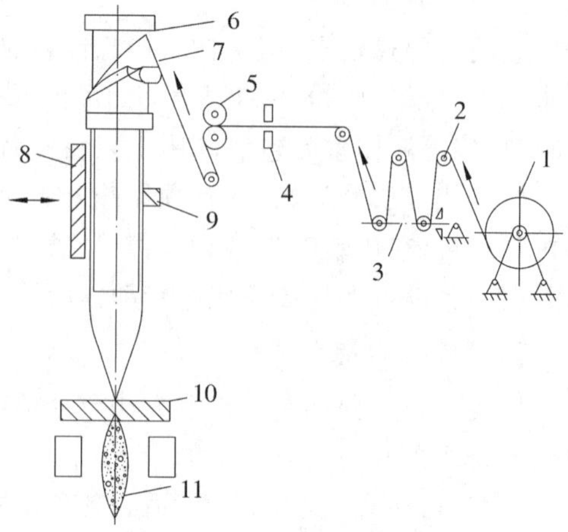

图 5-22 枕形袋成型制袋-充填-封口包装机

1. 包装用卷筒薄膜 2. 导辊组 3. 张力装置 4. 光电检测控制装置 5. 翻领成型器 6. 充填管 7. 计量充填装置 8. 张紧装置 9. 纵向热封装置 10. 横向热封装置 11. 枕形袋包装成品

(2)扁平袋制袋成型-充填-封口包装机 这类袋装机也有多种形式,图 5-23 所示为典型的两种机型：图 A 为三面封式，图 B 为四面封式。

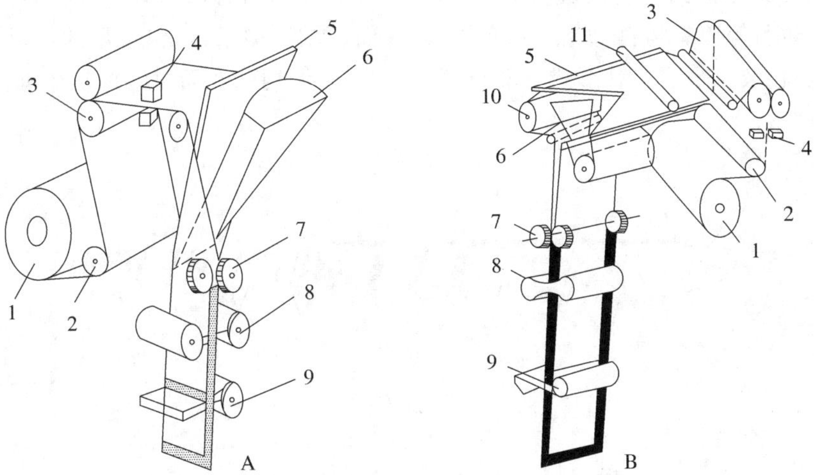

图 5-23　扁平袋制袋成型-充填-封口包装机

A. 三面封式　B. 四面封式

1. 包装用薄膜卷　2. 导辊　3. 预松装置　4. 光电检查控制装置　5. 制袋成型器　6. 计量充填装置　7. 纵向热封装置　8. 横向热封装置　9. 切断装置　10. 转向辊　11. 压辊

此类机型主要由包装膜卷筒装置、导辊预松装置、制袋成型装置、计量充填装置、纵封、横封切断装置，以及传动、电气控制和其他辅助装置等组成。包装工艺过程：放置在支承装置上的包装薄膜卷筒由预松装置 3 牵拉，经导辊 2 松展成包装材料带，通过制袋成型器 5 折合成重叠带。用纵向热封滚轮 7 热封重叠带纵向开口而得到扁平管筒，再由横向热封装置 8 热封前端开口而成长筒扁平包装袋。物料通过计量充填装置 6 充填入成型袋中，热封袋口并切断而完成包装。

(3) 角形自立袋制袋成型-充填-封口包装机　如图 5-24 所示，先将包装材料成型为圆形管筒，再制成角形自立袋，然后进行充填包装。包装薄膜从卷筒引出成材料带，经光电检测器、导辊 12 后到达翻领成型器 10，在成型圆筒导管 11 表面卷合成圆筒形。由纵向预封装置 9 对卷合的叠合部位进行热熔封合，然后通过过渡导管到达等边长的方筒导管 8 表面，用纵向热封装置 7 把纵接缝再封合使之美观。由烫角器 6 烫出 4 个角棱，使之成为方形薄膜管筒，然后由横向热封切断装置 4 封接底口形成包装袋，由计量允填装置把包装物料通过充填管 5 装入袋中，再钳合袋口、排气、封合袋口、切断而完成一个工作循环。

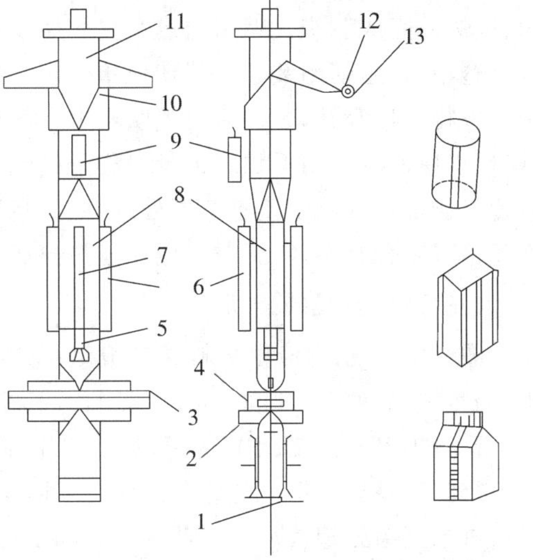

图 5-24　角形自立袋制袋成型-充填-封口包装机

1. 折合袋底装置　2. 排气钳　3. 夹带钳　4. 横向热封切断装置　5. 充填管　6. 烫角器　7. 纵向热封装置　8. 方筒导管　9. 纵向预封装置　10. 翻领成型器　11. 成型圆筒导管　12. 导辊　13. 包装薄膜

(二)卧式制袋-充填-封口包装机

与立式制袋-充填-封口包装机基本相同,制袋与充填都沿着水平方向进行,可包装各种形状的块状、颗粒状等固态物料,如点心、面包、方便面、香肠、糖果等,包装尺寸可以在很大范围内调节。这类包装机也有多种形式,按结构分为三面封结构和四面封结构包装机。

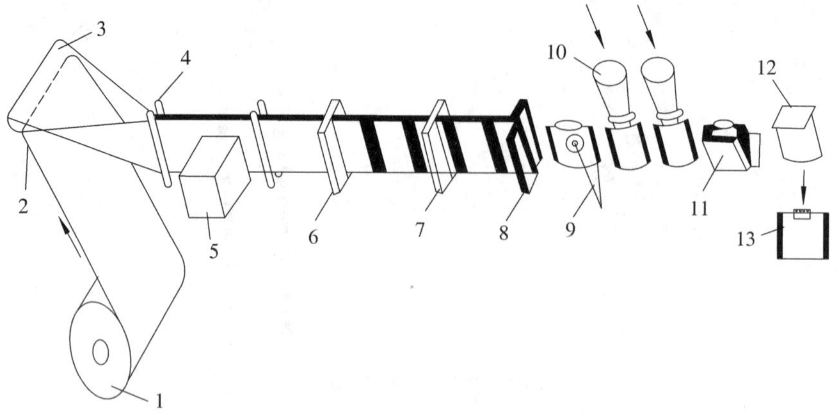

图 5-25 扁平袋卧式成型(制袋)-充填-封口包装机

1.包装材料卷筒 2.导辊 3.三角成型折合器 4.U形保持杆 5.光电检测器 6.成袋热封装置 7.牵引送进装置 8.切断装置 9.袋开口装置 10.计量充填装置 11.整形装置 12.封口装置 13.成品排出装置

图 5-25 所示为直线进行式的卧式制袋-充填-封口包装机工作原理。从包装材料卷筒 1 拉下的包装材料由导辊 2 导引,经三角成型折合器 3 和 U 形保持杆 4 折合成 U 形带。光电检测器 5 对包装材料上装潢图文位置进行检测,然后由热封装置对 U 形折合带实施热熔封接两侧面、底边而完成制袋。牵引送进装置 7 做往复直线运动将成袋及材料作牵引送进,每次送进一个袋宽距离,由切断装置 8 裁切成单个包装袋,然后由袋钳将袋作钳持送进,在开袋口位由开袋装置将袋口吸开,并往袋内喷吹压力空气使袋口扩开,同时由钳持包装袋的钳手保持张开的袋口,以便使装填物料顺利进行。袋子送到计量充填工位完成装填物料,再在整形工位由整形装置对袋中松散物料实施整形处理,使其袋形便于封口操作。且钳袋的钳手往外运动,让袋口恢复平直闭合状态,在封口工位完成热封后包装件从机器中排出。

(三)液体食品袋装机

图 5-26 所示为液体物料袋装成型-充填-封口包装机示意图。该机为立式间歇运动充填机,内容物在 125～1 000 mL 范围内可调,生产能力为 40 袋/min,适用于厚度为 0.08～0.1 mm 的 PE 或 LLDPE 薄膜包装,工作原理如下:薄膜经预牵引辊 12 从薄膜卷筒 10 上拉下,送到成型器 5,进入成型器之前的薄膜要经过两道紫外线灯 3、4 照射,将与产品接触一面材料进行灭菌处理。从成型器中出来的薄膜被折成扁筒状,纵封器 6 对扁筒状料袋热封。薄膜牵引辊 7 的间歇回转,使得料袋定长地牵引。液体食品在机器顶部料缸 1 中贮存,经充填阀 8 定量地进入料袋,横封切断器 9 在液面位置以下将袋口封合,同时将下袋切断分离。

这种包装机不属于无菌包装,产品仍然需要冷藏,可用于巴氏灭菌牛奶、果汁饮料、豆奶、酱油、醋等的包装。

我国制袋机械近年来有较快的发展,目前已由小计量的三面封口型发展为四面封口枕形袋等多种包装形式，常用的计量范围有 2～10 g、20～50 g、50～100 g、100～250 g、250～500 g、500～1 000 g 及以上。

三、袋装机械的选用

袋装机械及其配套设备种类很多，功能、生产能力、所用包装材料及价格、包装袋的形状和尺寸等均各不相同，差异很大。选用时必须根据生产规模和市场行情综合考虑，引进国外设备必须考虑原材料的国内供应情况。具体选用设备时可考虑以下几点。

(1)充填的计量装置　当包装某些颗粒状和粉状物料时，其密度必须控制在规定的范围内才能选用容积式计量，否则应考虑称量式计量。对空气温度、湿度敏感的包装物料，在选用设备时更应注意。

(2)封口时的加热温度和时间　应能调节到与所用包装材料的热封性能相适应，以保证热封质量。

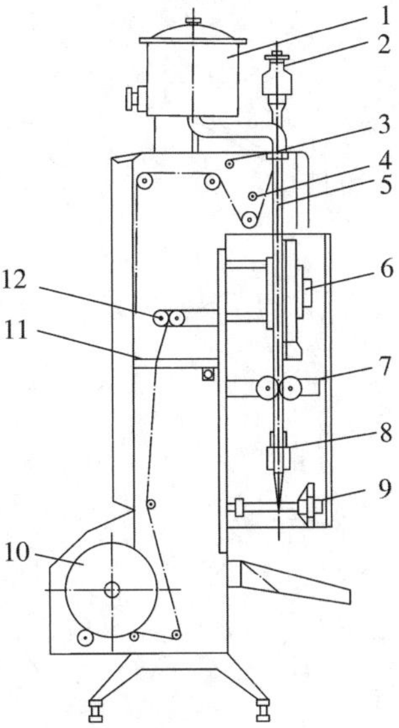

图 5-26　液体物料袋成型-充填-封口机示意图

1. 料缸　2. 阀开度调节器　3、4. 紫外线灯　5. 成型器　6. 纵封器　7. 薄膜牵引辊　8. 充填阀　9. 横封切断器　10. 薄膜卷筒　11. 平衡器　12. 预牵引辊

(3)充填粉末物料　袋口部分易沾污粉尘而影响封口质量，多数情况是由于塑料包装材料带静电而吸附粉尘。因此，这类袋装机必须设有防止袋口沾污粉尘的装置，如静电消除器等。

(4)装袋速度快、被装物品价格较高　应采用称重计量充填，并配有检项称，随时剔除超重或欠重包装件，并能自动调整充填量。

(5)单机形成自动化生产线　应选用高可靠性的机型，以免单机故障而影响整条生产线的正常生产。

情境二　裹包技术及设备

裹包(wrapping)是用柔性包装材料将产品或经过原包装的产品进行全部或局部包封的包装技术方法，为块状类物品包装的基本形式，包装形式灵活多样，不仅能对单件物品进行裹包，也能对排列的物品作集积式裹包。裹包的特点：用料省，操作简便，用手工和机器均可操作，可以适应不同形状、不同性质的产品包装，包装成本低，流通、销售和消费方便，因此，应用十分广泛。

一、裹包形式

由于块状类物品的物化特性各异，所需裹包的目的不同，因此裹包的形式丰富多样，主要有以下几种(图 5-27)。

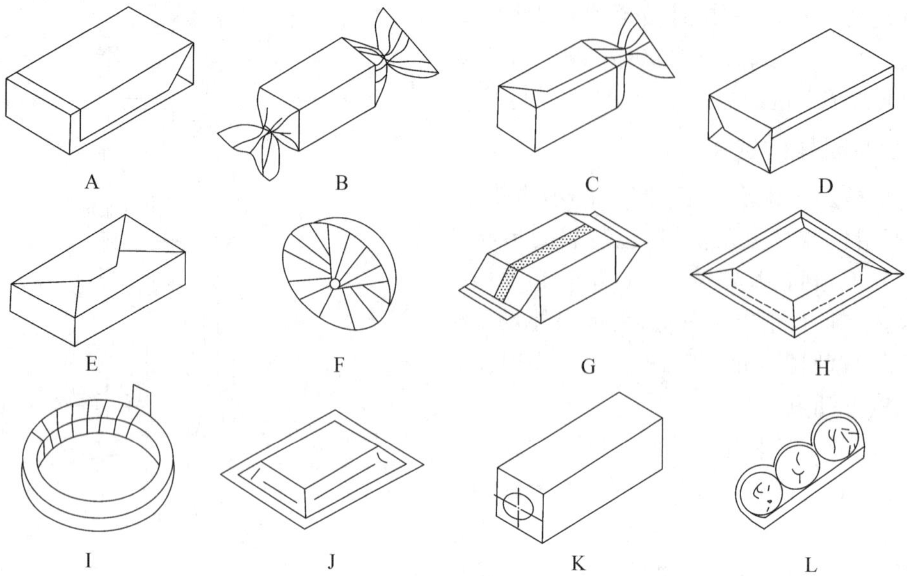

图 5-27　块状类物品的裹包方式

A. 半裹包　B. 双端扭结裹包　C. 单端扭结裹包　D. 两端折角式裹包　E. 底部折叠式裹包　F. 褶形折叠式裹包　G. 枕式裹包　H. 覆盖式四边封裹包　I. 缠绕裹包　J. 贴体裹包　K. 热收缩裹包　L. 拉伸裹包

(1)半裹包　如图 5-27(A),物品的大部分被包裹的形式。

(2)全裹包　这是最常见的一种裹包形式,物品的表面全部被包裹,如图 5-27(B、C)为扭结式裹包,图 5-27(D、E、F)为折叠式裹包,图 5-27(G)为接缝式裹包(又叫枕式裹包),图 5-27(H)为覆盖式裹包。

(3)缠绕裹包　如图 5-27(I)将被包裹物品用柔性材料缠绕多圈的裹包方式。

(4)贴体裹包　如图 5-27(J)将物品置于底板上,在其表面覆盖包装材料,然后加热并抽真空使材料紧贴物品,与底面封合的裹包方式。

(5)热收缩裹包　如图 5-27(K)用热收缩材料包裹物品,然后加热使材料收缩并裹紧物品的包装方式。

(6)拉伸裹包　如图 5-27(L)用弹性拉伸薄膜在一定张紧力作用下裹紧物品的方式。

二、裹包方法

裹包方法与裹包形式密切相关,在食品包装中裹包方法主要为折叠式裹包、扭结式裹包、热熔封缝式裹包、拉伸裹包、收缩裹包、贴体裹包等,其中热熔封缝式裹包可完成各种热收缩裹包操作。下面主要介绍折叠式裹包与热熔封缝式裹包。

(一)折叠式裹包

折叠式裹包(fold wrapping)是一种最常用的裹包方法,用一定大小的包装材料裹包在被包装物品上,先用搭接方式包成筒状,然后再折叠两端并封紧。其包装件整齐美观,根据产品的性质和形状,机械化作业和表面装饰图案的需要,接缝位置和开口端折叠形式与方向,这种裹包方法又有多种变化。

1. 两端折角式

两端折角式也称纸盒整包式，适合裹包形状规则、方正的产品。基本操作方法见图5-28。先裹包成筒状，接缝一般放在底面，然后将两端短侧边折叠，使其两边形成三角形或梯形的角，最后依次将这些角折叠并封紧。手工操作见图5-29，接缝可采用卷包缝，包装紧密，包装件表面平整。

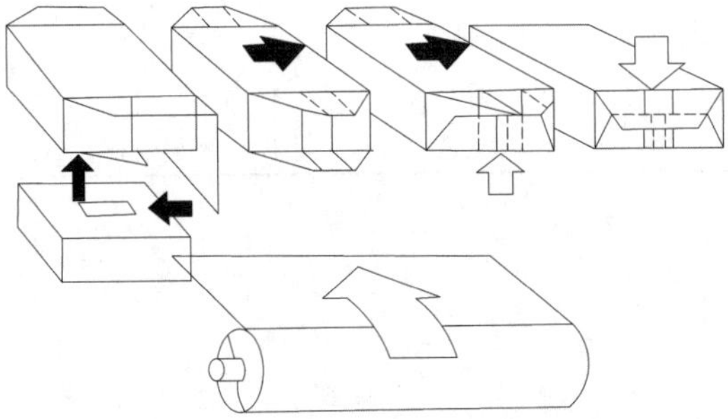

图5-28　两端折角式裹包的操作程序

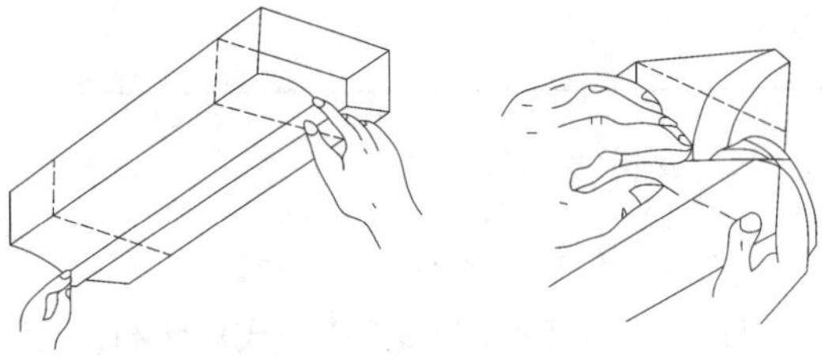

图5-29　手工操作卷包接缝

2. 两端搭折式

两端搭折式又称面包裹包式，适合于裹包形状不方正、变化多或较软的产品，如主食面包、烘烤糕点等，折叠特点为一个折边压住前一个折边，顺序见图5-30。

3. 采用附加物的裹包方式

图5-31所示为带有附加包装纸或纸板的裹包方法，图5-31(A)在塑料薄膜或玻璃纸内衬一条牛皮纸，把一端的周边包住，开封后在货架上不至立刻散乱，又可显示出商品的标价。在另一个意义上，一条牛皮纸代替了浅盘或纸盒，节省包装材料和成本。图5-31(B)在裹包使用前用薄板或瓦楞纸板等制成凹形衬板，放在产品一端而后裹包，作用与前面相同。

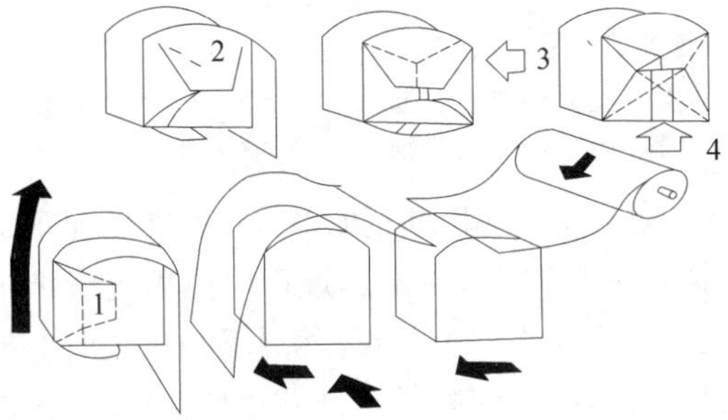

图5-30　两端搭折式裹包

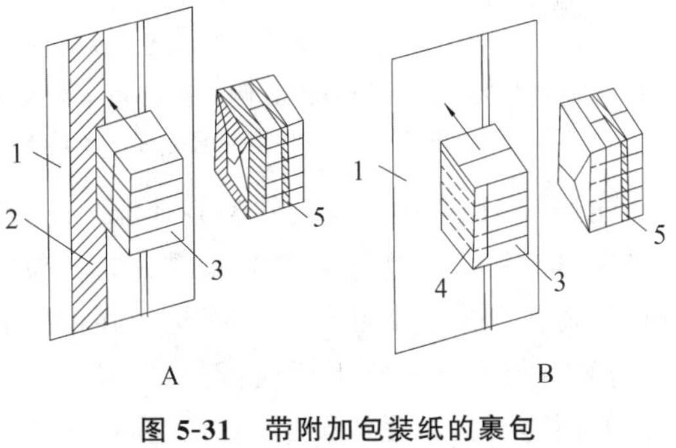

图5-31　带附加包装纸的裹包

1.裹包材料　2.牛皮纸　3.产品

4.U形衬板　5.包裹件

(二)热熔封缝式裹包

热熔封缝式裹包(hot seal wrapping)是采用具有热封性能的塑料及复合薄膜等包装材料对包装物品实施包裹，对其接缝和端口进行热封的裹包方法，是目前规模化生产最为常用的一种裹包方法。

工作单 5-3 图示说明几种裹包形式

裹包形式简图					
半裹包	全裹包	缠绕裹包	贴体裹包	收缩裹包	拉伸裹包

三、裹包设备

(一)折叠式裹包机

图 5-32 为典型的双端复折式裹包机工艺路线图。

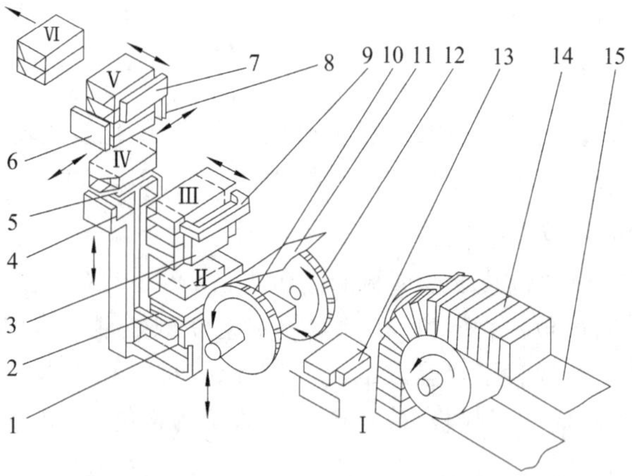

图 5-32 双端复折式裹包机工作原理图

1. 侧面折纸板 2. 下托板 3. 侧面热封器 4. 端面折纸板 5. 上托板 6、8. 端面热封器 7. 输出推板 9. 折角器 10、12. 送纸辊 11. 玻璃纸 13. 推料板 14. 被包裹物品 15. 输送带

输送带 15 将盒状包装件整齐地输入,送纸辊 10 和 12 将已切断的玻璃纸 11 供送到预定的位置;推料板 13 将包装件以步进方式从位置Ⅰ推送到位置Ⅱ,在推送过程中由固定折纸板将包装材料形成对物品的三面裹包。在位置Ⅱ,先由折纸板 1 向上折纸,然后下托板 2 向上推送,包装材料又被固定折纸板折角,形成四角裹包侧面搭接,并使物品逐渐到达位置Ⅲ,在此位置由侧面热封器 3 完成侧面热封。在推满四件后,折角器 9 将前侧面的包装材料折角并将物品推至位置Ⅳ,另一侧面的折角由固定折角器(未画出)完成。在位置Ⅳ,先用端面折纸板 4 向上折纸,再由上托板 5 将物品推送至位置Ⅴ,同时两端上部折边被固定折纸板(未画出)折叠,然后左右端面热封器 6 和 8 进行热封,完成裹包,最后由输出推板 7 将包装成品输出。

这类裹包机可用于卷烟、小盒装食品的玻璃纸或 BOPP 等薄膜的外裹包,生产能力为80～140 盒(件)/min。

(二)热熔封缝式裹包机

这类裹包机一般采用具有热封性能的塑料及复合薄膜等包装材料,适用范围广,可用于块状物品的裹包，工作平稳可靠，生产效率高，各种机型在生产实际中均应用较广。

1. 平张薄膜热封裹包机

图 5-33 所示为 FW-340 型接缝式裹包机工作原理图，也称枕形裹包机。包装材料 6 在成对牵引辊 5、主传送滚轮 8 和中缝热封滚轮 10 联合牵引下匀速前进，在通过成型器 7 时被折成筒状；供送链推头 1 将被包装物品 2 推送入成型器中的筒状材料内，物品随材料一起前移，经过中缝热封滚轮 10 完成中缝热封。端封切断器 11 在完成热封时即在封缝中间切断分开，形成前袋的底封和后袋的顶封，包装成品由毛刷推送至输送带送出。

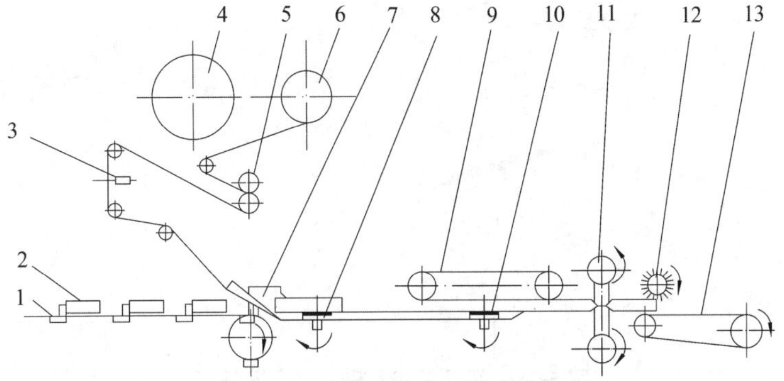

图 5-33　接缝式裹包机工作原理图

1. 供送链推头　2. 被包装物品　3. 光电传感器　4. 备用包装材料　5. 成对牵引辊　6. 包装材料　7. 成型器　8. 主传送滚轮　9. 主传送带　10. 中缝热封滚轮　11. 端封切断器　12. 输出毛刷　13. 输出皮带

本机可采用各种热封的卷筒材料，包装长 80～320 mm、宽 50～120 mm、高 10～65 mm 范围内的面包、糖果或各种盒装食品，包装速度可在 25～250 包/min 范围内无级调速。

2. 对折薄膜热封裹包机

这类裹包机根据薄膜对折裹包的位置可分为卧式对折薄膜裹包和立式对折薄膜裹包两种，如图 5-34 所示。裹包机直接采用对折膜或用平张膜对折裹包物品，L 形热封装置热封开口的两边，同时形成后面的顶封而形成三面封裹包，这种裹包方式也常用于热收缩裹包。

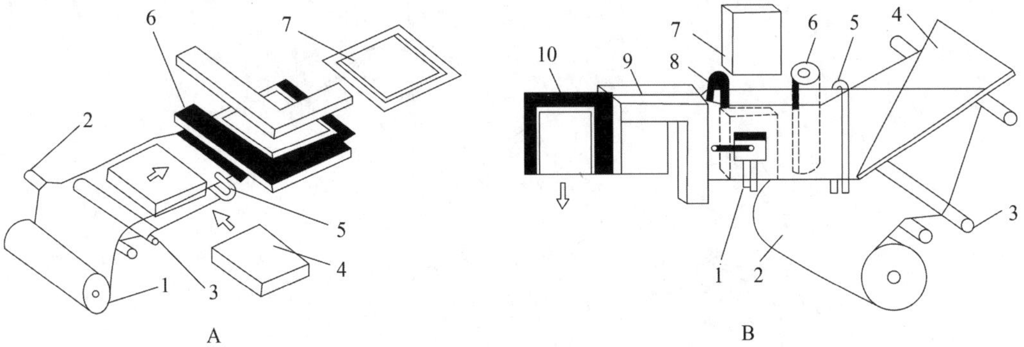

图 5-34　对折薄膜热封裹包机工作原理图

A. 卧式　1. 对折薄膜　2. 导辊　3. 开口导板　4. 被包装物　5. 开口器件　6. L 形封切装置　7. 成品

B. 立式　1. 传送装置　2. 薄膜卷筒　3. 导辊　4. 三角成型器　5. U 形件　6. 开口导板　7. 被包装物　8. 开口器件　9. L 形封切装置　10. 成品

3. 四面封口式裹包机

当尺寸宽 200～500 mm、长 230～1 500 mm 时，采用枕形包装不适宜，需采用图 5-35 所示的四面封口包装机。上下两卷收缩薄膜 3 与 4 经导辊 5 引至横封器 6 处封接好，物品 2 经输送带 1 送进，顶着薄膜前进。传送带继续送进薄膜与物品到预定长度时，横封器动作完成前后两个袋的封接与切断，最后由带式纵封器 9 完成四封边口。这种包装机的生产率随包装长度而变，长度为 1 000 mm 时，可达 8～10 个/min。

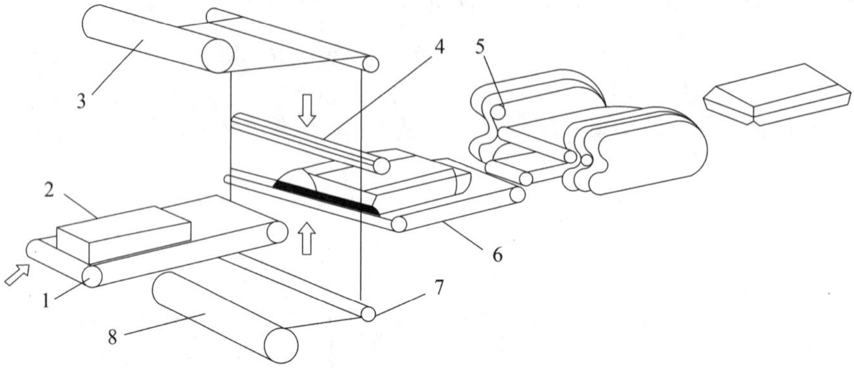

图 5-35　四面封口包装机工作原理图

1、7、8. 输送带　2. 物品　3、4. 收缩薄膜　5. 导辊　6. 横封器

4. 平张膜两端开放套筒式裹包机

适用于接近立方体的物品，且不需要完全被薄膜密封的包装，特别是物品下面加托盘时，常用这种包装形式。

工作原理如图 5-36 所示。物品由推进装置 1 推动先顶着托盘纸板前进，由折叠导杆 7 完成纸板折舌，然后顶着薄膜前进完成三面裹包，最后由横向封切装置 6 封切，同时形成前一包装件的套筒式裹包和后一包装件的薄膜顶封，包装好的物品最后由传送带送出而进入下面的包装操作。

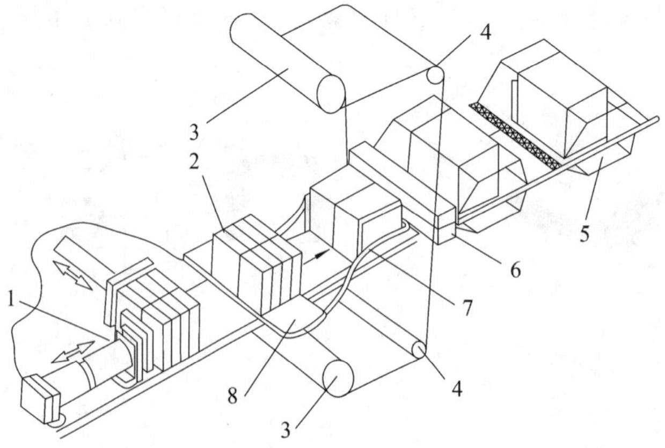

图 5-36　平张膜两端开放套筒式裹包机工作原理图

1. 推进装置　2. 物品　3. 薄膜　4. 导辊　5. 包装成品　6. 横向封切装置　7. 折叠导杆　8. 纸托板

四、裹包机的选用

裹包机(wrapping machine)的种类很多,有通用型和专用型,低速、中速、高速和超高速,半自动和全自动之分,它们可以单独使用,也可以联合在生产线上使用,在选用裹包机时应注意以下几点。

(1)半自动裹包机　多属于通用型,更换产品尺寸和裹包形式方便,机器运动多属于间歇式,生产速度一般为中低速 100～300 件/min。

(2)全自动裹包机　多属于专用型,如糖果、香烟裹包机等,一般只适用于单一品种产品,机器运动方式有间歇式也有连续式,中速生产率一般为 300～600 件/min。可根据产品形状和大小、裹包形式及批量选用适宜的机型。

(3)裹包用的薄膜是柔性材料　设备对材料的机械力学性能要求比较严格,特别是高速和超高速机型对包装材料的适应性差,往往由于材料不合要求而不能保证质量或机器不能正常运转,故在设备选型时必须考虑材料的价格和供应情况。

(4)机器的自动化　自动化程度越高,功能越完善,如质量监测、废品剔除、产量显示、故障报警等,其结构和检测系统就越复杂,许多场合采用电脑控制。因此,对操作维修人员要求有较高的技术水平。

项目三　装盒与装箱技术及设备

任务目标

- ☞ 装盒技术的理解；
- ☞ 装箱技术的认知；
- ☞ 装盒机械与装箱机械的识别。

盒与箱作为销售包装和运输包装，一般由纸板或瓦楞纸板制成，属于半刚性容器，由于它们的制造成本低，质量轻，便于堆放运输或陈列销售，并可重复使用或回收再利用，因此是食品包装的基本形式之一。

情境一　装盒技术及设备

包装纸盒(packaging carton)一般用于销售包装，可用于产品的外包装或直接包装。包装盒的发展主要是采用复合材料，变换盒形式样，改进印刷装潢。装盒技术则从手工操作向机械化、半自动化和全自动化方向发展，而纸盒的功能和用途变化很小，在食品包装上，折叠纸盒具有保护性好、经济实用、便于机械化操作、促进销售等功能而广泛地应用于饼干、糕点、干燥的调味品、冷冻食品、糖果、饮料等产品包装。

一、装盒方法

目前，装盒方法有手工装盒、半自动机械装盒和全自动机械装盒。

1. 手工装盒法

这是最简单的装盒方法，不需要设备投资和维修费用，但速度慢，生产率低，对食品卫生条件要求高的产品包装容易造成微生物污染。故在现代规模生产条件下一般不采用。

2. 半自动装盒方法

由操作人员配合装盒机来完成装盒包装，取盒、打印、撑开、封底、封盖等由机器来完成，用手工将产品装入盒中。

半自动装盒机的结构比较简单，但装盒种类和尺寸可以多变，改变品种后调整机器所需时间短，很适合多品种小批量产品的包装，生产速度一般 30～50 盒/min。有的半自动装盒机可用于成组包装，如小袋茶叶、咖啡、汤料、调味品等 10～20 包/min 的组合，装盒速度与制袋充填机配合，机器的运转方式为间歇转动。自动将小袋产品放入盒中并计数，装满后自动转位，放置空盒取下满盒和封盖的工序由人工完成，一般生产速度为 50～70 小袋/min（每次装 1 小袋），或 100～140 袋/min（每次装 2 小袋），要与小袋制袋充填袋装机相配。

3. 全自动装盒方法

除了向机器的盒坯贮存架内放置盒坯外，其余工序均由机器完成。生产速度很高，一般为 500～600 盒/min，超高速的可达 1 000 盒/min。但设备投资大，机器结构复杂，操作维修技术要求高，变换产品种类和尺寸范围受到限制，故不如半自动装盒机灵活，一般适合于单品种的大批量装盒包装。

二、装盒机械

现代商品生产中应用的装盒机多种多样，下面主要介绍食品包装机型。

(一)开盒成型-充填-封口自动装盒机

如图 5-37 所示，主要组成部分包括：内装物传送链 1、产品说明单折叠供送装置 2、撑开供送装置 3、推料杆传动链 4、分立夹板式纸盒传送链 5、纸盒折舌封口装置 6、成品输送带与空盒剔除喷嘴 7 以及编码打印、自动控制等工作系统。

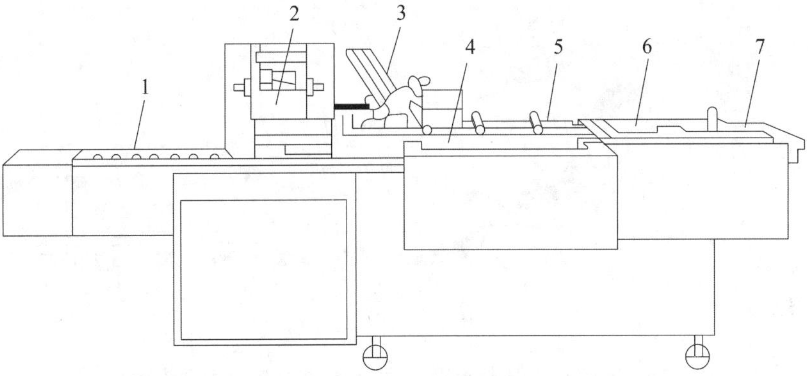

图 5-37　连续式开盒-推入充填-封口装盒机外形简图

1. 内装物传送链　2. 产品说明单折叠供送　3. 撑开供送装置　4. 推料杆传动链
5. 分立夹板式纸盒传送链　6. 纸盒折舌封口装置　7. 输送带与空盒剔除喷嘴

该机适用于开口的方体盒型，垂直于传送方向的盒体尺寸为最大，可包装限定尺寸范围内的多种固态物品。内装物和纸盒均从同一端供送到各自链带上，而与其一一对应并做横向往复运动的推杆可将内装物平稳地推进盒内。然后依次完成折边舌、折盖舌、封盒盖、剔空盒（或纸盒片）等作业，最后将包装成品逐个排出机外。该机生产能力较高，一般可达 100～200 盒/min。

(二)纸盒成型-充填-封口装盒机

图 5-38 为纸盒成型-充填-封口装盒机工艺路线图。该机型适合于顶端开口、且难叠平的长方体多件包装。纸盒成型是借助模芯向下推动已横切压痕好的盒片，使之通过型模而折角黏搭起来，然后将带翻转盖的空盒推送到充填工位，分步夹持放入一定数量叠放在一起的竖立小袋。所用盒子长、宽为 56～280 mm，高为 58～80 mm，一列式每盒装 15～40 袋，四列式每盒装 120～200 袋。经折边舌和盖舌后，就可插入封口。

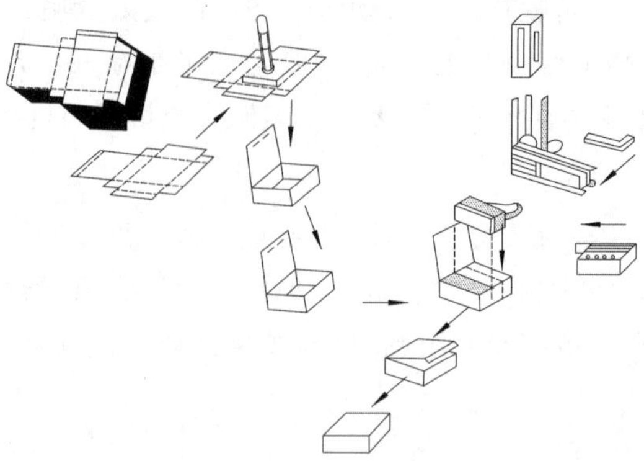

图 5-38 纸盒成型-充填-封口装盒机多工位间歇传送路线图

(三)开盒-衬袋成型-充填-封口机

图 5-39 所示为开盒-衬袋成型-充填-封口机的包装工艺路线图。首先把预制好的折叠盒片撑开,逐个插入间歇转位的链座,并装进现场成型的内衬袋,充填各种状态的固体类食品,然后再完成封口和封盒。

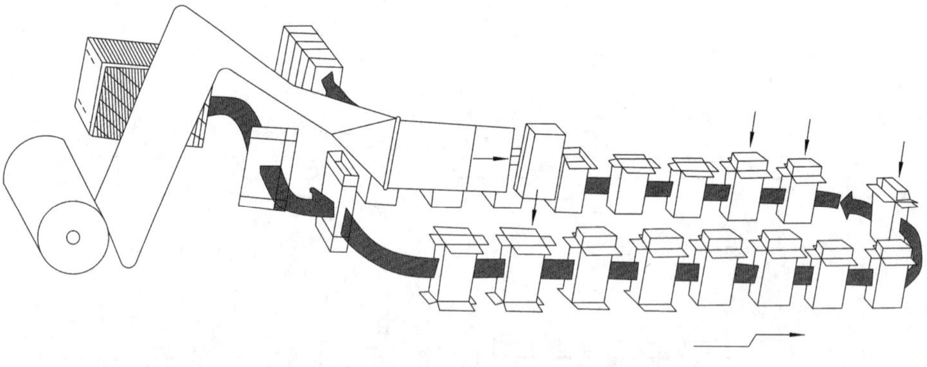

图 5-39 连续开盒-衬袋成型-充填-封口机多工位间歇传送路线图

这种衬袋成型法的特点:采用三角板成型器及热封器制作侧边封的开口袋,既省料简单,又便于实现袋子的多规格化。纸盒叠平,且衬袋现场成型,不仅有利于管理工作,降低成本,还使装盒工艺更加灵活,尤其能根据包装条件的变化可不加衬袋,很方便地改为开盒-充填-封口包装过程。

(四)半成型盒折叠式裹包机

这类装盒机有连续裹包法和间歇裹包法两种。

图 5-40 所示为连续半成型盒折叠式裹包机多工位连续传送路线图,适合于大型纸盒包装。工作时首先把模切压痕好的纸盒片折成开口朝上的长槽形插入链座,待内装物借水平横向往复运动

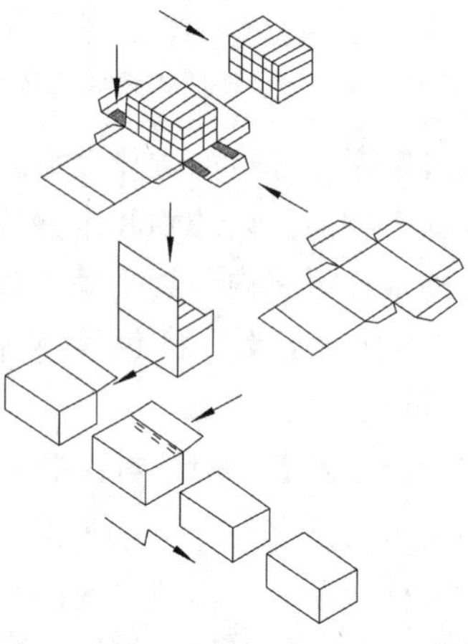

图 5-40 连续半成型盒折叠式裹包机多工位连续传送路线图

的推杆转移到纸盒底面之后，便开始各边盖的折叠、黏搭等裹包过程。

此机适合于尺寸较大的盒体，采用此包裹式装盒方法有助于把松散的成组物件（瓶、罐）包得紧实一些、以防止游动盒破坏。而且，沿水平方向连续作业可增加包封的可靠性，生产能力较高，可达 70 盒/min。

图 5-41 为间歇成型折叠盒裹包机示意图。借助上下往复运动的模心和开槽转盘先将模切压痕好的盒片形成开门朝外的半成型盒，以便在转位停歇时从水平方向推入成叠小袋或多层排列的小件物品，然后在转位过秤中完成折边、涂胶和封合。

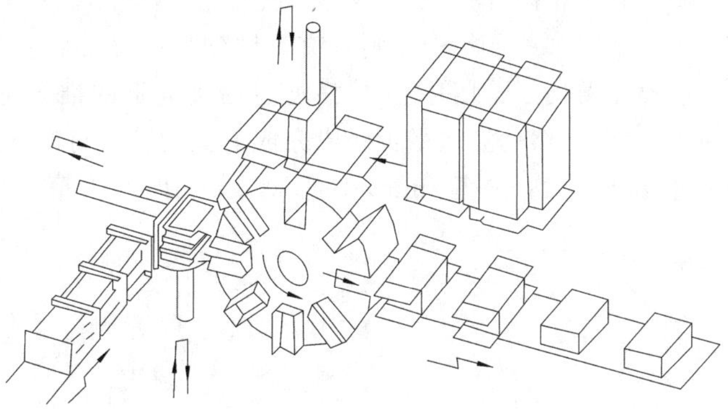

图 5-41　间歇成型折叠盒裹包机示意图

情境二　装箱技术及设备

箱与盒的形状相似，习惯上小的称盒，大的称箱，它们之间没有明显界限。

一、装箱方法

装箱与装盒的方法相似，但装箱的产品较重，箱坯尺寸大，堆叠起来比较重。因此，装箱的工序比装盒多，所用设备也较复杂。

（一）按操作方式分类

1. 手工操作装箱

先把箱坯撑开成筒状，然后把一个开口处的翼片和盖片依次折叠并封口作为箱底。产品从另一开口处装入，必要时先放入防振加固材料，最后封箱。用黏胶带封箱可用手工进行，如有生产线或产量较大时，宜采用封面贴条机。用捆扎带封箱，一般均用捆扎机，比用手工捆扎可节省接头卡箍和塑料带，且效率较高。

2. 半自动与全自动操作装箱

这类机器的运作多数为间歇运动方式，有的高速全自动装箱机，也采用连续运动方式。在半自动装箱机上取箱坯、开箱、封底均为手工操作。

（二）按产品装入方式分类

1. 装入式装箱法

（1）立式装箱法　立式装箱机把产品沿垂直方向装入直立的箱内，常用于圆形和非圆形的玻璃、塑料、金属包装容器包装的产品，如饮料、酒类、瓶罐装的粉类食品。装箱方法，取出箱坯撑开成筒状封底，然后打开上门的翼片和盖片。空箱移至规定位置，开始装入产品。装箱的产品多数已经包装，它们的堆积成行、成列、分层计数等均由机器完成，装箱后，即合盖封箱。

(2)卧式装箱法　卧式装箱机可使产品沿水平方向装入横卧的箱内，均为间歇式操作，有半自动和全自动两类，适合于装填形状对称的产品。装箱速度一般为 10～25 箱/min，半自动需要人工放置空箱，装箱速度为 10～15 箱/min。

2. 裹包式装箱法

与裹包式装盒的操作方法相同，图 5-42 所示为裹包式折叠装箱机水平与垂直折线组合型多工位间歇传送路线。适用于某些形状较规则且有足够耐压强度的物件进行多层集合包装。先将内装物按规定数量叠在模切纸箱坯片上，然后通过由上向下的推压使之通过刮模一次完成箱体裹包成型、涂胶和封合。然后沿水平折线段完成上盖的黏搭封口，经稳压定型后再排出机外。高速的裹包式装箱机可达 60 箱/min，中速的可达 10～20 箱/min，半自动的为 4～8 箱/min。

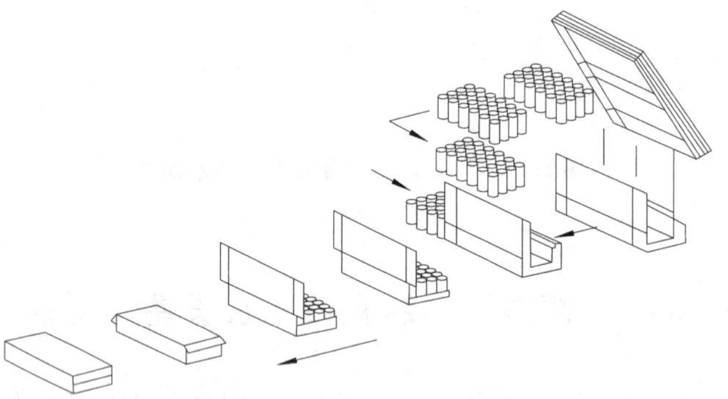

图 5-42　裹包式折叠装箱机多工位间歇传送路线图

箱装袋出现于 20 多年前，由于塑料及其复合薄膜材料的性能不断改进提高，近年来，箱装袋的应用范围不断扩大。主要用来包装各种黏度的料液，如饮料、酒类、食用油、酱油等。包装容积小袋为 4～25 cm^3，大袋为 200～1 000 cm^3。箱装袋可节省包装和贮运费用，流通也很方便。

二、瓦楞纸箱和装箱设备的选用

(一)瓦楞纸箱的选用

瓦楞纸箱首先应考虑商品的性质、质量、贮运条件流通环境等因素，运用防震包装设计原理和瓦楞纸箱设计方法进行设计时，应遵照有关国家标准，出口商品包装要符合国际标准或外商要求，并经过有关的测试，在保证纸箱质量的前提下，尽量节省材料和包装费用；另外应考虑贮运堆垛时的稳定性。

(二)装箱设备的选用

对于生产效率不高、质轻、体积小的产品，如盒、小袋包装品等，在劳动力不短缺的情况下由手工装箱；对于一过些较重或易碎的产品，如瓶装食品、饮料类、蛋品等，一般批量较大，可采用半自动装箱机；大规模单一品种产品，应选用全自动装箱机。

项目四　收缩与拉伸包装技术及设备

任务目标

- ☞ 收缩包装的认知；
- ☞ 拉伸包装的认知；
- ☞ 收缩包装和拉伸包装方法的掌握。

情境一　收缩包装技术概述

一、收缩包装的定义

收缩包装是一种新颖的包装方法，发展时间较短，但发展前景很好。最早应用于食品包装方面，近来在其他包装方面亦取得了长足的发展，并有代替纸箱包装的动向。

收缩包装(shrink packing) 是用收缩薄膜裹包食品或包装件，然后加热使薄膜收缩包紧产品或包装件的一种包装方法，也叫热收缩包装。收缩包装始于 20 世纪 60 年代中期，70 年代得到迅速发展，已在一些经济发达国家广泛应用。据统计，美国、日本及欧洲等国每年消费的收缩薄膜均在 10 万 t 以上，瑞典有 30%的流通包装已从瓦楞纸箱改变成为收缩薄膜组合包装，整个西欧的流通包装中有 15%采用了收缩包装，而国内现在已经开始广泛使用。

二、收缩包装的原理

塑料薄膜制造过程中，对于在聚合物的玻璃化温度以上拉伸并迅速冷却得到的塑料薄膜，若重新加热，则能回复到拉伸前的状态。收缩包装技术就是利用薄膜的这种热收缩性能发展起来的，即将大小适度(一般比物品尺寸大 10%)的热收缩薄膜套在被包装物品外面，然后用热风烘箱或热风喷枪短暂加热，薄膜会立即收缩，紧紧裹包在物品外面。物品可以是单件，也可以是有序排列的多件罐、瓶、纸盒等。

情境二　收缩包装材料及其性能

一、收缩包装的形式

按包装后包装体的形态特点，热收缩包装分为 3 种类型。

(一)两端开放式的套筒收缩包装

如图 5-43(1)所示，将包装件放入管状收缩膜或用对折薄膜搭接热封成套筒状，套筒膜两端比包装件长出 30～50 mm,收缩后包装件两端留有一圆形小孔。

(二)一端开放式的罩盖式收缩包装

如图 5-43(2)所示,用收缩膜覆盖在装有食品的盒或托盘容器口上,其边缘比容器口部边缘长出 20～50 mm,经加热收缩,紧紧地包裹在容器口部边缘。

(三)全封闭式收缩包装

如图 5-43(3)所示,可满足包装品的密封、真空、防潮等包装要求。

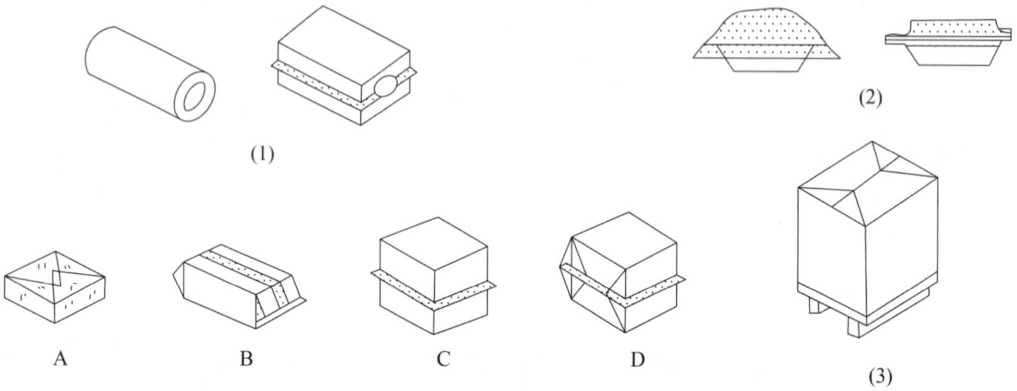

图 5-43　热收缩包装形式

(1)套筒收缩包装　(2)罩盖式收缩包装　(3)全封闭式收缩包装

A. 折叠式　B. 三边封口式　C. 四边封口式　D. 折边四边封口式

二、常用收缩薄膜及适用场合

1. 聚氯乙烯 PVC

收缩温度较低且范围广,收缩力强,收缩速度快,透明美观,封口干净漂亮,透氧率小,透湿度较大,故适用于生鲜果蔬的保鲜包装。缺点是抗冲击强度低,低温易发脆,封口强度差,过热封口时会分解产生臭气,且当塑料中的增塑剂变化时,薄膜会横裂,光泽消失等。

2. 聚乙烯 PE

热封性好,封口强度高,抗冲击强度大,价格低,防潮性能好。缺点是光泽与透明性等比 PVC 差,收缩温度比 PVC 高 20～50 ℃。

3. 聚丙烯 PP

透明性与光泽最好,黏着性、耐油性及防湿性能好,收缩力强。缺点是收缩温度高且范围窄。

4. 其他

聚苯乙烯 PS 薄膜,主要用于包装信件等;聚偏二氯乙烯 PVDC 薄膜,主要用于肉食灌肠类包装;乙烯-醋酸乙烯共聚物 EVA,抗冲击强度大,透明度高,软化点低,收缩温度宽,热封性能好,收缩力小,尤其适合带突起异形物品的包装;Ionomer 是一种离子键聚合物,强度与延伸率都较大,与内容物的适应性好,适用于长途运输的冷冻食品的收缩包装。

情境三　收缩包装工艺及设备

食品热收缩包装工艺过程一般包括：裹包、热封、加热收缩和冷却 4 步。完成收缩包装加工的包装系统一般有裹包热封机、热收缩装置（包括冷却机构）以及前后配置的输送装置及其辅助操作机械组成。具体工艺流程如下：

一、裹包

裹包操作在裹包机上完成，根据被包装物尺寸大小及所用收缩薄膜的特性截取薄膜的尺寸应合适，如中小型物品裹包筒或袋形薄膜，尺寸比包装物尺寸大 10%左右，收缩薄膜罩比托盘包装尺寸大 15%～20%。为了使收缩薄膜收缩后平整地紧贴包装物表面，应注意选用合乎要求的收缩薄膜收缩率和定向比，同时注意被包物品裹包在薄膜中的相对位置及封口位置，使收缩薄膜在被包物品四周收缩良好。

二、热封

热封一般采用镍铬电热丝热熔切断封合或脉冲热封合，为达到良好的热封效果，热封时应注意：热封温度尽可能选择低一些，甚至施加及时冷却措施，并力求高速封合，以防热封加热使封口发生收缩。热封温度应恒定、压力均匀，以获得平整光滑的封口，同时避免薄膜其他部分发生粘连。封合强度应达到薄膜在封口相应方向上原有强度的 70%，以免热收缩时封合强度不足导致封口拉开。

三、加热收缩及冷却

在热收缩装置中利用热空气对包装制品进行加热使薄膜收缩。中小型包装件可采用热收缩隧道进行加热收缩。包装制品由输送带送入热缩隧道，空气由发热元件加热，由风机从入口吹到包装成品使薄膜收缩，完成收缩后被输送带送出用冷却风机冷却。为保证隧道内的温度恒定，一般都采用温度自动调节装置来保证空气温度差小于±5 ℃。热收缩包装加热收缩技术参数可参照表 5-1。

表 5-1　几种收缩薄膜热收缩包装的工艺参数

薄膜	厚度/mm	热收缩温度/ ℃	加热时间/min	风速/(m/min)	备注
聚氯乙烯	0.02～0.06	140～160	5～10	8～10	较适宜
聚丙烯	0.02～0.04	160～200	6～12	15～20	紧固性强
聚乙烯	0.12～0.20	180～200	30～60	12～16	必要时停止加热

目前，国产热收缩包装设备一般采用红外辐射加热法，热收缩快，效果好。对于大型托板收缩包装，当生产率不高时可采用手提式热风喷枪对被包装物吹扫热风来完成热收缩包装。

情境四　拉伸包装技术概述

拉伸包装始创于 1940 年，拉伸包装起初主要是用于销售包装，是满足超级市场销售肉、禽、海鲜产品、新鲜水果和蔬菜的包装。自从比较理想的拉伸薄膜如聚氯乙烯薄膜用于拉伸包装后，拉伸包装得到了飞速发展，而且从销售包装的领域扩展到运输包装的领域，因为拉伸包装用于运输包装可以节省设备投资和材料、能源方面的费用。拉伸包装和收缩包装一样，也是很有发展前途的包装技术。拉伸包装是通过机械张力的作用，将薄膜围绕商品进行拉伸，由于薄膜经拉伸后具有自黏性和弹性，牢牢将商品裹紧，然后进行热合的包装方法。薄膜由于要经受连续张力的作用，所以必须具有较高的强度。

拉伸包装不需热收缩设备，可节省设备投资、能源和设备维修费用，包装过程中不需加热，很适合包装怕加热的产品，如鲜肉、蔬菜和冷冻食品等。可以准确地控制裹包力，防止产品被挤碎；薄膜具有透明性，可看见商品，尤其是运输包装，比木箱和瓦楞纸箱容易识别内装商品。可以防窃、防火、防冲击和振动等。但拉伸包装的防潮性比收缩包装差，拉伸包装薄膜具有自黏性，不便堆放。

情境五　常见拉伸包装材料及拉伸薄膜

一、拉伸薄膜的性能指标

1. 自黏性

薄膜之间接触后的黏附性，在拉伸缠绕过程中和裹包之后，能使包装商品紧固而不会松散。自黏性受外界环境多种因素影响，如湿度、灰尘和污染物等。获得自黏薄膜的主要方法有两种：①加工表面光滑具有光泽的薄膜；②用增加黏附性的添加剂，使薄膜的表面产生湿润效果，从而提高黏附性。

2. 韧性

韧性是薄膜抗戳穿和抗撕裂的综合性质。抗撕裂能力是指薄膜在受张力后并被戳穿时的抗撕裂程度。应当指出的是，抗撕裂能力的危险值必需取横向的(即与机器操作方向垂直)，因为在此方向撕裂将使包装件松散，但纵向发生撕裂，包装件仍能保持牢固。

3. 拉伸

拉伸是薄膜受拉力后产生弹性伸长的能力。纵向拉伸增加，最终将使薄膜变薄，宽度缩短。虽然纵向拉伸是有益的，但过度拉伸常常是不可取的。因为薄膜变薄，易撕裂，加在包装件上的张力增加。

4. 应力滞留

应力滞留是指在拉伸裹包过程中，对薄膜施加的张力能保持的程度。对乙烯-醋酸乙烯共聚物、低密度聚乙烯和线性低密度聚乙烯薄膜，常用的应力滞留程度是，将薄膜原始长度拉伸至 130%，在 16 h 中松弛至 60%～65%，对聚氯乙烯薄膜松弛至 25%。

5. 许用拉伸

许用拉伸是指在一定用途的情况下，能保持各种必需的特性，所能施加的最大拉伸。许用拉伸随不同用途而变化。当然，所取许用拉伸越大，用薄膜越少，包装成本也越低。

除上述性能指标外，其他性能如光学性能和热封性能，可能对某些特殊包装件是重要的。

二、常用的拉伸薄膜

1. 聚氯乙烯薄膜

使用最早，自黏性甚佳，拉伸和韧性均好，但应力滞留性差。

2. 乙烯-醋酸乙烯共聚物薄膜

常用的含醋酸乙烯10%～12%，自黏性、拉伸、韧性和应力滞留性均好。国内已研制成功，经试用证明能满足纸袋、塑料编织袋、瓦楞纸箱和木夹板包装商品的旋转缠绕裹包要求。

3. 线性低密度聚乙烯薄膜

这种薄膜是1979年出现的，比聚氯乙烯和乙烯-醋酸乙烯共聚物薄膜晚，但综合特性最好，因此，是目前使用最多的一种拉伸薄膜。吹塑的线性低密度薄膜的自黏性比聚氯乙烯及乙烯-醋酸乙烯共聚物薄膜略差，但挤出的薄膜则相同。用上述材料制成的拉伸薄膜的最终性能取决于所用原料的质量和加工工艺。

实操演练5-1　GB/T 16958—2008
包装用双向拉伸聚酯薄膜　热收缩率的测定

一、实操目标

1. 理解热收缩率测定的意义；
2. 掌握热收缩率测定的原理。

二、实操原理

测定试样加热前长度及加热后长度，并计算定量。

三、实操耗材

1. 材料

长150 mm，宽20 mm纵横向试样各5片，在试样中部画100 m初始标线，距两端均为25 mm。

试验环境条件为温度(23±2) ℃，相对湿度(50±10)%，并在此条件下进行样品预处理8 h以上。去掉被测膜卷外表面的3～5层薄膜，按检验项目的要求取样及制样。

2. 仪器和设备

烘箱(温度精度±1 ℃)，钢直尺(分度0.5 mm)，计时表。

四、实操步骤

调节烘箱温度，恒温至(150±3) ℃，迅速放入试样并开始计时。试样采用平放法，保持30 min后取出，冷却至试验环境温度后，分别沿标线测量纵横向长度，计算试样的热收缩率。取算术平均值为测量结果，精确到小数点后一位。

分析结果的表述：

$$S=\frac{L_0-L_1}{L_0}\times 100\%$$

式中：S—热收缩率，%；

L_0—加热前长度，单位为毫米(mm)；

L_1—加热后长度，单位为毫米(mm)。

热收缩率(%)要求横向、纵向都小于3%。

五、实操技能点

1. 符合规格试样的制备。

2. 被测膜卷外表面3～5层薄膜的去除方法。

3. 试样纵横向长度的测定。

情境六　拉伸包装工艺及设备

一、拉伸包装主要使用形式

1. 密封包装

这种包装类似于收缩膜包装，膜绕着托盘把托盘全包起来，然后两个热爪子把两端的膜热封起来。这是缠绕膜最早的使用形式，并由此发展了更多的包装形式。

2. 宽包装

这种包装要求膜宽足够覆盖托盘，适合包膜厚度为17～35 μm。

3. 手工包装

这种包装是缠绕膜包装中最简单的一种，膜装在一个架上或由手持，由托盘旋转或膜绕托盘旋转，薄膜固定在支架上可上下移动。这种包装能力很大，15～18盘/h。适合的膜厚15～25 μm。

4. 卧式机械包装

同于其他包装，由膜绕着物品转，适合于较长的货物包装，如地毯、板材、纤维板、异型材等。

5. 纸筒包装

这是缠绕膜的最新用途之一，比起老式的纸筒包装，用缠绕膜包装更好，适合的膜厚为30～120 μm。

6. 小物品的包装

这是缠绕膜的最新包装形式，既减少材料消耗，还可以缩减存放空间。在国外，这种包装最初出现于1984年，仅仅一年后，市场上就出现了许多这样的包装，此包装形式具有巨大的潜力，适合膜厚为15～30 μm。

拉伸包装方法按照其用途可分为销售包装方法和运输包装方法两类。不同类型的产品，所用的包装机械也不同，因而又有多种不同的包装方法。

二、拉伸包装工艺

根据薄膜幅面不同，拉伸包装工艺方法有两种。

1. 整幅薄膜包装法

用于与货物高度一样或更宽一些的整幅薄膜包装。这种方法适合包装形状方正的货物，优点是效率高而且经济。例如，用普通船装载出口的货物的包装，沉重而不稳定的货物，以及单位时间内要求包装效率高的场合。缺点是要使用多种幅宽的薄膜。

2. 窄幅薄膜缠绕式包装法

薄膜幅宽一般为 50～70 cm，包装时薄膜自上而下以螺旋线形式缠绕货物，直至裹包完成，两圈之间约有 1/3 部分重叠。这种方法适合用于包装堆积较高或高度不一致，以及形状不规则或较轻的货物。对于不同大小的产品而言，只需要一种规格的拉伸膜即可，因而成本较低。

根据拉伸包装设备不同，拉伸包装工艺方法也有以下两种。

(1)回转式拉伸包装工艺　将货物放在一个可回转的平台上，把薄膜端部粘在货物上，然后旋转平台，边旋转边拉伸薄膜进行缠绕包裹，转几周后切断薄膜。

(2)移动式拉伸包装工艺　将货物放在输送带上，由送进器或辊道推动向前，在包装位置有一个龙门式的架子，两个薄膜卷筒直立于输送带两侧，并装有摩擦拉伸辊。开始包装时，先将两卷薄膜的端部热封于货物上，当货物向前移动时，将薄膜包在其上，同时将薄膜拉伸，到达一定位置后，用封合器将薄膜收拢切断，并将端部粘于货物背后。

回转式和移动式拉伸包装设备都有自动与半自动两种类型。半自动设备中，开始时粘薄膜，结束时切断薄膜，均由手工操作。

三、拉伸包装用途

拉伸包装用于运输，比传统的木箱、瓦楞纸箱等包装重量轻、成本低，因此应用广泛。这种包装多用于托盘集合包装，有时也用于无托盘集合包装。

项目五　封口、贴标、捆扎包装技术及设备

任务目标

☞ 封口、贴标、捆扎工艺的理解；
☞ 封口、贴标、捆扎材料的认知；
☞ 封口、贴标、捆扎设备的识别。

情境一　封口技术及设备

封口操作是食品包装继计量充填或灌装之后的另一道重要的包装工序。由于被包装食品种类繁多，性能各异，包装要求、所用包装材料和容器各不相同，因此采用的封口方式方法也就多种多样。按包装容器口部形状不同，以及是否使用封口材料，封口方式大致可分为三类：

第一类为无封口材料封口，即直接用包装容器口壁部分材料经热熔、黏接或扭结折叠等方法实现封口，如塑料袋封口、纸袋封口、各种裹包封口等。这类封口可以在相应的裹包机或袋装机的封口工位上直接完成操作，不需另设封口机械，在自动化程度较低的生产场合，可采用手工或专用包装器具将装好物品的包装袋封口。

第二类为有封口材料的封口，即用封口材料预先制成与被封容器口相配的封盖，然后在专用的封口机上使封盖将容器口封合。这类封口方法主要用于金属、玻璃、塑料材料制成的刚性瓶罐容器的封口。

第三类为有辅助封口材料的封口，即用外加的材料将末完全封盖的容器口封合，外加的辅助材料有金属钉、线、胶带等，可用专门的器具或机器完成封口操作，也可由人工完成封口操作。

食品包装对封口的一般要求为：外观平整、清洁美观；封口及时快捷、封口可靠、启封方便；封口材料无毒安全，符合食品卫生要求。

一、金属罐二重卷边封口

(一)二重卷边工艺

金属罐普遍采用二重卷边封口，卷边封口机的结构和工作原理与金属三片罐空罐制造时所用的罐底罐身卷边机一样。卷边时一般罐体固定不动，卷边辊轮绕罐体圆周旋转和自转，并向罐体做径向进给运动，完成二重卷边(图 5-44)。

图 5-45 为圆形罐封罐机结构示意图。分盖器 13 从罐盖存槽 12 中分离出一支罐盖，由推盖板 14 推出落入由输罐机构及推头 15 推送过来的罐口上，推头继续将带盖罐头送入带槽转盘 11，由转盘将罐送至卷封工位，托罐盘 10 将罐上推(或同时旋转)，罐盖被上压头紧压在罐

口上。同时两个滚轮 8 在封罐 7 旋转带动下，沿罐口先后两次加压滚动，使罐口翻边和罐盖圆边相咬合，进而卷曲，最后压紧完成二重卷边封口。卷封后的罐头由转盘带离卷封工位并由输罐机构输出。

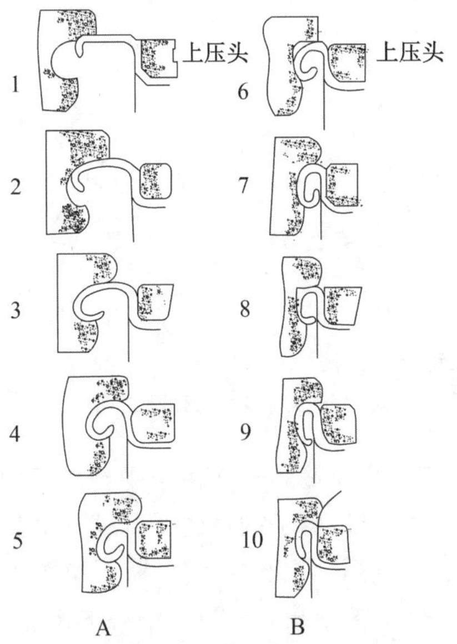

图 5-44　二重卷边形成过程图

A. 头道辊轮作业　B. 二道辊轮作业

1～10　作业过程

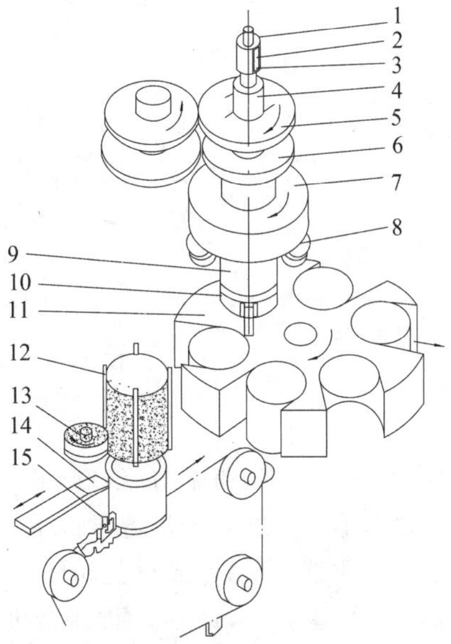

图 5-45　圆形罐封罐机结构示意图

1. 压盖杆　2. 套筒　3. 弹簧　4. 上压头固定支座　5、6. 齿轮　7. 封罐　8. 卷边滚轮　9. 罐体　10. 托罐盘　11. 带槽转盘　12. 罐盖存槽　13. 分盖器　14. 推盖板　15. 推头

(二)二重卷边封口技术要求及质量指标

合格的二重卷边应达到要求的卷边结构尺寸和外观形状，同时应严格达到密封性技术指标要求。

卷边外观应光滑整齐，卷边各处厚度和宽度一致，卷边外观不能出现如图 5-46 所示波纹、折叠、牙齿、突唇、切罐、断封、假封等缺陷，这些缺陷不但影响罐头产品的外观，而且将影响卷边的密封性。卷边的密封性只有通过对卷封后的罐头卷边进行解剖检测，并且根据卷边叠接率、紧密度和接缝盖完整率确定卷边的密封性。

二、玻璃瓶罐封口

(一)压盖封口

皇冠盖的封口原理就是利用压盖头上锥孔斜面作用把盖箍紧在瓶口的凹槽中。锥孔挤压瓶盖时，将分解为垂直方向和水平方向的作用力而垂直方向的作用力将使瓶盖、垫片和瓶口端面产生挤压力，这个挤压力就是产生密封力的来源。水平方向的挤压力，使盖裙边变形，并紧扣在瓶口上，以便保证密封力始终存在。

图 5-47 所示为压盖头结构图。工作时，动力机构带动封盖头及瓶托做回转运动，同时封盖头在滚轮 9 沿凸轮曲面 10 运动时做上下往复运动。当封盖头上升至最高点时，其缩帽上的开口与瓶盖导向套上的槽相吻合，磁铁 11 便把送盖机构送来的盖子吸住使其定位。随着封盖

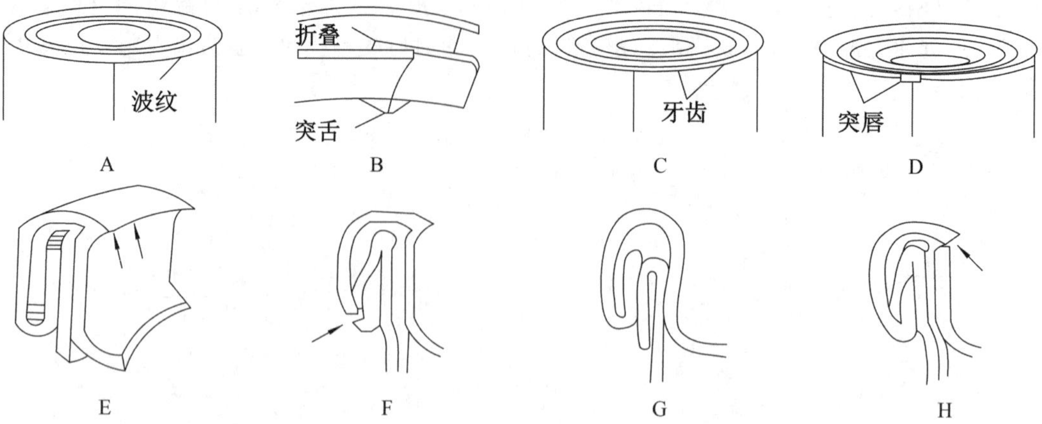

图 5-46　卷边封口常见的几种外观缺陷

A. 波纹　B. 折叠　C. 牙齿　D. 突唇　E. 切罐　F. 短封　G. 假封　H. 断封

头的转动，冲头下降，盖子与瓶口接触，当冲头再继续下降时，弹簧芯子 7 由于受到瓶子的反作用力而被压缩。弹簧芯子带着磁铁 11 便缩入缩口套 3 中，于是盖子的裙边受到缩口套斜面的压力而产生收缩变形，完成封盖动作。当封盖头离开下死点后，便开始上升，瓶子给弹簧芯子的反作用力由大到小，最后为零，弹簧把弹簧芯子推出，瓶子被顶出。8 为一偏心的滚轮轴，通过改变轴的偏心方向，可以对封盖头的高度作微量调节。当改变瓶子高度时，可以通过调整凸轮斜面轨道的高度来调整冲头与瓶口的间距。

(二)旋盖封口

图 5-48 所示为一种结构比较简单的三爪式左旋盖结构。取向正确的从料斗送来的瓶盖，首先压入由弹簧 1 和三个爪 2 组成的爪头内，当灌装物料的瓶子送到旋盖头下同一中心线位置被夹紧后，旋盖头的旋转与下降运动经传动轴 6 传入。通过弹簧 4、球铰 3 和摩擦片 7，使橡

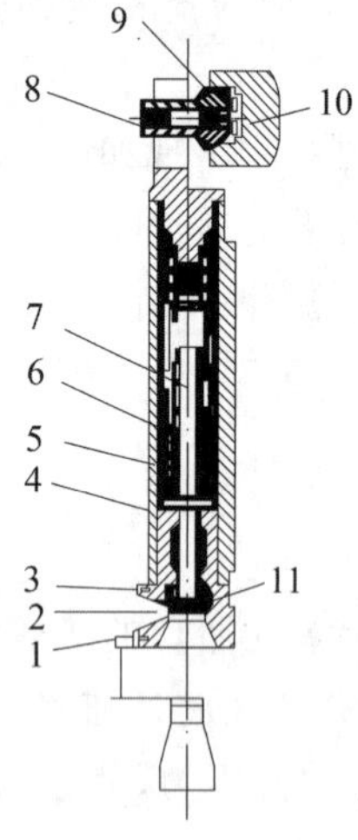

图 5-47　压盖头结构图

1. 定位槽　2. 进盖开口　3. 缩口套　4. 支撑套　5. 小弹簧　6. 大弹簧　7. 弹簧芯子　8. 滚轮轴　9. 滚轮　10. 凸轮曲面　11. 磁铁

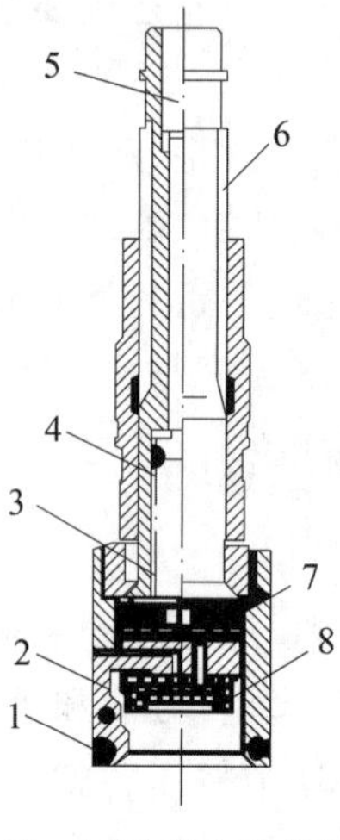

图 5-48　三爪式左旋盖示意图

1. 弹簧　2. 三个爪　3. 球铰　4. 弹簧　5. 螺钉　6. 传动轴　7. 摩擦片　8. 橡皮头

皮头 8 紧压在瓶口上，并将瓶盖旋紧在瓶口的螺纹上。当旋紧后继续压紧旋转时，旋盖头中的摩擦片 7 会打滑，保证旋紧力不超过一定的限度以免把瓶盖拧坏。调节螺钉 5 用于调整旋盖头的位置高度。

探究实验 5-1　塑料膜封口性能实验

一、实验原理

1. 方法一

此方法用于在水的作用下，外层材料的性能在试验期间不会显著降低的包装件，如外层采用塑料薄膜的包装件。

通过对真空室抽真空，使浸在水中的试样产生内外压差，观测试样内气体外逸或水向内渗入情况，以此判定试样的密封性能。

2. 方法二

此方法用于在水的作用下，外层材料的性能在试验期间会显著降低的包装件，如外层采用纸质材料的包装件。

方法二分 A、B 两种方法，仲裁检验用方法 A。

(1)方法 A　将试样内充入试验液体，封口后将试样置于滤纸上，观察试验液体从试样内向外的泄漏情况。

(2)方法 B　通过对真空室抽真空，使试样产生内外压差，观测试样膨胀及释放真空后试样形状的恢复情况，以此判定试样的密封性能。

二、实验器材

试验装置应包括以下部分：

1. 真空室

由透明材料制成的能承受 100 kPa 压力的真空容器和密封盖组成。真空容器用于盛放试验液体和试验样品，密封盖用于密封真空室。抽真空时，密封盖应能保证真空室的密闭性。试验时，真空室内所能达到的最大真空度应不低于 95 kPa，并能在 30～60 s 由正常大气压力达到该真空度。

2. 试样夹具

用于将试样固定在真空室内的试验液体中，其材质和形状不得对试样性能和试验观测造成影响。

3. 管路

包括与真空源相连的真空管和与大气相通的排气管。两者均应配有阀门。

4. 真空表

用于测量真空室内真空度，其准确度不得低于 1.5 级。

5. 控制装置

包括抽真空开关、真空度调节装置、进气阀门等。

6. 实验样品

试样应是具有代表性的装有实际内装物或其模拟物的软包装件。同一批(次)试验的样品数量可根据样品的价值、尺寸、特性及试验目的确定。一般不少于3件。

三、实验步骤

(一)方法一

(1)在真空室内放入适量的蒸馏水,将试样固定在试样夹具上,再将其浸入水中。此时,试样的顶端与水面的距离不得低于25 mm。

注:只要保证在试验期间能观察到试样的各个部位的泄漏,一次可以试验2个或更多的试样。

(2)盖上真空室的密封盖,关闭排气管阀门,再打开真空管阀门对真空室抽真空。将其真空度在30~60 s调至下列数值之一:20、30、50、90 kPa等。到达一定真空度时停止抽真空,并保持该真空度30 s。所调节的真空度值根据试样的特性(如所用包装材料、密封情况等)或有关产品标准的规定确定,但不得因试样的内外压差过大使试样发生破裂或封口处开裂。

(3)观测抽真空时和真空保持期间试样的泄漏情况,视其有无连续的气泡产生。单个孤立气泡不视为试样泄漏。

(4)打开进气管阀门,使真空室与大气相通。打开密封盖,取出试样,将其表面的水擦净,开封检查试样内部是否有试验用水渗入。

(二)方法二

1. 方法A

(1)将试样中内装物取出,并将试样内部擦净。

(2)将试验液体(与滤纸有明显色差的着色水溶液)倒入试样内,并将口部封好。

(3)将试样在滤纸上放置5 min以上,观察试验液体从试样内向外泄漏情况。然后翻转试样,对其另一面进行试验。

2. 方法B

(1)将试样放入真空室,盖上真空室密封盖,关闭进气管阀门。

(2)打开真空管阀门对真空室抽真空,将其真空度在30~60 s调至下列数值之一:20、30、50、90 kPa等。到达一定真空度时停止抽真空,并将该真空度保持下列时间之一:3、5、8、10 min等。

所调节的真空度值和真空度保持时间根据试样的特性(如所用包装材料、密封情况等)或有关产品标准规定确定,但不得因试样的内外压差过大而使试样破裂或封口处开裂。

(3)打开进气管阀门,迅速将真空室内气压恢复至常压,同时观察试样形状是否恢复到原来形状。

四、实验结果评定

(一)方法一

若试样在抽真空和真空保持期间无连续的气泡产生及开封检查时无水渗入,则该试样合格,否则为不合格。

(二)方法二

1. 方法A

若无试验液体向外泄漏,则试样合格,否则为不合格。

2. 方法 B

迅速恢复真空室内压力时，若试样能恢复到原来形状的，则该试样合格，否则为不合格。

五、实验成果

实验记录如探究实验记录单 5-1 所示。

探究实验记录单 5-1

样品序号	方法一		方法二	
	是否有连续的气泡产生	开封检查时是否有水渗入	方法 A 是否有液体向外泄漏	方法 B 是否能恢复到原来形状
1				
2				
3				
4				
5				

三、软塑包装容器的封口

软塑包装容器主要是指用各种塑料薄膜、复合薄膜及塑料片材制成的袋、盒、筒状容器，这类容器的密封封合方法和要求取决于所用材料、包装形态、加热杀菌方法及包装食品特性和贮藏要求等多方面的因素，主要是热压封合。结扎封合专用于灌肠类包装食品的封合。

（一）热压封合方法

用某种方式加热容器口部材料，使其达到黏流状态后加压使之黏封，一般用热压封口装置或热压封口机完成。热封头是热压封合的执行机构，通过控制调节装置可以调整热封头的温度和压力以满足不同的封合要求。根据热封头的结构形式及加热方法不同，热压封口方法可分为如下几种。

1. 普通热压封口

普通热压封口的几种类型见图 5-49。

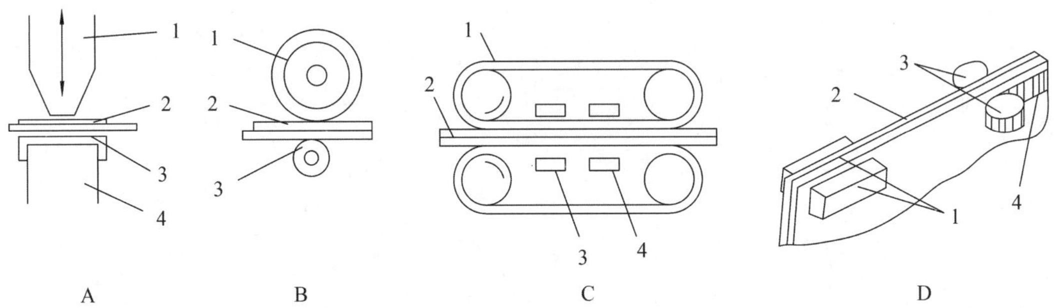

图 5-49　几种热压封口示意图

A. 板封　1. 加热板　2. 薄膜　3. 绝热层　4. 承压台

B. 辊封　1. 加热辊　2. 薄膜　3. 耐热橡胶圆盘

C. 带封　1. 钢带　2. 薄膜　3. 加热部　4. 冷却部

D. 滑动夹封　1. 加热板　2. 薄膜　3. 压辊　4. 承接部分

(1)板封　将加热板加热到一定温度，把塑料薄膜压合在一起即完成热封。此法结构和原理都很简单，热合速度快，应用很广，适合于聚乙烯薄膜，但对于遇热易收缩或分解的聚丙烯、聚氯乙烯等薄膜不适用。

(2)辊封　特点是能连续封接，效率高。适用于复合材料，不适用于因薄膜热变形封口外观质量差的材料。为了防粘，可在加热辊外表面涂一层聚四氟乙烯。

(3)带封　钢带夹着薄膜运动，并在两侧对薄膜加热、加压和冷却，实现封口。这种装置结构较复杂，可对易热变形的薄膜进行连续封接，专门用于袋的封口。

(4)滑动夹封　薄膜先从一对加热板中间通过，进行加热，然后由夹辊压合。特点是结构简单，能连续封接热变形大的薄膜，适用于自动包装机。

2. 熔断封和熔融封

熔断封和熔融封见图 5-50。

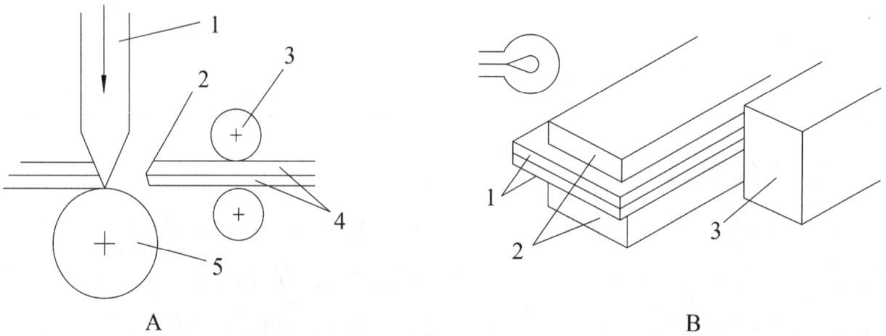

图 5-50　熔断封与熔融封示意图

A. 熔断封　1. 热刀　2. 封接部　3. 引出辊　4. 薄膜　5. 胶辊

B. 熔融封　1. 薄膜　2. 冷却板　3. 加热板

(1)熔断封　利用热刀把薄膜切断，同时完成封接。这种封口没有较宽的封合带，强度低。

(2)熔融封　将薄膜边缘靠近加热器或火焰，使之熔化成球状形成封口。这种封口比熔断封口强度大，适用于热缩性薄膜。

3. 脉冲、高频和超声波封

脉冲封、高频封和超声波封见图 5-51。

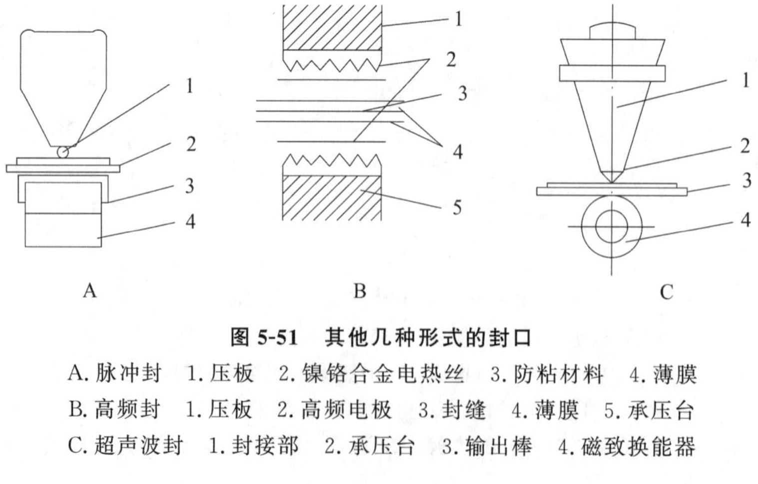

图 5-51　其他几种形式的封口

A. 脉冲封　1. 压板　2. 镍铬合金电热丝　3. 防粘材料　4. 薄膜

B. 高频封　1. 压板　2. 高频电极　3. 封缝　4. 薄膜　5. 承压台

C. 超声波封　1. 封接部　2. 承压台　3. 输出棒　4. 磁致换能器

(1)脉冲封　在薄膜和压板之间置一扁形镍铬合金电热丝,并瞬间通以大电流,使薄膜加热黏合,然后冷却,抬起压板。图中的防黏材料一般用聚四氟乙烯织物。这种封接方法的特点是封口质量(强度)高,适用于易热变形的薄膜,但冷却时间长,封接速度慢。

(2)高频封　薄膜被压在上、下高频电极之间,当电极通高频电流,薄膜因有感应阻抗而发热熔化。由于是内部加热,中心温度高,薄膜表面不会过热,封口强度高,适用于聚氯乙烯之类感应阻抗大的薄膜。

(3)超声波封　由磁致换能器发出的超声波,经指数曲线形振幅扩大输出并传到薄膜上,使之从内到外发热,薄膜内部温度较高,适用于易热变形薄膜的连续封接。

工作单 5-4　总结几种热压封合方法

封合方法	板封	辊封	带封	滑动夹封	熔断封	熔融封	脉冲封	高频封	超声波封
定义与原理									
特点									
适用范围									

(二)热压封合工艺参数

软塑包装容器的热压封合加工的主要工艺参数是封接温度、封接时间和封接压力。这些工艺参数的确定取决于被封接薄膜材料的熔点、热稳定性、流动性、薄膜厚度等特性。

薄膜的热封温度应高于材料的黏流温度,在一定的温度范围内,随加热温度的升高,薄膜的袋口呈现良好的黏流状态,在加压下可获得封口的封合强度相应升高。但是热封温度过高,封口封合强度达到极限,不再增加,如图 5-52 所示。过高的加热温度易使薄膜软化变形,影响封口的美观,甚至袋口局部烧穿。对热封口后需高温杀菌的包装食品更应注意确定适合的热封温度,以保证封口强度。

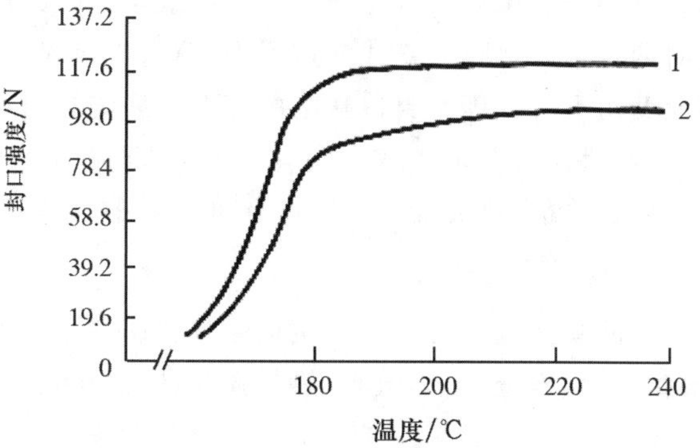

图 5-52　含铝箔复合膜袋热封性

1. 横封　2. 纵封(压力 300 kPa,时间 0.5 s,袋宽 20 mm)

不同的材料表现出不同的热封性能,其热封工艺参数也有很大的差异。图 5-53 所示为 LDPE、CPP、BOPP 三种薄膜在一定的热压力下的热封温度时间曲线。在某一热封温度(℃)所允许的热封时间($t_1 \sim t_2$)范围内,热封质量均能得到保证。热封温度越高,时间范围越小,热封质量越难控制。从图中可知,BOPP 热封温度较高,而热封时间范围很窄,热封困难。

图 5-54 所示表示同一种材料不同热封压力对热封温度和时间的影响。显然提高热封压力,其热封温度时间上下限曲线降低,说明达到同一热封要求可降低热封温度或缩短热封时间,但应注意,热封压力太大会使封口变形而影响热封质量。

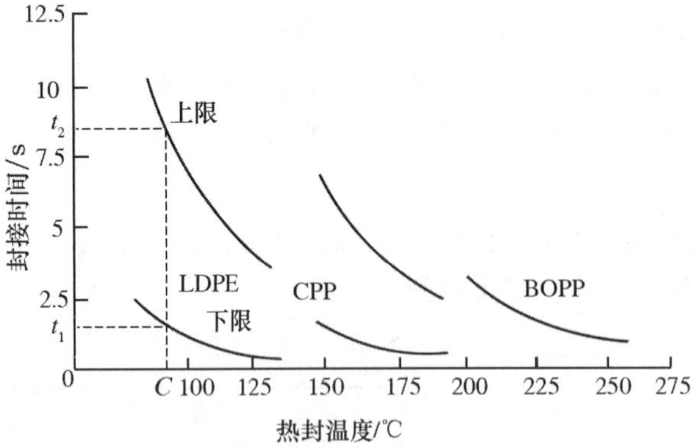

图 5-53 塑料薄膜的热封特性

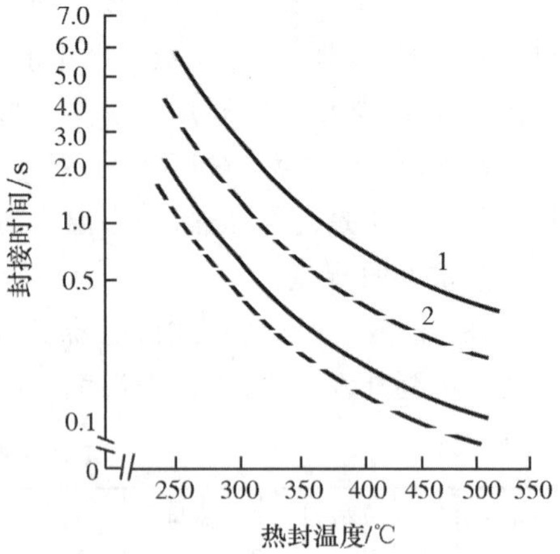

图 5-54 热封温度、时间、压力的关系

1. 热封压力(0.28 MPa) 2. 热封压力(1.6 MPa)

(三)热压封合封口质量及检查

1. 封口质量

经热压封合的封口应达到如下要求：

(1)封口外观平整美观 封口两封合面中间夹有污染物，封口出现折叠皱纹、有严重的凸凹不平等是热压封合常见缺陷。这些缺陷产生的原因有：充填灌装对封口内侧造成污染，热封时对两封合面薄膜放置或夹持不平，热封工艺参数选择不合适，热封装置或机器选择不当，调整及使用不合理等。封口缺陷的存在将影响封口密封性。

(2)封口有一定宽度 一般单质薄膜封口宽 2～3 mm，复合膜封口宽 10 mm。

(3)封口有足够的封合强度和可靠的密封性。

2. 封口质量检测

食品软塑包装封口密封质量通过一系列必要的检测可随时进行监控，主要检测项目有：热压封口缺陷检查、耐压试验、热封强度试验、包装袋跌落试验等。

情境二 贴标技术及设备

贴标是在包装作业的最后进行。标签是加在容器或商品上的纸条或其他材料，上面印有产品说明和图样，或者是直接印在容器或物品上的产品说明和图样。标签的内容包括商品名称、商标、有效成分、执行标准、品质特点、使用方法、包装数量、贮藏条件、制造商和其他广告性图案及文字等。标签的功能是介绍商品，方便使用，通过精美的图案和印刷，还能起到宣传商品、扩大销售的作用。

一、标签的种类

1. 胶黏标签

一般用纸等薄片材料制成，经印刷、模切成所需形状。涂胶可在制造标签时完成，使用时用水润湿背胶后粘贴，也可在使用时涂胶。

2. 热敏标签

制标时在标签背后涂一层热熔性塑料树脂，使用时加热标签，使塑料涂层熔化后而粘贴于商品或容器表面。热敏标签比胶黏标签价格高些，但使用方便，可适应高速贴标要求，特别适合于将标签作为封闭物使用，如折叠式裹包封口的饼干两端各贴一个标签，既是标签又起封口作用。

3. 压敏标签

在标签背面涂以压敏胶，然后黏附在涂有硅树脂的隔离纸上，使用时将标签从隔离纸上取下贴于商品表面。压敏标签可制成单个，也可黏附在成卷隔离纸上，用于高速贴标场合。

4. 系挂标签

用卡纸、薄纤维板或金属片制成，用线绳或金属丝系挂在商品上，有时用彩色绸带系在礼品之上。

5. 插入标签

将标签放在透明的包装件内，不需固定，顾客可透过透明包装材料看到标签。

6. 直接印在包装件或包装容器上的标签

在塑料或纸包装袋上直接印上标签，也可印在玻璃、金属容器的表面。

二、贴标工艺及设备

(一)贴标工艺

贴标工艺过程因标签种类和使用设备不同而略有差异，大致可分为两类，即用冷胶或热熔胶(包括热敏胶)贴标和压敏胶标签贴标。

贴标机通常完成下列贴标工序：取标—标签传送—印码—涂胶—贴标—熨平。

(二)贴标机械

由于标签所用材质、形式和形状等方面的差异，贴标对象的种类繁多，有贴单标、双标甚至三标的。因此，贴标机的类型也有很多，这里仅介绍几种典型的贴标机。

1. 真空转鼓式贴标机

由于贴标工作流程不同和真空转鼓所起的作用不同，这种类型贴标机有多种形式。

图 5-55 所示的贴标机，其特点是真空转鼓不但起取标作用，而且还能传送标签去进行打码、涂胶、贴标等。另一个特点是搓滚贴标装置与真空转鼓分开单独设置。该贴标机由板式输送链 1、进瓶螺杆 2、真空转鼓 3 及五条搓滚输送皮带 7 与海绵橡胶衬垫 8 之间形成一条小于瓶子直径的瓶子搓滚通道等所组成。瓶子由板式输送链经过进瓶螺杆 2，以一定间隔向逆时针转动的真空转鼓 3 传送。真空转鼓圆柱面上分隔为若干个贴标区段，每一段上有起取标作用的一组真空孔眼吸取标签。转鼓外有两个标签盒 6 做摆动和移动以保证真空转鼓从标盒中取出标签。当有瓶子时，标盒 6 向转鼓靠近，标盒支架上的滚轮触碰真空转鼓的滑阀活门，使其正对着标盒位置的一组真空眼接通真空，从标盒吸取一张标签。随后标盒离开转鼓，转鼓带着标签转至印码装置 5，涂胶装置 4，分别打印上日期和涂胶。转鼓继续旋转，已涂胶的标签与送来的瓶子相遇，此时真空吸标孔眼被切换成直通大气而使标签失去真空吸力。瓶子与标签相遇时，瓶子已进入转鼓与海绵橡胶垫 8 之间，通过摩擦带动而自转，标签即被滚贴到瓶身上。瓶子由板式输送链继续向前输送，进入了由搓滚输送皮带 7 和第二个海绵橡胶衬垫 8 构成的

通道，瓶子被搓动滚移，标签被滚压而舒展使其在瓶子上贴牢。这种贴标机还设有“无瓶不取标”和“无标不涂胶”装置。

该机生产能力为 6 000～12 000 瓶/h，仅适用于圆柱体瓶身上粘贴一个身标。

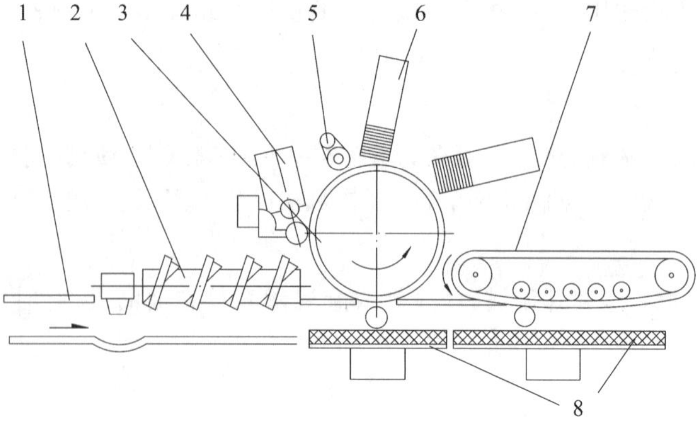

图 5-55 真空转鼓贴标机示意图

1. 板式输送链 2. 进瓶螺杆 3. 真空转鼓 4. 涂胶装置 5. 印码装置 6. 标签盒 7. 搓滚输送皮带 8. 海绵橡胶衬垫

2. 回转式真空转鼓贴标机

回转式真空转鼓贴标机，是回转式贴标机中应用较为广泛的一种类型。这是由于这种类型的贴标机采用真空转鼓结构部件，具有吸标传输、贴标等多方面功能，能提高贴标工作效率和工作可靠性，且可促成机器结构合理化。回转式真空转鼓贴标机按所用的标签形式和适用的贴标对象物分成多种形式。

3. 压敏标签及贴标机

压敏标签是一种在标签背面预涂有压敏性黏胶剂的标签。压敏标签在制作过程中就对标签背面进行了涂布压敏型黏胶物质，贴标使用时不需再对标签背面进行涂胶，而直接将标签贴到包装件表面上。制作压敏标签时，在隔离纸带层的表面先涂布上压敏黏胶液，待胶液干后将已印刷并处理好的标签从其背面贴合上去，最后卷成压敏形式的压敏标签产品，供贴标签时使用。

制作压敏标签基材为纸、聚丙烯、聚乙烯、聚酯、聚氯乙烯、铝箔等薄膜及纤维织物材料。压敏标为丙烯酸系、橡胶系或热熔系等类胶质物质，隔离纸为牛皮纸、玻璃纸、沥青纸，也有用塑料薄膜材料的。

现在使用的压敏标签，按其使用特性可将其分为永久性黏接型、再剥离型和冷冻型等。永久性黏接型压敏标签粘贴到贴标对象上后，就不能完整无损地揭下来。再剥离型压敏胶贴附到贴标对象上后，可再揭下来，且揭下时，贴标物品上不会残留胶质。冷冻型压敏标签用于冷冻、冷藏食品的包装件上，要求有良好的耐低温特性。对于压敏标签的要求是：具有良好的快速黏接性能和黏合性能，此外还应有足够的黏接力。

压敏胶标签贴标机，按结构形式分有卧式和立式等形式，但各种压敏胶标签贴标机的基本结构大体类似。图 5-56 所示为一种立式压敏胶标签贴标机示意图。其贴标工作过程如下：压敏胶标签卷筒 1 安装在支撑架上，压敏胶标签经张力调节装置 2 及导辊，从标签检测装置 5 下面通过，到达印刷辊 7 与标签传送辊 11 间接受印码和输送，绕经导辊组和标签剥离装置 9。当绕过剥离装置 9 前端头时，标签将从隔离纸带上剥离下来，被剥离下的标签由标签压贴滚轮装置 10 压贴到协调配合送达的待贴标对象上，剥离下的隔离纸带则绕经压轮与传送辊 11 间，由隔离纸卷取装置 14 卷成盘。

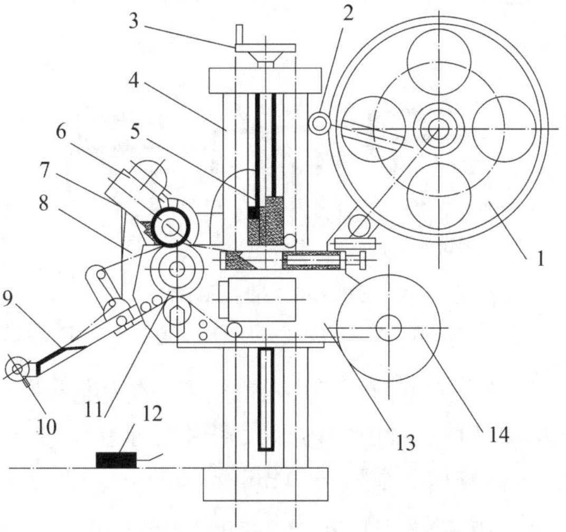

图 5-56　立式压敏胶标签贴标机示意图

1. 压敏胶标签卷筒　2. 张力调节装置　3. 高度调节装置　4. 导柱　5. 标签检测装置　6. 印刷供墨装置　7. 印刷辊　8. 电子控制装置　9. 标签剥离装置　10. 标签压贴滚轮装置　11. 标签传送辊　12. 贴标对象物检测装置　13. 滑座　14. 隔离纸卷取装置

情境三　捆扎技术及设备

捆扎是用绳或带等挠性材料(称为捆扎带)扎牢、固定或加固产品和包装件。捆扎机则是利用捆扎带捆扎包装件，完成捆扎作业的机器。结扎机，又称捆结机，是捆扎机械的又一种类型。

随着商品流通的不断发展，产品的包装逐渐从单件小包装发展到中包装、大包装、集合包装，特别是瓦楞纸箱广泛应用于产品的运输包装，捆扎作业便是外包装的最后一道工序。经过捆扎，不仅使包装件更加牢固美观而且便于运输、堆放和销售。

捆扎机不仅用于包装工业，其他行业和部门也在使用，因此，发展很快，不同用途不同规格的种类很多。

一、捆扎工艺方法

(一)捆扎形式及尺寸

如图 5-57 所示，各种包装件可能会有各种不同的捆扎要求，但都可以用基本原理相似的捆扎工艺来完成。

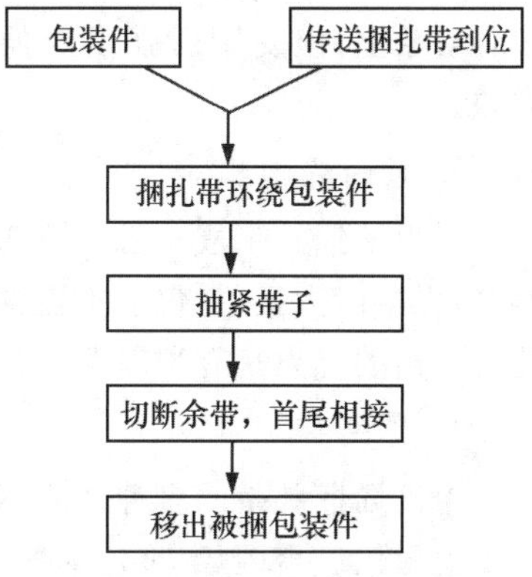

图 5-57　捆扎基本工艺过程框图

被捆扎的包装件以长方体和正方体占绝大多数。在捆扎之前，首先应根据包装件的内容和性质设计好捆扎形式。

最常见的捆扎形式如图5-58所示。可以有单道、双道、单道交叉、双道交叉、多道交叉等多种形式。通常将平行捆扎若干道称为一组捆扎，那么交叉捆扎形式就是二组捆扎，每组为一道，井字捆扎形式也是二组捆扎，每组为二道。现在国内制造的捆扎机实现上述的各种捆扎形式都要操作者手扶包装件进行平移和转动。如果在工作台上设置转位、推送和定位机构，就可以自动达到捆扎的要求了。

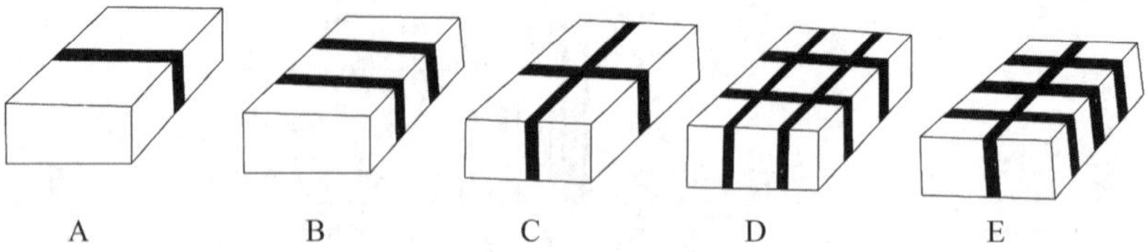

图5-58 捆扎形式

A. 单道 B. 双道 C. 单道交叉 D. 双道交叉 E. 多道交叉

捆扎机所能捆扎包装件的尺寸范围，一般应遵循国家的标准系列、这样既可满足用户的不同需要，又便于简化制造和增加品种。目前国内外大多采用等差数列作为最大捆扎尺寸的标准系列。例如捆扎包装件的宽×高有如下系列：600 mm×800 mm，600 mm×600 mm，600 mm×400 mm，800 mm×800 mm，800 mm×600 mm，800 mm×400 mm等。此外，为了使小尺寸包装件也能捆紧，还规定了最小捆扎尺寸限制。

(二)捆扎带

有金属和非金属捆扎带两类，其中塑料捆扎带应用最广泛，主要有以下几种。

1. 聚酯捆扎带

PET带是塑料捆扎带中性能最好的一种，其拉伸强度较高(为钢带拉伸强度的1/2以上)，延伸率为2%～3%，保持拉力的能力较好，可代替轻型钢带，成本却比钢带低30%以上。聚酯带受潮不会产生蠕变，有缺口时也不断裂，且弹性回复能力强，既可用于硬质货件的捆扎，又可用于趋于膨胀货物的捆扎集装。聚酯材料受热产生难闻气味，其接头应尽量避免用热合法接合。

2. 尼龙捆扎带

PA带成本最高，其强度相当于中等承载的钢带，与聚酯带强度基本相同。可长期紧捆在包装对象上，但受潮后强度降低，有缺口就易断裂，其延伸率较前者大，长期受力其保持能力差。

3. 聚丙烯捆扎带

聚丙烯捆扎带成本低于前两者，是一种性能差且应用广泛的塑料捆扎带。其延伸率高达25%，保持能力很差，仅适于轻、中型膨松货物的捆扎集装，多用于瓦楞箱的加强捆扎。此种捆扎带突出的优点是有抗高温、高湿和低温的能力，在−60 ℃时仍具有一定强度。

4. 其他

聚乙烯捆扎带的多种性能不及前者，但可长期在低温下使用。聚氯乙烯捆扎带性能最差，成本也最低。聚丙烯、聚乙烯捆扎带的断带拉力定为等于或大于120、135、150、190和220 kg等6种，并规定延伸率要小于25%，偏斜度小于30 mm/m。

(三)带子的接头方式

捆扎带抽紧后,需将其两端首尾相接并固定。

带子的接头方法有多种,对于塑料带,一般利用热熔搭接式进行封接,聚丙烯捆扎带(PP带)也可采用铁扣式扣紧法。

热熔搭接式适用于塑料带。它是采用各种有效的加热方法,使塑料带表层受热熔化,将两个带端的熔化面搭接起来,在一定的压力下保持一定的时间,待熔化面冷凝后,接头就黏接好了。接头的强度应不低于带子破断拉力的80%。为此,必须保证有足够的搭接面积,并且要对温度、压力、时间三个工艺参数进行综合调节。这三个工艺参数的关系如图5-59所示。

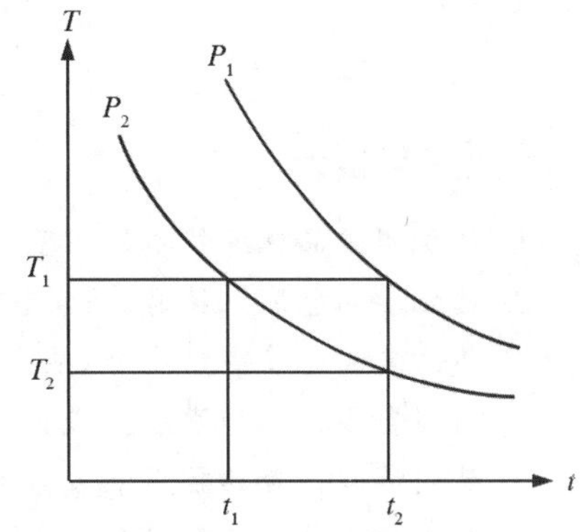

图5-59　温度-压力-时间关系曲线

T-温度　t-时间　P_1、P_2-压力,$P_1<P_2$

从图中的两条曲线可以看出,当采用相同的加热时间t_2时,如果施加的压力越小,就需要有越高的加热温度,但温度过高会使带子过分熔化而无法黏结,相应地也需要更长的冷凝时间,造成生产率低下。目前国产塑料带的熔点为200～220 ℃,烫头能够连续可靠工作的表面温度最大应能达到380 ℃左右。通常根据环境温度和工作的连续程度来选择合理的温度范围。

从上述曲线还可以看出,如果选定某一适宜的加热温度,则压力越大所需的加热时间越短,冷凝时间自然也就越小。但所加压力越大,构件的受力及磨损越严重,过大压力还会使熔化层外流,造成接头质量不佳。因此在使用调整时应兼顾这三个方面的关系。

热熔搭接法所采用的加热方法主要有以下两种:电热熔接和机械高频振荡熔接。

二、捆扎机

不同的包装件,其捆扎要求不尽相同,机器的结构形式也可能不一样,但捆扎的基本原理相似。捆扎机结构主要由导轨与机架、送带紧带机构、压头机构、控制系统组成。基本工艺过程主要包括:包装件传送、送带缠带、拉带紧带、搭接固定、切断送出等工序。

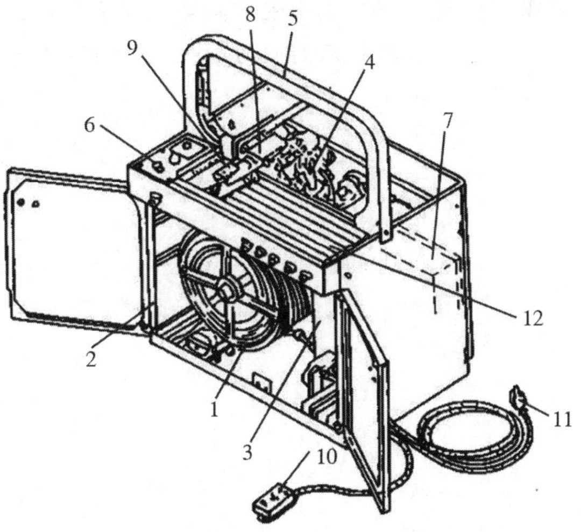

图5-60　台式捆扎机构造图

1.PP带卷筒　2.机架　3.贮带箱　4.带子进给辊　5.拱形导轨　6.启动按钮　7.电气控制箱　8.封接器　9.加热器　10.脚踏开关　11.电源插头　12.辊道

图5-60为台式捆扎机构造图。其工作过程为:插上电源插头11,按下启动按钮6,将需要捆扎的包装箱放到工作台面上,台面上装有一系列可转动的辊道12,包装箱放置其上以便于推送至拱形导轨5下面等待捆扎。

踩动脚踏开关10后,捆扎机的执行机构开始动作,穿过拱形导轨5的聚丙烯带绕捆扎物一周，带子随即被抽紧机构抽紧，这时封接器 8、加热器 9 工作，使其压紧带子端头并熔接、切断，捆扎完毕后推出被捆扎物。捆扎机内的聚丙烯带又被抽拉并送进拱形导轨，绕一周后进入封接器，准备好进行下次捆扎作业。

这种捆扎机适用性广，捆扎物的最大尺寸为 600 mm×400 mm，捆扎速度可达 2.5～3 m/次。

拓展与提升

1. 试说明食品包装技术的内涵。列举食品包装基本技术方法和食品包装专用技术方法。
2. 选配食品包装机械时，应遵循什么原则？
3. 建立食品包装生产线时，应考虑哪些问题？
4. 何谓食品充填和灌装？进行充填和灌装时应注意哪些问题？
5. 试列举液体食品常用灌装方法和定量方法，果汁饮料应采用什么方法灌装？
6. 分析称重式充填和容积式充填、净重充填法和毛重充填法的优缺点及对充填物料的适应性。
7. 试列举液体食品的常用灌装方法和计量方法。
8. 试综述目前国内外灌装技术现状和发展方向。
9. 裹包和袋装有什么区别？各自适用在什么场合？
10. 试从包装方法上说明裹包与袋装的差别，并分析在包装机械工作原理上的差别。
11. 简要说明装盒和装箱方法的特点。
12. 什么叫收缩率？什么叫定向比？目前最常用哪几种热收缩膜？
13. 简要说明热收缩包装的特点、热收缩薄膜的收缩性能。
14. 试列举常用收缩薄膜及适用场合。
15. 简要说明热成型包装的特点、常用热成型包装材料及适用场合。
16. 软塑材料热压封口方式可分为哪些？如何进行热压封口质量的检查？

模块六

专用食品包装技术及设备

知识目标：掌握微波食品用包装材料的分类及特征；认知绿色包装、纳米包装概念、材料及在食品工业中的应用；认知防潮包装概念、原理、种类分级及材料；熟悉防伪包装功能材料及包装技术的应用；掌握无菌包装概念、材料及包装工艺；掌握真空包装、充气包装、MAP和CAP、活性与智能包装的含义、包装技术。

能力目标：深刻理解微波包装、绿色包装、纳米包装、防潮包装、防伪包装、防盗包装的精髓；掌握无菌包装技术内涵，并指导今后的工作实践；探明真空和充气包装机理，掌握真空和充气包装工艺要点；MAP、CAP、活性包装、智能包装技术的比较。

素质目标：将社会热点问题与教学内容有效衔接，拓宽学生思维空间，提升学生思维能力；培育学生创新、专注、卓越的品质，为学生今后成为企事业单位竞相追逐的技能大师、顶尖技术人才及岗位能手奠定坚实的基础。

【思维导图】

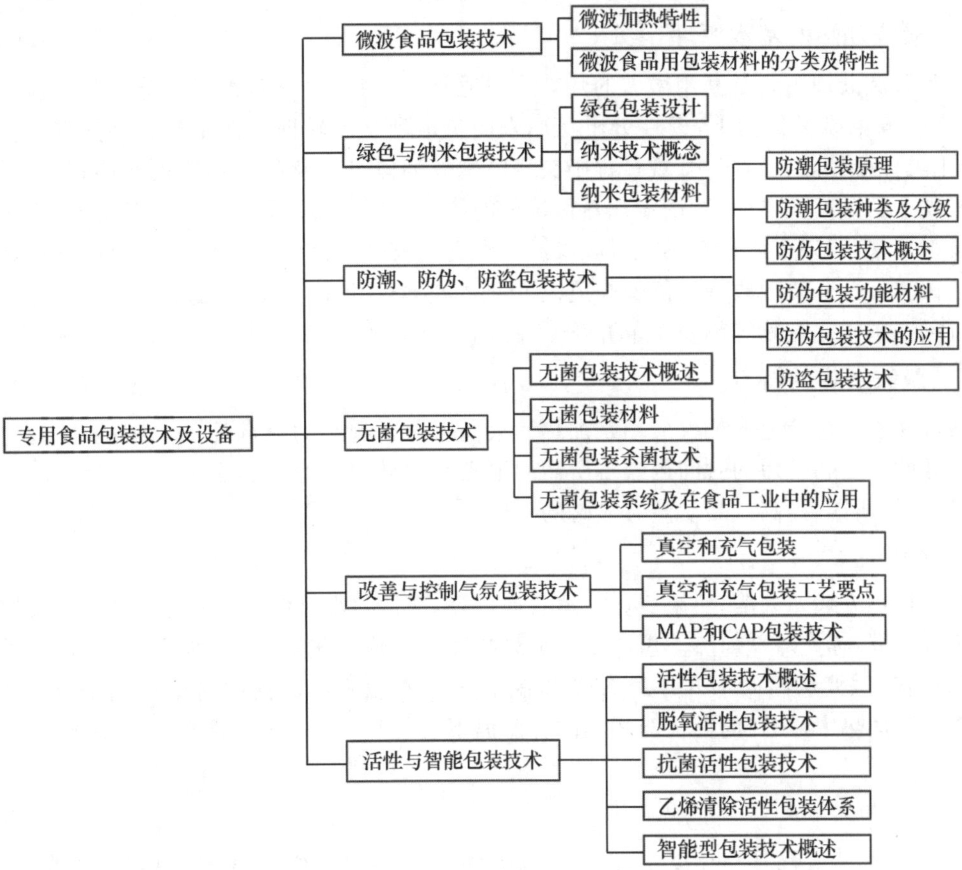

项目一　微波食品包装技术

任务目标

☞ 微波加热基本原理和特点的理解；

☞ 微波食品用包装材料的分类及特性的认知。

情境一　微波加热特性

所谓微波食品，是指应用现代加工技术对食品原料采用科学的配比和组合，预先加工成适合微波炉加热或调制、便于食用的食品。

一、微波加热的基本原理

食品微波处理主要是利用微波的热效应。通常，一些介质材料由极性分子和非极性分子组成，在微波电磁场作用下，极性分子从原来的热运动状态转向依照电磁场的交变而排列取向，产生类似摩擦热，在这一微观过程中交变电磁场的能量转化为介质内的热能，使介质温度出现宏观上的升高，这就是对微波加热最通俗的解释。对于金属材料，电磁场不能透入内部而是被反射出来，所以金属材料不能吸收微波。水是吸收微波最好的介质，所以凡含水的物质必定吸收微波。电介质吸收微波能使介质温度升高，这个过程称为介电加热。食品中的水分、蛋白质、脂肪、碳水化合物等都属于电介质。

二、微波加热的特点

微波在食品包装上的最大应用是加热和灭菌。与常规热力杀菌比较，微波杀菌的特点是能在较低的温度和较短的时间内获得所需的消毒杀菌效果。对保留食品中的营养成分、传统风味，延长保质期，提高产品质量有显著的效果。

1. 节能高效

常规加热方式如火焰、热风、电热、蒸汽加热等，都是利用热传导的原理将热量从被加热物外部传入内部，称为外部加热。微波使被加热物体本身成为发热体，称为内部加热，不需要热传导的过程，微波从四面八方穿透物体内部，使物体在很短时间内同时达到里外均匀加热效果。在微波加热中，炉内的空气与相应的容器都不会发热，没有额外的热能损失，所以热效率极高。

2. 均匀加热

常规加热，为提高加热速度，就需要升高加热温度，容易产生外焦内生现象。微波加热时，食品各部位通常都能均匀渗透电磁波，产生热量，因此均匀性大大改善。

3. 易于控制，工艺先进

与常规方法比较，微波设备即开即用，操作灵活方便，特别适宜于加热过程、加热工艺的自动化控制。

4. 低温杀菌，无污染

微波能自身不会污染食品，微波的热效应具有双重杀菌作用又能在较低的温度下杀死细菌，这就提供了一种能够较多保持食品营养成分的加热杀菌方法。

5. 选择性加热

水分子对微波的吸收最好，所以含水量高的部位，吸收微波功率多于含水量较低的部位。这就是选择加热的特点，利用这一特点可以做到食品均匀加热和均匀干燥。

微波加热有时出现局部温度急剧上升造成过干，甚至炭化。对含这类物质的食品进行微波加热时，要注意制定合理的加热工艺。

6. 安全无害

在微波加热、干燥中，无废水、废气、废物产生，也无辐射遗留物存在，是一种十分安全无害的高新技术。

此外，微波杀菌机理除热效应外，还有某些非热效应（如光化学效应）、电磁共振效应和均致力效应等，可以方便地用于食品包装的灭菌中。

工作单 6-1　探究微波包装食品的品质特征

微波食品	品质特征

情境二　微波食品用包装材料的分类及特性

一、微波食品包装材料的分类

微波食品包装可分为外包装和内包装。外包装通常是印刷有精美图案和使用说明的包装纸盒，以吸引消费者，而内包装是指盘式或盒式容器，便于微波炉直接加工处理。微波食品包装材料可分为三大类：微波穿透材料、微波吸收材料和微波反射材料。

（一）微波穿透材料

包装食品在微波炉中加热或蒸煮时，常要求微波最大限度地为食物所吸收，要求包装材料或容器能透过微波能，且材料本身吸收微波能要尽可能少。玻璃、塑料和纸都是优良的微波穿透材料，目前微波食品包装容器大多是由这些材料制成的，其中又以塑料制品轻便耐用、综合性能好而应用更加广泛。

(二)微波吸收材料

微波吸收材料又称为微波感受材料。这类材料能吸收微波能,它们在微波场中能与食物一起被加热,甚至比食品内容物升温更快。常用的薄涂层材料是先把某种金属粒子以热蒸镀或喷镀的方式沉积于塑料薄膜表面,再把此塑料薄膜与具有热稳定性的牛皮纸以层压的方式复合到一起。涂层厚度最佳时,它可吸收微波能量的 50%。在微波场中几秒钟内可达到 250 ℃ 的高温,可以作为加热板使用,使食物表面产生焦黄的色泽。

(三)微波反射材料

金属能反射微波,因此在微波炉中一般不能放入金属制品或容器,否则将会引起打火。在微波食品包装中,可以利用金属反射微波能这一特点,将其作为屏蔽微波能的材料,以防止食品的某部分被微波加热过度,以达到更好的加热效果。这些材料一般是铝箔或铝箔复合材料。如果需要全部屏蔽,则可以将其做成铝制容器。

二、常用的微波食品包装材料

(一)塑料

微波食品包装中最常用的是微波穿透材料——塑料容器,不仅因为它是“可微波”的,而且由于塑料的种类很多,性能各异,为微波食品包装提供了充裕的选择余地。

1. 聚乙烯类容器

这类容器的突出优点是耐寒性能优良,卫生性能可靠,成型方便,成本低廉,废弃物易于回收利用。但其耐高温性能较差,聚乙烯容器在 100 ℃左右会变形,在 120 ℃以上即会熔融,使用效果不甚理想。

2. 聚丙烯类容器

纯聚丙烯类微波炉容器由聚丙烯均聚物或者嵌段共聚物制造,当采用嵌段共聚物制造时,容器的耐寒性明显改善。嵌段共聚物与均聚物的耐热性均在 110 ℃以上,对于水性微波食品的烹调,均不存在耐热性方面的问题。

3. 填充型聚丙烯容器

微波炉用填充型聚丙烯容器,多采用滑石粉填充型聚丙烯。滑石粉的配入,具有提高耐热性和刚性的双重功能,并缩短生产同期。这种容器的耐热性在 130 ℃以上,个别品种耐热性为 140 ℃,并耐−30 ℃的低温。填充型聚丙烯容器的另一特点是废弃物更易燃烧处理,较之纯聚丙烯,填充型聚丙烯的缺点是不具透明性,不能透过容器观察容器中所盛装的物品。

4. 聚酯容器

微波用聚酯型容器是由结晶型聚对苯二甲酸乙二醇酯片材制成的热成型容器,即 CPET 容器。该容器的最高耐热温度达 230 ℃,具有耐油、耐化学药品性、耐低温、卫生可靠性及废弃物易回收等优点,是一种十分理想的微波炉用塑料容器。但该产品生产技术难度较大,且成本较高,目前国内尚待开发。

除了上述介绍的几种微波炉用塑料容器之外,国外开发的微波炉用容器的品种还有 PET 合金类微波炉容器,其特点是有较好的耐热性、透明性好、价格较低、具有更强的竞争力。

(二)纸张

用于微波食品包装的纸质材料可以是纸板、涂塑纸板和纸浆模塑材料等。

1. 纸板

纸板可以做成杯状、碗状和托盘容器,它可以和食品一起置于微波炉中加热,具有一定的强度和形状保持性。

2. 涂塑纸板

聚酯大大提高了容器在微波炉中的耐热能力。最早出现的是涂聚乙烯(PE)纸板,在欧洲很早就用其来包装冷冻调理食品,用于微波炉的加热。除了涂聚乙烯纸板外,涂聚丙烯(PP)和聚酯(PET)的纸板也常被用于微波食品包装。

3. 纸浆模塑制品

它是一项新的加工技术,直接以纸浆为原料加工成型。

在微波食品包装中,用得最多的纸浆模塑制品是纸浆模塑托盘,外观光洁、高档。由于在内容物和纸浆间有一层阻隔膜,因此包装材料不会从内容物中吸水,非常适合于作冷冻调理食品的包装。

纸质材料用于微波食品的包装也存在着一定的问题。由于它能部分吸收微波能而被加热,因此对于含水量较低的食品,若在微波炉中加热时间过长,纸张存在着因高温而被烤焦的危险,尤其是边角部分。由于微波加热的不均匀性,使其更容易变干、发焦。这一潜在的危险可以通过采取适当的措施而被最大限度地降低:①尽可能地使用带盖容器,以促进微波均匀加热;②在外观设计上,边角部分尽可能采用圆滑过渡,以尽量减少食品的局部过热。

(三)玻璃和陶瓷

1. 玻璃

从耐微波加热角度看,玻璃是一种优良的微波包装材料,它不仅能耐微波辐射,而且能承受一定的内压,玻璃瓶用于微波食品包装的最大优点是其方便和耐热性能好。

2. 陶瓷

不同陶瓷对微波能的吸收有所不同,一般来说都能应用于微波炉加热。当食物被加热到所需温度时,陶瓷往往已很烫手,这是它的一个缺点。有些陶瓷会与食物竞相吸收微波能,因此不太适合于长时间加热的情况。

3. 玻璃-陶瓷

玻璃-陶瓷通常有上釉的和不上釉的。其中不上釉的玻璃-陶瓷耐热性甚至比耐高温玻璃还强,因此很适合作为微波炉的加热器皿。

(四)金属

就金属制微波容器而言,早在20世纪70年代中期,铝制容器就被用于微波食品的包装。铝箔包装食品既适用于微波炉加热,又适用于普通炉加热,迎合了家庭的需要。最新的可用于微波加热的包装是钢罐,用于包装单人份餐汤料等食品。

(五)复合材料

复合材料由纸、导电性材料和耐热性材料三层构成,在微波炉中烘烤时,微波炉中的微波通过材料中的导电性材料传递热量。

在防金属火花方面可以考虑无铝箔的蒸煮袋、塑料、纸容器等。多层复合材料将成为今后微波包装的主流，如不饱和聚酯、玻璃纤维等材料的多质多层复合可满足不同档次的微波食品在不同流通环境下的要求。

三、微波包装材料的要求

一般来说，选用理想的微波食品用包装材料除了要注意材料透过微波的能力之外，还要注意材料的以下特点。

（一）耐热性

微波包装材料最基本的要求是必须具有良好的耐热性。对水性食品用微波包装材料的耐热性要求较低，油性食品因油的沸点在200 ℃以上，加热过程中在达到油的沸点以前，不会出现较低温度区间的恒温阶段，因此对油性食品用微波包装材料的耐热性要求较高。

（二）耐寒性

微波食品为延长保质期多采用冷冻贮存，因此微波包装材料的基材除了必须耐热之外，还需考虑其耐寒性的问题，微波包装材料应能耐－20～－18 ℃的低温。

（三）耐油性

微波包装材料常需接触食用油类物质，因此除水性食品的一次性包装材料之外，应当具有良好的耐油性。

（四）卫生标准

微波包装材料在使用过程中常直接与食品接触，因此所选用的材料必须具有可靠的卫生性能，符合有关国家卫生标准的要求。

（五）廉价性

由于微波炉容器是一种普及型日常用品，微波食品包装材料一般都是一次性包装材料，因此在具有相同或相近使用性能的条件下，应当尽可能选用价格比较低廉的材料，以提高市场竞争力。

（六）废弃物易处理

微波食品的包装容器属一次性使用的产品，因此处理废弃物是一个需要重视的问题，应当尽量选用易回收利用的材料。

项目二　绿色与纳米包装技术

任务目标

☞ 绿色包装设计理念的理解；
☞ 纳米包装技术含义的认知；
☞ 纳米包装材料的识别。

情境一　绿色包装设计

绿色包装设计源于人们对于现代科技文化所引起的环境及生态破坏的反思。因为在相当长的一段时间里，设计在为人们创造了现代生活方式和生活环境的同时，也加速了资源和能源的消耗，并对地球生态平衡造成巨大的破坏。因此，绿色包装设计着眼于人与自然的生态平衡关系，尽量减少对环境的破坏，前提是必须符合“4R 和 1D”原则。

一、绿色包装设计的研究内容

1. 绿色包装对环境的影响

绿色包装设计将致力于环境保护策略的实施，采用新的方法和工具来规范包装产品在其循环周期内每一个阶段对环境产生的影响：①建立包装产品设计与环境保护相制约的配套设计规范；②包装产品在使用物流过程中对其输入和输出进行有效的检测和跟踪分析；③建立环境保护的评估模型，同时对有损于环境的设计、产生行为进行风险评估。

2. 研制开发无毒、可回收利用、可再生降解的包装原辅材料

如苹果电脑公司产品的外包装全部采用环保材料——再生纸浆制造硬纸箱，用不含有害物质的水性油墨进行表面印刷，以再生纸模作为内包装缓冲材料。

3. 研发新技术

研究现有包装材料中有害成分控制技术与替代技术，以及自然“贫乏材料”的替代技术。如美国一家公司用资源丰富的稻草和一些有机材料作为运输包装设计中的缓冲材料，取代对环境危害极大的发泡塑料。

4. 优化包装结构

减少包装材料消耗，努力实现包装减量化。

5. 加强包装废弃物的回收处理

如法国依云公司的矿泉水包装在废弃后，可以沿垂直方向压缩 2/3 的体积，减少废弃包装

在回收箱中所占空间，便于大量回收、再生。

二、绿色包装设计的程序

1. 搜集绿色包装设计信息

绿色信息的搜集应兼顾下列条件：产品分析(类别、特性、品质等)，市场条件分析(内销、出口、销售量、价格、销售周期等)，环境条件分析(包装环境、流通条件等)，绿色消费者分析(消费心理、购买动机、使用方便程度、经济性等)，环保政策、法规，减废技术，绿色制造成本等。

2. 建立绿色包装设计小组

通过绿色包装设计小组或类似的组织，来观察企业目前的绿色设计表现，决定企业的绿色包装设计需要，掌握最新的绿色包装设计信息，并推动绿色包装设计企业的发展。

3. 制定绿色包装设计方案

根据搜集的信息，提出绿色包装的设计方案。其中主要包括：确定设计参数；选择包装材料，无毒无害、可重复使用或再生、可降解、高性能的材料是绿色包装设计的首选；包装结构设计，应考虑保护性能、流通特性、易于存放、便于制造装配等；包装容器设计，应考虑易于货架陈设或集中堆码排列，系列容器应整体协调等；包装装潢设计，包括图形、文字、色彩、标签等。对提出的多个设计方案从绿色设计的角度进行评估，最后确定方案。

4. 绿色包装设计决策

进行绿色包装设计的企业应把与环境有关的生活条件、废气物、空气、土壤和水质的污染、噪声、能源及资源的消耗等均纳入评价过程，并对最终绿色包装设计方案的确定起决策作用。

情境二　纳米技术概念

纳米技术是指在纳米尺度(1～100 nm)范围内，通过直接操纵和安排原子、分子来创造物质，研究物质的相互作用和运动规律，以及在实际应用中利用这些规律的多学科的科学技术。它是21世纪科技发展的制高点，是新工业革命的主导技术，将引起各个领域生产方式的变革，也将改变未来人们的生活方式和工作方式。

纳米技术和纳米材料的应用和开发，为纳米包装材料提供了引领时代潮流的前沿技术，为我国包装行业的发展与世界先进水平接轨提供了新的契机。

情境三　纳米包装材料

纳米包装材料指分散相尺寸在1～100 nm的纳米颗粒或晶体与其他包装材料(聚合物)合成或添加制成的纳米复合包装材料的体系。

一、聚合物纳米复合包装材料的特点

(1)加入量很小(2%～5%质量分数)即可使聚合物的强度、刚度、韧性及阻隔性能获得明显提高。

(2)由于聚合物分子进入层状无机纳米材料片层之间,提高了复合材料的耐热性及尺寸稳定性。

(3)层状无机纳米材料可在二维方向得到良好的增强作用。

(4)不同的层状纳米材料还可赋予复合物不同的功能特性,如阻隔性能、导电性等。在食品包装领域,应用最广的纳米复合材料是纳米塑料。

二、纳米塑料的特点

所谓纳米塑料是指聚合物纳米复合材料,由纳米尺寸的超细微无机粒子填充到聚合物基体中的复合材料。聚合物复合材料将有机聚合物的柔韧性好、密度低、易于加工等优点与无机纳米填料的强度和硬度较高、耐热性好、不易变形等特点结合在一起,纳米塑料高阻隔性、高阻燃性、耐高温、耐磨,具备金属、塑料和陶瓷的共同优点。

纳米塑料改进材料的透明性、导电性和磁性能等,往往被称为功能纳米塑料。虽然纳米塑料的使用性能有了很大的提高,但从外观上看,纳米塑料跟普通塑料没什么差别。纳米塑料的制备流程比较简单,与普通塑料相比,纳米塑料有更好的性价比。

阅读库

直接添加纳米材料的活性包装

与分子抗菌剂相比,纳米级抗菌材料更容易加入包装材料中,抗菌效果更佳。一般加入金属或氧化物纳米粒子,或其他抑菌物质的纳米微粒。加入纳米材料后制备的活性包装,可以增加包装的抑菌能力,改变气体的透过性以及热力学性质,从而提高肉品在贮藏过程中的品质,减少腐败变质,延长货架期。

银纳米粒子,对一些革兰氏阳性菌如金黄色葡萄球菌和革兰氏阴性菌如大肠杆菌的生长有抑制作用,具有抗菌活性,而金、铂纳米粒子没有此功效。所以将具有抗菌活性的银纳米粒子加入食品包装中,可以达到更好的贮藏效果。

将银纳米粒子加入纤维素膜中制成抗菌混合薄膜包装用于牛肉的贮藏保鲜,这种活性包装可以降低贮藏期中的总需氧菌和假单胞菌水平,但对乳酸菌无影响。把纳米银加入壳聚糖、溶菌酶混合物中制备可食用的抗菌溶胶,用于肉品保藏的表面抗菌活性膜,可以避免肉品因氧化而发生变质以及抑制腐败菌的生长。

除了纳米银,具有优良抗菌性能和兼有紫外吸收性能的纳米 ZnO,也常作为纳米材料添加到食品包装中。负载纳米 ZnO 颗粒的海藻酸钙活性膜,作为禽肉食品包装,可以抑制速食禽肉制品中金黄色葡萄球菌和沙门氏菌的生长。ZnO 纳米粒可以与银纳米粒子一起加入低密度聚乙烯包装中制备纳米活性包装,肉品中的致病菌如大肠杆菌、李斯特菌、铜绿假单胞菌能被抑制,还能延缓脂质过氧化。

三、纳米塑料的分类

根据母体树脂不同,纳米复合材料可分类为:纳米尼龙、纳米聚酯、纳米聚烯烃、纳米聚甲醛等。常用的无机纳米粒子包括硅酸盐、碳酸钙、SiO_2、TiO_2、Al_2O_3、云母等。纳米塑料具有优异的综合性能,广泛应用于有关领域,在食品领域作啤酒瓶、肉类和奶酪制品的包装材料等。以下介绍几种目前最具前景的纳米塑料。

1. 纳米尼龙

纳米尼龙极大地提高了尼龙的耐温性能，力学性能也有很大改善。与尼龙-6(PA6)相比，尼龙-6 纳米塑料具有高强度、高模量、高耐热性、低吸湿性、高稳定性、阻隔性能好及良好的加工性能。纳米尼龙易于吹塑和挤出，可以制备热收缩肠衣膜、双向拉伸膜、单向拉伸膜和复合膜。

2. 纳米聚酯

纳米聚酯中最经典的是纳米聚对苯二甲酸乙二醇酯(PET)，纳米 PET 包装材料的用途包括啤酒、汽水、软饮料及番茄食品包装。纳米 PET 比玻璃轻得多，不易破碎，便于运输、贮藏，方便回收再利用。目前，纳米 PFT 与纳米尼龙的三层复合材料已用于制备耐热性能和气体密封性能要求较高的啤酒、果汁包装瓶。

3. 聚乙烯纳米合金材料

聚乙烯纳米合金系列材料具有优良的耐磨、耐腐蚀、高强度、无毒性能。制品易于运输、安装、保养，并具有优良的抗震性能，性价比优于铁管、铝管、铝塑管，可作为啤酒、肉类和奶酪制品等的包装材料。

项目三　防潮、防伪、防盗包装技术

任务目标

- ☞ 防潮包装原理、防伪包装作用的理解；
- ☞ 防潮包装种类及分级、防伪包装特点和分类的认知；
- ☞ 防伪包装材料和防伪包装不同技术及应用的比较；
- ☞ 不同防盗包装设计方式的比较。

情境一　防潮包装原理

一般气体都具有从高浓度区域向低浓度区域扩散的性质，空气中的湿度也有从高湿区向低湿区扩散流动的性质。要隔断包装内外的这种流动，保持包装内产品所要求的相对湿度，就必须采用具有一定透湿要求的防潮包装材料。

包装材料的透湿性能决定于材料的种类、加工方法和材料厚度，一般通过测定其透湿度(R)来判断包装材料的透湿性能。透湿度通常是指在一定的相对湿度差、一定厚度、1 m^2 面积薄膜在 24 h 内透过的水蒸气的质量值。透湿度是防潮包装材料的一个重要参数，也是选用包装材料、确定防潮期限、设计防潮工艺的主要依据。

为了提高防潮包装材料的防潮性能，降低其透湿度，一般采用不同材料进行复合，其透湿度随各层薄膜的材质、厚度等不同而异。复合材料的防潮性能，是各层薄膜防潮性能的总和。

情境二　防潮包装种类及分级

一、防潮包装种类

防潮包装种类一般包括密封包装、贴体包装和真空与充气包装。

1. 密封包装

密封包装是比较传统的包装方法。采用不透气的刚性材料(金属、玻璃、硬塑料)制成容器，将产品置放其中，再将容器口部焊封或加旋盖、扣盖或塞盖闭合，以防止外界潮气的进入。

2. 贴体包装

将产品本身作为模具放在底板上，上面覆盖塑料膜片，将塑料膜片加热软化，抽出包装膜与底板之间的空气(包括水气),塑料膜即贴紧在产品上,以达到防潮效果。

3. 真空与充气包装

真空包装中由于已经抽去容器内的空气,避免了原来残留潮气对产品的影响;充气包装将包装内的空气连同潮气一起抽出,再适量充入其他干燥气体或惰性气体,也较好地减少了潮气对产品的侵蚀和影响。

二、防潮包装分级

防潮包装分为1级包装、2级包装和3级包装。具体见下表6-1。

表6-1 防潮包装等级

包装等级	防潮期限	温湿度	产品性质
1级包装	2年	温度>30 ℃ 相对湿度>90%	对湿度敏感,易生锈 易长霉或变质的产品,以及贵重、精密的产品
2级包装	1年	温度在20～30 ℃ 相对湿度在70%～90%	对湿度轻度敏感的产品、较贵重、较精密的产品
3级包装	0.5年	温度<20 ℃ 相对湿度<70%	湿度不敏感的产品

情境三 防伪包装技术概述

所谓防伪包装就是借助于包装,防止商品从生产厂家到经销商,以及从经销商到消费者的流通过程中被人为有意识的因素所窃换和假冒的技术和方法。其目的是防止商品在流通和转移的过程中被窃换、假冒。行之有效的防伪方法应该是消费者不需要专业知识就能识别假冒产品,使用的技术极难仿制,防伪的成本低廉。

防伪包装主要是针对销售包装而言的,即那些需要进入商场,并在货架上由消费者进行挑选的产品包装,对于那些大批量的工业品包装及运输包装,防伪包装的意义相对小些。

一、防伪包装的作用及特点

(一)防伪包装的作用

有效的防伪包装应该既可以保护生产厂家的利益和声誉,又能保护消费者利益和身心健康,同时还能遏制假冒伪劣商品的泛滥,促进新技术、新工艺以及新的经营意识在产品开发、生产和改进方面的应用和推广。可为经济纠纷中一些产品真伪的识别提供科学的验证,使多层次的经销商和消费者放心选用,从而为所包装的产品增加信任度和安全感。

(二)防伪包装的特点

防伪包装是一般包装的延伸和发展,其特点就是防止人为的某些有目的的损害而对商品进行保护。防伪包装有时与一般包装外观上无任何区别,只有在特定条件下它的加密才显示出其防伪功能。防伪包装只有在流通交换中才发挥作用,即其功能表现在产品与人的交往过程中,而不像其他包装发挥在贮运过程中。而且,防伪作用有时还必须依靠社会有关机构来实现。总体来说，防伪包装关键的两个特性就是不易被仿造和容易识别。

二、防伪包装的分类

防伪包装的分类方法很多，主要依据以下原则进行分类。

(一)按识别真伪方法分类

(1)一线防伪包装技术　主要指大众化的识别真伪，这种方法只需要借助于简单的方法或不需要任何特殊技术，仅凭观察便可判别包装的真伪。

(2)二线防伪包装技术　指的是将特殊材料或者信息经过特殊工艺加入包装中去的防伪方法，它必须由专家(专业人员)或需要专门仪器才能识别。

(3)组合防伪包装技术　指将上述两种防伪包装技术组合使用，一是可以方便大众消费者识别，二是还可通过仪器科学评判验证。

(二)按包装种类分类

(1)防伪内包装　指在内包装上施以防伪技术。

(2)防伪外包装　指在外包装上施以防伪技术。

(3)标贴防伪　指将进行过防伪处理的特殊贴签放入包装中或贴于包装上。

(三)按包装材料分类

(1)材质防伪包装技术　指对作为包装容器的材料进行特殊处理，使之具备特殊的物理、化学功能。

(2)印刷油墨防伪包装技术　指利用特殊的防伪油墨制作特殊的防伪图案、色彩或文字等。

(3)加密防伪包装技术　指对包装容器所用的材料在加工过程中实施特殊的技术，使之具有加密功能，常见的有激光全息防伪包装等。

(四)按特种技术分类

按照此种分类方法，可分为多种特种包装技术，如信息防伪包装技术、核径迹防伪包装技术、条码防伪包装技术、重离子微孔防伪包装技术、电码电话防伪包装技术等。

情境四　防伪包装功能材料

防伪包装功能材料材质大体可以分为两类：①材料本身带有一定的特殊功能，称为结构型材料；②以普通材质为基体，加入具有特定功能作用的材质，称为复合型材料。下面介绍几种包装防伪领域常见的功能材料。

一、变色材料

变色材料主要是指受热或光照后颜色发生变化的新型功能材料，有热变色和光变色两种。热变材料按变色方式可分为可逆变色材料和不可逆变色材料两类。不可逆热变色材料制成的热变色油墨用于印刷包装上的标记时，标记一旦被破坏，颜色便不能恢复，可逆热变色油墨可多次反复使用。光变色油墨由光致变色材料与普通油墨混合加工而成，做成的包装标记一旦受到日光的照射，颜色便会发生变化，避光后恢复原色，不需要使用仪器设备进行检验真伪，可多次反复使用。

二、荧光材料

荧光材料受到外来含紫外线的光线照射时，可以吸收一定形态的能量，激发光子而不转化为热能，以低可见光的形式将吸收的能量释放出来，产生不同色相的荧光现象；当光停止照射后，发光现象便会消失。荧光材料与高分子树脂联结料、溶剂和助溶剂复配研磨后可得荧光油墨，被广泛地应用于包装防伪印刷品中。

知识窗

基于石墨烯的RFID在包装防伪中的案例分析

中国科学院报道了一种基于石墨烯的RFID防伪系统，不可被仿制、不可回收二次使用。将标签置在饮料瓶盖内，打开瓶盖后石墨烯标签内的天线和存储片自动断开而永久损坏，从而达到不能被重复使用的目的。

防伪识别过程大概可总结为当用户在购买产品时，通过靠近读卡器开始进行防伪识别，当标签进入RFID读写天线的范围后，标签接收读卡器发出的射频信号并产生感应电流，凭借感应电流所获得的能量发送出存储在芯片中的产品信息ID，读卡器通过中断的形式得知ID的信息，RFID读卡器读取ID信息后通过GPRS网络传输到企业应用端。同样，企业应用端通过GPRS模块远程接受来自客户端读卡器传输来的ID，再将此ID与企业服务器连接的数据库对比，确定此ID是否在数据库中，如果在，则返回此产品的所有信息，否则返回假货信息，并报警。

前端客户读卡器软件主要用于读取ID、通过GPRS网络与企业管理中心通信及报警显示功能。企业应用端的设计软件主要负责存储出厂时全球唯一的ID、用户报警记录以及完成和前端模块的通信。

在北京奥运会期间，RFID技术也起到了重要作用。当时装载着奥运蔬菜的冷藏车从北京市昌平区小汤山镇驶出，每一棵蔬菜上都贴着一张条形码标签，这是每棵蔬菜的“电子身份证”，它记录了每棵蔬菜的出生地及生产加工环节等相关信息。通过GPS定位系统跟踪，在监控室的屏幕上，可以看到一个红色的亮点正在向奥运村方向移动。这些“电子身份证”采用了先进的RFID技术，对奥运食品进行全程跟踪监控，从而保证了食品的安全。

三、光学变色薄膜材料

根据多层光学薄膜之间具有干涉效应的原理，一个多层薄膜结构层有其特定的反射光谱曲线，反射光谱随着入射角的改变而发生变化，反映在包装上会随着观看者的视角不同而出现如金、黄、绿、褐、蓝、灰等颜色变化。用光变油墨印制出的产品，油墨色块呈现一对颜色，如青—绿、绿—蓝等。若将油墨印迹倾斜45°左右，图案则由一个色相转移到另一个色相。光变油墨属于一种反射性油墨，具有珠光和金属效应，彩色复印机和电子复印机都不能复制，具有极强的防伪功能，可用于高档商品的外包装防伪。

四、纳米防伪材料

纳米防伪材料涂层具有较强的敏感性和化学性能，纳米多层组合涂层经过处理后，在可见光范围内出现荧光，可在各种标识表面施以纳米材料涂层，做成发光、反光标牌，改变纳米涂层的组成和特性，则可得到光变色、温变色和电变色等效应，产生特殊的防伪识别效果。利用纳米微粒的敏感性，可制取热敏材料、气敏材料等，将纳米微粒加入包装材料或制成涂料涂布于材料表面，做成防伪包装。人们在选择商品时可通过热度、光线或湿度进行鉴别，从而实现色彩防伪、理化效应防伪等。

实操演练 6-2　GB/T 1541—2013 纸和纸板 尘埃度的测定

一、实操目标

1. 了解尘埃度测定步骤和方法；
2. 掌握尘埃度计算方法。

二、实操原理

尘埃度定义为：每平方米纸和纸板上，具有一定面积的尘埃的个数，或每平方米面积的纸和纸板上尘埃的等值面积（mm^2）。

三、实操耗材

1. 材料

标准尘埃图：在一透明膜上印有不同面积和形状的尘埃系列，左半区为同一横行排列着面积相同，但形状不同的尘埃；右半区为同一纵列排列着面积相同，但形状不同的尘埃。

2. 仪器和设备

照明装置（0 W 日光灯，照射角应为 60°）、可转动的式样板（乳白玻璃板或半透明塑料板，试样板面积为 270 mm×270 mm）。

四、实操步骤

(1)将一张切取好的试样放在可转动的试样板上，用板上四角钳压紧，在日光灯下检查纸面上肉眼可见的尘埃，眼睛观察时的明视距离为 250～300 mm。用不同标记圈出不同面积的尘埃，用标准尘埃对比图鉴定纸的面积大小，也可采用按不同面积的大小，分别记录同一面积的尘埃个数。

(2)将试样板旋转 90°，每旋转一次后将新发现的尘埃加以标记，直到返回最初的位置为止。若为双面使用的纸和纸板，再按照上面方法检查试样的另一面。

(3)按上述步骤测定其余三张试样。

(4)分析结果的表述

结果可按产品标准或合同规定的分组进行计算。先计算出每一张试样正反面每组尘埃的个数，单面使用的纸和纸板仅测使用面的尘埃，双面使用的纸和纸板测试两面的尘埃，将四张试样合并计算，然后换算成每平方米的尘埃个数，结果取整数。

尘埃度按下式计算，以个/m^2 表示。

$$N_D = \frac{M}{n} \times 16$$

式中：N_D—尘埃度，单位为个/m^2；

M—全部试样尘埃总数；

n—进行尘埃测定的试样张数。

注1：如果同一个尘埃穿透纸页，两面均能看见时，按2个尘埃计算。

注2：如果尘埃大于5.0 mm^2，或超过产品标准规定的最大值，或是黑色尘埃，则取5 m^2试样进行测定。

五、实操技能点

1. 肉眼可见尘埃的识别。

2. 用标准尘埃对比图鉴定纸的面积大小。

情境五 防伪包装技术的应用

一、防伪包装技术

防伪技术的易识别性和不易仿造性是防伪包装的两种基本属性，下面介绍几种常见的防伪包装技术。

1. 材质防伪包装技术

包装材料是包装防伪的一种重要方式。用于包装防伪的包装材料应具备：材料的成分、配比及制作工艺技术在一定时期具有独占性；包装被使用后，应留下可辨认的一次破坏的痕迹；检验时不需要复杂的设备，只用人的感官或简单仪器就能识别。

2. 油墨印刷防伪包装技术

(1)温变色防伪油墨　由此种油墨印制的商标图案可以随温度的变化而改变原有的颜色。

(2)隐性荧光防伪油墨　此种油墨印制的产品在日光下无色，肉眼觉察不到，只有在紫外线的照射下才会发出红、黄、绿耀眼的可见光，显示发光暗记。

(3)红外线防伪油墨　此种油墨印成的标识在普通的日光下看不到，当受到特定波长红外线照射时，发出耀眼的鲜亮绿、红两种可见光，用来制作隐藏暗记效果较好。

(4)水敏油墨　此类油墨印品为黑色，遇水后立即改变颜色，水干后恢复为原色。

3. 结构防伪技术

常用的结构防伪包装是破坏性的，即在商品使用前，包装通过结构严密地保护内容物，只有把包装结构破坏后方可按触到内包装实物，是一种具有良好发展前途的一线防伪包装技术。打码技术、光刻技术、全封闭技术、收缩裹包技术等都属于结构防伪技术。

4. 条形码防伪技术

在制作防伪包装时，可利用条形码的有关标准、选择条形码的印刷位置和选用不同的油墨等方法来进行包装防伪，采用特殊的加密方法进行印刷。条形码具有多重防伪功能，具体的内容如产品类别、质量标准、商品物性等信息只有通过生产商或技术监督部门获得，一般消费者很难识别，属于一种二线防伪包装。

5. 激光全息防伪包装技术

激光全息防伪技术主要是利用光与物质相互作用时产生的散射、反射、透射、吸收和衍射等基本规律，以获得某种特殊的视觉效果，从而进行产品真伪的识别。

单一的技术方法难以达到理想的防伪效果，只有将高新技术与激光全息图像技术相结合，才能增大其仿造难度，增强防伪功能。

6.核径迹防伪技术

核径迹防伪技术是采用核尖端技术和核敏感设施制作防伪标志，具有不易扩散和制作设备不易得到的特点，是集技术和设备双重保险的防伪新技术。

二、防伪包装在食品中的应用实例

1.名酒的防伪包装

在进行包装防伪设计时要分析制假的主要途径，有针对性地进行防伪包装设计。目前，假冒名酒的途径可归纳为三种。

第一种是造假者利用旧的包装容器、标签等造假。对于这种制假者，生产厂家只要对包装或装潢进行巧妙设计，采用破坏性的防伪包装技术就可应对，可有效制止利用旧容器制假的途径。如用于内包装的单向保护阀门结构、防盗盖结构、一次性防伪酒瓶等防伪设计

第二种是造假者从黑市上买来新的包装容器、标签等实施制假活动。可采用两种措施：①利用复杂的技术，使造假行为不易实施；②生产厂家采用一项必须在生产线上实施的技术，且这种技术的投资较大，形成了投资性防伪。目前采用的技术有特种包装材料、激光烧印等。

第三种是某些经济实力雄厚、规模较大的制假企业，仿制各种名优产品，大批量制假。防止其制假的方法最好是密码防伪，将印字模版通过字形更换组合成不同的密码。

2.糖果的防伪包装

糖果防伪包装已从最初加贴防伪标识向包装材料本身和包装设计防伪、防伪印刷等现代防伪包装转变。目前糖果包装防伪方式主要有两种：一种是包装盒上加贴防伪标签，如激光全息防伪标识、荧光防伪标识、热敏防伪标识、电话防伪编码标识等；另一种是防止开启包装盒，通过加贴防伪防揭封条或封口签、在包装盒外使用激光全息薄膜封装等方式实现防伪。

情境六　防盗包装技术

对于商品的盗窃主要可分为两种形式：一种是对包装物整体的盗窃；另一种是对包装内容物的盗窃。防盗包装技术设计主要有以下几种方式。

1.螺旋扭断盖

螺旋扭断盖属于一种破坏性包装，利用瓶盖和其连接带断裂而使瓶盖开启后不可复位，从而达到防盗目的。

(1)传统盖　采用聚丙烯作为盖体材料，内垫采用改性聚乙烯，通过内垫机塑压成型，盖体与内垫黏结成为一体。

(2)一片式盖　采用压塑设备，其材料为高密度聚乙烯。

(3)两片式内塞盖　它是由内塞盖体和内塞相互装配而成，采用聚丙烯作为盖体材料，聚乙烯作为内塞材料。内塞可通过内塞机嵌入盖体，盖与塞间不黏结，有一定的活动空间。

2. 力学定位设计

力学定位设计主要是利用弹性力学和材料力学中材料的受力与变形关系设计，包装容器的瓶塞压入瓶口密封过程中受到径向力作用而产生弹性变形。它主要有瓶塞压合定位、玻璃球堵口定位和旋盖定位三种。如瓶塞压合定位是利用特定瓶塞压入瓶口内，使瓶塞产生变形，实现封口和密封。当开启密封塞后，塞失去弹性而不能再次密封。

3. 胶质定位设计

它主要包括普通胶质和热熔胶质两种，是非复位性防伪包装中最重要的一种方法。普通胶质是利用普通胶黏剂对包装容器的封口件，如盖、塞等进行黏合，开启后难以复回原位。热熔胶质是指普通胶质难以实现的非纸品包装容器，如易拉罐的封口，它只有在启封破坏后才能取出内容物，不可复位。

4. 填充定位设计

填充定位设计是指选用较合适的材料，对包装进行填充定位，充填后可固定成型，一旦打开后便不可恢复原样以防盗。

5. 机械定位设计

机械定位设计是指包装件封合时靠机械力产生变形，封合完后卡合部位恢复原来尺寸后自锁。如要打开包装时，卡合部位被撕破而不能再卡合。

6. 组合定位设计

利用封口部位各部分元件将包装严密封合，使用物品打开时，必须将封口处各个元件破坏方能取出内容物。

项目四 无菌包装技术

任务目标

- ☞ 无菌包装技术的理解；
- ☞ 无菌包装材料的认知；
- ☞ 无菌包装杀菌技术的掌握。

情境一 无菌包装技术概述

所谓食品无菌包装技术，是指把被包装食品、包装材料和容器分别杀菌，并在无菌环境条件下完成充填、密封的一种包装技术。无菌包装的最大特点是被包装食品和包装材料容器分别杀菌。无菌包装的食品一般为液态或半液态流动性食品，其特点为流动性好、可进行高温短时杀菌或超高温瞬时杀菌，产品色、香、味和营养素的损失小，这对热敏感食品，如牛奶、果蔬汁等保持风味品质具有重大意义。在无菌条件下包装的食品可在常温下贮存流通。

目前，无菌包装技术广泛应用于果蔬汁、液态乳类、酱类食品和营养保健类食品的包装，随着科学技术的进步，消费者对食品营养、风味等要求的日益提高，无菌包装的应用范围将会更加广泛。

知识窗

无菌杀菌技术

1. 欧姆法加热技术

欧姆法加热技术其优点是可加工黏度较高或颗粒较大的液体食品，颗粒直径可到2.5 cm。目前存在的主要问题是系统的预杀菌仍需采用过热蒸汽，因此，在无菌系统的配置时要配成混合式。

2. 超高压杀菌

它是将产品置于500 MPa以上的压力下杀菌一段时间，杀死其中大部分或全部的微生物、钝化酶的活性，从而达到保存食品的目的，没有色、香、味及营养成分的劣变，可以较多地保留食品原有的风味。

3. 微波灭菌

与欧姆加热杀菌的主要区别在于前者采用高频而后者采用低频。微波灭菌除了加热效应以外，还有相当的非热杀菌效应。生物体内的极性分子在微波场中产生强烈的旋转效应，这种旋转使微生物的营养细胞失去活性或破坏微生物的酶系统，造成微生物的死亡。

4. 放射线杀菌

将产品收入由钴 60 为原料的放射室中，由其产生的 γ 射线进行杀菌。目前，这种方法主要用于无菌大包装袋的成批杀菌。

5. 磁力杀菌

把需杀菌的食品放入 0.6 特磁场的 N 极与 S 极之间，经过连续搅拌，不需加热，即可达到杀菌的效果。对食品中的营养成分无任何影响，此种技术主要适合于流动性食品的杀菌。

6. 高压电场杀菌

将食品送入装有相互平行的两个脉冲管内，触点接通后电容器通过一对碳极放电，在几秒钟内完成杀菌。该技术可以克服因加热而导致的蛋白质变性和微生物破坏，可用于果品蔬菜的杀菌与贮藏保鲜。

7. 静电杀菌

食品不直接处在电场中，而是利用电场放电形成的粒子空气和臭氧处理，可以取得良好的杀菌效果。该技术可用于瓶装食品、罐装食品、糖果类、果蔬类食品的杀菌与保鲜。

情境二　无菌包装材料

现将几种包装形式和对应的包装材料简介如下：

1. 无菌纸板包装

无菌纸板包装的材料是纸板/铝/塑复合材料，其中纸板是结构材料，铝箔是阻隔材料，聚乙烯是与食品接触的内层材料，且是热封材料。无菌纸板包装容量一般在 200～1 000 mL，包装形式为砖形包和屋顶包，主要用于奶制品、果汁、饮料等的包装。

2. 无菌杯式包装

无菌杯式包装使用的杯体材料为多层共挤的中性无菌包装片材。无菌杯式包装的材料结构中，铝箔是阻隔材料。用 MDPE、LDPE 和 VA 含量 7% 的 EVA3 层共挤膜做中间层，MDPE 刚性较好，IDPE 较为便宜，用 EVA 作热封层，可以降低热封温度，提高生产线的线速度。

3. 无菌大袋包装

无菌大袋包装是指包装容量为 5～220 L，最大可达 1 000 L 的复合袋包装。这种包装形式已基本取代了由铁桶或塑料桶做外包装，大袋包装的材料结构有两种形式：PET 膜/铝箔/PE 膜和 PET 镀铝膜/PE 膜，我国一般都采用铝箔做阻隔材料。

4. 无菌铝/塑包装和瓶包装

无菌铝/塑包装的包装方法类似于无菌纸包装，不过使用的材料是铝/塑复合膜，包装形式是袋装。

5. 液体食品无菌包装复合纸

液体食品采用无菌包装，已成为国际化比较流行的趋势，其中尤以铝箔复合纸包装较为普遍，因这种包装形式能使被包装物保存于不透光、不透气、无菌的理想环境中，在常温下也能保持 12 个月以上且品质不变。

情境三　无菌包装杀菌技术

这里主要介绍无菌包装材料、容器和设备的杀菌方法。

一、无菌包装材料的杀菌方法

无菌包装材料的杀菌方法视材质而不同。

目前，无菌包装普遍使用纸塑类多层复合软包装材料或片材热成型容器，这类材料在复合加工时的温度高达 200 ℃左右，这相当于对包装材料进行了一次灭菌处理。但贮运、印刷等加工过程会重新被微生物污染，如果直接用来包装食品则会造成微生物的二次污染。因此，在无菌包装时必须对包装材料单独进行杀菌处理。

纸塑类包装容器的杀菌有物理和化学两种方法：物理方法常用紫外线辐射杀菌；化学方法常用 H_2O_2杀菌。

紫外线杀菌紫外线在波长 250～270 nm 范围内有较好的灭菌效果，且与照射强度、时间、距离和空气温度有关。对于表面光滑无灰尘的包装材料，采用紫外线可杀灭表面上的细菌；对于凹凸的铝箔表面，杀菌时间比光滑表面长 3 倍；对不规则形状的包装容器表面，则灭菌照射时间要比平面长 5 倍。

过氧化氢（H_2O_2）是一种杀菌能力很强的杀菌剂，毒性小，在高温下分解成氧和水，“新生态氧”极为活泼，有极强的杀菌力。H_2O_2杀菌力与 H_2O_2的浓度和温度有关，H_2O_2浓度越高、温度越高，其杀菌效力就越好。

H_2O_2和紫外线并用的杀菌方法，只需在常温下施行就可立即产生的杀菌效果。

二、包装系统设备及操作环境的杀菌方法

1. 包装系统设备的杀菌

无菌包装系统设备杀菌处理一般采用 CIP 原位清洗系统实施，根据产品类型可按杀菌要求设定清洗程序，常用的工艺路线为：热碱水洗涤—稀盐酸中和—热水冲洗—清水冲洗—高温蒸汽杀菌。

2. 操作环境的杀菌

操作环境的无菌包括除菌和杀菌两项工作。除菌是防止细菌和其他污物进入操作环境，主要采用过滤和除尘方法实现，杀菌可采用化学和物理方法并用进行，并定期进行紫外线照射，杀灭游离于空气中的微生物。

工作单 6-2 探究无菌包装材料的杀菌方法

无菌包装材料	杀菌方法

情境四 无菌包装系统及在食品工业中的应用

一、典型食品无菌包装系统

(一)纸盒无菌包装系统

这种类型的无菌包装系统发展迅速,我国主要引进的是 TetraPak 公司的利乐砖形、屋顶形包无菌包装机和国际纸业公司的 SA-50 无菌包装系统。

1. Tetra Pak

利乐砖形包无菌包装机,该机采用卷筒材料输入立式机器进行杀菌、成型、充填和封合,砖形容器由 5～7 层材料组成,典型材料结构为:PE/印刷层/纸板/PE/AI/PE/PE。这种机器采用 H_2O_2 和高温热空气进行包装材料的无菌处理。我国早期引进的机型为 L-TBA/8 型,近几年引进的机型为 TBA/9。

2. SA-50 无菌包装系统

先由 35%的 H_2O_2 在槽中经 80 ℃处理 9～12 s,然后在通过滚轮的过程中 H_2O_2 逐渐减少;当通过 120 ℃热空气喷射后,材料上的 H_2O_2 完全被除去;此后,在无菌的成型填充工作区内完成成型、填充和密封操作;用过压无菌空气保持成型填充工作区域操作环境的无菌状态。

(二)采用预成型容器的无菌包装系统

这种无菌包装系统不用卷筒材料,而是用预先压痕并接缝的筒形材料,在机器无菌区之外预先成型,然后用 H_2O_2 和加热杀菌,用于牛奶和果汁饮料之类的无菌包装。

(三)塑料瓶(杯)无菌包装系统

塑料瓶无菌包装系统是以热塑性颗粒塑料为原料,采用吹模工艺制成容器,然后在无菌环境下直接在模中进行物料的充填、封口。由于在容器成型过程中经高温处理已是无菌,故无须二次灭菌,适用的材料为聚烯烃类,如 PE、PP 及其共聚物。用于超高温灭菌乳、果味奶、婴儿配方乳、水果饮料等不含气饮料,常用的包装规格为 150～1 000 mL。

(四)衬袋盒(箱)无菌包装

衬袋盒(箱)是液体或半液体食品方便又经济的一种包装形式,采用蒸汽杀菌,安全可靠,且可进行杀菌温度和时间的测量记录,可适用牛奶、各种果蔬汁和浓缩汁等不含颗粒和纤维液体食品的无菌充填。采用 CIP 原位清洗系统,与 UHT 杀菌配套,操作管理简便。

二、无菌包装技术在食品中的应用

随着新型包装材料和灭菌新工艺的不断涌现，无菌包装从药品、乳品向啤酒、果汁、软饮料等热敏性食品领域扩展延伸，无菌包装的市场份额随之迅速增加。同时，欧美发达国家的先进无菌包装设备也逐步进入国内市场。

1. 牛奶

国内外已经普遍采用无菌技术进行包装，对鲜奶进行高达 135 ℃的超高温瞬间灭菌，在密封无菌条件下用六层铝塑复合无菌包装材料灌装、封合，避免影响牛奶变质的因素与其接触，鲜奶包装的常温保质期可达 1.5 个月。

2. 果蔬汁

目前，国际上大部分的零售无菌包装食品是乳或含乳制品，美国绝大部分的饮料采用无菌包装。我国无菌小包装产品主要是果汁、蔬菜汁饮料、乳饮料，大容量无菌包装产品主要是蔬菜浆和浓缩果汁。

3. 豆浆

对豆浆进行 UHT 杀菌，在消灭全部微生物后于封闭无菌环境中包装，控制产品中的微生物数量，再配以避光性极强的包装膜，产品可在常温下存放 30 d 以上。

4. 肉制品

低温保鲜、冷藏是肉制品保鲜的重要途径之一，无菌包装方法可有效延长低温肉制品的保鲜期。

项目五　改善与控制气氛包装技术

任务目标

☞ 真空和充气包装机理的理解；

☞ 真空和充气包装工艺要点的认知。

情境一　真空和充气包装

一、真空包装

1. 食品真空包装的意义

食品真空包装是把被包装食品装入气密性包装容器，在密闭之前抽真空，使密封后的容器内达到预定真空度的一种包装方法。常用的包装容器有金属罐、玻璃瓶、塑料及其复合薄膜等软包装容器。

真空包装技术用于玻璃和金属罐的食品包装已有百余年的历史，这两种包装容器的气密性极好，只要封口的密封性可靠，就可以长期地贮存食品，但玻璃瓶较重且易破损，金属罐则易锈蚀。20 世纪 50 年代，开始采用塑料及塑料与纸和铝箔等的复合软包装材料进行真空包装，生产食品软罐头和袋装食品，由于重量轻，贮运流通及食用方便而取代了瓶装和罐装食品，得到很快的发展。

2. 真空包装的机理

真空包装的目的是减少包装内氧气的含量，防止包装食品的霉腐变质，保持食品原有的色、香、味并延长保质期。附着在食品表面的微生物一般在有氧条件下才能繁殖，真空包装则使微生物的生长繁殖失去条件。

对微生物来说，当 O_2 浓度≤1%时，它的繁殖速度急剧下降，在 O_2 浓度为 0.5%时，多数细菌将受到抑制而停止繁殖。另外，食品的氧化、变色和褐变等生化变质反应都与氧密切相关，当 O_2 浓度≤1%时，也能有效地控制食品油脂的氧化变质。

食品真空包装的保质效果不仅取决于采用较高真空度的包装机械，也取决于采用正确合理的包装技术。加工食品经真空包装后还要经过 80 ℃、15 min 以上的加热杀菌，生鲜食品在真空包装后应在低温状态(10 ℃以下)下流通和销售。

二、充气包装

1. 充气包装特点

充气包装是在包装内充填一定比例理想气体的一种包装方法，目的与真空包装相似，通过破坏微生物赖以生存繁殖的条件，减少包装内部的含氧量及充入一定量理想气体来减缓包装食品的生物生化变质。区别在于真空包装仅是抽去包装内的空气来降低包装内的含氧量，而充气包装是在抽真空后立即充入一定量的理想气体如 N_2、CO_2 等，或者采用气体置换方法，用理想气体置换出包装内的空气。

经真空包装的产品，因内外压力不平衡而使被包装的物品受到一定的压力，容易黏结在一起或缩成一团；酥脆易碎的食品如油炸土豆片、油炸膨化风味食品等易被挤碎；形状不规则的生鲜食品，易使包装体表面皱折而影响产品质量和商品形象；有尖角的食品则易刺破包装材料而使食品变质。充气包装既有效地保全了包装食品的质量，又能解决真空包装的不足，使内外压力趋于平衡而保护内装食品，并使其保持包装形体美观。

2. 充气包装保质机理

充气包装常用的充填气体主要有 N_2、CO_2、O_2 及其混合气体，其他很少用的气体有 NO_2、CO、SO_2 等。

(1)二氧化碳　空气中 CO_2 的正常含量为 0.3%。CO_2 在低浓度下能促进许多微生物的繁殖，但在高浓度下却能阻碍大多数需氧菌和霉菌等微生物的繁殖，延长微生物增长的停滞期和延缓其指数增长期，因而对食品有防霉和防腐作用；但 CO_2 不能抑制厌氧菌和酵母菌的繁殖生长，若存在这类微生物时还需采用其他气体或方法抑制其增长。在混合气体中 CO_2 的浓度超过 30%就足以抑制细菌增长，在实际应用中，因 CO_2 易通过塑料包装材料逸出和被食品中水分和脂肪吸收，混合气体中 CO_2 的浓度一般超过 50%。

CO_2 溶于水中会产生弱酸性的碳酸，因 pH 的降低而对微生物产生抑制作用；同时，CO_2 对油脂及碳水化合物等有较强的吸附作用而保护食品减少氧化，有利于食品贮藏。

(2)氮气　N_2 在空气中占 78%，作为一种理想惰性气体一般不与食品发生化学作用，包装中提高 N_2 浓度则相对减少 O_2 浓度，能防止食品氧化、抑制细菌生长。N_2 不直接与食品中的微生物作用，它在充气包装中的作用有两个：一是抑制食品本身和微生物的呼吸；二是作为一种充填气体，保证包装在产品呼吸消耗包装内的 O_2 后仍有完好外形。

(3)氧气　O_2 在空气中占 21%，是生物赖以生存不可缺少的气体。O_2 的个性活跃，会引起食品变质和加速腐败细菌的生长，一般包装内都不允许存在。

含氧充气包装特别适用于生鲜果蔬的保鲜包装。不同果蔬要维持其正常代谢而保持其新鲜所需的氧浓度是不同的，这主要取决于果蔬的品种、成熟度等许多因素。采用适当的包装材料和包装方法，控制果蔬贮存环境的氧分压和呼吸速度，这就是近代开发的果蔬气调保鲜包装(CAP)技术。O_2 常与 CO_2 和 N_2 混合成理想气体用于生鲜食品的充气包装，维持生鲜食品内部细胞一定的活性，延缓其生命过程，保持一定程度的生鲜状态。

在应用充气包装技术时，根据被包装食品的性能特点，可选用单一气体或上述三种不同气体组成的理想气体充入包装内，以达到理想的保质效果。一般情况下，N_2 的稳定性最好，可单独用于食品的充气包装而保持干燥食品的色、香、味；对于那些有一定水分活度、易发生霉变等生物性变质的食品，一般用 CO_2 和 N_2 的混合气体充填包装；对于有一定保鲜要求的生鲜食品，则需用一定氧气浓度的理想混合气体充填包装。

工作单 6-3　说明充气包装中的保护性气体及其作用

保护性气体	作用

情境二　真空和充气包装工艺要点

一、真空包装材料的选择

真空或充气包装后受大气环境的影响，包装容器内含氧量或混合气体各组分的浓度会发生变化，选择包装材料的原则是减少大气环境的影响，获得尽可能长的保质期。

为保持或维持包装容器内的气氛状态，食品真空充气包装对包装材料提出了不同的要求。根据食品保鲜特点，用于真空和充气包装的材料对透气性的要求可分为两类：①高阻隔性包装材料，用于食品防腐的真空和充气包装，减少包装容器内的含氧量和混合气体各组分浓度的变化；②透气性包装材料，用于生鲜果蔬充气包装时维持其低的呼吸速度。

真空和充气包装对包装材料的透湿性能要求是相同的，对水蒸气的阻透性越好越有利于食品的保鲜。

塑料包装材料的透气和透湿性能随聚合物分子结构、薄膜厚度和温湿度等因素而变化。

用作真空包装的塑料薄膜一般要求透氧性较小，如 PET、PA、PVDC 和 EVAL 等薄膜具有良好的阻气性，但这些材料一般不单独使用，考虑到薄膜材料的热封性和对水蒸气的阻隔性，常将 PE 和 PP 等具有良好热封性能的薄膜复合成综合包装性能较好的复合材料。

用作充气包装的塑料薄膜，一般要求对 O_2、CO_2 和 N_2 均有较好的阻透性，常选用以 PET、PA、PVDC 和 EVAL 等为基材的复合包装薄膜。对于风味食品也要求包装具备避光及展示效果，常选用以铝箔为基材的复合包装材料。

二、真空和充气包装的工艺要点

1. 注意贮存环境温度对真空和充气包装效果的影响

各种包装材料对气体的渗透速度与环境温度有着密切关系，一般温度提高其透气度也随着增大。真空和充气包装的食品，宜在低温下贮存，若在较高温度下贮存，会因透气率的增大而使食品在短期内变质；对生鲜食品或包装后不再加热杀菌的加工食品，应在低温（10 ℃以下）贮藏和流通。

2. 注意真空和充气包装过程的操作质量

热封时要注意包装材料内面在封口部位不要粘有油脂、蛋白质等残留物，确保封口质量。

对真空包装的加热杀菌处理，要严格控制杀菌温度和时间，避免加热过度造成内压升高致使包装材料破裂或封口部分剥离，或由于加温不足而达不到杀菌效果。另外，真空包装时必须充分抽气，特别注意对生鲜肉类和不定形食品的真空包装，不能残留气穴，防止残存空气导致残存微生物在保质期内繁殖而使食品腐败变质。

3. 真空和充气包装的适用范围不同

真空包装由于包装内外有压差，所以一般不宜用于易被压碎或带棱角的食品，对这类食品，如果常规包装方法不能保持其风味和质量而又有一定包装要求时，一般考虑采用充气包装。

工作单 6-4 统计生鲜食品和加工食品的充气包装情况

食品	充入气体	充气目的

情境三 MAP和CAP包装技术

一、MA和CA气调系统原理

MA(modified atmosphere)的意思即改善气氛，指采用理想气体组分一次性置换，或在气调系统中建立起预定的调节气体浓度，在随后的贮存期间不再有人为的调整。

CA(controlled atmosphere)即控制气氛，指控制产品周围的全部气体环境，即在气调贮藏期间，选用的气体浓度一直保持稳定的管理或控制。

对于具有生理活性的食品，减少 O_2 含量，提高 CO_2 浓度，可抑制微生物繁殖和酶反应，但如果过度缺氧，则会造成厌氧呼吸，产生变质腐败。CA 或 MA 不是单纯地排除 O_2，而是改善或控制食品贮存的气氛环境，以尽量显著地延长食品的包装有效期。判断一个气调系统是 CA 型还是 MA 型，关键是看对已建立起来的环境气氛是否具有调整和控制功能。

二、MAP和CAP

改善和控制气氛包装也称气调包装，是最有发展前景的食品保鲜包装技术，其特点是：以小包装形式将产品封闭在塑料包装容器内，封闭后包装内的理想气氛一般不再人为管理，对于较大的包装件，在贮藏期间也可实施适当的换气管理。

根据包装后包装材料对内部气氛的控制程度而分为 CAP(controlled atmosphere packing)和 MAP(modified atmosphere packing)。MAP 和 CAP 不同之处在于对包装内部环境气体是否具有自动调节作用，从这个意义上看，传统的真空和充气包装属 MAP 范畴。

1. MAP

MAP 即改善气氛包装，指用一定理想气体组分充入包装，在一定温度条件下改善包装内环境的气氛，并在一定时间内保持相对稳定，从而抑制产品的变质过程，延长产品的保质期。MAP适用于呼吸代谢强度较小的产品包装。

MAP包装材料必须控制混合气体及水蒸气的渗透速率。果蔬类产品的MAP应选用具较好透气性能的材料，肉类食品和焙烤制品应选用具较高阻隔性的包装材料，以维持包装内部的理想气氛。

食品MAP后的贮藏温度对保鲜包装效果影响很大，一般需在0～4 ℃温度条件下贮藏和流通。

2. CAP

CAP即控制气氛包装，包装材料对包装内的环境气氛状态有自动调节作用，要求包装材料具有适合的气体可选择透过性，以适应内装产品的呼吸作用。

包装内的理想气体状态可由包装后产品的呼吸作用自发形成，也可在包装时人为提供（配气），对本来就有较长贮藏寿命，且气调是为了延长产品贮藏期的产品，可用自发形成的方式；而对那些只有很短贮存寿命的产品，则可考虑人为提供理想环境气氛，使包装系统很快进入气调稳定状态。同时可在包装内引用活性炭之类的吸附剂，以吸附由产品呼吸代谢而产生的乙烯等有害气体。

果蔬包装体系是一个典型的薄膜封闭气调系统，对生鲜果蔬，CAP与低温贮存并用可获得非常好的保鲜效果。影响果蔬包装内部气氛动态的因素有：产品种类品种、成熟度、质量及温度、O_2和CO_2分压，乙烯浓度、光线、包装膜的渗透性、结构、厚度、面积等。

探究实验6-1　真空包装对食品保质期的影响

一、实验原理

真空包装能不同程度地降低包装容器内的氧气含量，从而减轻氧对食品造成的不利影响：马铃薯中富含多酚氧化酶及酚类物质，切分后的马铃薯在有氧条件下会迅速发生酶促褐变，通过真空包装配合气密性好的包装材料可抑制褐变，防止切片马铃薯变色。馒头容易霉变，在气密性好的包装容器中封入适量脱氧剂，可使容器内氧气全部脱除。

二、实验器材

1. 实验材料

PE塑料袋，PA/PE塑料袋，Al/PE塑料袋，马铃薯，馒头。

2. 实验设备

刀具，真空封口机，普通热压封口机，色差仪。

三、实验步骤

1. 真空包装对马铃薯切片褐变的抑制作用

(1)准备厚度、大小一致的PE、PA/PE塑料袋各12个。

(2)将洗净外皮的马铃薯切成厚度2～3 mm、大小均匀一致的厚片，每袋1片，迅速装入袋中。

(3)即时将袋子进行真空包装和普通热压封口包装。

(4)记录包装日期及时间。

包装好的马铃薯片于30 min、1 h、24 h后拆包，观察其褐变的情况并记录马铃薯片的L值(每次处理观察两袋)。

2. 真空包装对馒头保质期的影响

(1)准备厚度、大小一致的PE、PA/PE、Al/PE塑料袋各18个。

(2)将馒头切成厚度约5 mm、大小均匀一致的厚片，每袋1片，装入袋中。

(3)装有馒头片的PE、PA/PE、Al/PE的塑料袋分别进行真空包装和普通热压封口包装和脱氧包装。

(4)记录包装日期及时间：包装好的馒头片于5 d、10 d、15 d后拆包，观察其霉菌生长的情况并记录。(霉斑的多少以＋表示，数量越多表示霉变越严重，每处理观察两袋)。

四、实验注意事项

(1)马铃薯、馒头切片的大小、厚度尽量均匀一致。

(2)马铃薯易褐变，切好后应尽快装入袋中。

五、实验成果

记录不同处理马铃薯褐变程度，记录不同处理馒头霉菌生长情况。根据记录得出真空包装对食品保质期的影响。

项目六　活性与智能包装技术

任务目标

☞ 活性包装含义的理解；

☞ 活性包装系统和技术的熟知；

☞ 脱氧活性包装技术、抗菌活性包装技术和智能活性包装技术的比较。

情境一　活性包装技术概述

一、活性包装概述

传统的食品包装主要通过物理方式使被包装食品与外界相对隔绝而保持食品品质，是一种静态的包装方式，称为惰性包装。随着食品加工、运输和贮存一体化技术的大规模发展，食品的流通扩展到世界各地，不仅需要食品维持较长的货架寿命，而且还需要保持营养和新鲜的品质，同时人们对身体健康的关注及对食品质量要求不断提高，这对从加工产地流通到销售市场的食品的安全和质量提出了新的挑战，在这种时代背景下具有特定功能的活性包装应运而生。活性包装最先出现的形式是在包装袋内加入各种气体吸收剂和释放剂，除去多余的 CO_2、乙烯及水蒸气，及时补充 O_2，使包装袋内维持一种适合于具有生物活性的食品贮藏保鲜的适宜气体环境，从而在保持食品原有品质的同时，提高食品的安全性和感官特性，延长食品货架期。这种包装最先用于具有生命产品的包装，也称“维持生命包装”，其包装特点是维持其产品所具有的生命，而不是单纯地保护其色、香、味，是一种动态的包装。

二、活性包装的分类

(1)按所包装的产品类别　分为植物活性包装和动物活性包装：植物活性包装主要研究幼苗花卉及果蔬的包装；动物活性包装重点研究水产品如活鲜鱼类、动物雏禽(鸡、鸭等)的包装。

(2)按功能特性　可分为抗菌、控氧、调湿、除乙烯、风味释放和吸收控温及智能检测等类型。

三、活性包装系统及活性包装技术

活性包装系统又称活性保鲜系统，指用于活性包装，使活鲜物品在一段时间内维持生命的系统，这种系统向活鲜物品(动、植物)提供维持生命的起码条件，动态保证食品安全。目前主要的活性包装系统有：氧气控制系统、二氧化碳控制系统、乙烯吸收系统、水分控制系统、抗菌系统、温度控制系统、智能检测系统。

活性包装所用到的材料称为活性包装材料，所用的技术称作活性包装技术。活性包装技术是通过包装材料与包装内部的气体及食品之间的相互作用，来有效地延长商品的货架期或改善食品的安全性和感官性质，并保持食品品质的包装技术。作为一种新型的包装技术大大促进了食品工业的发展，并展示出其良好的应用前景。

情境二　脱氧活性包装技术

氧气可以引起食物成分中油脂、维生素和色素等氧化，霉菌和好氧菌的增殖。真空包装或充气包装不能完全彻底地除去氧气，仍有少量的氧气（0.1%～2%）残留在包装内，对于贮存过程中通过包装薄膜渗透进入的氧气无法去除。为了最大限度地减少包装中的氧气，需要使用氧气脱除剂，简称脱氧剂。它是一种能与氧气反应从而去除氧气的化学物质，或是一种能催化某些反应从而去除包装袋中氧气的酶，可以避免氧气引起食物腐败和品质劣变。脱氧剂已广泛应用于焙烤食品、肉制品、茶叶、啤酒等。抗坏血酸、铁粉、不饱和脂肪酸和生物酶等常用作氧气脱除剂。

工作单 6-5　总结典型加工食品中脱氧剂的作用

食品	脱氧剂	作用

工作单 6-6　比较脱氧包装、真空包装及充气包装

包装类型	原理	除氧率	设备
脱氧包装			
真空包装			
充气包装			

情境三　抗菌活性包装技术

抗菌活性包装是指能够杀死或者抑制污染食品的腐败菌和致病菌的包装，通过在包装系统里增加抗菌成分，使其具有抗菌功能，能够有效地提高食品的货架寿命。抗菌剂加入活性包装中的形式有：将具有挥发性的抗菌物质置于小袋中并放入包装内；将抗菌物质直接加入高分子聚合物中；将抗菌物质涂抹在高分子聚合物的表面；使抗菌物质通过化学键固定在聚合物表面；使用某些具有抑菌活性的高分子聚合物。可以用在包装材料中的抗菌剂：有机酸（乙酸、丙酸、苯甲酸、山梨酸酯等）、细菌素（乳酸链球菌素、乳酸菌细菌素等）、酶（溶菌酶、葡萄糖氧化酶）、杀真菌剂（苯菌灵、抑霉唑等）、天然抗菌剂、阴离子等。

情境四　乙烯清除活性包装体系

乙烯作为一种植物成熟激素，可以促进呼吸作用，引起水果的成熟、衰老、软化；可以促进叶绿素的降解，从而导致绿色植物组织变黄，以及引起果蔬采后各种异常的生理变化等。乙烯可以被多种物质吸收或吸附，如活性炭、硅胶、硅藻土、铝硅酸盐、分子筛等。许多氧化剂（如重铬酸钾、高锰酸钾）已被添加到吸附剂内来脱除吸附的乙烯。乙烯可以被高锰酸钾氧化成二氧化碳和水，许多乙烯脱除剂都以高锰酸钾为基础材料，将其吸附到表面积巨大的载体上使用，如盐类、硅胶、活性炭等。

情境五　智能型包装技术概述

智能包装是指能监测并指示包装内部食品周围环境变化的包装技术，它可以提供食品在存储和运输过程中的相关质量信息。通过智能包装可以获取诸如新鲜度、微生物污染、温度变化、包装完整性等产品信息。

1. 时间温度指示卡

时间温度指示卡可以记录食品在不同温度下所经历时间的长短（温度历史），并通过其颜色变化向消费者传递包装食品的货架期相关信息。时间温度指示卡的原理主要基于酶促反应、扩散、化学反应等，通常以机械变形或颜色变化的形式表现为可目测响应。

2. 泄漏指示卡

包装的密封性是保持无菌食品和自发气调包装食品等产品品质的必要条件。泄漏指示卡可以指示包装在整个流通过程中的完整性。无呼吸作用食品的气调包装特点是较低质量分数的氧气和高质量分数的二氧化碳，泄漏会导致氧气质量分数的增加和二氧化碳质量分数的降低。泄漏指示卡通常贴在包装的内侧，可以提供包装内这两种气体的质量分数信息，从而指示包装的完整性。

3. 氧气指示卡

典型的可视氧指示卡包括一种具有氧化还原作用的染料、一种还原化合物和一种碱性物质。当指示卡上的染料被氧化时，可以观察到染料颜色的变化。非可视化氧气指示卡含有能发荧光的内置体系，通过外部设备检测荧光强度来测定包装内的氧气质量分数。与可视化的氧气指示器相比，它能更客观，更准确地反映氧气的质量分数。

4. 二氧化碳指示卡

在 MAP 中，高质量分数的二氧化碳作为保护气被广泛应用，在包装后的一定阶段，二氧化碳质量分数显著降低是包装泄漏的明显特征。由于二氧化碳的聚集可以看作微生物生长的标志，二氧化碳指示卡也可以作为指示食品新鲜度的指示物质。

5. 新鲜度指示卡

新鲜度指示卡可以直接提供产品品质的信息。食品中腐败微生物的代谢会产生许多代谢产物，新鲜度指示卡是基于腐败微生物的代谢产物会引起指示标签变色的原理。

6. pH 敏感指示卡

这种指示卡大多是基于 pH 染色液的应用，当遇到腐败过程产生的挥发性化合物时，pH 染色液的颜色会发生变化。pH 敏感型指示剂的目标分子，除了二氧化碳外，还有 SO_2，NH_4，挥发性胺和有机酸。

7. 病原体指示卡

病原体指示卡用来检测食品中的特定污染物(某些致病菌和毒素)。它可以通过固定的抗体来检测病原体(沙门氏菌、弯曲杆菌、大肠杆菌和李斯特菌)。

8. 生物传感器

生物传感器是一种微型的分析装置，能够检测、记录、传递特定生物反应的信息。这些装置由生物部分和物理部分组成，生物部分可与特定分析物反应，物理部分可将生物信号转换为物理信号。物理信号可以用多种方法检测，如安培计、电位计、光学或者测热量的方法。

9. 射频识别技术

射频识别是一种非接触式无线数据通信形式，它由射频识别标签和识别器组成，标签会对从识别器天线发出的信号进行响应，并将它的信息通过无线电波反馈给识别器。射频识别标签提供一种非接触的，在视距之外传输信息的方式，而且传输信号能够穿透包括生物质在内的非金属材料，因为它可以唯一地识别这个物品，增加了这种技术用于召回物品的可能性。

知识窗

静电纺丝在食品活性包装中的应用

静电纺丝是一种新型纤维制造技术，可以快速获得微米乃至纳米级别的纤维，被认为是制造纳米纤维材料最有潜力的方法之一。

利用静电纺丝技术制备的活性包装材料通过直接与食品接触或向环境中释放活性物质，可以维持食品品质，延长食品货架期，近年来在食品保藏研究领域已有不少报道。

新鲜果蔬水分活度高并含有丰富的营养物质，在贮运过程中易发生水分蒸发、氧化以及滋生微生物，带来品质下降和腐烂等问题。目前针对静电纺丝活性包装在新鲜果蔬中的应用研究主要集中在延缓果蔬成熟方面。将含有纳米二氧化钛颗粒的纳米纤维膜贴在保鲜盒内部，用于保藏香蕉和番茄，可以显著降低保鲜盒内乙烯含量，香蕉和番茄的颜色变化均较小，且维持了较高的硬度。

抑制微生物繁殖和脂质氧化是维持肉类品质的关键，所以静电纺丝纳米纤维膜在肉类保藏中的研究也主要集中在这两方面。研究最多的是抑制肉类中微生物的繁殖。将百里酚/环糊精包合物用于制备静电纺丝纳米纤维膜，并将其用于牛肉的保藏，4 ℃下保藏 5 d 后，对大肠杆菌和金黄色葡萄球菌的抑制率达到了 85%以上。将壳聚糖和聚环氧乙烷溶液共混静电纺丝得到纳米纤维膜，用于包装接种细菌的冰鲜牛肉，4 ℃下保藏 7 d 后，细菌的活力降低 95%。

静电纺丝活性包装材料还可用于乳制品、坚果以及烘焙食品的保藏。将姜精油添加到大豆分离蛋白、聚环氧乙烷和玉米醇溶蛋白 1:1:1(V/V/V)混合溶液中，静电纺丝得到直径约 200 nm 的纤维，该纳米纤维膜可以显著降低奶酪中的单增李斯特菌数量。

拓展与提升

1. 微波加热的基本原理和特点是什么？
2. 微波食品包装材料包括哪几类？请分别简述。
3. 试举2～4个微波包装食品的具体应用。
4. 简述微波屏蔽技术。
5. 绿色包装的含义和特点分别是什么？
6. 常见的绿色包装材料有哪些？
7. 绿色包装设计的研究内容有哪些？
8. 纳米技术的概念是什么？
9. 简单介绍几种纳米塑料。
10. 防潮包装原理是什么？
11. 防潮包装如何分级？
12. 防伪包装的作用和特点是什么？
13. 简单介绍2～3种防伪包装功能材料。
14. 防盗包装技术常见的设计方式有哪些？
15. 常见的无菌包装材料有哪些？
16. 真空包装的机理是什么？
17. 请简要介绍MAP和CAP包装技术。
18. 什么是活性包装系统？
19. 请简单比较脱氧活性包装技术、抗菌活性包装技术和智能包装技术。

模块七

食品包装实例

知识目标：掌握各类食品的特性及包装要求；认知各类食品包装目前所采用的包装材料的特点；掌握各类食品的加工保鲜、贮运、流通及销售等过程对包装的要求；掌握包装材料及包装技术方法的选择。

能力目标：深刻理解和掌握果蔬保鲜包装原理，熟悉各类果蔬包装材料；在理论知识指导下，能够正确进行生鲜肉类、熟肉制品、蛋类、乳制品及饮料包装材料的选择、包装方法的运用。

素质目标：引导学生了解自己的独特性，仔细思考自己的优劣势，扬长避短；引导学生对食品包装有关的社会热点问题作出正确的价值判断；逐步培养、发展学生观察能力、思维能力、自学能力。

【思维导图】

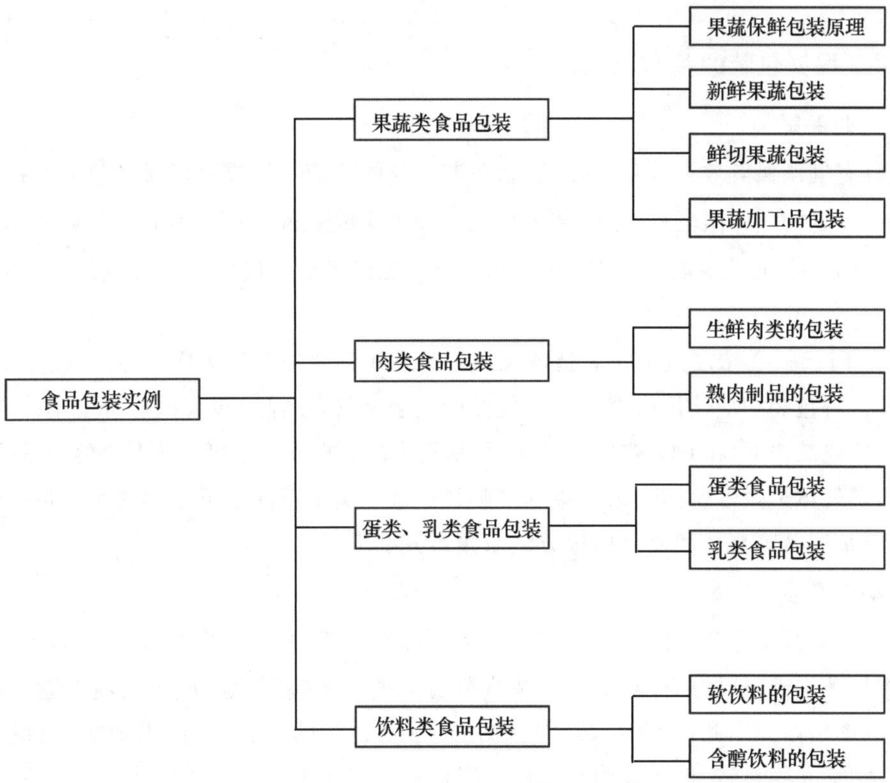

项目一 果蔬类食品包装

任务目标

☞ 果蔬保鲜包装原理的理解；
☞ 果蔬包装材料及其特性的熟知；
☞ 果蔬包装容器分类及特点的识别。

情境一 果蔬保鲜包装原理

一、果蔬保鲜包装的基本原理

(一)气调保鲜

包装具有气调保鲜效果。包装体系内，包装内外的环境气体成分可通过包装材料互换，包装材料具有一定的气体阻隔性，使包装内环境气体组成因果蔬呼吸作用的进行而达到低 O_2 高 CO_2 状态，该状态反过来又抑制了呼吸作用的进行，使果蔬新陈代谢降低，延缓衰老，从而具有保鲜作用。

CO_2 浓度过高、O_2 浓度过低又会造成无氧呼吸并积累生理毒性物质，导致果蔬发生生理病害，因此在保鲜包装中应使用具有一定透气性的包装材料，以保证包装内外可发生一定程度的气体交换，使包装内 O_2 和 CO_2 浓度达到果蔬保鲜所需要的最适浓度。不同种类、不同厚度的包装材料，其气体透过性不同。采用单一薄膜往往难以满足不同水果蔬菜的生理特性要求，因此在生产中常用薄膜打孔和复合膜等方法来满足其要求。

(二)抑制蒸发

包装可使新鲜果蔬蒸发的水分保留在包装内部而形成高湿微环境，从而抑制水分蒸发的速度，保持果蔬饱满、鲜嫩的外观。但包装材料的透气性太差则易造成包装内部湿度过大，导致果蔬腐烂率增高。因此，果蔬包装时应选用透湿性适当的材料，或使用功能性材料调整湿度，也可采用穿孔膜包装，使包装内环境湿度维持在适宜状态。

多数水果、蔬菜在收获时已有一定的成熟度，其生理活动较稳定，因而适宜于密封包装，但也有部分蔬菜(尤其是茎叶蔬菜)收获时其生理活动不太稳定，用穿孔膜包装往往能获得良好的效果，在适宜的低温下效果则更好。

（三）保冷保鲜

温度对微生物的繁殖和果蔬中的各种酶类的催化反应有着直接的影响，包装的气调和保湿作用必须与低温结合起来，其保鲜作用才能充分发挥，否则其保鲜效果就会受到很大的影响，或出现各种生理病害，低温包装的保鲜效果远比常温包装的好。

需要注意的是，所谓的低温是有限度的，当低温超过某一界限时，果蔬会发生冷害而出现软化、腐败等代谢异常现象而无法继续保存，保鲜包装的温度必须保持在冷害点温度以上。

（四）抑制后熟

乙烯是一种植物激素，在一定浓度下会促进果蔬呼吸，促进果蔬成熟并导致老化的迅速发生。包装中使用功能性包装材料和去乙烯保鲜剂，可有效去除果蔬贮藏过程中产生的乙烯或抑制内源乙烯的生成，抑制果蔬后熟而达到保鲜目的。

（五）调湿、防雾、防结露

如果包装材料的透湿性太差，包装内部逐渐变成高湿状态而易在包装内面形成水雾。当外部温度低于包装内部空气露点温度时，水汽就会在包装内壁结露。这些露水会因包装内的高 CO_2 而形成碳酸水，滴落在果蔬表面，使外观变差、商品价值降低，严重者会发生微生物侵染而导致腐败变质。采用机能性包装材料，由于其中添加了防雾防结露物质，包装后可有效防止水雾和结露现象。

在包装内部封入具有吸湿和放湿功能的机能性包装材料，利用其在低湿度下放湿、高湿度下吸湿的作用，可使包装内部湿度简易地维持恒定。

二、果蔬保鲜技术

果蔬保鲜在于采取某种措施以维持水果蔬菜处于缓慢而正常的生命活动状态，保持其耐藏性和抗病性，延缓衰败速度，延长贮藏期。果蔬的保鲜技术主要有气调保鲜、减压贮藏保鲜、辐射贮藏保鲜、低温冷藏保鲜技术等。

1. 气调保鲜

气调包装是公认的最有效且先进的果蔬包装方法之一，而且包装所具有的气调包装效果是包装保鲜的基础。其主要机理是在维持果蔬生理状态的情况下，控制环境中气体成分，即通过降低 O_2 浓度和提高 CO_2 浓度来抑制果蔬的呼吸强度，减少果蔬体内物质消耗，从而达到延长衰败期以及减少果蔬营养成分消耗的目的。

2. 减压贮藏保鲜

减压贮藏保鲜被称为 21 世纪的保鲜技术，保鲜史上的第三次革命。其原理是降低气压，进而降低各种气体组合的分压。

减压包装具有以下特点：

(1)迅速冷却　因为减压保鲜能够创造较低的气压环境，从而降低水分汽化的条件，所以在很短的时间内就可以达到冷却所需的温度。

(2)快速降氧，瞬时净化　只要压力不变低氧的浓度就可以保持稳定，并且可以随时将有害气体净化，使贮藏的产品不发黄，不失重，不变质。

(3)能耗低，制冷效果好　减压贮藏保鲜能耗较低，制冷效果却很不错。

(4)高效杀菌,消除残留　减压环境使用臭氧,可以对潜入皮层内的微生物和内附农药起作用,起到杀菌消毒的目的。

3. 辐射贮藏保鲜

辐射保鲜技术是用X射线、γ射线、β射线和电子束照射农产品,使农产品和食品上的微生物、昆虫在被照射后体内产生一系列的化学反应,新陈代谢、生长发育受到抑制和破坏,同时也不同程度地抑制果蔬的呼吸强度和内源乙烯的发生,调节果蔬生理活动,减缓衰老进程,从而达到保鲜目的。辐射保鲜技术主要的影响因素有:果蔬的品种(不同的水果或者蔬菜需要不同的辐射强度)、辐射剂量、温度(一般都在低温下保存)以及包装材料。

4. 低温冷藏保鲜技术

低温冷藏保鲜技术是利用机械制冷设备把果蔬的温度降到贮藏的适宜温度,同时使用加湿设备提高贮藏场所湿度,从而降低果蔬的呼吸强度,同时又降低水分蒸发,减少水分的一种保鲜技术。

工作单 7-1　探析果蔬保鲜包装机理

果蔬保鲜包装机理	原理或作用	具体措施
气调保鲜		
抑制蒸发		
保冷保鲜		
抑制后熟		
调湿、防雾、防结露		

情境二　新鲜果蔬包装

一、新鲜果蔬包装前的预处理

新鲜果蔬产品采收后为了提高新鲜果蔬产品的商品性和贮运能力,要进行适当的预处理。

1. 整理与挑选

整理与挑选是果蔬采摘后处理的第一步,目的在于剔除果蔬中有机械损伤、病虫危害、外观畸形等不符合商品要求的产品,以使果蔬外表美观,便于包装和销售。

2. 预冷

预冷是指利用某种方法使果蔬在贮藏包装前迅速降低到适宜温度的措施,主要有通风预冷、水预冷和真空预冷。

3. 涂膜处理

涂膜处理首先要清洗,清洗后在其表面涂一层类似天然蜡层的膜以降低果蔬的呼吸作用,延缓衰老,改善商品外观,提高商品价值。

4. 果蔬的分级

分级主要针对果蔬产品的大小、质量、形状、色泽等方面,按一定的品质标准将产品分为若干等级的措施。

二、新鲜果蔬包装方法

1. 果蔬保鲜的内包装方法

利用包装材料的气调性以及防雾、防结露、抑菌和抗震性能等特殊性能，对果蔬进行保鲜。

(1)塑料袋包装　选择具有适当透气性、透湿性的薄膜，起到简易气调的效果，常与真空包装和充气包装结合以增加包装的保鲜效果，适合大部分果蔬。

(2)浅盘包装　浅盘主要有纸浆模塑盘、瓦楞纸板盘、塑料热成型浅盘等，包装时采用热收缩包装或拉伸包装固定产品。这种包装具有可视性和观赏性，有利于产品的展示销售，消费者对内装物品一目了然。

(3)穿孔膜包装　在薄膜上按要求刺穿一定数量和直径的小孔再进行包装，以避免袋内CO_2的过度积累和过湿现象。此种方法适用于呼吸作用强、水分蒸发速度快的软质水果和茎叶类蔬菜的包装，如草莓、水蜜桃、李子、芹菜、菠菜等。

(4)高氧自发性气调包装　高氧自发性气调包装袋内的O_2一般保持在70%～100%。可抑制酶活性，防止果蔬产品褐变；防止无氧呼吸，保持果蔬产品的品质。它特别适用于在高CO_2和在低O_2浓度下易出现无氧呼吸的果蔬产品，以及鲜切果蔬产品的保鲜。

(5)硅窗气调包装　硅橡胶膜是由含氢硅氧烷和乙烯基聚硅氧烷在铂络合物的催化作用下涂于布基上制成的热熟化胶膜，实现相对稳定的气体组成，使包装袋内果蔬处于相对合理的低O_2高CO_2的环境中，抑制果蔬贮藏过程中的呼吸作用，延缓衰老，延长贮藏期。目前已在蒜薹、苹果、香蕉、香菜、板栗、杧果贮藏中取得良好的贮藏效果。

2. 新鲜果蔬外包装

果蔬外包装是对小包装果蔬进行二次包装，以增加耐贮运性并有利于创造合适的保鲜环境。目前外包装常采用瓦楞纸箱、塑料箱等。从包装保鲜角度考虑，外包装可同时封入保鲜剂以及各种衬垫缓冲材料，如脱氧剂、杀菌剂、去乙烯剂、蓄冷剂、CO_2发生剂、吸湿性片材等。

情境三　鲜切果蔬包装

鲜切果蔬又叫半加工果蔬或轻度加工果蔬，与生鲜果蔬相比主要是对果蔬进行了去皮切分的步骤，以满足消费者即食即用的需求。

一、鲜切果蔬的理化特性

鲜切果蔬由于需要切分处理，其体内的水分、营养物质直接与空气接触，会发生许多的生物化学反应，导致果蔬品质下降，并且极易受微生物的侵染而腐烂。所以鲜切果蔬的包装便成为一个重要而关键的步骤。

二、鲜切果蔬的加工工艺

鲜切果蔬可以分为即食、即用以及即煮性。基本加工过程有挑选、分级、整理、去皮、切分、清洗、消毒、沥水等，其中较为关键的是去皮与切分。根据产品的不同可以将果蔬切成块、片、条、丝等各种形式，切分的大小是影响鲜切果蔬品质的重要因素。

三、鲜切果蔬包装与贮运

鲜切果蔬要达到预期的价值，必须进行保鲜处理，包括包装、贮藏、运输和销售等环节的保鲜。在包装材料上，用得最多的是PE、PP、LDPE和PVC，包装方法主要有气调包装、减压包装和涂膜包装等。

知识窗

鲜切蔬菜包装形式和包装尺寸

鲜切蔬菜的包装形式有袋装、盒装和托盘包装。块茎类鲜切蔬菜可采用真空袋装，叶菜类鲜切蔬菜可采用盒装和托盘包装。根据蔬菜品种的呼吸强度等级可选择充气包装或限制性气调保鲜包装，如欧美等超级市场零售分切蔬菜沙拉采用充气包装，其充入的理想气体比例通过试验确定。

包装尺寸和包装总透气率有密切关系，包装袋的总面积乘上透气率即是包装袋的总透气率，必须配合包装内蔬菜的总呼吸率才能达到所需的效果。即使一个合适的包装材料若选择的尺寸过大，也会造成相对过高的透气率，多余的氧气会引起蔬菜氧化反应，反之则会出现无氧呼吸情况。

情境四　果蔬加工品包装

一、果蔬的罐装

1. 罐藏果蔬的保藏原理

罐藏容器具有良好的密封性、耐腐蚀性以及耐高温的特点，因此食品装罐后，通过排气使罐头密封使顶部形成部分真空，然后再经过高温杀菌，达到延长保藏期的目的。罐藏果蔬制品可在常温下保藏，保质期达3年以上。

2. 罐装容器的种类

按材质分类，果蔬罐装容器分为金属罐、高压杀菌塑料复合薄膜袋和玻璃罐(瓶)3种。金属罐又可分为马口铁罐、镀铬无锡板罐、铝罐、双金属罐等，但由于水果罐头酸度大，金属罐体容易被腐蚀，所以一般用玻璃瓶代替。高压杀菌塑料复合薄膜袋有蒸煮袋、多复合袋、利乐包、软管等。

二、干制果蔬的包装

果蔬干制是一种历史悠久的果蔬贮存方法，干制后的果蔬水分活性大大降低，贮藏性高，而且体积小、质量轻，贮运销售方便。

1. 果蔬干制原理

一般来讲，水分是一切反应活动的基础，是微生物生长、酶和化学反应的必要条件。因此，可通过降低果蔬制品的水分来限制微生物的生长条件，抑制酶的活性及化学反应的进行而达到延长保存期的目的。干制果蔬是果蔬加工的主要形式，其包装应在低温、干燥、通风良好、环境清洁的条件下进行，空气的相对湿度最好控制在70%以下，同时应注意防虫、防尘等。

2. 干制果蔬的包装

(1)干菜包装　包装材料应用能防虫且对水蒸气有较好的阻隔的材料，一般品种可采用PE薄膜封装，对包装具有展示性要求时，可选用PT/PE、POPP/PE等复合薄膜包装，香菇、木耳、金针菇等高档干菜可用POPP/PE等复合薄膜包装，还可采用在包装内封入干燥剂的防潮包装。

脱水蔬菜的水分是在低温下脱除的，没有经过阳光的暴晒，也没有经过盐渍，因此其营养成分特别是维生素的损失不大，包装主要问题是防潮，其次是防止紫外线的照射而变色。要求较低的大宗低档脱水蔬菜可用PE薄膜包装，要求较高的品种可用PET(Ny)真空涂铝膜/PE，或POPP/Al/PE等复合薄膜包装。

(2)干果包装　核桃、板栗、花生、瓜子等是富含脂肪和蛋白质的果品，在包装时应考虑防潮和防虫蛀、防油脂氧化，可采用真空包装。未经炒熟的板栗、花生、瓜子等还具有生理活性，在贮藏包装时除了密封防潮外，还应注意抑制其呼吸作用，降低贮存温度，以免大量呼吸造成发霉变质。

炒熟干果的包装主要应考虑其防潮、防氧化性能。可采用对水蒸气和氧气有良好阻隔性的包装材料，如金属罐、玻璃罐、复合多层硬盒等；如果要求采用真空或充气包装，则可以选用PT/PE/Al/PE、POPP/Al/PE、k-PET/PE等高性能复合膜包装。

三、速冻果蔬制品的包装

速冻果蔬制品的包装主要是防止脱水，同时给搬运提供方便，避免受到物理机械损伤，除个别制品外，对遮光和隔氧要求不是很高。

适用于速冻包装的材料应能在−50～−40 ℃的环境中保持柔软，常用的有PE、EVA、PP等薄膜。对耐破度和阻气性要求较高的包装，如笋、蒜薹、蘑菇等也可以用尼龙薄膜为主体的复合薄膜包装，如Ny/PE复合膜。国外采用PET/PE膜包装配好佐料的混合蔬菜速冻保藏，使用时可直接将包装放入锅中煮熟食用，非常方便。

项目二　肉类食品包装

任务目标

☞ 生鲜肉类品质变化特点和熟肉制品保存期影响因素的理解；

☞ 肉类食品包装材料的认知；

☞ 肉类食品包装分类及特点的比较。

情境一　生鲜肉类的包装

生鲜肉类包括热鲜肉、冷却肉和冷冻肉等。刚宰杀不经过冷却排酸过程而直接销售的称为热鲜肉，热鲜肉出售时的肌肉正处于僵直期，持水性差、嫩度口感较差，且多为裸肉摊卖，微生物极易生长繁殖而腐败变质。冷却肉是指对严格执行检疫制度屠宰后的动物胴体迅速进行冷却处理，在 24 h 内减低到 0～4 ℃，并在低温下加工、流通和零售的生鲜肉，其大多数微生物的生长繁殖被抑制，可以确保肉品的风味、营养和安全卫生。

一、生鲜肉类品质变化特点

1. 肉的色泽变化

生鲜肉的色泽是影响销售的重要外观因素，肉所呈现的色泽取决于肌肉中的肌红蛋白和残留的血红蛋白的状态。当肌肉中氧气缺乏时，肌红蛋白中的氧气结合的位置被水取代，使肌肉呈暗红色或紫红色，当肉与空气接触后由于氧合肌红蛋白形成而变成褐色。

2. 肉中微生物的变化

肉中微生物的存在是不可避免的，微生物的生长繁殖不仅使肉色、质量等严重恶化，而且还破坏肉的营养成分，甚至还会产生大量微生物毒素。肉品上生长的微生物除一般杂菌外主要是一些致病菌和腐败菌，如沙门氏菌、金黄色葡萄球菌、肉毒梭菌 E 型等。

冷却就要将环境温度降到微生物生长繁殖最适宜温度范围以下，使肌肉组织在完成僵直、解僵、成熟过程中避免微生物的生长繁殖而腐败变质。操作中将肉冷却到 0～3 ℃，并保持在这一温度下贮藏。

3. 其他变化

除了前述的变化外，肉还会发生光催化下的脂肪氧化、水分蒸发引起的质量损耗和肉色变化、肉组织结构破坏、持水力下降引起的汁液渗出等。

二、生鲜肉类的包装

1. 生鲜肉真空保鲜包装

生鲜肉真空收缩包装作为MAP保鲜包装的一种基本方式，在世界各国得到普遍应用。真空收缩包装生鲜牛肉和猪肉可分别取得3个月和45 d的保存期限，能有效抑制好氧微生物的生长繁殖，在低于4 ℃的低温贮存流通条件可使厌氧细菌停止生长。生鲜肉采用真空收缩包装必须严格控制原料肉的初始细菌，在生鲜肉的屠杀、分割、包装生产过程中采用HACCP等全程安全质量控制技术体系，有效地降低微生物造成危害的概率。

2. 生鲜肉气调保鲜包装

气调包装保持较高氧气分压，有利于形成氧合肌红蛋白而使肌肉色泽鲜艳，并抑制厌氧菌的生长，因此氧的混合比例应超过30％。CO_2具有抑制细菌生长的作用，一般混合气体中CO_2的比例应超过30％才能起到明显的抑菌效果。

3. 现代冷鲜肉零售包装

冷鲜肉零售包装，美国等发达国家称为“Case-Ready零售包装”，Case-Ready冷鲜肉包装的理念是将目前超市销售平台的分割包装操作移至食品物流(配送)中心或专业肉品屠宰加工厂统一生产包装，保证Case-Ready零售包装产品的高品质和卫生安全。超市销售平台只进行冷藏、上架、展示销售，可减少原料中无商品价值部分的损耗，增加超市冷藏库供货上架的弹性，减少因供货不及时造成的销售损失。

Case-Ready包装包括气调包装和非气调包装。非气调包装是用一般透气包材来减少外界对冷鲜肉的污染和冷鲜肉外渗汁液对销售平台或消费者造成的污染。气调包装有高氧包装和低氧包装，高氧包装用于生鲜红肌肉包装以维持其鲜红肉色。

情境二　熟肉制品的包装

熟肉制品因为具有贮运方便、保质期长、食用方便等特点，受到广大消费者的青睐，成为消费的主流。熟肉制品保存期的长短主要取决于肉制品中的水分含量和加工方法，以及杀菌后的操作和包装技术。

一、熟肉制品保存期的影响因素

1. 微生物

肉制品营养丰富，水分含量高，因而容易受微生物的影响。肉制品即使在杀菌后，制品当中仍然残留着细菌和芽孢，残留菌在适当的温度下就开始增殖，使制品发生腐败变质。但在肉制品长霉和腐败的初期，微生物发生的增殖是不能察觉到的，所以一般情况下会出现微生物变化迟于物理化学变化的现象。微生物增殖是导致食品腐败变质的前提，因此要延长食品的保质期就得严格控制杀菌和保存条件以及选择合适的包装材料。

2. 压力

在肉制品中存在着未完全与肉蛋白和所添加的辅助原料结合的水，即游离水，在环境因素影响下，这部分水很容易被微生物或生化反应等利用而导致食品腐败变质。但是在脱氧和真空减压条件下包装时，制品被加压，在保藏过程中制品内部的水会向表面移动，薄膜和制品间就会出现积水。

3. 包装

肉制品的保质期还受包装材料和包装工艺的影响，包装材料要选对光、氧、水具有阻隔作用的薄膜。

4. 卫生条件

有些肉制品是在包装后进行杀菌的，而有些肉制品是先杀菌而后包装的，杀菌以后到包装这段时间，少则需要几个小时，多则需要一昼夜。在此期间引起的二次污染危险性极大，因此，需要严格保证生产车间及操作人员的卫生情况。

二、熟肉制品的包装

我国的熟肉制品可分为中式熟肉和西式熟肉制品两大类，中式熟肉制品主要有传统的酱卤类、烧烤类、干制品等品种；西式肉制品工业化程度较高，主要有西式火腿类产品、灌肠类产品和培根等产品。由于各类产品的加工条件和保质要求不同，这些熟肉制品的包装形式和技术各不相同。

1. 熟肉制品对包装材料的要求

加工熟肉包装方式和包装材料的选用应满足各种制品的特有的包装要求并保证有一定的货架期。

(1)有良好的阻隔性　防止氧的渗入发生氧化作用而对制品产生不利影响。

(2)高阻湿性　避免制品水分散失或从环境中吸湿，致使质量发生变化。

(3)能阻隔光线的透射　避光能达到保持肉品品质的要求。

(4)具有良好的加工工艺和包装工艺适应性　能耐高温杀菌和低温贮存。

2. 熟肉制品的包装方法

熟肉制品的包装问题是影响食品质量的重要因素，也一直是人们探讨的问题。目前，熟肉制品的包装主要有罐装和软包装。

(1)熟肉制品的罐装　熟肉制品的罐藏是指将准备好的肉原料与其他辅料调制好后，装入空罐，再脱气密封，然后加热杀菌的肉制品保藏法。罐装制品在常温条件下也可长期保存，在各种熟肉制品中占有很大的比例。目前，市场上常用的罐藏容器有镀锡铁罐、涂料罐、镀铬铁罐、铝罐等。

(2)熟肉制品的软包装　用复合塑料薄膜袋代替金属罐装制食品，并经杀菌后能长期保存。它质量轻、体积小、开启方便、耐贮藏，常用的软包装方法和技术有如下 3 类：①无菌包装和半无菌包装　采用无菌的软包装材料，在无菌的环境下经灭菌处理后的肉制品能够最大限度地保持食品的原有风味，产品在低温的条件下流通。包装材料有 EVOHE、PVDC、PE、PA 等材料复合共挤而成的高阻隔性多层无菌薄膜或片材等，复合热收缩薄膜也较多应用在无菌包装方面。②巴氏灭菌包装　我国大力发展低温肉制品，其关键技术是低温肉制品的保质技术。低温肉制品保质关键技术之一是巴氏灭菌包装，即产品在包装以后再经过加热巴氏灭菌后迅速冷却，以消除在包装过程中的微生物污染。这类肉制品包装可适用于大部分的中西式肉制品，软包装材料以透明性的高阻隔性复合薄膜和片材为主，同时可以经巴氏加热灭菌处理的复合热收缩材料也将会有很广泛的应用。③肠衣类包装　灌肠类制品的商品形态、卫生质量、保藏流通和商品价值等都直接和肠衣的类型及质量有关。每一种肠衣都有它特有的性能，在选用时应根据产品的要求考虑其可食安全性、透过收缩性、密封开口性、耐油耐水性、耐热耐寒、耐老化性以及强度等性能。

阅读库

水产品的包装技术

一、生鲜水产品的包装

(1)袋装法　将加工以后的新鲜水产品装入塑料袋中，将袋口热封的一种包装方法。这种包装能够防止流通过程中细菌的二次污染，同时美化产品的销售外观，延长保质期。

(2)真空包装法　真空包装使微生物繁殖失去了条件，包装材料采用透氧率和透水蒸气率适中的较好，要抽尽空气、封口严密和低温保存。

(3)气调包装法　气调包装通过破坏微生物赖以生存的条件来延长保质期，不同类型水产品在气调包装时充入O_2、CO_2、N_2的比例略有不同。气调包装时力求完全置换气体，否则会出现色素氧化、香味散逸、霉菌繁殖等现象，要注意包装材料的材质和封口质量，防止封口处漏气以及选择合适的温度。

二、加工水产品的性质与包装

(1)盐制水产品的包装　盐制水产品的包装是要防止水分的渗透和外界杂质的污染，通常选用木材和塑料制成的箱或桶，为了达到更好的保鲜要求，可以配合使用气调包装或真空包装，同时保持贮藏的温度也是其关键所在。

(2)干制水产品的性质与包装　干制水产品水分含量低，包装时要注意防潮及限氧性能，干制水产品的营养物质含量高，很容易遭受微生物的侵染而霉变或发生脂肪腐败变质。包装材料多采用塑料，如PE、PP及其复合薄膜，必要时还可采用OPP/PE薄膜，在包装技术上多采用真空包装或普通的密封包装。

(3)水产品罐头制品的包装　水产品罐装食品采用的金属罐主要是镀锡铁罐和内壁有涂料的镀锡铁罐，另外还有铝罐和镀铬铁罐。其中镀锡铁罐是罐头制品中使用最为广泛的一种，但在一定条件下却可能被腐蚀和锈蚀，基于镀锡铁罐内表面易生锈的缺点，后来产生了内壁有涂料的镀锡铁罐即涂料罐，涂层成膜后应无毒无味，具有耐腐蚀性能以及包装所需的强度和加工性能及好的稳定性。

项目三　蛋类、乳类食品包装

任务目标

☞ 蛋类、乳类制品包装的原理的理解；
☞ 蛋类、乳类制品分类的认知；
☞ 蛋类、乳类制品包装种类和特点的掌握。

情境一　蛋类食品包装

一、鲜蛋的包装

鲜蛋包装的首要问题是防振缓冲以防破损。微生物的侵蚀主要是从蛋壳毛细孔和破损处开始的，所以鲜蛋的包装问题主要应考虑组织毛细孔的透氧和防止微生物污染以及贮运过程中的机械损伤。

在常温下保存鲜蛋，必须将其毛细孔堵塞。常用的办法就是涂膜，涂膜所使用的涂料主要有水玻璃、石蜡、火棉胶、白油以及其他一些水溶胶物质。

鲜蛋运输包装采用瓦楞纸箱、塑料盘箱和蛋托等。为解决贮运过程中的破损问题，包装中常用纸浆模塑蛋托、泡沫塑料蛋托、聚乙烯蛋托及塑料蛋盘箱等。鲜蛋的包装也可采用收缩包装，每一蛋托装 4～12 个鸡蛋，收缩包装后直接销售。

知识窗　包装鸡蛋的新容器和保存种蛋的新方法

英国人威廉·约翰逊制造了一种包装鸡蛋的新容器，不仅可减少鸡蛋在运输时的破损率，而且盛蛋器还有煮蛋计时功能，使鸡蛋成为一种方便食品。约翰逊制作了盛装一个鸡蛋的聚苯乙烯小盒，盒子结实而透明，内有减震物。另外制作了一种盘子，每个盘子可以牢牢固定 6 个、10 个或 12 个鸡蛋。煮鸡蛋时，每个蛋都可连同包装盒一起放入沸水中。盒底的孔洞让水慢慢浸入直至没过整个蛋，以防蛋壳破裂。每个蛋盒均有颜色记号，让人们在煮蛋的不同阶段拣出鸡蛋。当盒底变成黄色时，说明这只蛋仍嫩；变成绿色时，表示蛋煮得适中；如变成蓝色，则说明蛋煮得太老了。盛蛋器不存热，很容易从沸水中取出而不伤手。鸡蛋煮熟后，可以连盒底一起上餐桌。

日本一家养鸡场研究出一种保存种蛋的新方法，可延长保存期和提高出雏率。其方法是：先把种蛋放入用聚偏二氯乙烯薄膜制成的包装袋内，再往袋内放入脱氧剂，使种蛋处于无氧环境之中，然后把脱氧袋放置在10 ℃的贮藏室内保存。采用这种方法保存种蛋，可安全存放4周，是一般方法的2倍，而且在相同保存期的情况下，可提高出雏率10%以上。

二、蛋制品的包装

鲜蛋经过加工可以加工成蛋制品。比如，鲜蛋经过腌制等加工，可以制作成风味独特的再制蛋，如松花蛋、咸蛋等。也有一些风味独特的熟制蛋，即将鲜蛋熟制并添加各种调味品，如市场上销售的“乡巴佬”牌熟制蛋，另外，鲜蛋还可制作成冰蛋、蛋粉、蛋白片等。

1. 再制蛋的包装

再制蛋指松花蛋、腌制蛋、糟蛋等传统蛋制品。对于传统风味的再制蛋，常采用聚苯乙烯热成型盒的方式进行包装，也可以采用装潢精美的手提式纸盒作为礼品包装，还可以采用阻隔性能好、装潢印刷精美的复合塑料薄膜材料，以真空包装的方式进行包装。

2. 冰蛋的包装

冰蛋指鲜蛋去壳后将蛋液冻结，有冰全蛋、冰蛋黄、冰蛋白以及巴氏杀菌冰全蛋，可把液体蛋灌入马口铁罐或衬袋瓶或者衬袋盒中速冻，也可在容器中速冻后脱模或纸盒包装，然后送入−18 ℃以下冷库冷藏，达到长期贮藏的目的。

3. 蛋粉的包装

蛋粉指蛋液采用喷雾干燥制得的产品，富含蛋白质和脂肪等营养成分，极易吸潮和氧化变质，所以包装上主要考虑防潮和隔氧，并且防止紫外线的照射。若需较长的货架保质期，一般采用金属罐或复合软包装袋包装，常用的复合KPT/PE、PET/PVDC/PE、POPP/铝箔/PE等。

情境二　乳类食品包装

乳制品营养丰富，又易被人体消化吸收，是一种非常理想的食品。随着人们生活水平的提高和对乳制品认识的加深，乳制品的消费量日渐增加，乳制品的种类也逐渐增多，保存期更长，携带或饮用更加方便，深受广大消费者的喜爱。

一、乳制品保藏的基本原理

1. 热处理

热处理是通过对原料乳加热来杀死乳中的微生物和破坏酶的活力。根据采用的工艺条件的不同，热处理可分为低温杀菌法、高温短时杀菌法和超高温瞬时杀菌法三种。低温杀菌法是把原料乳在63 ℃下保持30 min的杀菌法；高温短时杀菌法杀菌条件为80～85 ℃，保持5～10 min或80～85 ℃，保持15 s；超高温瞬时杀菌则120～124 ℃，保持24 s。

多采用超高温瞬时杀菌法，能将乳中微生物全部杀死，营养损失少，乳制品保质期一般在1年以上，有的甚至可达3年。

2. 真空浓缩

浓缩是使乳中水分蒸发以提高乳固体含量使其达到所要求浓度的过程。目前，广泛使用的减压加热浓缩就是普通的真空浓缩，其优点是原料乳的沸点会随真空度的上升而降低，真空蒸发器的蒸发效率高，有利于保持乳制品原有的风味、色泽等，这对于防止炼乳变稠、褐变等缺陷是极为重要的。

3. 喷雾干燥

喷雾干燥是乳粉制造的重要环节，原理是采用机械力量，通过雾化器将浓缩乳在干燥室内喷成极细小的雾状乳滴，加速水分蒸发速率。喷雾干燥速度快，乳粉溶解度高，品质好，具有良好的流动性和冲调性，卫生安全。适合连续化、自动化和大型化生产。

4. 酸化

酸化指提高乳制品的酸度，多数细菌的生长繁殖受到抑制，延长乳制品保质期。

酸化的方法一种为发酵产酸法，向鲜乳中加入乳酸菌，乳酸菌发酵产酸抑制微生物的生长。另一种为人工调配法，人为地在原料乳中加入酸味剂如柠檬酸等，然后进行高温杀菌，产品在常温下可保存半年以上。

5. 低温

一些乳制品要在冷库或低温下贮藏，目的是抑制微生物的生长繁殖和生化反应的发生。这类产品有奶油、酸奶及部分奶酪等。

6. 速冻

速冻会对乳产品的质量造成影响，乳的冻结分为三个阶段，即过冷、脱水及与结合水的相互作用。速冻与低温贮藏有利于保持乳的稳定性。

7. 添加剂

为了提高乳制品的质量，有时需要加入添加剂，如抗氧化剂、防潮剂、明胶等稳定剂，氧化钴等盐类调节剂，石灰乳或碳酸钠等。

8. 真空或充气包装

乳制品营养丰富，在灭菌后如果再污染，则很容易变质。目前，多采用具有隔气、隔氧性的复合薄膜配以真空或充气包装，完全抑制微生物的生长和降低酶的活性，延长保存期。

9. 包装的选材

利用包装材料的阻气、隔氧、隔照射、防污染以及隔冷、隔热等特性，需要时再配以真空或充气包装等手段，就可以达到长期保存乳制品的目的。

二、典型乳制品的包装

1. 消毒乳的包装

(1)巴氏消毒奶的包装　玻璃瓶是巴氏奶常见的包装，可反复使用，回收的玻璃瓶经过清洗、灭菌消毒处理，在自动灌装机上充填灌装，铝箔或浸蜡纸板封瓶。复合纸盒也是目前比较盛行的鲜乳包装，如铝箔与PE薄膜复合制成的“自立袋”。

(2)超高温灭菌奶包装　经高温短时灭菌(HTST)或超高温瞬时灭菌(UHT)的鲜乳，采用多层复合材料进行无菌包装，常温下可贮存半年到一年。

2. 乳粉制品的包装

(1)密封包装　用马口铁罐或其他不使空气渗入的材料制成各种形式的包装容器。密封包装分为充氮包装、非充氮包装和抽真空包装三种。

(2)非密封包装　非密封包装的容器为无毒、无味塑料袋、塑料瓶、玻璃瓶或具有防水措施的纸盒等。瓶装保存期 9 个月,袋装为 4 个月。

(3)大包装　用作加工原料的奶粉采用大包装。包装容器为马口铁箱、硬纸板箱和塑料袋。马口铁箱和硬纸板箱内应衬以无毒无味塑料袋、硫酸纸,规格一般为 12.5 kg;袋装可用聚乙烯膜作内袋,外面用三层牛皮纸套起,每袋 12.5 kg 或 25 kg。

3. 酸牛乳的包装

最早采用瓷罐,之后采用玻璃瓶,现在塑杯装酸牛乳已占据了很大市场,如采用铝箔复合材料热合密封的塑料热成型杯及屋顶形纸盒无菌包装。

4. 奶油和人造奶油的包装

奶油的包装有小包装和大包装两种。小包装以硫酸纸或特制的铝箔纸包装,外面套纸盒,也可用小型马口铁罐,真空密封包装或塑料盒包装。大包装用马口铁罐、木桶或纸箱包装,内衬硫酸纸和牛皮纸各一层,每箱 25 kg。

5. 干酪的包装

干酪的保存主要是防止发霉和酸败,其次是保持水分以维持其柔韧组织,软包装要用复合材料,常用的有 PT/PVDC/PE、PET/PE 以及复合铝箔和涂塑纸制品,多采用真空包装。

6. 炼乳的包装

炼乳的保藏主要是防止霉菌等常见微生物的污染,包装时应排除包装容器内的残留空气,进行真空封罐。目前,主要采用金属罐和塑料制品包装。

阅读库

冰激凌的包装

1. 纸盒包装

纸盒包装的冰激凌至今依然可在市场上见到。纸盒上涂蜡或聚乙烯和蜡的混合物,以增加强度和防潮。这种包装既方便又经济,但强度不够,易变形。

2. 塑料容器包装

我国市场上有许多由塑胶容器盛装的冰激凌,有圆形、方形、锥形等。大多由聚乙烯制成,有一个易打开也易盖上的盖子,有颜色以防止光线及辐射热对于冰激凌的损害。有的容器由聚苯乙烯泡沫塑料做成,内部有一层聚乙烯膜。这种容器很轻,而且保温防振,对于维持冰激凌的形状具有很好的作用。

3. 铝箔盒包装

国外使用较多,我国市场上也有使用,铝箔对于光线有反射作用,可减缓辐射热。此外,铝箔光滑的表面配合印刷,可形成精美、吸引人的外观。

4. 简易包装

采用聚乙烯袋或纸板做成的圆柱形容器进行简易包装,一般容量较大,价格较低。

工作单 7-2　探析乳制品保藏机理

乳制品保藏方法	机理或作用	适用范围
热处理		
真空浓缩		
喷雾干燥		
酸化		
低温		
速冻		
添加剂		

项目四　饮料类食品包装

任务目标

☞ 饮料的分类、定义及分类的理解；
☞ 不同饮料包装材料特点的认知；
☞ 不同饮料包装材料的熟知。

情境一　软饮料的包装

饮料是指以液体状态供人们饮用的一类食品。根据液体饮料中乙醇的含量，饮料可分为软饮料和含醇饮料两大类。

软饮料是指不含乙醇或者乙醇含量不超过 0.5%的饮料。我国的软饮料共分为八大种类：碳酸型饮料、果汁饮料、蔬菜汁饮料、乳饮料、植物蛋白饮料、天然矿泉水饮料、固体饮料以及其他饮料。

一、碳酸型饮料包装

1. 玻璃瓶包装

玻璃瓶是传统的碳酸型饮料包装容器，玻璃材料造型灵活、阻隔性好、安全无毒。

2. 金属罐包装

目前碳酸型饮料用金属罐主要为铝制二片易拉罐，铝制包装材料质量轻、回收再造性好，具有较好的刚度和挺度，在碳酸饮料包装中被广泛应用。要求金属罐内涂层要有较好的耐腐蚀性。

3. 塑料容器包装

用于碳酸型饮料的包装主要是 PET 瓶，因其质量轻，强度高，无色透明而被广泛使用，PET 瓶的阻隔性可用 K 涂来提高。轴定向的 HDPE 瓶是又一种包装碳酸型饮料的材料，价格低，质量轻，密度小。

二、果蔬汁饮料的包装

1. 金属罐包装

金属罐是国内外常用的包装方式，果蔬汁经热交换器升温到 90 ℃左右，进行真空脱气后直接罐装入金属罐中封口，再杀菌，保质期可达 1 年以上。

目前，广泛采用的是马口铁三片罐和铝制二片罐，内涂采用环氧酚醛型涂料，要求较高的采用二次涂层以提高其耐酸腐能力。

2. 玻璃瓶包装

玻璃瓶是我国近年来广泛采用的果蔬汁饮料包装材料。果蔬汁经升温真空脱气后直接热罐装，使瓶内产生 0.04～0.05 MPa 的负压，有效降低了包装内的氧含量。

3. 纸基复合包装

纸基复合包装材料是目前国际流行的无菌包装用材料，果蔬汁饮料采用无菌包装技术意义很大，包装的产品营养更丰富，品质更鲜美。

三、矿泉水和纯净水的包装

1. HDPE 瓶包装

HDPE 瓶无毒卫生、质轻方便且价格较低，在美国饮用水市场上占有很大比例。由于 HDPE 瓶是半透明的，不能增强水的感染力而被透明、光亮的 PVC 和 PET 瓶所取代。

2. PC 瓶包装

一般用 PC 材料制成 22.73 L 以上的大罐用于饮用水的配送市场。大容量 PC 瓶透明性高、硬度好、质量轻、不易破坏，平均可回收 85 次。

3. PVC 瓶包装

PVC 瓶透明，可防止水中深解氧的散逸损失，广泛用于饮用水的包装。

4. PET 瓶包装

PET 瓶因其良好的阻气性和透明性而大量用于碳酸饮料的包装，在饮用水包装中的应用也有所增加。

咖啡、可可、果珍等固体饮料包装主要是考虑防潮，防止脂肪氧化及香气逸散。传统上均用玻璃瓶和马口铁罐封装，为节省费用，现在正逐步改用塑料薄膜袋包装。

情境二　含醇饮料的包装

凡是含有乙醇成分的饮料都统称为含醇饮料，其种类甚多，按其酿造方法可分为三类：发酵酒、蒸馏酒、配制酒。

一、蒸馏酒和配制酒的包装

蒸馏酒和配制酒由于乙醇含量极高而使微生物难以生存，所以包装的重要目的是防止乙醇、香气的散失和挥发，同时为贮运销售提供方便。

各种蒸馏酒以小包装居多，小包装蒸馏酒的包装材料以玻璃和塑料为主。玻璃瓶包装上必须标明酒精度，而且必须采用防盗封盖。塑料共挤复合脂包装、聚酯瓶包装是常用的塑料包装。近年来蒸馏酒的包装改进主要在瓶盖的结构形式上，由传统的软木塞逐渐改用塑料螺旋盖和金属止旋螺纹盖作为防盗盖包装。

二、发酵酒的包装

我国常见的发酵酒有啤酒、黄酒和各种果酒。发酵酒的包装除了防止乙醇蒸气的散失以外，还要防止残留 SO_2 被氧化而降低对酒中所含细菌的抑制作用。发酵酒的传统包装是陶瓷罐和玻璃瓶。啤酒除用玻璃瓶包装外，还可用铝制二片罐、塑料瓶或衬袋盒包装。

模块八

食品包装安全与测试

知识目标：识别食品接触用纸和纸板材料、塑料材料、金属材料的危害源；掌握食品接触用纸和纸板材料、塑料材料、金属材料及其制品的检验方法。

能力目标：能够正确识别纸、塑料、金属危害源；能够按照国家标准，完成纸、塑料、金属相关指标的测试，并对检测结果做出科学评价。

素质目标：培育学生良好的科学探究精神；使学生认识到环境保护和资源合理开发的重要性，提升环保意识；培养学生精益求精、一丝不苟的敬业态度；培养学生诚实守信的职业素养。

【思维导图】

项　目　食品包装安全的危害源及检测

任务目标

☞ 纸、塑料、金属、玻璃和陶瓷危害源的识别；
☞ 纸、塑料、金属、玻璃和陶瓷检测方法的熟悉。

我国食品包装材料及制品卫生监管工作可追溯至 20 世纪 60 年代，1972 年国务院批准、国家计委和卫生部等 11 个部委颁布的《关于防止食品污染的决定》中，食品包装材料及制品被列入引起食品污染的原因之一。1982 年颁布的《中华人民共和国食品卫生法(试行)》和 1995 年颁布的《中华人民共和国食品卫生法》都将食品包装材料及制品的卫生管理纳入监管范围。1984 年，卫生部制定了一系列食品包装材料及制品的卫生标准，此后我国又相继制定、修订了许多有关食品包装的标准及法规。然而由于历史和科学技术的原因，我国对食品包装的管理相对滞后，尤其是近年来，随着包装产业的快速发展，市场上不断涌现新材料、新产品。我国的食品包装材料及制品标准及法规修缮之路任重而道远。

情境一　食品用纸包装安全

纸包装材料和容器的检验项目较多，按其使用性能分为 3 大类：物理机械性能、卫生安全性能、微生物指标。重要的物理机械性能包括：定量、抗张强度、撕裂度、耐破度、耐折度、滤水时间、白度、尘埃度等；卫生安全性能包括：重金属、脱色试验、荧光性物质等；微生物指标包括：霉菌、大肠菌群、致病菌等。表 8-1 是常用的纸包装材料和容器的检测项目相关标准。

表 8-1　我国食品包装纸材料及容器产品标准

标准代号	标准名称
GB/T 10739—2002	纸、纸板和纸浆试样处理和试验的标准大气条件
GB/T 451.1—2002	纸和纸板尺寸及偏斜度的测定
GB/T 451.2—2002	纸和纸板定量的测定
GB/T 451.3—2002	纸和纸板厚度的测定
GB/T 455—2002	纸和纸板撕裂度的测定
GB/T 456—2002	纸和纸板平滑度的测定(别克法)

续表 8-1

标准代号	标准名称
GB/T 457—2008	纸和纸板耐折度的测定
GB/T 458—2008	纸和纸板透气度的测定
GB/T 459—2002	纸和纸板伸缩性的测定
GB/T 462—2008	纸、纸板和纸浆　分析试样水分的测定
GB 31604.39—2016	食品安全国家标准　食品接触材料及制品　食品接触用纸中多氯联苯的测定
GB 31604.47—2016	食品安全国家标准　食品接触材料及制品　纸、纸板及纸制品中荧光增白剂的测定
GB/T 12661—2008	纸和纸板　菌落总数的测定

GB 4806.8—2016《食品接触用纸和纸板材料及制品》中规定了食品接触用纸和纸板材料及制品的技术要求，包括在正常或可预见的使用条件下，预期与食品接触的各种纸和纸板材料及制品，包括涂蜡纸、纸浆模塑制品及食品加工烹饪用纸等。

该标准规定了食品接触用纸和纸板材料及制品使用的原料不应对人体健康产生危害。纤维原料应以植物纤维为主，含有的合成纤维原料应符合 GB 4806.6 的要求。纸和纸板材料及制品的食品接触面上涂覆的蜡应符合食品安全国家标准的相关要求。

其感官要求应符合表 8-2 的要求。

表 8-2　与食品直接接触的纸和纸板材料及制品感官要求

项目	要求
感官	色泽正常，无异臭、霉斑或其他污物
浸泡液	迁移试验所得浸泡液不应有着色、异臭等感官性状的劣变

其铅、砷残留量应符合表 8-3 的规定。

表 8-3　与食品直接接触的纸和纸板材料及制品中的铅、砷残留量

项目	指标	项目	指标
铅(Pb)/(mg/kg)[a]	≤3.0	总迁移量[b]/(mg/dm^2)	≤10
砷(As)/(mg/kg)[a]	≤1.0	高锰酸钾消耗量/(mg/kg) 水(60 ℃,2 h)	≤40
甲醛/(mg/dm^2)[a]	≤1.0	重金属(以 Pb 计)[c]/(mg/kg) 4%乙酸(体积分数)(60 ℃,2 h)	≤1
荧光性物质 波长 254 nm 和 365 nm	阴性		

注：[a]以单位纸或纸板质量的物质毫克数计；[b]不适用于食品接触表面覆蜡的纸和纸板材料及制品。如果按照规定选择的食品模拟物测得的总迁移量超过 10 mg/dm^2时，应按照 GB 31604.8—2016 中的 5.5.2 测定三氯甲烷提取物，并以测得的三氯甲烷提取量进行结果判定；[c]仅适用于预期接触水性食品或表面有游离水食品的成品纸和纸板材料及制品。

其他残留物应符合表 8-4 的规定(与食用烹饪或者加工前需经去皮、去壳或清洗的食品接触的纸和纸板材料及制品除外)。

表 8-4　与食品直接接触的纸和纸板材料及制品中微生物指标

项目	限量
大肠菌群/(MPN/50 cm^2)	不得检出
沙门氏菌/(MPN/50 cm^2)	不得检出
霉菌/(CFU/g)	≤50

实操演练 8-1　GB 31604.39—2016 食品接触材料及制品 食品接触用纸中多氯联苯的测定(气相色谱法)

一、实操目标

1. 理解纸中多氯联苯测定的意义；
2. 掌握纸中多氯联苯测定的原理；
3. 掌握仪器的校准及使用。

二、实操原理

单层食品接触用纸中的多氯联苯采用正己烷-二氯甲烷混合溶液水浴振荡提取或快速溶剂萃取仪提取，复合食品接触用纸中的多氯联苯采用快速溶剂萃取仪提取。提取液经浓缩，浓硫酸磺化处理后，用配有电子捕获检测器的气相色谱仪进行检测，内标法定量。

三、实操耗材

1. 试剂及配制

正己烷(色谱纯)、二氯甲烷、乙腈(色谱纯)、浓硫酸(优级纯)。

(1)正己烷-二氯甲烷混合液(1+1)　量取 100 mL 正己烷和 100 mL 二氯甲烷，混匀。

(2)标准品　2,2′,5-三氯联苯(PCB 18)、2,4,4′-三氯联苯(PCB 28)、2,2′,5,5′-四氯联苯(PCB 52)、2,2′,4,5,5′-五氯联苯(PCB 101)、2,3′,4,4′,5-五氯联苯(PCB 118)、2,2′,3,4,4′,5′-六氯联苯(PCB 138)、2,2′,4,4′,5,5′-六氯联苯(PCB 153)、2,2′,3,4,4′,5,5′-七氯联苯(PCB 180)，内标物 2,2′,3,3′,4,4′,5,5′,6,6′-十氯联苯(PCB 209)：标准品的纯度均≥98%或经国家认证并授予标准物质证书的标准物质。

8 种多氯联苯及内标物的相关信息见表 8-5。

表 8-5　8 种多氯联苯及内标物的相关信息

化合物名称	IUPAC 编号	分子式	CAS No.	相对分子质量
2,2′,5-三氯联苯	PCB 18	$C_{12}H_7Cl_3$	37680-65-2	257.54
2,4,4′-三氯联苯	PCB 28	$C_{12}H_7Cl_3$	7012-37-5	257.54
2,2′,5,5′-四氯联苯	PCB 52	$C_{12}H_6Cl_4$	35693-99-3	291.99
2,2′,4,5,5′-五氯联苯	PCB 101	$C_{12}H_5Cl_5$	37680-73-2	326.43
2,3′,4,4′,5-五氯联苯	PCB 118	$C_{12}H_5Cl_5$	31508-00-6	326.43
2,2′,3,4,4′,5′-六氯联苯	PCB 138	$C_{12}H_4Cl_6$	35065-28-2	360.88

续表 8-5

化合物名称	IUPAC 编号	分子式	CAS No.	相对分子质量
2,2′,4,4′,5,5′-六氯联苯	PCB 153	$C_{12}H_4Cl_6$	35065-27-1	360.88
2,2′,3,4,4′,5,5′-七氯联苯	PCB 180	$C_{12}H_3Cl_7$	35065-29-3	395.32
2,2′,3,3′,4,4′,5,5′,6,6′-十氯联苯	PCB 209	$C_{12}H_{10}$	2051-24-3	498.66
$^{13}C_{12}$-2,2′,3,3′,4,4′,5,5′,6,6′-十氯联苯	$^{13}C_{12}$-PCB 209	$^{13}C_{12}H_{10}$	—	511

(3)多氯联苯及内标物标准贮备溶液　准确称取适量的多氯联苯标准品，分别用正己烷配制成浓度为 200 mg/L 的溶液，−18 ℃ 密封保存，保存期 12 个月。

(4)混合标准工作溶液　分别准确吸取适量 8 种多氯联苯标准储备溶液，用正己烷逐级稀释成 1.00 mg/L 的混合标准工作溶液，−18 ℃密封保存，保存期 3 个月。

(5)内标物工作液　准确吸取适量的内标物(PCB 209)标准储备溶液，用正己烷配制成浓度为 1.00 mg/L 的溶液，−18 ℃密封保存，保存期 3 个月。

(6)混合标准系列溶液　吸取适量的混合标准工作溶液和内标物工作液，用正己烷配成浓度为 0.005 0 mg/L、0.010 mg/L、0.025 mg/L、0.050 mg/L、0.100 mg/L 和 0.200 mg/L 的混合标准系列溶液(内标物浓度均为 0.050 mg/L)，现配现用。

2. 材料

尼龙滤膜：0.22 μm。

硅藻土担体 G：优级，CAS 号 68855-54-9，使用前在 400 ℃马弗炉中加热 4 h，备用。

3. 仪器和设备

气相色谱仪(GC，配有电子捕获检测器)、水浴振荡器、快速溶剂萃取仪(ASE)、天平、离心机、旋转蒸发仪、氮吹浓缩仪、涡旋振荡器。

四、实操步骤

1. 取样

按照 GB/T 450 或 GB/T 740 取样。取样后应用铝箔包裹样品，以防止样品在测试前发生任何改变。

2. 试样的制备

取一份代表性样品(约 100 g)，剪成 5 mm×5 mm 以下的碎片，混合均匀。取样后用铝箔包裹，确保试样不受污染。

3. 试样的提取

(1)水浴振荡提取(适用于单层食品接触用纸)　称取约 2 g(精确至 0.01 g)样品于 50 mL 具塞玻璃离心管中，加入 PCB 209 定量内标物工作液(1.00 mg/L)100 μL，振荡混匀。加入 25 mL 正己烷-二氯甲烷溶液，40 ℃水浴振荡提取 1 h，振荡速度为 200 r/min。转移提取液至 100 mL 鸡心瓶中。残渣中再加入 20 mL 正己烷-二氯甲烷溶液，重复水浴振荡提取 1 h。合并所有提取液，40 ℃水浴旋转蒸发浓缩至近干。

(2)快速溶剂萃取(适用于单层食品接触用纸和复合食品接触用纸)　称取约 2 g(精确至 0.01 g)样品，加入 PCB 209 定量内标物工作液(1.00 mg/L)100 μL 后，与 4 g 硅藻土拌匀，装入底部放有玻璃纤维素滤纸片的不锈钢萃取池中(装样前萃取池底部先装入一层约 2 g 的硅藻土),再装入硅藻土充满不锈钢萃取池,拧上盖子,放置于快速溶剂萃取仪萃取池托盘上进行萃取。快速溶剂萃取条件见表 8-6。萃取完成后,将萃取液转入 100 mL 鸡心瓶中,40 ℃水浴旋转蒸发浓缩至近干。

表 8-6　快速溶剂萃取条件

萃取溶剂	萃取温度/℃	静态萃取时间/min	静态萃取次数	冲洗体积/%	氮气吹扫时间/s
乙腈	80	5	2	60	60

4. 净化

吸取 3 mL 正己烷超声洗涤鸡心瓶洗涤液,转移至 15 mL 带刻度离心管中,40 ℃水浴氮吹浓缩至约 1 mL,用正己烷定容为 2.00 mL,再加入 3 mL 水,涡旋振荡 30 s,以 5 000 r/min 的转速离心 5 min。吸取上清液至干净的 15 mL 离心管中,加入 1 mL 浓硫酸,涡旋振荡 30 s,以 5 000 r/min 的转速离心 5 min。吸取上清液至干净的 15 mL 离心管中,加入 3 mL 水,涡旋振荡 30 s,以 5 000 r/min 的转速离心 5 min,吸取上清液上机测定。

5. 测定

(1)气相色谱参考条件

色谱柱:5%苯基-甲基聚硅烷填料毛细管柱,柱长 30 m,内径 0.25 mm,膜厚 0.25 μm;

进样口温度:280 ℃;

升温程序:开始温度 90 ℃,以 15 ℃/min 升温至 200 ℃保持 5 min,以 2.5 ℃升温至 250 ℃保持 2 min,以 20 ℃/min 升温至 290 ℃保持 5 min;

检测器温度:300 ℃;

载气:高纯氮气(纯度≥99.999%),1.0 mL/min;

进样量:不分流模式,1.0 μL。

(2)试样测定　在仪器最佳工作条件下,对待测溶液进样。标准系列溶液和试样溶液中被测物的响应值应在仪器检测的线性范围内。色谱峰保留时间定性,内标法定量,必要时采用气相色谱—质谱法进行确证。8 种多氯联苯的标准溶液的气相色谱图参见图 8-1。除不加试样外,采用完全相同的分析步骤、试剂和用量,进行试剂空白试验。

6. 分析结果的表述

$$X_i = \rho_i \times \frac{V}{m} \times \frac{1\,000}{1\,000}$$

式中:X_i—试样中各被测组分的含量,单位为毫克/千克(mg/kg);

ρ_i—从校正曲线得到的被测组分溶液浓度,单位为毫克/升(mg/L);

V—试样溶液定容体积,单位为毫升(mL);

m—试样称样量,单位为克(g);

1 000—换算系数。

计算结果需扣除试剂空白测定值。

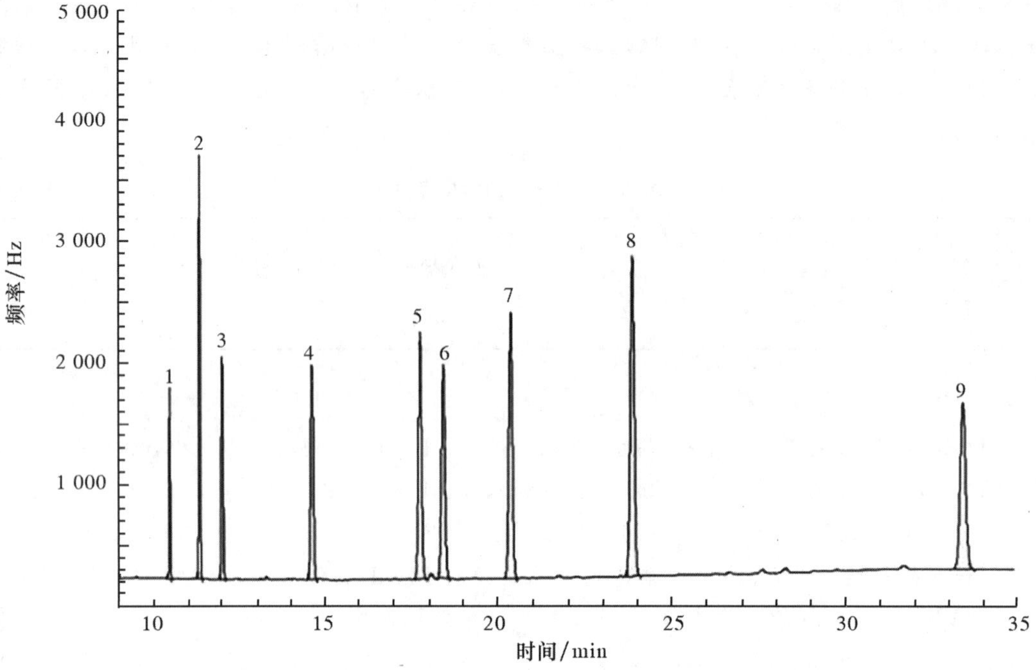

图 8-1 8 种多氯联苯及内标物的标准溶液的气相色谱图

说明：1. PCB 18；2. PCB 28；3. PCB 52；4. PCB 101；5. PCB 118；6. PCB 153；7. PCB 138；8. PCB 180；9. PCB 209。

7. 精密度

在重复性条件下获得两次独立测定结果的绝对差值不得超过算术平均值的 10%。

8. 其他

本方法中食品接触用纸中 8 种多氯联苯(PCB 18、PCB 28、PCB 52、PCB 101、PCB 118、PCB 138、PCB 153 和 PCB 180)的定量限均为 0.010 mg/kg。

五、实操技能点

1. 气相色谱仪的使用。
2. 多氯联苯测定结果判定。

情境二 食品用塑料包装安全

一、食品包装用塑料材料的卫生安全性

用于食品包装的塑料在卫生安全性能上存在两个问题：一是树脂本身的毒性；二是所使用的添加剂有毒或超过规定用的剂量。塑料是一种高分子聚合物，聚合过程中未发生反应的游离单体及可能发生的降解反应所产生的降解产物，有可能在用作食品包装材料后向食品中迁移，对人体健康造成危害，如聚苯乙烯中残留的苯乙烯、乙苯、异丙苯、甲苯等挥发物质都有一定毒性，单体苯乙烯可抑制大鼠生育，使肝、肾质量减轻。单体氯乙烯有麻醉作用，可引起人体

四肢血管收缩而产生疼痛感，同时还具有致癌、致畸作用。这些物质迁移程度取决于材料中该物质的浓度、材料基质中该物质结合或流动的程度、包装材料的厚度、材料接触食物的性质、该物质在食品中的溶解性、持续接触时间以及接触温度。塑料添加剂的卫生安全性主要是增塑剂、稳定剂、着色剂和油墨、润滑剂和发泡剂等的安全性，有毒或超过规定剂量的使用都会带来食品安全问题。

二、食品用塑料包装材料及制品卫生标准

我国的食品用塑料包装材料及制品卫生标准主要包括两部分内容：一是食品包装用树脂卫生标准；二是食品包装成型品卫生标准。从检测项目上看，食品包装用树脂的检测项目包括：干燥失重、灼烧残渣、正己烷提取物、单体含量、特定物质含量等。食品包装成型品的检测项目有：不同食品模拟液中的蒸发残渣、高锰酸钾消耗量、重金属(以铅计)、重金属的溶出试验如铅、镉、砷、锑、镍等。有毒有害单体残留量如氯乙烯单体、丙烯腈单体等以及微生物检测。

表 8-7　食品接触用塑料材料及制品感官要求

项目	要求
感官	色泽正常，无异臭、不洁物等
浸泡液	迁移试验所得浸泡液无浑浊、沉淀、异臭等感官性状的劣变

国家标准 GB 4806.7—2016《食品安全国家标准 食品接触用塑料材料及制品》规定了食品接触用塑料材料及制品的感官要求和理化指标等，如表 8-7 和表 8-8 所示。该标准适用于食品接触用塑料材料及制品，包括未经硫化的热塑性弹性体材料及制品。

表 8-8　食品接触用塑料材料及制品理化指标[a]

项目	指标
总迁移量/(mg/dm)[b]	≤10
高锰酸钾消耗量/(mg/kg) 水(60 ℃，2 h)	≤10
重金属(以 Pb 计)/(mg/kg) 4%乙酸(体积分数)(60 ℃，2 h)	≤1
脱色试验[c]	阴性

注：[a]母料应按实际配方与树脂或粒料混合并加工成最终接触食品的塑料制品后进行检测；[b]接触婴幼儿食品的塑料材料及制品应根据实际使用中的面积体积比将结果单位换算为 mg/kg，且限量为≤60 mg/kg；[c]仅适用于添加了着色剂的产品。

单体及其他起始物的特定迁移限量、特定迁移总量限量、最大残留量等理化指标应符合 GB 4806.6—2016 附录 A 及相关公告的规定。添加剂应符合 GB 9685 及相关公告的规定。

实操演练 8-2　GB 31604.22—2016
食品接触材料及制品　发泡聚苯乙烯成型品中二氟二氯甲烷的测定

一、实操目标

1. 理解发泡聚苯乙烯成型品中二氟二氯甲烷测定的意义；

2. 掌握发泡聚苯乙烯成型品中二氟二氯甲烷测定的原理；

3. 掌握仪器的校准及使用。

二、实操原理

根据气体有关定律，将试样放入密封平衡瓶中，用溶剂溶解。在一定温度下，二氟二氯甲烷扩散，达到平衡时，取液上气体注入气相色谱仪中测定。

三、实操耗材

1. 试剂及配制

N,N-二甲基乙酰胺（色谱纯）、二氟二氯甲烷（CCl_2F_2）（CAS 号：75-71-8）：纯度>99%。

(1)二氟二氯甲烷标准储备液（100 μg/mL） 准确称取二氟二氯甲烷标准品 1 mg(精确到 0.01 mg)于 10 mL 棕色容量瓶中，用 N,N-二甲基乙酰胺溶解定容至刻度，混匀。于 4 ℃保存，保存期为 1 年。

(2)二氟二氯甲烷标准中间液（10 μg/mL） 准确移取二氟二氯甲烷储备溶液 1 mL 于 10 mL 棕色容量瓶中，用 N,N-二甲基乙酰胺稀释至刻度，混匀。于 4 ℃保存，保存期为 6 个月。

(3)二氟二氯甲烷标准工作液（1 μg/mL） 准确移取二氟二氯甲烷中间溶液 1 mL 于 10 mL棕色容量瓶中，用 N,N-二甲基乙酰胺稀释至刻度，混匀。于 4 ℃保存，保存期为 3 个月。

2. 仪器和设备

气相色谱仪(GC，附氢火焰离子化检测器)、电子天平、恒温水浴装置、平衡瓶、气密针。

四、实操步骤

1. 试样处理

将发泡聚苯乙烯成型品剪成 3 mm×3 mm 碎屑，用四分法取样，称取 0.3 g(精确到 0.001 g)放于平衡瓶中。加入 3 mL N,N-二甲基乙酰胺溶解，立即盖塞，轻轻摇匀，放入 65 ℃恒温水浴中平衡 15 min，取 1 mL 气体供气相色谱仪测定。

2. 仪器参考条件

色谱柱：6%腈丙苯基-94%二甲基聚硅氧烷毛细管色谱柱，柱长 30 m，内径 0.32 mm，膜厚 0.18 μm 或相当者；

柱温：初始温度 50 ℃保持 5 min，以 20 ℃/min 升温至 250 ℃保持 2.5 min；

进样口温度：250 ℃；

检测器温度：300 ℃；

载气：氮气，纯度大于或等于 99.999%，恒流模式，流速 1.0 mL/min；

进样量：1.0 mL，分流进样，分流比为 20∶1；

尾吹气：氮气，60 mL/min。

3. 标准曲线的制作

在 5 个平衡瓶中各加入 3 mL N,N-二甲基乙酰，盖塞，用微量注射器取 0 μL、3 μL、15 μL、30 μL、150 μL、300 μL 二氟二氯甲烷标准工作液（1 μg/mL）通过胶塞注入瓶中，轻轻摇匀放入 65 ℃ 恒温水浴中平衡 15 min，即标准曲线浓度为 0 ng/mL、1 ng/mL、5 ng/mL、10 ng/mL、50 ng/mL、100 ng/mL。分别取液上气 1 mL 注入气相色谱仪中，以二氟二氯甲烷含量为横坐标，峰面积为纵坐标绘制标准曲线。二氟二氯甲烷标准溶液的气相色谱图参见图 8-2。

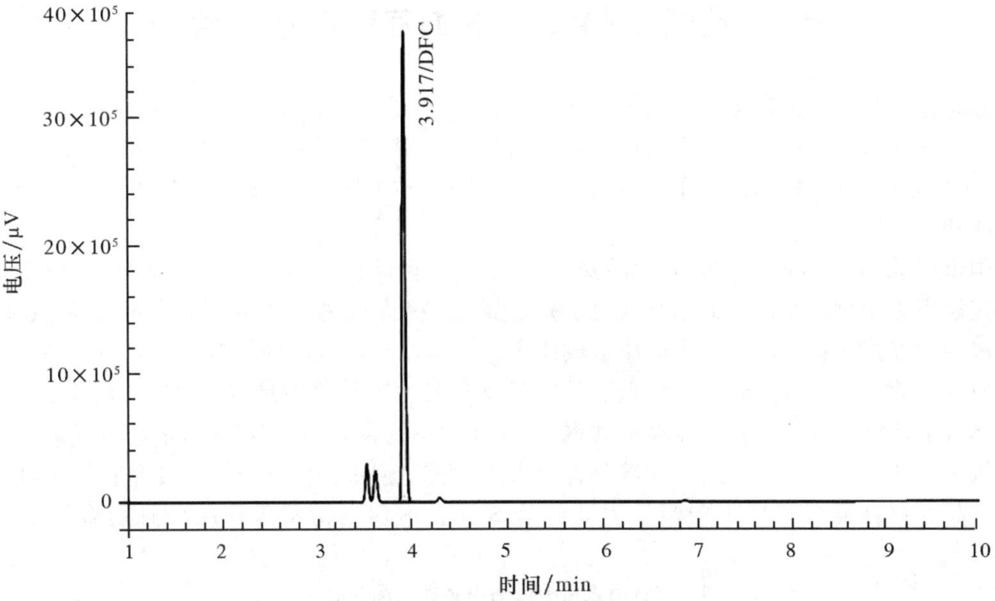

图 8-2　二氟二氯甲烷标准溶液的气相色谱图(1 mg/L)

4. 试样溶液的测定

手动或自动将含有 1 mL 试样的液上气注入气相色谱仪中进行测定,得到峰面积,根据标准曲线得到试样溶液中二氟二氯甲烷的含量。同时做空白试验。

5. 分析结果的表述

$$X=\frac{\rho\times 1\,000}{m\times 1\,000}\times V$$

X—试样中二氟二氯甲烷的含量,单位为毫克/千克(mg/kg);

ρ—从标准曲线中得到二氟二氯甲烷标准工作溶液的浓度,单位为微克/毫升(μg/mL);

m—样品称样量,单位为克(g);

V—样品定容体积,单位为毫升(mL);

1 000—换算系数。

计算结果需扣除空白值,结果保留 3 位有效数字。

6. 精密度

在重复性条件下获得的两次独立测定结果的绝对差值不得超过算术平均值的 20%。

7. 其他

按照本标准规定的取样量,本方法对二氟二氯甲烷的检出限为 0.001 mg/kg,定量限为 0.01 mg/kg。

五、实操技能点

1. 气相色谱仪的使用。
2. 发泡聚苯乙烯成型品中二氟二氯甲烷测定结果的判定。

情境三 食品用金属包装安全

金属包装是近代四种主要包装材料之一，具有热传导性能好、阻隔性能好、易加工成型、表面装饰性好和可再生利用等优点。但金属材料价格较贵、成本较高，自身的重量重，化学稳定性差、不耐酸碱腐蚀，特别是用于包装高酸性内容物时易被腐蚀，金属离子易析出而影响食品的风味和安全。

国家标准 GB 4806.9—2016《食品安全国家标准 食品接触用金属材料及制品》规定了与食品接触用金属材料及制品的原材料要求是金属材料及制品中食品接触面使用的金属基材、金属镀层和焊接材料不应对人体健康造成危害。金属基材和镀层等材料成分应与产品所标识成分或牌号的相应成分一致。不锈钢食具容器及食品生产经营工具、设备的主体部分应选用奥氏体型不锈钢、奥氏体·铁素体型不锈钢、铁素体型不锈钢等不锈钢材料，不锈钢餐具和食品生产机械设备的钻磨工具等的主体部分也可采用马氏体型不锈钢材料。与食品直接接触的不锈钢制品的感官要求和理化指标见表 8-9、表 8-10。本标准适用于食品接触用金属材料及制品。

表 8-9 与食品直接接触的不锈钢制品的感官要求

项目	要求
感官	接触食品的表面应清洁，镀层不应开裂、剥落，焊接部分应光洁，无气孔、裂缝、毛刺
浸泡液	迁移试验所得浸泡液不应有异臭

表 8-10 与食品直接接触的不锈钢制品的迁移物指标

项目	指标
砷(As)/(mg/kg)	≤0.04
镉(Cd)/(mg/kg)	≤0.02
铅(Pb)/(mg/kg)	≤0.05
铬(Cr)[a]/(mg/kg)	≤2.0
镍(Ni)/(mg/kg)	≤0.5

注：[a]马氏体型不锈钢材料及制品不检测铬指标。

其他金属材料及制品的理化指标应符合表 8-11 的规定。

表 8-11 其他金属材料及制品的迁移物指标

项目	指标
砷(As)/(mg/kg)	≤0.04
镉(Cd)/(mg/kg)	≤0.02
铅(Pb)/(mg/kg)	≤0.2

拓展与提升

1. 纸包装材料和容器的检验项目较多，按其使用性能分为哪几类？

2. GB 4806.8—2016《食品直接接触的纸和纸板材料及制品》规定的感官要求有哪些？

3. 试说明食品用纸包装材料的卫生安全性测定试验和评价方法。

4. GB 4806.8—2016《与食品直接接触的纸和纸板材料及制品》规定的微生物指标有哪些？

5. 为什么要测定与食品直接接触的纸和纸板材料及制品中多氯联苯？

6. 试说明食品用塑料包装材料的卫生安全性测定试验和评价方法。

7. 列举可能产生安全性问题的塑料包装材料。

8. GB 4806.7—2016《食品接触用塑料材料及制品》规定的理化指标有哪些？

9. 试列举金属罐的质量检查项目。

10. 试说明食品用金属包装材料的卫生安全性测定试验和评价方法。

11. GB 4806.9—2016《食品接触用金属材料及制品》规定的原材料要求是什么？

12. 为什么要测定食品接触用金属材料及制品中砷的含量？

13. 食品接触用玻璃和陶瓷为什么要对镉迁移量进行测定？

14. 陶瓷用作食品包装容器的最大特点是什么？为什么要注意其卫生安全性？

15. 试说明食品用陶瓷包装材料的卫生安全性测定试验和评价方法。

模块九

食品包装设计

知识目标：理解食品包装设计的概念及相关知识；认知食品包装的定位设计与包装策略；熟悉包装设计要求、设计程序及设计要素；掌握包装容器、包装结构设计方法；认知包装装潢构图形式、色彩及文字设计方法。

能力目标：掌握食品包装策略方法、食品包装设计要求、设计程序与步骤；能够利用所学知识，独立完成食品包装容器造型设计、食品包装结构设计、食品包装装潢设计，实现食品包装的保护功能、促销功能及环保功能的完美统一。

素质目标：培育学生美学鉴赏能力；激发学生创造创意潜能；培育学生专注、耐心、细心雕琢的能力；使学生领略中华传统文化的魅力，感受精神文化的熏陶。

【思维导图】

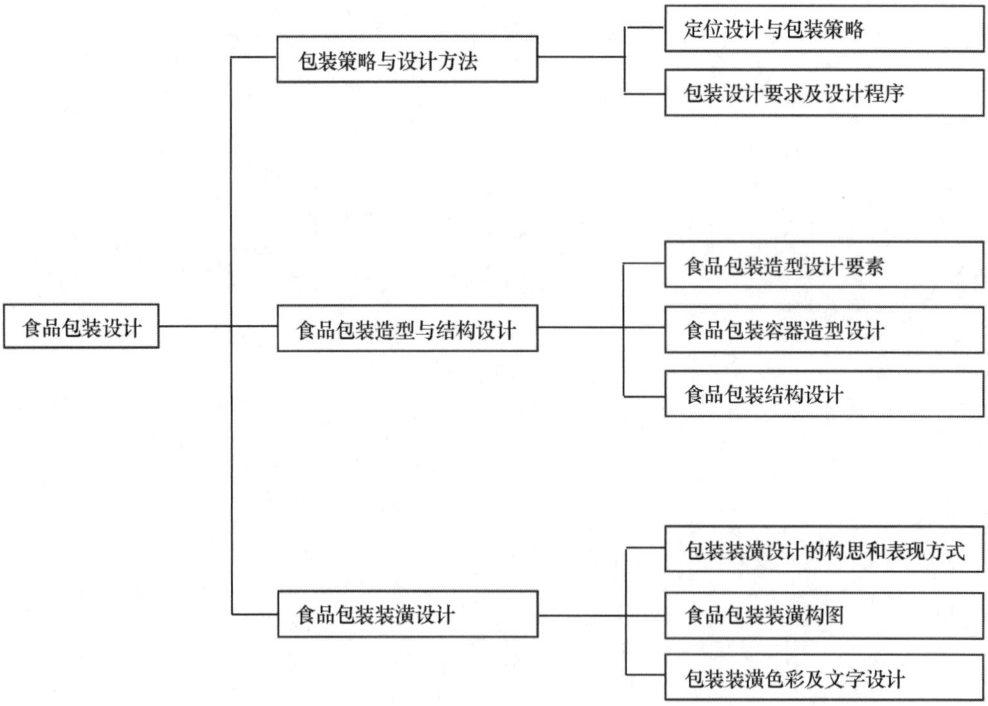

项目一　包装策略与设计方法

任务目标

- ☞ 现代食品包装设计重要性的理解；
- ☞ 包装设计定位三要素的认知；
- ☞ 食品包装策略方法的选择；
- ☞ 对食品包装设计要求的认知；
- ☞ 包装设计程序与步骤的理解。

随着人们生活水平的提高，人们对食品的包装设计要求也越来越高，因此食品包装设计尤为重要。食品的包装设计就像女性的服饰，可以对商品起到画龙点睛的作用，这就要求设计者在创作食品包装设计时要根据产品的特点来突出重点，同时还要有超前的意识来看待食品包装设计的重要性。

食品包装设计首先表现食品外观，吸引消费者的注意，具有物质成本以外的价值。包装设计对于一件产品来说，是一种视觉形象展现，是消费者对产品的第一印象的关键所在。包装不仅需要完美地体现出产品的概念、卖点、风格、受众范围，从而将对应的受众划入消费圈，还需要在其中加入一些策划、设计的点子，从而增加包装亮点，吸引一些非潜在消费者。

情境一　定位设计与包装策略

一、包装的定位设计

定位设计是包装设计理论的重要组成部分。设计定位主要是解决设计构思的方法，它所强调的就是要站在销售的角度考虑包装设计，把准确的信息传递给消费者，给他们一种与众不同的独特印象。定位的好坏，直接影响着商品的销售。

传统的包装设计主要强调包装保护商品、美化商品的功能。由于市场经济的发展，包装设计的功能随着市场的激烈竞争而有了根本的改变。传统的包装设计观念受到了冲击，定位设计理论形成了现代包装设计的主要特点。

没有竞争就无需包装设计定位，竞争越激烈，就越需要造就一个超越同类产品的定位形象。可以说，定位是否恰当成为能否把信息准确地传递给消费者的关键因素。食品包装定位设计的基本要素包括品牌定位、产品定位、消费者定位三个方面。

(一)品牌定位

在现行信任名牌、追求特色的消费心理下,用品牌定位进行包装设计构思,具有重要且十分有效的意义。品牌定位要求在包装上鲜明地突出商标品牌,可以将色彩、图形、文字结合成统一的形象,使消费者易认易记。

(1)色彩　包装色彩比文字、图形更容易引起人们的注意。使用企业或品牌形象标准色,会使产品包装形成独特面貌,在消费者的头脑里形成固定的品牌色印象,如洋河系列酒以蓝色系为主,泸州老窖系列酒以红色系为主。

(2)图形　品牌定位中的图形包括商标形象、辅助图形、吉祥物和独特的包装容器等。商标的图形作为主要视觉元素,也会在消费者心目中留下深刻的印象,如“芙蓉王”香烟包装,以具象的芙蓉花为包装的主视觉图形已深深印入消费者的脑海中。品牌辅助图形,如可口可乐商标上的波状孤线,怡清源“野针王”茶叶包装上下带圆弧的矩形方框等因其简洁明朗、个性突出也起到品牌识别作用。企业吉祥物也能起到形象识别作用,如“老干妈”食品包装系列中人物形象,极具代表性。

(3)文字　文字形商标在包装中十分常见。但字体要经过设计,这种经过设计的字体是区别于其他品牌的又一手法,成为品牌形象的代言。如“黄鹤楼”“水井坊”“盼盼”等,它们在我们头脑中形成了固定的品牌形象。

(二)产品定位

在设计构思时,若发现产品特点鲜明且有优势,就可以把产品定位作为设计的主攻方向。

(1)产品品种(类别)定位　即使是同一产品,也常有不少种类,定位设计时要充分注意到它们之间的差别。比如果汁有苹果汁、橙汁、柠檬汁等品种,设计中就需强调该产品是哪一种,以表明各自产品的特性。产品定位就是要使消费者得到明确的而不是模棱两可甚至是错误的信息。

(2)产品产地定位　带有强烈民族风格和地方特色的包装设计可有效地表明产品的产地,使消费者一望便知该产品来自哪个国家或地区,如北京宫廷糕点、新疆葡萄干、绍兴黄酒、金华火腿、西湖龙井茶等(图 9-1 至图 9-3)。对于产地定位要掌握好尺度,要弄清消费者对产地的了解程度如何、是否明白你所传递的信息、是否有良好的印象,这样才可充分表达产品产地特色。

图 9-1　金华火腿

图 9-2　新疆葡萄干

图 9-3　北京宫廷糕点

(3)产品特色定位　无特色的产品其吸引力一般很差。速溶奶粉一般要用开水冲溶，如果这种奶粉还可用冷开水冲溶，包装定位就应强调这一特色。

(4)产品用途定位　婴儿奶粉讲究对婴儿的适用性，口味和营养成分都与普通奶粉有一定区别，故可强调婴儿专用。另外，普通奶粉也有多种用途，不仅可冲溶直接饮用，也可做点心、伴咖啡等，为推销奶粉，可设计多种包装。

(5)产品使用时间与场合定位　有些产品如不考虑使用时间场合，往往会影响销路。如包装奶，若是家庭早餐用的，一般用量较大，需较大的包装容器；若作小学生课间餐，要使用小包装，画面中的形象、色彩也应符合小学生的兴趣；若是专供节日用的食品其包装可体现节日气氛(图 9-4、图 9-5)。

图 9-4　中秋节礼盒

图 9-5　端午节礼盒

(6)产品档次定位　商品包装要讲究信誉、表里如一，这是一条不应违背的原则。一般来说，价格反映产品的质量水平，档次定位恰当，可表明产品的身价，提高附加值。如五粮液公司为国家最高行政机关开发的“紫光液”特需专供酒，就是把它作为专供产品来定位设计的(图 9-6)。

图 9-6　五粮液紫光液

(三)消费者定位

当产品的消费对象很明确时，就可以特定消费对象为定位方向进行包装设计。消费者定位主要从两方面考虑：

(1)社会阶层定位　应考虑消费对象的性别、年龄、文化、社会地位、种族、生活习惯、心理需求和家庭结构等。

(2)消费者心理因素定位　成功的商品包装设计之所以能打动人心,很重要的一个方面就是它利用了消费者的心理。

定位设计是商品竞争的产物,定位设计只能解决设计策略问题,而如何使正确地包装定位通过艺术语言来传递商品的信息,还有待对构图、色彩、造型进行探讨。

工作单 9-1　实例说明产品定位

	品种定位	产地定位	特色定位	用途定位	使用时间与场合定位	档次定位
定位描述						
产品实例						

知识窗

智能化包装设计

随着工业4.0战略的提出,全民创新高潮迭起,使科技呈现出了新的发展趋势,更加关注体感情绪和科技方式的简化,智能材料被越来越多地使用,人们正在进入一个用智能创造全新感觉体验的时代。新的科学技术已经开始应用到食品包装设计当中,智能化包装使设计更具实用价值与功能价值。

智能型食品包装设计能够融入互动理念,使消费者从多方面、多角度、多用途进行包装的使用。在接触食品前,消费者可以从食品包装的造型、扫码说明、触感等获得直觉体验。在购买后和食用的过程中,消费者可以通过包装的智能发光、语音提示、自发热、进食方法的互动性、AR智能动态影像等,获得食物信息与用餐体验的愉悦。智能交互性包装在功能、成本、生产技术方面的不断完善,在未来会逐步走向产品化,这也是现代商业社会发展的必然趋势。

二、包装策略

包装不仅是一种艺术创造,更是扩大商品销售的一种竞争手段。美国杜邦公司对商品营销提出著名论断:63%的消费者是根据商品包装决定是否购买。这一观点被广泛认同而称为杜邦定律,由此可见,商品包装与营销之间的重要关系。“靠包装销售”是企业常用的一种营销手段。因此,包装设计应注重包装策略,以便更好地发挥包装的促销功能。

(一)包装策略选择

(1)系列化包装策略　这是当代国际包装设计中较流行的包装策略,它是对一个企业的产品或一个商标、一个品牌的不同种类产品,用一种共性包装特征为其包装进行统一的设计。如用特殊的造型特点、字体、标识、色彩、图案等来统一系列中的各个产品包装,使各个产品包装具有统一的辨认性,突出品牌形象,而每种产品的包装又体现出它的个性特点。

(2)等级包装策略　指按商品价值或市场定位不同分为若干等级,实施不同包装的策略。对出口包装、礼品包装可提高包装档次,强调新颖华贵。如洋河系列酒用“梦之蓝”“天之蓝”“海之蓝”加以区分(图9-7)。

(3)成套包装策略　指把品种相同但规格不同,或品种不同但用途相关的数件产品搭配在一起进行包装,成套出售以增加销售量并方便消费者的包装策略。如美国麦氏速溶咖啡手提式礼盒成套包装,盒内有一瓶咖啡和一瓶咖啡伴侣奶粉,还配有一个搅拌用的小匙。

图 9-7 洋河品牌蓝色经典系列酒

(4)POP (point of purchase)包装策略 POP包装又称广告式包装或销售点包装,直接在销售点通过包装本身的"广告牌"配合商品实物进行宣传。正是在顾客游览或选购商品犹豫不决时,把内容、特征、优点、使用方法、价格等信息传达给顾客,着重现场心理攻势,引起消费者强烈的购买欲望,因而具有明显的促销作用。

(5)馈赠包装策略 常用两种方式:一种为包装本身是一个附赠品或将赠品放在外包装内;另一种是在商品包装内附上能吸引消费者购买的奖品、中奖彩券等赠品,借此扩大销售。

(6)适量、方便使用包装策略 适量包装指适应不同对象采用不同容量的单件包装策略,如按一次泡茶用量的袋装茶、小罐茶、小罐果酱、小瓶装酒等包装。方便使用包括采用容易开启的包装,如易拉罐、易开瓶等,便于携带的软包装、手提式包装以及外卖包装等。

(7)方便展销的包装策略 方便展销指能方便包装商品的展示,如便于堆叠陈列的可叠式包装;节省场地、可挂起来展销的可挂式包装;可使包装盒显示出与盒内商品相衬托的展示式包装;还有使消费者能看到包装内食品质地、色泽、形状,易使消费者产生信任与安全感的透明包装。

(8)防伪防盗包装策略 人们信任名牌产品,但又害怕假冒名牌的伪劣产品,因此,若在商品包装上使用技术难度高、难以仿造的包装形式或标志,如全息激光摄影商标等,便会增加消费者的信任感,促进销售。另外,使用如螺旋扭断盖等防盗包装形式也能增加人们的信赖感和安全感。

(9)绿色包装策略 绿色包装设计是以环境资源保护为核心概念的设计过程,是包装质量、功能、寿命、环境一体化的设计过程。这种包装策略不但环保和节约,同时也使消费者感受到企业对生态和社会的责任心,从而对其产品产生信任感。如周转箱、啤酒瓶等,包装内容物用完后包装还可回收再用。

(10)改变包装策略 指企业为改变原来产品形象而采用新的包装,这种改变既可以是包装造型装潢的改变,也可以是包装结构、包装技术方法和包装材料的改变。在商品不畅销的情况下,可以通过改进包装的方法来减少消费者对商品的不信任感,树立新的产品形象,促进销售。对于已不合时代潮流的包装,更有考虑改变包装的必要。

(二)包装策略选择应注意事项

产品包装的作用在于保护产品本身、方便消费者使用、美化产品、增加产品的附加价值和促进销售等。合理的产品包装策略,对企业的产品营销活动有着十分重要的影响。具体要注意事项如下:

1. 改变包装形状的注意要点

一般而言,包装物的外形是随着产品几何形状而定的,但在有些情况下,需要特殊考虑,譬如为了要特别体现产品的内在美,企业需要改变产品的外在形状等。企业如需要改变原包装时,要先了解消费者的消费和使用习惯,有没有与之发生冲突,还要注意消费者的视线习惯。

2. 使用家族性包装还是单独包装

所谓家族性包装是指全部产品项目都用相同或基本相似的包装。减少包装的设计、印制成本;对一个产品项目促销就带动了其他产品,从而减少广告开支;还可利用企业经营成功的产品项目,带动其他产品项目的销售。但其弊端在于,如果某一个或几个产品出了问题,会对其他的产品项目也带来不利的影响。如果采用单独包装,包装费用和促销费用较高,但不会由于某个产品项目出问题而对其他的产品项目发生连带影响。这就需要企业根据营销目标和市场营销风险情况决定。

3. 采用组合包装

在同一个包装物内,包装系列是关联产品,就是组合包装。如牙膏和牙刷包装一起,一组化妆品包装在一起等。组合包装的优点是可增加企业的产品销售量,组合包装价格更优惠。

4. 采用多用途包装

多用途包装是指包装物在产品消费或进入使用以后,包装物还可以另作他用。如药瓶作水杯用,塑胶袋作手提包用。多用途包装能使包装发挥长期广告的作用。

情境二　包装设计要求及设计程序

一、食品包装设计要求

包装设计之前,必须充分了解产品特性,从各个角度考察,综合分析各种因素,才能设计出符合产品要求的合理包装。

(1)保护食品　包装对内包装物起到很好的保护作用,包装结构设计合理、新奇精巧,包装材料选用适当、安全卫生。

(2)方便贮运　方便包装的贮存运输、货架陈列和节省贮运空间,在正常贮运条件不会损坏,容易开启、再封存和取出内容物,个体包装的大小、容量适合消费者的需求便于携带。

(3)有利于促销　设计定位准确,显示产品的特点并体现销售策略,与其他同类产品的竞争力强,包装的材料、形态、尺寸、色彩及其设计特色鲜明,包装的形状、大小适合大量陈列,包装的每一面均传达产品信息,文字精练、装潢插图能引起顾客的兴趣。

(4)设计美观、制作精美　结构设计创新,装潢造型美观大方,具有适当的地域特色,能引人注目并引起购买欲望。包装样品制作实现设计意图,加工工艺和印刷水平与设计完美结合。

(5)包装标准化和工业化　设计包装的标准化和工业化程度适应新工艺、新材料、新技术的发展,能节约原材料、减少制造成本和运输费用。

(6)有利于环境保护　包装设计要体现“绿色包装”节约原材料、重复利用、保护环境等特点。

二、包装设计原则

(一)安全化

1. 功能设计的安全

据统计,在英国每年有超过 60 000 人因包装事故而住院。大约 40%的包装事故与塑料、玻璃瓶(罐)有关,事故大多发生在包装容器开启时。例如,罐装食品的开启方式可能存在着安全隐患。最初的罐装食品需要专门的螺丝刀进行开启,且开启后边缘锋利,容易刮伤人体。随着易拉环的出现和普及,罐装食品开启的安全性得到加强。

另外,一些食品包装需要考虑防窃功能的设计。例如,电商平台外卖食品的包装,因为消费者是在平台线上下单购买,由商家打包快递运送到手的,在食品运送过程中可能产生食物数量不全、被污染等情况。因此,在外卖食品包装设计中会设计封口贴或塑封薄膜。标贴或薄膜上的印刷图案的完整性可以帮助消费者判断包装是否被开启过,保证内部食物的密封与安全。

对于干湿不同的组合食品,在其包装内部结构上需要采用分区,以免食物间相互影响。配有餐具的食品,餐具应与食物分开放置。针对未成年人的食品包装设计需要考虑安全防护型结构的开启方式,通过设置障碍式结构增加打开包装的难度,防止他们误服、误用。

2. 材料印刷的安全

纸类材料作为绿色包装材料的主流材料之一,在加工印刷过程中主要依靠柔版印刷和胶版印刷。其危害和缺点在于油墨含有易挥发的物质,包装时容易对商品造成污染,尤其是针对食品类的包装。如果印刷油墨中的有害物质侵入人体会引起伤害,因此在考虑食品包装内外的装饰和审美效果时,要考虑到避免有害原料成分对食品造成污染。

(二)生态化

可持续发展是设计的一条途径,也是注重环境、社会和经济因素发展的一条途径。近几年来,随着过度包装与包装垃圾无法降解带来的环境问题日益突出,减少垃圾的排放,提高生态环境的协调性,减轻包装对环境产生的负荷与冲击已成为包装行业不可回避的责任。

(三)情感化

著名市场营销学家菲利普·科特勒把人的消费行为归纳成三个阶段:第一阶段是量的消费阶段。这是指在商品供不应求的时候,人们对商品的需求是追求量的满足。第二阶段是质的消费阶段。这一阶段是当商品数量剧增,消费者开始注重对品质的选择。第三阶段是感性消费阶段。这一阶段,商品呈同质化趋势且供过于求,购买或使用商品更多的是消费者追求一种情感上的满足,或是自我形象的一种展现。

现在成千上万可供选择的食品正处于激烈的同质化竞争时代,食品包装除了满足包装基本功能外,同时也要注重对消费者情感的满足。

此外,在食品包装设计中还应及时关注时代潮流文化对消费群体情感需求的影响。例如,源于日本动漫的词语“萌”,其意义伴随当下社交网络的发展得到延伸,在中国年轻群体中形成一种“萌文化”,以“萌”代表简单、直接、幽默而富有亲和力的形象。许多食品包装利用可爱的图形、柔和或刺激性的色彩、互动性的包装造型等方式进行设计,以此获得消费者的关注和喜爱(图 9-8)。

图 9-8 “贵仁驾到”瓜子礼盒包装

三、包装设计程序

包装设计的程序与步骤，体现着现代设计的科学性、系统性的理性色彩，是掌握正确设计方法、取得有效设计结果的关键因素之一。包装设计的基本程序一般有以下几方面。

(一)提出要求

不管是企业自行开发设计还是委托设计单位来设计，都应给出设计的原因并提供相关资料。设计包装的原因一般有：开发新产品，开拓新市场，配合新的销售策略改进包装；采用新技术、新设备、新结构、新材料或法规政策变化需要设计新包装；竞争者的包装比自家更胜一筹而需改变企业形象；竞争者开发同类新产品等需改进包装；形成系列化包装等需重新设计包装。厂家应提供的相关基本资料包括产品开发整体构想（如开发动机、市场机会点等）、目标消费者基本描述（如年龄、性别、职业、爱好等）、产品描述（如特性、用途成本、售价等）。

(二)策划

(1)调查分析　对社会和市场进行调查，收集有关文字、图片、实物等资料进行综合分析，研究产品的发展趋势和厂商的销售策略、销售形式、销售渠道．分析目标消费者状况，调查竞争对手的包装及策略。

(2)包装要求、条件分析及设定　根据产品开发战略和市场情况，对产品、环境、市场、工艺等条件，目标消费者状况、经济成本进行设定与分析论证，确定包装切入点和设计策略，同时拟定包装设计制作计划及工作进度表。

(三)设计

(1)创意与构想　具体从方便使用性（结构、使用、整体陈列），保护、安全、合理性（包括材料、制造加工、成本），视觉传达性（如外观造型、色彩、图形、文字、标志、商品特性、视觉冲击、联想意义等）和环保性等方面来研讨，对包装进行多种方案的设想和构思，并用草图的形式表现出来。

(2)确定设计方案　从草图中筛选出一些较好的设计方案绘制出预想图或制作动画，并与委托方（厂商或本企业企划营销部门等）等有关部门共同研究，从中筛选出 1～3 个方案进行具体细化。

(3)确定包装类型及其组合关系　根据包装策略和功能确定采用系列化、配套式、便携式、吊挂式、展示式、堆叠式等包装形式。根据商品的要求确定包装的体积和尺寸及其个体包装、内包装、外包装的数量与组合关系和设计参数，力求销售包装规格尺寸与运输包装内部尺寸相适合。

(4)选定包装材料和包装辅助材料　应优选标准材料和绿色材料，成本要适宜，能满足产品的防护、安全与使用要求，具有良好的印刷与制作性能。

(5)选择包装技术与方法　根据商品的要求确定主要技术参数，选择合适的包装技术与包装方法(如真空、充气、无菌、防伪、防振等包装技法)。

(6)进行包装的结构、造型、装潢设计　在包装结构、造型及装潢设计统一考虑的前提下，一般先确定基本造型，然后进行结构设计，从科学原理出发，根据包装材料的性能特点和包装容器的成型方式，以及包装容器各部分对结构的要求，对包装结构进行具体设计。

(四)制作样品

根据选择的设计方案制作出一个或几个与实物同样大小的精细样品包装(盒样、容器模型)，根据有关要求或标准对样品进行科学测试，并将样品包装与原有的及竞争对手的包装进行比较，从科学性、销售性和美观性等方面来研究，选定最佳方案。

(五)确定工艺，制作设计正稿

确定包装印刷工艺、制作工艺及印刷加工工艺等工艺方案，按国家制图标准和印刷设计要求制作详细的设计正稿。

(六)生产制作

严格按照设计要求进行生产制作，应尽量适合工业化、标准化生产。

(七)评价鉴定

当设计的包装生产出来后，应对其进行试验鉴定，并做市场调研进行评估是否符合预先要求，最终修改定型。最后还应根据需要决定是否申请设计专利，以防不法商家恶意仿冒。

工作单 9-2　描述包装设计程序

	提出要求	策划	设计	制作样品	制作设计正稿	生产制作	评价鉴定
工作描述							

项目二　食品包装造型与结构设计

任务目标

☞ 食品包装造型设计要素的理解；
☞ 食品包装容器功能及其特性的认知；
☞ 食品包装容器造型设计注意问题的熟知；
☞ 食品包装结构设计原则和设计要素的掌握。

包装造型与结构设计是包装设计中的重要组成部分。包装造型是指包装的整体形象，包装结构是指包装组成部分的搭配与安排，它们是商品包装的主体，是实现商品包装功能的关键。包装结构与包装造型是相辅相成的，任何造型都必须通过合理的结构来实现，而包装结构又必须依据包装的造型进行设计。对于包装设计师来说，掌握包装造型与结构设计的规律和方法，处理好造型与结构中诸多要素间的关系，是进行整体包装设计不可缺少的重要条件。

情境一　食品包装造型设计要素

盛装食品的容器主要有瓶、罐、盒、管、盘、杯、筒、篓等，作为包装设计重要组成部分的包装容器造型设计要求科学、美观、经济、适销，设计要素包括以下几个方面。

一、包装容器造型与空间

包装设计空间由物体大小和距离来确定，包装容器造型除了它本身所应有的容量空间外，还有组合空间、环境空间。容量空间是依据它所包装的内容物来确定，组合空间是容器相互排列所产生的空间，环境空间则是容器本身的形体与其周围环境形成的空间，当容器在货柜上陈列时环境空间尤为重要。现代包装设计已从三维空间（长、宽、高）发展到六维空间（即长、宽、高、时间、环境、人的感受）。

二、包装容器与形体

容器形体的线形和比例是决定形体美的重要因素，而容器形体的变化则是为了强化容器设计的个性。

（1）线形　线在包装容器造型上只表现为面与面之间的转折线和界限轮廓线，故许多容器从不同角度观察，便会有不同的线形。容器的形体离不了方、圆，体现在线形上就成为直线与曲线的结合，设计时要使之成为既不同又协调的整体。

(2)比例　是指容器各部分之间的尺寸关系,包括上下、左右、主体与附件、整体与局部之间的尺寸关系。容器的各个组成部分(如瓶的口、颈、肩、腰、腹、底)比例的恰当安排,直接体现出容器的形体美(图 9-9)。确定比例的根据是:体积容量、功能效用和视觉效果。

图 9-9　酒瓶瓶体设计

(3)变化　容器有球体、圆柱体、圆锥体、立方体、方柱体、方锥体 6 种基本几何形体,形体的变化就是相对这几种基本形体而言,以基本形体为基础块,用切制、组合、模拟(如仿动、植物等自然形体或人工产品的造型)等方法构成富于变化、充满生机的形体(图 9-10)。

图 9-10　容器形体设计

三、包装造型与材料

材料对食品包装的造型也同样起着重要作用。不同材料有着不同的功能和肌理质感,有的透明如玻璃,有的圆浑古雅如陶瓷,有的光洁富丽如金属,有的质朴如木材,有的华贵如丝绸、皮革等。即使同一种材料,施加不同工艺,便有不同的功能、肌理,玻璃既可制成单面透明的镜面玻璃,还可制成亚光效果的磨砂玻璃等。因此,设计时要注意及时采用新材料、新技术,要充分利用材料特点和科学原理进行设计。

选用何种材料包装食品,要综合考虑它的科学(卫生、阻气、防潮、遮光、耐挤压等)、美观、经济、适销等多种因素。

四、包装造型与人体工程学

包装容器的造型并非只受美学观点影响,左右其形态的还包括实用功能的要求。尽可能地方便消费者使用,这是包装造型的重要原则之一。应用人体工程学进行包装的几何形态设计则是满足这一原则的重要基础。

在设计酒、酱油、饮料和食用油等商品的包装时,通常使用圆柱形容器。为使其具备执握省力、不易脱手跌落以及方便倾倒等优点,可以有意识地对主体外形加以处理。在基本形态不变的情况,依据手的形态、握容器的方式,容器的特定位设计要体现相应的凹槽或安排内凹的平面。艺术设计理论中也提到在容器关键部位(如适于手握的部分)设计密集的几何形立体纹理,丰富局部的凸凹化等。其作用在于增加包装容器与手之间的摩擦因数,达到执握牢靠、使用安全、开启省力、倾倒方便的目的(图 9-11)。

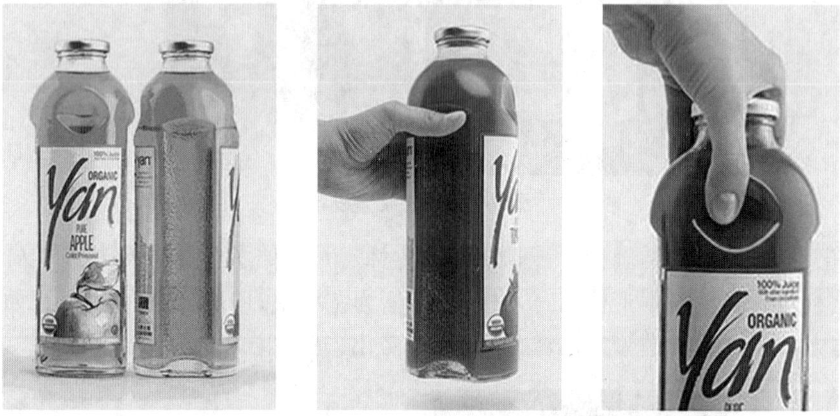

图 9-11 Yan 果汁包装造型与人体工程学设计

所谓人体工程学,认为在本质上就是设计对象的使用方式尽量适合人体的自然态,使用时,身体和精神不需要任何的主动适应。这一技术具有人体科学与现代科技、实用美学相结合的特征。在运用人体工程学原理进行食品包装容器设计时,主要满足以下要求:

(1)操作者与容器接触时,手感舒适、使用方便;

(2)用手执握时注意增加阻力和摩擦力使握取比较牢靠,不易滑落;

(3)在使用时,应携带方便,开启方便,倾倒方便,运输方便,既省力又便利;

(4)充分利用造型的自身空间,增加容器的有效体积,降低包装和运输费用;

(5)在造型设计上,既重视功能性,又要追求造型的美感,使两者密切配合。

情境二　食品包装容器造型设计

一、包装容器的功能

包装容器的功能在商品的包装中体现在以下几个方面:包容和保护被包装产品,方便使用及外形美观。

1. 包容和保护被包装产品

这是包装容器的首要功能。包装容器应能可靠地容装所规定的被包装产品数量,保证不会出现任何泄漏和渗漏,使被包装产品在运输、装卸、使用过程中不易损坏,且自身满足强度、刚度和稳定性要求。

2. 方便使用

即包装容器的结构应具有宜人性。包装容器的结构和形状，在使用过程中适应人体的操作和搬运。

3. 外形美观

即所设计的包装容器外形美观。包装容器的结构应适应造型和装潢设计，符合商品的美学要求。

阅读库

造型设计的创意思维方法

包装造型设计是兼含科技、艺术、人文等内容整体规划的系统设计。运用创意思维，可以从新角度、新材料、新形式、新方法进行设计。造型设计是创造性思维的过程，以设计者的吸收能力、记忆能力、理解能力为基础，运用创造性构思和一定的设计制作方法，通过造型形态体现出来。

(1)仿生造型法　自然界充满多样性与复杂性，蕴含着丰富的形态，不断从变化万千的自然中汲取灵感已成为许多设计师丰富自身设计语言的手段。仿生造型法的灵感源于自然，但设计中却不是简单模仿自然物的外形，而是使容器设计既具有自然形态的视觉感受，又具有实用价值和艺术性。

(2)象形模仿法　仿生手法注重“神似”，是对形象造型的概括和抽象提取；象形手法则更注重“形似”，通过夸张、抽象或变形意识使这种表现手法更加丰富，与产品个性更加协调一致。

(3)加减造型法　在基本包装形态基础上，进行添加或者削减体块，从而形成新的造型的方法。设计时，应注意造型结构准确、选择材料适当、外观造型美观，具有一定的空间节奏感和整体统一性。

(4)造型要素交合法　使用造型要素交合法要善于运用产品特点和造型的特征，通过巧妙结合，形成新的构思。造型要素交合法可避免设计中先入为主的印象，避免单凭主观因素进行造型设计。

(5)分析列举法　分析列举出包装造型的缺点和不足之处，找到克服和弥补缺点的措施；列举出包装造型的全部优点，进行系统的研究和综合，以便扩展、创造出新的包装造型；以不同的观点创造性地提出新的希望，激发设计者的创造灵感。

(6)系列造型法　系列化包装设计能够使同一品牌下不同种类，或同一种类不同系列的商品成为具有整体性视觉化的商品体系，从而具有内涵意象的连贯性，建立起商品统一而强烈的视觉阵容。

二、包装容器设计注意要点

容器造型与使用目的有直接关系。容器造型格调的高低、线条优美与否、与产品内涵配合是否恰当及其使用功能的优劣，都会影响包装产品的销售成败。包装容器设计要注意以下几点。

(1)创意要新　有独到之处。

(2)要适合产品的共性　能一目了然地告诉消费者这个容器是装哪一类物质的，例如，酒瓶要有酒瓶的风格，而且白酒瓶与红酒瓶的个性都要分清。

(3)生产成型的可能性　容器是工业化生产的，批量生产要求设计适应生产工艺的要求，如模具的加工，脱模方便与否，需要多大的后加工量，在分装设备中运行的稳定性，加盖和粘贴或直接印刷瓶贴的方便性等。

(4)注意瓶口和瓶盖的设计　要考虑瓶口瓶盖的美观，但更应注重瓶口的耐压性和安全合理性。

(5)容器盛装量和大小协调　盛装量太少会给消费者带来受骗的感觉，也不能设计成完全装满。一般地，盛装内容物达瓶颈中上部、离瓶盖下沿 1/10～1/8 瓶高为好。

(6)注意容器自重量　合理计算容器的强度需求，力求容器设计轻巧，过大的自重是对资源和资金的浪费，注意不同材质承压能力的差别，进行试验检测是安全的保证。

(7)考虑内装物与包装材料的相互影响　对日光敏感的物品可使用有色玻璃、陶瓷不透明塑料，使用磨砂效果的玻璃容器能造成一种朦胧的美感。

情境三　食品包装结构设计

包装结构设计指从包装的保护性、方便性等基本功能和生产实际条件出发，科学地对包装内、外结构进行设计，它需要注重技术性、物理性的使用效应，伴随着新材料和新技术的进步而变化、发展，以达到更加合理、适用、美观的效果。

一、包装结构设计原则

商品包装结构设计从设计的目的上主要解决科学性与技术性问题，从设计的功能上主要体现容装性、保护性与方便性、显示性与陈列性。包装结构设计应考虑以下设计原则：

(1)容装性　产品依靠包装进行容装。产品有固态、液态等形态，体积、数量各有不同。在进行结构设计时，应充分考虑包装的容装功能，必须能够可靠地容装所规定的内装物数量。如大瓶装的糖果，应能容装所规定的数量，这种容装功能既要考虑能容装下规定数量的产品，又要预留适当的空间。又如瓶装可乐等饮料，应有一定的空间，以免流通时因瓶子压力增大而破裂。

(2)保护性　食品包装的首要功能是保护商品，这主要是由结构设计来完成的。食品生产出来后，要经过一系列流通渠道（装卸、运输、贮存等）才能到达消费者手中。气候条件、虫鼠、仓储等因素以及流通中各种外力作用等影响，都会给产品带来不同程度的危害。结构设计的目的正是针对这些不利因素采取技术措施加以保护，既包括对内装商品的保护，也包括对包装自身的保护。一般来说，结构设计主要考虑其载重量、抗压力、振动、跌落的性能等多方面的力学情况，考虑是否符合保护食品的科学性，如防潮、防锈、防霉、防污染、防盗窃等。即用何种结构，配合何种材料使所包装的产品能安全地到达消费者手中。由于商品种类极其繁多，所以对不同的食品所采用的包装结构可能差异很大，如对盛装酒类的玻璃瓶等易碎品主要考虑防冲击；对膨化食品主要考虑防潮；对可乐等碳酸饮料则主要考虑阻气等。

(3)方便性　优良的包装应具有广泛的方便性，这也需要通过结构设计来实现。方便功能一般包括方便包装、运输、堆码、贮存、销售、开启使用等。在结构设计时，要考虑到消费者的实际需要。包装的方便功能对产品销售会产生巨大影响，设计时应认真考虑。如罐头食品若罐盖难以开启，则会使消费者望而却步；瓶装液体若瓶口太小就不方便灌装和使用等。

(4)显示性　食品包装必须具有明显的辨别性，在琳琅满目的货架陈列中能以自身显著的特点使消费者产生强烈的视觉冲击。

(5)陈列性　包装必须在充分显示商品的前提下具有良好的展示效果，或者说具有理想的吸引力，以诱使消费者当场决策购买，或留下深刻印象，有利于下次购买。

工作单 9-3　解释包装结构设计原则

包装结构设计原则	作用	商品实例
容装性		
保护性		
方便性		
显示性		
陈列性		

二、包装结构设计基本元素

包装结构设计的基本元素为：被包装产品、包装容器材料及流通的环境条件。

1. 被包装产品

被包装产品是包装容器结构设计的研究对象，在进行结构设计前必须明确其所有性能，内容包括：用途和特性形状和物态、质量和尺寸、易损性、耐水性、防锈性抗霉型、污染性等。

2. 包装容器材料

现代包装中使用的材料种类繁多，且随着材料科学的发展而不断增加。包装设计人员必须掌握各种包装材料的性能和特点，了解包装容器材料与被包装产品之间的相容性，时刻关心新材料的面世，在设计中做到正确选择合适的材料。

3. 环境条件

被包装产品经包装容器的包容和包装后成为商品，经流通环节最终到达用户和消费者的手中。在流通环节中接触到的一切外部条件因素即为流通环境条件，而流通环境条件是导致被包装产品损坏的主要外部因素。影响包装容器结构设计的环境条件主要有以下几类：

(1)物理因素　包括运输过程中的冲击、振动和堆码、静压等。

(2)生物化学因素　包括温度湿度、雨水、辐射、有害气体、微生物等自然条件影响。

(3)人为因素　包括野蛮装卸等。

在进行包装容器的结构设计时，必须充分考虑上述三大要素，协调设计中可能出现的各种矛盾，做到结构设计的最佳化。

探究实验 9-1　折叠纸盒包装结构设计

一、实验原理

在纸盒包装中，盒底部分是承受载重量、抗压力、振动、跌落等因素中影响最大的部分，也是进行结构设计时，需要慎重考虑的部分。结构设计主要分框型式结构和托盘式结构两大类。

框型式结构盒底锁底结构设计分锁底式和自动锁底式，如图 9-12 和图 9-13 所示。

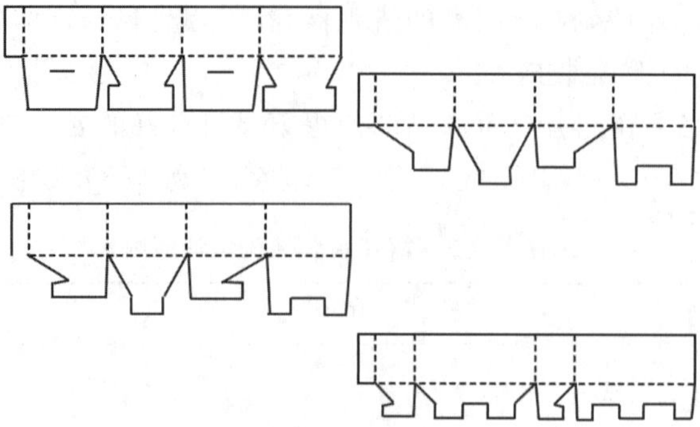

图 9-12　锁底式

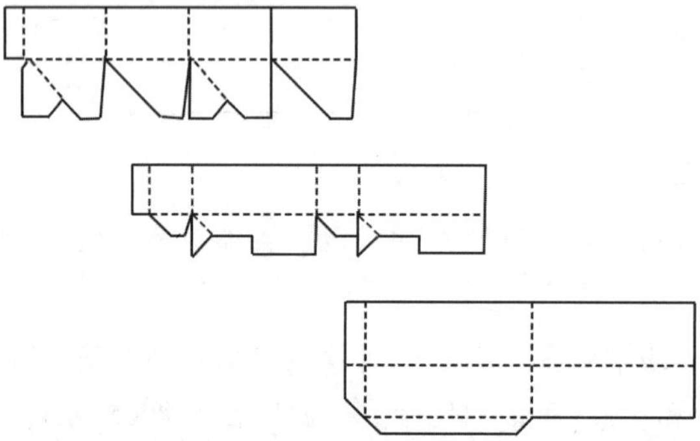

图 9-13　自动锁底式

托盘式结构盒底锁底结构设计如图 9-14 所示。

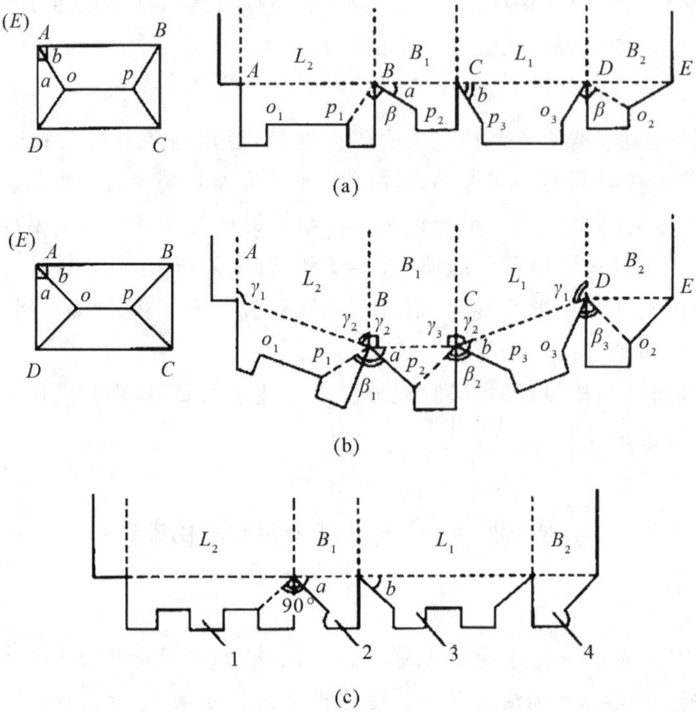

图 9-14　托盘式结构盒底锁底结构

要完成锁合必须满足的条件为：

(1) op 连线位于盒底矩形中位线。

(2) Bp_2 绕 B 点转过旋转角 β_1 后与 Bp_1 重合，Cp_3 绕 C 点转过 β_2 与 Cp_2 重合，所以，p_1、p_2、p_3 重合；同理，Do_2 绕 D 旋转 β_3 与 Do_3 重合，Eo_2 转 β_4 后与 Ao_1 重合，故 o_1、o_2、o_3 三点重合。

(3) $\angle a+\angle b=90°$。

二、实验器材

(1)材料　白卡纸或其他具有一定硬度的彩色卡纸。

(2)主要工具　铅笔、直尺、圆规、美工刀、剪刀、橡皮等。

三、实验步骤

(1)将大幅白卡纸先裁小。具体大小应略大于所设计的盒型的展开最大宽度和最大长度。

(2)使用铅笔先将展开图绘制在白卡纸上。结构如图 9-15 所示。

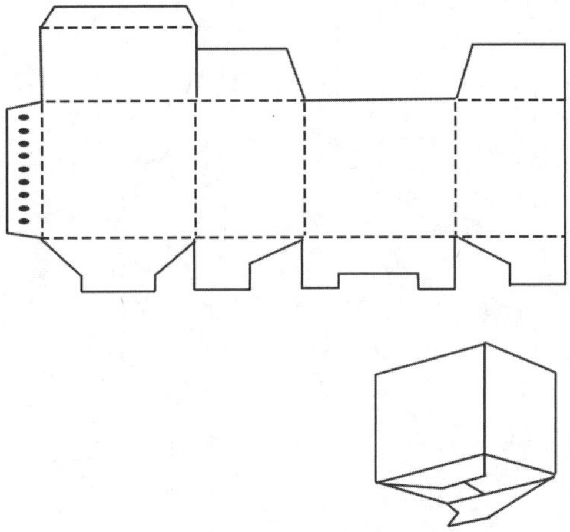

图 9-15　白卡纸展开及折叠示意图

(3)使用美工刀、剪刀、直尺等工具将图样剪下。

(4)将粘贴翼用胶水进行粘贴，将盒体锁合成型。最后成型后应美观，锁合牢靠。

四、实验成果

每组根据操作要求，独立完成盒体的展开图绘制、图样剪取及锁合成型操作。

在课堂上分享、交流、展示折叠纸盒包装结构设计的实物或作品，可提供视频。

阅读库

食品包装设计未来的发展趋势——数字智能型包装

数字智能型包装包括数字智能语音包装、数字智能发光包装、基于移动互联网技术的平台式包装、基于物联网技术的管控式包装、基于增强现实技术的展示型包装。

5G 时代的到来，让数字化技术开始广泛应用于食品包装当中。通过包装上的二维码、图像识别、增强现实 AR (指借助计算机图形技术和可视化技术，连接云端数据库提供视频、音频、动画等信息，使真实的包装和虚拟信息同时叠加到同一个画面或空间中)、RFID 电子标签(一种非接触式的自动识别技术，通过射频信号识别目标对象并获取相关数据)、NFC

标签(即近场通信技术,在单一芯片上结合感应式读卡器、感应式卡片和点对点的功能,在短距离内兼容设备进行识别和数据交换)、数字水印、智能传感、北斗全球定位等手段的运用,消费者可掌握食品的原材料、生产过程、物流情况和食用方法等信息数据。消费者可以通过这类数字智能包装提供的文字、图像、视频、音频来监控食品的生产过程,进行交互活动和购买决策的制定。

千禧一代的消费群体都是使用智能手机的一代,他们花费更多的时间在智能手机各种应用程序里。通过扫描食品包装上的二维码,消费者就能通过云端平台展示的图形、动画、视频获得食品的“身份档案”信息,比如,相关食品的营养信息、热量、制作方法,食用者的评论观点,以及购买食品的优惠券、促销活动等。有的食品包装上设置RFID电子标签,通过标签可以检测包装食品的真伪、食品的环境条件,以及食品在流通和储存期间的品质信息。

项目三　食品包装装潢设计

任务目标

☞ 食品包装装潢设计概念的认知；
☞ 食品包装装潢设计构思和表现方式的熟悉；
☞ 食品包装装潢构图方法的比较；
☞ 包装装潢色彩及文字设计方法的掌握。

装潢(upholster) 的含义是指商品或器物外表的装饰和美化。包装装潢设计就是通过艺术手法将商品名称、商标、用途、性能及企业形象等要素传达给消费者，使其对消费者产生视觉冲击效果，引起购买欲望，即通过包装来提高商品在消费者心目中的价值。

一件形式精美的商品包装，能把该商品与其他同类商品区别出来，使其很快进入顾客的眼帘，具有“鹤立鸡群”的效果；还可以使人产生质量高、信誉可靠的感觉。所以，包装装潢是取得销售成功的秘诀。传统包装与现代包装的差别在于传统包装除保护商品外，着重于对包装的外表进行美化装饰；而现代包装着重于促进销售，从属于商品的竞争。

情境一　包装装潢设计的构思和表现方式

设计的灵魂是“构思”，是设计者把对所要设计产品的全部理解、以往经验、知识、技巧经过思维结合之后的衍生物，是知识、长期实践和“灵感”的总和。构思的核心在于考虑表现什么和如何表现两个问题。回答这两个问题即要解决以下三点：表现重点、表现角度和表现手法。

一、包装装潢设计要求

包装设计不单是表面虚浮的装饰，而应体现企业精神及产品风格。装潢设计的任务是均衡安排表现要素并配以适当的色彩形式，使其产生视觉冲击效果而引起消费者的注意。

二、包装装潢设计表现方式

(一)表现重点

表现重点是指表现内容的集中点。包装设计在有限画面内进行，这是空间上的局限性。同时，包装在销售中又是在短暂的时间内为购买者认识，这是时间上的局限性。这种时空限制要求包装设计不能盲目求全、面面俱到，在画面的视觉中心应该放置包装所需的最主要内容、图形与文字。要对商品、消费、销售三方面的有关资料进行比较和选择，选择的基本点是有利于提高销售。重点的选择主要包括商标品牌、商品本身和消费对象三个方面：一些具有知名商标或品牌的产品可以用商标或品牌为表现重点；一些具有较突出的某种特色的产品或新产品的包装则可以用产品本身作为重点；一些对使用者针对性强的商品包装可以以消费者为表现重点。总之，不论如何表现，都要以传达明确的内容和信息为重点，确定表现重点实际上就是解决包装定位设计的问题。

（二）表现角度

这是确定表现形式后的深化，即找到主攻目标后还要有具体确定的突破口。如以商标、品牌为表现重点，是表现形象或是表现品牌所具有的某种含义。如果以商品本身为表现重点，是表现商品外在形象或是表现商品的某种内在属性，或是表现商品的地域特色。

（三）表现手法

表现的重点和角度主要是解决表现什么。有两种基本表现手法：

（1）直接表现　直接表现该对象的一定特征，是一种开门见山、直接传达商品信息的表现手法。其特点是直接、客观地突出商品本身，包括表现其外观形态或用途、用法等。最常用的方法是运用摄影图片或开窗来表现。

（2）间接表现　间接地借助于该对象的一定特征或间接地借助相关的其他事物来表现。间接表现是比较内在的表现手法，即画面上不出现表现的对象本身，而借助于其他有关事物来表现该对象。这种手法具有更加宽广的属性，在构思上往往用于表现内容物的某种属性或牌号、意念等。就产品来说，有的东西很难进行直接表现，如调味品、酒、保健品等，这就需要用间接表现法来处理。许多可以直接表现的产品，为了求得新颖、独特、多变的表现效果，也往往从间接表现上求新、求变。

知识窗

国潮文化与包装装潢设计

从2018年开始，市场出现了热衷国潮的趋势。“国”代表了中国文化不断走向自信的身份认同，“潮”代表了年轻一代彰显态度与个性的符号标志。以“国”为“潮”是当下年轻消费群体进行消费选择的一个新动向。以品牌或产品为载体，对深厚积淀的文化元素进行提取转译，形成视觉符号和暗示，在食品包装上形成与之匹配的视觉美学，为产品赋能的包装越来越被年轻一代消费群体所认同。

潘虎设计实验室与良品铺子、敦煌博物馆共同策划设计的“良辰月·舞金椭”礼盒和“良辰月·弄清影”礼盒，都是从敦煌灿烂文化当中提取设计理念、重塑视觉符号，如代表吉祥的凤凰、象征美好的九色鹿、绕环追逐的三耳兔、翼马、飞天奔月、灵动多变的植物纹样等。这些元素之间相互环绕、前后重叠，营造出月圆人团圆的中秋氛围。在包装结构上，以国潮设计传承中式美学，打造双层抽屉式造型。

（四）表现形式

表现的形式与手法都是解决如何表现的问题，形式是外在的武器、是设计表达的具体语言、是设计的视觉传达。表现形式一般归纳为写实、抽象及两者结合的几种，通常可概括为摄影、插图两大类。

(1)摄影　摄影具有画面逼真的效果,能直观、快速、高度准确地传递信息,最大限度地表达物体的质感、空间感,唤起消费者浓厚的兴趣和信任,以产生强烈的购买欲望。

(2)插图　插图即设计师手工绘制的画面,既可精细地写实描绘,又可夸张、概括地写意描绘和装饰,也可用抽象的表现手法。插图既能表达生活中不可能见到或很少见到的情景,还适合表现一些商品形象不很美观或不好表现的商品,不论抽象插图、具象插图,还是装饰、卡通与漫画,都具有构思自由、强调个性的表现能力,获得千差万别的视觉效果。

(3)表现形式的具体内容　主体图形与非主体图形如何设计,用照片还是绘画,抽象、具象还是抽象与具象结合,写实还是写意,归纳、简化还是夸张,用卡通、漫画还是装饰,是否采用一定的工艺形式,面积大小如何等。

另外,色彩总的基调如何,各部分色块的色相、明度、纯度如何把握,商标、主体文字与主体图形的位置编排如何处理,形、色、字各部分相互构成关系如何,是否要加以辅助性的装饰处理,这些都是要在表现形式考虑的全过程中加以具体推蔽,在包装设计时要结合实际情况灵活运用以上这些表现形式。

情境二　食品包装装潢构图

构图就是将设计诸要素进行合理、巧妙的组合,力求获得符合理想的表现方式,是构思的进一步具体化。

由于构图是体现设计意图,因此整个构图过程必须以设计意图为依据,围绕这一中心,不断地把构图上的要求与设计意图紧密联系起来,才有可能充分发挥构图的效用。

一、构图的基本要求

包装设计自始至终都要注意整体感,要将品名、商标、净含量、图形、厂名、用途说明、广告用语等都安排得当,在构图时可用点、线、面代表具体的形象,从整体上把握图中主次、大小、前后、疏密、比例、位置、角度、空间等关系。在构图时要考虑 4 个乃至 6 个面的连续关系,不可有孤立或繁琐之感,整体效果好的包装设计才具有良好的货架陈列效果。

在画面诸要素中有一个或一组担当着发挥主题的作用,即称为主体形象。包装的主要展示面是主体形象和商品名、商标、净含量、厂名的所在位置,主体形象和文字一般应放在画面的最佳视域。在画面诸要素的整体安排中,主要部分必须突出,次要部分则应充分起到衬托主题的作用。

二、构图形式

现代设计中可将构图归纳为点、线、面等形象元素不同编排和组合的结果。点、线、面既可作为形象元素直接构成设计,也可像代数中的字号一样代替一切具有点、线、面性质的具体形象。一般在一个构图中点、线、面的成分兼而有之才能使人得到视觉上的满足。在特定的场合,有各种以点为主、以线为主或以面为主的构图格局,处理得好才能具有良好的视觉传达效果。

(一)点的构图

点的形态能使视线相当集中,其形态最自由活泼,被称为兴趣中心。常用于食品包装上点的构图有两种方式：

（1）自由式格局　常用多个点构图，在点的布局上要注意主次、大小、疏密及位置等的变化关系。

（2）规律式格局　常采用对称式、向心式、离心式、向线式、离线式、旋转式、渐变式、重复式等，并用按一定骨骼线排列的点来构图。

（二）线的构图

线有各种形态及不同特征。曲线、波浪线组成的构图活泼、轻柔、自由，具有动态感；直线组成的构图具有挺拔、庄重感；横线（水平线）组成的构图比较稳定、平稳，表现出静态美；倾斜线组成的构图动势强，具有运动感。各种形态的线也可以一种为主，交叉运用。各种线形的不同组合可作为编排的骨骼，由此可产生形式多样的构图。

（三）面的构图

形象元素中最大的是面，面的形象可分为抽象形和具象形，任何具象形都可经抽象化而变为抽象形。主要采用分割设计，分割是为了合理地布局，以达到理想的视觉效果。分割应按比例进行，常用的比例有以下几种。

（1）相等分制　有安定感，但较平板，缺少趣味。

（2）黄金比分割　变化而协调。

（3）数学级数分割　运用等差、等比级数关系来分析画面，具有精确变化的律感。

（4）自由分割　具有个性，但易造成混乱。

以上各种构图形式各有特点，但每种形式并非是单项的。有时几种形式相互套用、相互辅助而完成。具体构图形式以商品内容、特点为出发点进行设计。商品包装的效果在一定程度上取决于包装设计的构图。总之，构图的变化极其丰富，需按不同要求的包装内容加以变化，在设计中大胆创新。

三、构图方法

确定设计的内容以后，就要通过一定的构图形式把内容充分地表达出来。同样的内容可以通过多种构图去表现。设计者的工作就好像创造一个有思想的生命，这就需要在构图过程中选择较理想的、较能体现商品属性的构图手法来完成。

（一）构架

构架是通过构图中起支配作用的结构线，它将不同的构图元素纳入一定的整体秩序之中。当我们面对零乱无序的构图元素时，可以通过构架的手法去寻找画面里那些看不见而内部又有联系的结构线。

（二）重复

在一个设计中连续使用相同的图形或文字，这种方法称重复。重复的构图形式可在视觉上产生反复、深刻的印象，会令人有单纯的统一感。从美学角度讲，重复体现一种节奏、一种韵律，产生不寻常的美感。

（三）空间

空间越大主体越能清晰地凸显出来，视觉效果越强。构图中的空间正是起着烘托与加强主题的作用，烘托文字的清晰度，构图中良好的负空间起着烘托、强化主题的作用。在进行构图设计时，处理好空间的形状、大小以及相互的比例关系，使空间体现出构图的格调。

(四)密集

运用密集的构图手法，其图形或文字是自由散布排列的。

(五)特异

特异存在于秩序之中，必须有大多数的秩序关系，然后才能衬托出少数甚至极少数的特异。特异的安排是有意违反秩序关系的，目的在于突出视觉焦点或打破单调的局面，创造动感，增添趣味。

四、包装装潢视觉流程编排设计

成功的包装设计应有一个视觉层次，首先看什么，然后看什么，最后看什么，这就是视觉流程。

(1)视觉强度与视觉深度　为了强化装潢的视觉传达功能，必须通过装潢构图的编排，建立“视觉重点”。而如何形成“视觉重点”，又依赖于“视觉强度”的比较与“视觉深度”的衬托。

所谓“视觉强度”，就是在同一构图中，各视觉要素对视觉吸引力的大小。其中视觉吸引力最大的就是“视觉重点”。所谓“视觉深度”则是各视觉要素按“视觉强度”的大小排列而形成的次序，或称为层次感。

(2)视觉强度与视觉深度的重要性　从促销的要求分析包装装潢要吸引消费者的注意力，就应“不同凡响”。而要实现这个目的，就必须在装潢中发挥视觉强度的优势和视觉深度的衬托作用。

(3)视觉强度与视觉深度的形成　视觉强度的形成，主要是通过对比。其中对比最强烈的部位，就是视觉强度最大的部位。尤其是明度的对比，其重要性是不可忽视的，凡是在明度对比强烈的地方，其视觉强度也一定是大的。

视觉深度的形成与视觉强度密切相关，平面空间化是创造视觉深度的重要方法。具体方式有透视(利用各种透视方式形成远近感)和渐变(大小、色彩、明暗、形状渐变等)。

情境三　包装装潢色彩及文字设计

一、包装装潢的色彩设计

色彩是包装中最重要的视觉要素，由于色彩的抽象性和感觉性，通过研究色彩原理、色彩的象征意义和色彩心理学的普遍规律，依据产品、品牌、消费对象或企业精神理念的表现需要，塑造醒目而有个性的包装，使其具有良好的视觉识别功能。一件包装设计作品的成败，在很大程度上取决于色彩运用的水平，了解有关色彩设计的知识十分重要。

(一)色的三要素

色分为“有彩色系”如红、黄、蓝、绿等和“无彩色系”如黑、白、灰。色的三要素是指色相、明度和彩度(图 9-16)。

(1)色相　就是色彩的相貌，通常以色彩的名称来体现，如红、黄、蓝、绿等色别，又如在红

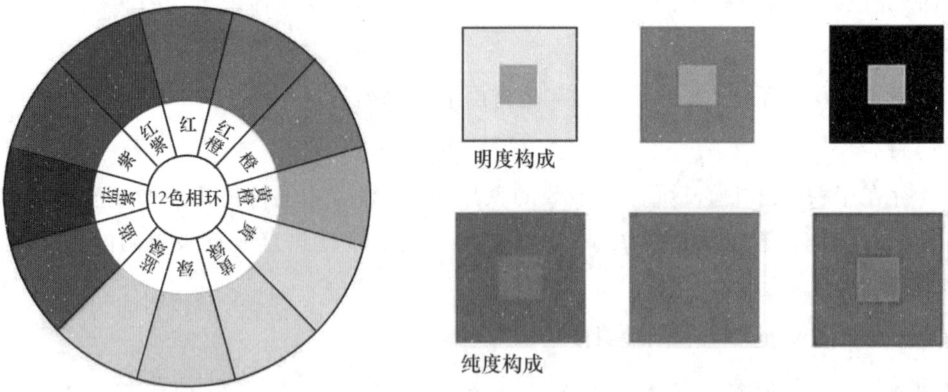

图 9-16　色的三要素

色中又有朱红、大红、土红、深红等区别。

(2)明度　指色彩的明暗深浅程度。无彩色系中,白色明度最高,黑色最低;有彩色系中,黄色明度较高,蓝、紫色明度较低,红、绿色居中。

(3)彩度　指每一种颜色色素的饱和程度,如大红的纯度高于粉红和深红。红(品红)、黄、蓝被称为三原色,由三原色可调配出各种颜色。

(二)色的对比与调和

(1)色彩对比　指两种或多种颜色并置时,因性质等的不同而呈现出的一种色彩差别现象。色彩差别的大小决定着对比的强弱程度,所以差别是对比的关键。

(2)色彩调和　指两种或多种颜色秩序而协调地组合在一起,并能使人产生愉悦、舒适感觉的色彩搭配关系。

(三)色的心理效应

(1)色彩的冷暖感　看到红、橙、黄会联想到火和光明、温暖;看到青、蓝会想到清冷的海水和星空。故色彩学上把红、橙、黄等色称为暖色,青、蓝等色称为冷色,包装装潢上冷暖色的运用应根据食品的特性加以选择。

(2)轻重、软硬感　这种心理感觉主要来自色彩的鲜明度和对比度,一般明亮色感觉松而软(故蛋糕、面包常用明亮色以表现松软、新鲜),明度低的暗色感觉就比较重和硬。

(3)厚薄感　高透明度的浅红、浅蓝、浅黄、浅紫等产生薄的感觉,深褐、赭红、橄榄绿等深色则给人以厚重的感觉。

(4)味觉感　色彩在表现食品的卫生新鲜感上有重要意义。乳白色的奶油和冰激凌、黄色的蛋糕、橙色的鲜橙汁等,这些色彩给人以芳香可口的美味感。而某些晦暗、陈旧的色彩则会引起食物的变质、腐臭感。

(5)距离感　大面积、高明度、清晰、暖色和图形色给人以近距离感,有前进、膨胀感,反之,小面积、明度低、模糊、冷色和衬底色则有远距离感和收缩后退感。

(6)华丽质朴感　明亮的色彩及金银色显得华丽辉煌,常用于礼品包装,沉着的色彩显得质朴素雅。

色彩的感情作用因人而异。由于区域传统、文化信仰等方面的不同,对于同一种色彩的象征含义也有所不同,尤其要注意各国和地区对色彩的爱好和忌讳。

工作单 9-4　阐述色的心理效应

色的心理效应	色的特点	典型食品
冷暖感		
轻重、软硬感		
厚薄感		
味觉感		
距离感		
华丽质朴感		

(四)色彩的应用

1. 配色方法

(1)同种色配合　指色相同而明度不同的色的配合,如绿、深绿、粉绿的配合,其特点是:在不同场合分别表现为调和与单调。

(2)类似色配合　指含有同一色相色的配合,特色与同种色配合相似。

(3)对比色配合　指与该色没有共同色相的色的配合,以补色(色环中相对的色)配合的对比效果最强烈,如红与绿、橙与青的配合。

设计用色要注意对比与调和的统一,一般包装色彩有一个统一的色调,好比音乐要有一个主旋律一样,整体感才会强。

2. 设计用色的基本法则

概括简洁,以少胜多。色彩效果的优劣不在于用色的多少,而在于色彩的选择与组合是否适当。由于包装在展示上讲究一定距离的“视觉冲击”,单纯明确的色彩比复杂琐碎的色彩更易加深印象和记忆。

3. 重视形象色的运用

色彩是构成商品形象的重要因素,这种体现商品内在本质的色彩称为形象色,它是人们长期感性的积累,成为一种传统习惯视觉心理。食品包装常用鲜明丰富的色彩,如用红、黄、绿等色调强调味觉,突出食品的芳香新鲜、营养可口;用蓝、白色突出食品的冷冻和清洁卫生。

4. 注意国内外流行色的研究

随着时代的发展,社会和个人的喜好都在发生变化。过去用色淡雅、层次多,如今趋于用色少、简洁明快,追求简中寓繁的色彩美。色彩运用应新颖独创,根据设计主题要求,认真调研,设计出新颖独特的色彩格调,给人以深刻印象,在激烈竞争的市场上能出奇制胜。

知识窗

色彩在食品包装设计中的应用意义

1. 提升食品包装的视觉效果

消费者通过观看色彩感受到冷暖,红色能够让消费者联想到太阳的温暖,绿色能够让消费者联想到夏天的清凉。暖色调的颜色能给人一种亲近的感觉,而冷色调的颜色则会给人一种寒冷的感觉，因此，在食品包装设计中，可以利用色彩的冷暖感提升食品包装的视觉效果，以此促进商品的销售。

2. 体现出包装的层次感

一般情况下，暖色调的颜色给人的距离感较弱，冷色调的颜色给人的距离感较强。因此，设计师可以通过冷暖色调的相互配合体现包装的层次感觉。

3. 提升产品的食欲感

色彩能带给人一种味觉的感受，一般情况下，番茄味道的食品通常用红色来装饰包装，黄瓜味道的食品通常用绿色来装饰包装，柠檬味道的食品通常用黄色来装饰包装，而巧克力味道的食品则通常用棕色来装饰包装，每一种味道都有它本来的颜色，而这种颜色慢慢也成了代表这种味道的颜色，让消费者再看到这种颜色，就会在心理上产生一种味觉感，从而提升了消费者的购买欲。

4. 体现出食品的价值

色彩在食品包装中能体现出华丽感和质朴感，红色和黄色具有雍容华贵的感觉，而灰色则体现出质朴的感觉。比如，在一些价格比较昂贵的食品包装上使用可以体现出华丽感的颜色，而在一些价格比较低廉的食品包装上，则会用可以体现出质朴感的颜色，以此拉近与消费者的距离。

二、包装装潢的文字设计

（一）文字设计的原则

文字是语言的记录符号，它起着沟通、交流的作用，产品包装上的文字设计，是最直接的视觉传达要素，它在整个设计中扮演着非常重要的角色。

（1）实用性　文字设计的首要原则是实用性，文字设计应从具体的商品特点出发，使文字与产品内容风格一致，准确表达产品本质。文字本身要易读、易认、识别性要强。

（2）艺术性　文字设计的另一个原则是艺术性，以文字的个性来反映产品的个性。方正、粗壮的字体给人以稳定、厚实的感觉；流畅、纤细的字体显得秀丽、婉约；书法体显得古朴、传统、意蕴深厚；装饰体显得生动形象趣味无穷。

（二）包装文字的两个类别

（1）主体文字　要求醒目突出、清晰端庄（如牌名、品名的标题字）。

（2）说明文字　要求清晰易认，不会造成误解（如规格、数量、成分、产地、用途、使用方法、保质期等）。一般选用印刷体，常用宋体和单线体。

（三）常用字体类型

包装设计中文字体例类型一般包括书写体、印刷体、美术字体三种。

（1）书写体　常用书写体以楷体、行楷、行书较多，行草、草书也有使用。隶书、魏碑具有古朴、庄重等特点，行草与草书应在易认的前提下选择使用，篆书常作为一种图案形式出现，衬托古朴传统的气氛。

在进行包装设计时，可以根据“古朴、自由的甲骨文，古拙、高雅的大篆，圆润、富丽的小篆，端庄而有变化的隶书,严谨大方的楷书,气韵生动的草书,潇洒流畅的行书”等特点,以区别于其他内容的印刷体,体现独特、醒目、新奇。

(2)印刷体　印刷体分汉字和拉丁字母。汉字有宋体、黑体、综艺、仿宋、琥珀、楷体、行楷、魏体、隶书等字体。拉丁字母中常用的有典雅理性的现代罗马体、明快流畅的意大利斜体、庄重变化的哥特体、简洁醒目的无衬线体等。

(3)美术字体　美术字体一般包括略有装饰的美术字和夸张变形的变体美术字。美术字是根据需要将字体进行加工变化,强调形象性,具有生动活泼的特点,增强效果(图 9-17)。

采用变体美术字是包装装潢的主要趋势,经过对字体的变形,使之符合商品的品质,可以正确宣传商品形象,并使装潢富于变化,避免单调。

图 9-17　中文字体美术字类型

(四)文字排列

文字设计其一是字体设计,其二便是排列设计,完美的排列使文字更具有表现力,能增加画面的诗情画意。

(1)有主有次,讲究节奏　文字排列应按内容主次,来组织文字的地位、大小、选择字体。通过位置、角度、大小、轻重、空间等各种手段分清主次,并讲究节奏韵律美。

(2)清晰醒目　要注意字距、词距、行距的关系,要求清晰易读,并在视觉上有舒适美感。

(3)符合视觉流程规律　文字排列应符合人们的阅读习惯,才能迅速传递信息。

文字排列有多种形式,包装上应以一种为主,其他形式只可局部稍有穿插,以免产生视觉上的混乱。

(4)要有整体感　主体字体必须统一,注意设计文字周围的空间,正负空间整体考虑。

在包装中应用的文字,既是不可缺少的主题和信息传达手段,同时也扮演了装饰构图的作用。

探究实验 9-2　食品新产品包装设计及制作

一、实验原理

“包装是沉默的销售员”,包装设计包括结构设计、造型设计与装潢设计,三者有机结合才能充分发挥包装的功能作用。围绕食品包装设计要素,结合包装设计原则,采用合适的文字、图形、符号等表现形式,融于产品特色元素,设计制作体现食品新产品特色的包装。

二、实验器材

各类食品包装材料(纸类、塑料、玻璃等),或市场现有食品包装材料再利用。

三、实验步骤

1. 食品包装设计调研

采用市场调查的方法,对现有一款或系列食品包装设计进行评价分析,可结合产品特性、品牌及市场定位,从产品包装设计的色彩、图案、结构或系列化等角度,结合所学知识对产品的包装及其设计进行剖析,写出调查结果分析报告。

2. 食品新产品包装的设计与制作

自主选择一款食品或者一类食品,对其特性及包装要求进行分析,结合包装产品的设备及其技术、产品贮运的基本要求以及消费对象和品牌定位等,对其进行造型设计、结构设计、装潢设计(色彩、文字和图形),增加文化性和趣味性等特色元素,写出新产品设计报告并阐述创新点。

四、实验成果

1. 调研报告分析

包括姓名、班级、学号、调查时间、地点,调查食品类型名称,素材(图片),调查结果分析。

2. 新产品包装设计

包括姓名、班级、学号,设计食品类型名称,新产品包装设计成果(图片),设计思路及创新点。

3. 成果展示

以组为单位进行调研、设计,在课堂上分享、交流、展示新产品包装设计的实物或作品,可提供视频。

拓展与提升

1. 什么是包装的定位设计?它包括哪些方面?

2. 简要说明包装设计时常用的包装策略。

3. 食品包装设计有哪些基本要求?

4. 食品包装设计的基本原则有哪些?食品包装设计的程序一般包括哪几个步骤?

5. 什么是食品包装造型设计?在容器设计中需要注意什么问题?

6. 何谓食品包装结构设计?食品包装结构设计基本元素有哪些?

7. 什么是食品包装装潢设计?有何设计要求?

8. 包装装潢设计常见有哪些表现方式?

9. 包装装潢构图有哪些基本要求?

10. 包装装潢构图形式和构图方法有哪些?

11. 请针对一款运用中国传统元素进行设计的包装,试从包装定位和视觉表现(图形、色彩、文字、结构、材料等)两方面进行分析。

12. 包装装潢的色彩设计应注意哪些方面?

13. 包装装潢的文字设计有哪些?

附　录

商品包装上常见的标识知识

1. ®

®

®是英文 Register 注册的开头字母，是“注册商标”的标记，含义是该商标已在国家商标局进行注册申请并已经商标局审查通过，成为注册商标。

2. TM

TM

TM 是英文 TradeMark 的缩写。它与 R 不同，TM 表示的是该商标已经向国家商标局提出申请，并且国家商标局也已经下发了《受理通知书》，进入了异议期，这样就可以防止其他人提出重复申请，也表示现有商标持有人有优先使用权。

3. SC

生产许可 → SC SC食品生产认证

旧标志　　新标志

新修订的《食品安全法》同原国家食品药品监督管理总局制定的《食品生产许可管理办法》同步实施。《办法》明确规定，新获证食品生产者应当在食品包装或者标签上标注新的食品生产许可证编号“SC”加 14 位阿拉伯数字，不再标注“QS”标志。

4. ISO

ISO 不是指一个标准，而是一组标准的统称。其全称是 International Organization for Standardization，翻译为“国际标准化组织”。它规范了企业内的所有过程。经过 ISO 认证的产品，说明该产品的生产企业经过 ISO 相关认证，证明该企业的管理符合 ISO 管理体系的要求，从管理上能够保证产品的合格性。ISO 认证和 ISO 9001 等管理体系认证类似，也是分为初次认证、年度监督检查和复评认证等。

5. CCC

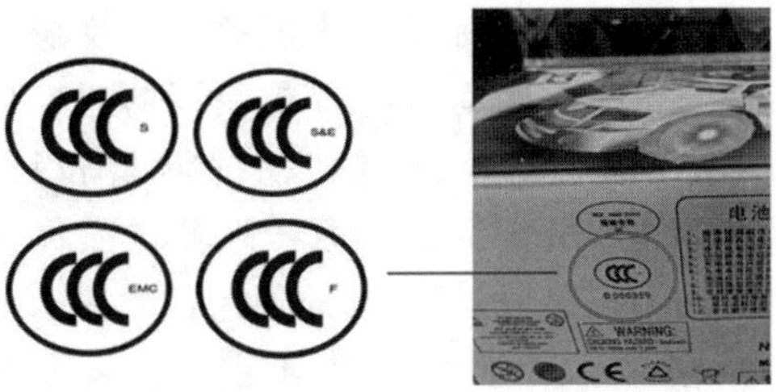

中国国家强制性产品认证标识名称为“中国强制认证”(China Compulsory Certification),英文缩写为“CCC”,目前的“CCC”认标识志分为四类,分别为:CCC+S 安全认证标识、CCC+EMC 电磁兼容类认证标识、CCC+ S&E 安全与电磁兼容认证标识、CCC+F 消防认证标识。

6. 绿色食品

左:A 级绿色食品　　右:AA 绿色食品

绿色食品,指产自优良生态环境、按照绿色食品标准生产、实行全程质量控制并获得绿色食品标志使用权的安全、优质食用农产品及相关产品。绿色食品标准共分为两个技术等级,即 AA 级绿色食品标准和 A 级绿色食品标准。AA 级绿色食品标志与字体为绿色,底色为白色;A 级绿色食品标志与字体为白色,底色为绿色。

7. 有机食品

中国有机产品GAP认证 China GAP certified organic　　中国有机转换产品认证 China GAP certified organic transmit　　南京国环OFDC有机认证 China OFDC certified organic　　中绿华夏有机认证 China organic food certication

国内的有机产品设有多个有机认证机构,如中国质量认证中心(CQC)、北京中绿华夏有机食品认证中心(COFCC)、方圆标志认证集团(CQM)等数十家。每个认证机构发放的认证标识互不相同,有机食品的包装上有多种有机认证标识。有机产品标识分为两种,申请有机产品认证后,要有 1~3 年的转换期才能正式获得有机产品认证,转换期产品叫“有机转换产品”,只能使用相应的有机转换标识。

8. 原产地域产品

原产地域标识并不能够完全反应产品的质量。为了有效地保护我国的原产地域产品,保证原产地域产品的质量和特色,1999年,国家推行了原产地域产品保护制度,并对原产地域产品的通用技术要求和原产地域产品专用标识制定了国家强制性标准。

凡国家公告保护的原产地域产品,在保护地域范围的生产企业,经国家质检总局审核并注册登记后,可以将该标识印制在产品的说明书和包装上,以此区别同等类型但品质不同的非原产地域产品。

9. FDA

FDA是美国"食品药品监督管理局"的英文缩写,美国FDA是国际医疗审核权威机构,专门从事食品与药品管理。FDA审查食品和药物的工作较严谨,要求比较高,经FDA认证批准的药品质量是有保证的。

10. 保健食品

"蓝帽子"是保健食品专用标识。下方会标注出该保健食品的批准文号,或者是"国食健字【年号】",或者是"卫食健字【年号】"。其中"国""卫"表示由国家食品药品监督管理总局或由国家卫生部批准。每个保健食品批准文号只对应一个产品,消费者可以登录国家食品药品监督管理总局网站查询产品的真实情况。

11. OTC

OTC(over the counter)是非处方药的标识，药品根据它们的安全性分为处方药(prescription drug)和非处方药。

非处方药是可以自行判断、购买和使用的药品，对于那些可自我认识和辨别症状，并能自我治疗的疾病，消费者可通过阅读药品说明书或咨询医师或药师后自己使用。非处方药又分为甲类非处方药和乙类非处方药，分别标有红色和绿色 OTC 标记。

12. 条形码

商品条形码的前缀码一般是用来标识生产国家或地区的，比如条形码前缀为 30～37 的代表该产品在法国生产，条形码前缀为 45～49 的代表在日本生产，条形码前缀为 880 的代表在韩国生产。也有些品牌也会选择从原产地进口原料，在中国分装，条形码前缀为 690～693 的就是代表在中国生产或是分装的。

13. 小开罐

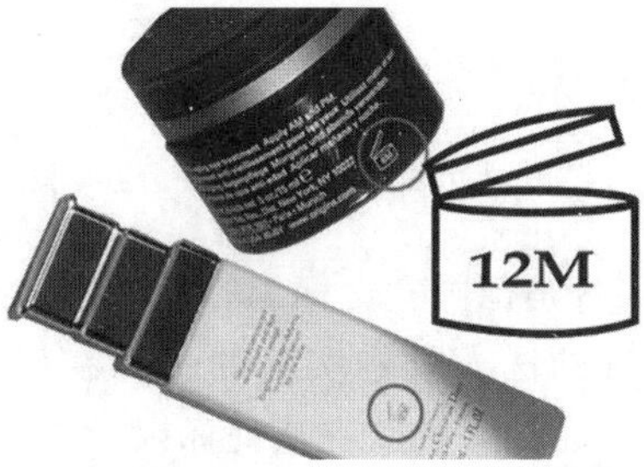

小开罐图标里标示“6M”“12M”等字样，意思就是要在开封后的 6 个月或 12 个月内使用。一般护肤品成分不同，开封后使用期限也不同，不含防腐剂与香料的无添加产品有效期则更短。

14. 绿色环保

黑白箭头标识表示该产品的包装符合绿色环保要求，即从生产到使用直至最后回收，都符合生态平衡、环境保护的要求。

15. 可回收

该标识说明包装是用可再生材料制作的,一般都是可回收、可循环再生的商品,不同国家的标识会有差异,欧美国家产地的大多是三角形,日韩产地的大多是正方形,但都是带箭头的循环形状。

16. 森林 FSC

该标识的产品包装采用的是经过 FSC(森林管理委员会)认证的森林作为原料。这个标识说明了该产品生产厂商对于环境保护做出了贡献,同时也对消费者提供一定的保障,至少产品使用的包装是经过认证的,其安全性相对也会高很多。

17. 能效标识

可回收垃圾　不可回收垃圾

能效标识又称能源效率标识,是附在耗能产品或其最小包装物上,表示产品能源效率等级性能指标的一种信息标签。等级数字越小,产品的节能效果越好。

18. GS

GS 是德国安全标识。它是经政府授权由特殊的法人机构实施的一种在世界各地进行产品销售的欧洲认证标识。

参考文献

[1] 徐守渊. 乳品超高温杀菌和无菌包装. 北京:轻工业出版社,1986.
[2] 徐自芬,郑百哲. 中国包装工程手册. 北京:机械工业出版社,1996.
[3] 高福成. 微波食品. 北京:中国轻工业出版社,1999.
[4] 任发政. 食品包装学. 北京:中国农业大学出版社,2000.
[5] 刘兴华. 食品安全保藏学. 北京:中国轻工业出版社,2001.
[6] 向贤伟. 食品包装技术. 长沙:国防科技大学出版社,2002.
[7] 杨福馨,吴龙奇. 食品包装实用新材料新技术. 北京:化学工业出版社,2003.
[8] 柯贤文. 功能性包装材料. 北京:化学工业出版社,2004.
[9] 高德. 实用食品包装技术. 北京:化学工业出版社,2004.
[10] 王志伟. 食品包装技术. 北京:化学工业出版社,2004.
[11] 钱俊,等. 特种包装技术. 北京:化学工业出版社,2004.
[12] 陈志成. 食品法规与管理. 北京:化学工业出版社,2005.
[13] 徐文达. 食品软包装材料与技术. 北京:机械工业出版社,2005.
[14] 陈黎敏,等. 饮料包装. 北京:化学工业出版社,2005.
[15] 卢立新. 果蔬及其制品包装. 北京:化学工业出版社,2006.
[16] 杨福馨,杨婷. 实用保鲜包装技术. 北京:国防工业出版社,2006.
[17] 李代明. 食品包装学. 北京:中国计量出版社,2008.
[18] 谢琪. 纸盒包装设计. 北京:印刷工业出版社,2008.
[19] 章建浩. 食品包装技术. 北京:中国轻工业出版社,2009.
[20] 张露. 食品包装. 北京:化学工业出版社,2010.
[21] 章建浩. 食品包装学. 3 版. 北京:中国农业出版社,2010.
[22] 潘松年. 包装工艺学. 4 版. 北京:文化发展出版社,2011.
[23] 高晗,等. 食品包装技术. 北京:中国科学技术出版社,2012.
[24] 李大鹏. 食品包装学. 北京:中国纺织出版社,2014.
[25] 章建浩. 食品包装学. 4 版. 北京:中国农业出版社,2015.
[26] 李良. 食品包装学. 北京:中国轻工业出版社,2017.
[27] 文周. 食品包装技术. 北京:中国轻工业出版社,2017.
[28] 孙智慧,高德. 包装机械. 2 版. 北京:中国轻工业出版社,2017.
[29] 路飞,陈野. 食品包装学. 北京:中国轻工业出版社,2019.
[30] 杨开,董同力嘎. 食品包装学. 北京:中国轻工业出版社,2019.
[31] 刘士伟,等. 食品包装技术. 2 版. 北京:化学工业出版社,2019.